国家出版基金项目
NATIONAL PUBLICATION FOUNDATION

耕海耘波：明清官民走向海洋历程

王日根 著

厦门大学出版社
XIAMEN UNIVERSITY PRESS
国家一级出版社
全国百佳图书出版单位

图书在版编目(CIP)数据

耕海耘波:明清官民走向海洋历程/王日根著. —厦门:厦门大学出版社,2018.5
ISBN 978-7-5615-6853-8

Ⅰ. ①耕… Ⅱ. ①王… Ⅲ. ①海洋经济-经济史-中国-明清时代 Ⅳ. ①P74

中国版本图书馆 CIP 数据核字(2017)第 320547 号

出 版 人 郑文礼
责任编辑 薛鹏志 章木良
封面设计 夏 林
技术编辑 朱 楷

出版发行 厦门大学出版社
社　　址 厦门市软件园二期望海路 39 号
邮政编码 361008
总 编 办 0592-2182177 0592-2181406(传真)
营销中心 0592-2184458 0592-2181365
网　　址 http://www.xmupress.com
邮　　箱 xmup@xmupress.com
印　　刷 厦门集大印刷厂

开本 720 mm×1 000 mm 1/16
印张 24.25
插页 2
字数 400 千字
印数 1～3 000 册
版次 2018 年 5 月第 1 版
印次 2018 年 5 月第 1 次印刷
定价 72.00 元

厦门大学出版社
微信二维码

厦门大学出版社
微博二维码

海上丝绸之路研究丛书

总　　序

海上丝绸之路是自汉代起直至鸦片战争前中国与世界进行政治、经济、文化联络的海上通道，主要包括由中国通往朝鲜半岛及日本列岛的东海航线和由中国通往东南亚及印度洋地区的南海航线。海上丝绸之路涉及港口、造船、航海技术、航线、货品贸易、外贸管理体制、人员往来、民俗信仰等诸多内容，成为以往中外关系史、航运史、华侨史乃至社会史研究的热点领域。

当然所谓“热点”，也随时代的变化而呈现出冷热变化。鸦片战争前后，林则徐、姚莹、魏源、徐继畬、梁廷枏、夏燮等已开始思索有关中国与世界的海上关系问题，力图从历史的梳理中寻找走向未来的路。此时，中国开辟的和平、平等的海上丝绸之路何以被西方殖民、霸权的大航海之路所取代？中国是否应该建立起代表官方意志的海军力量，用于捍卫自己的国家利益，保证中国海商贸易的利益？

随着20世纪中外海上交通史学科的建立，张星烺、冯承钧、向达等对海上丝绸之路进行了诸多开拓性的研究。泉州后渚港宋代沉船的出土再度掀起了海上丝绸之路的又一股研究热潮，庄为玑、韩振华、吴文良等学者在这方面表现显著。20世纪80年代之后，海上丝绸之路研究又获得了国家改革开放的政策支持，呈现出“百花齐放，百家争鸣”的活跃局面。学者们对中国古代海外贸易制度演变、私人海上贸易、中国与东南亚海上交通路线、贸易商品和贸易范围等问题进行了更加深入的探讨。

进入21世纪，海上丝绸之路建设与研究逐渐明显地被纳入到“海洋强国”战略之中，先是有包括广州、漳州、泉州、福州、宁波、扬州、南京、登州、北海在内的诸多沿海港口的联合申请世界文化遗产项目的启动，继而有海洋考古内容丰富的挖掘成果，接着是建设海洋大国、海洋强国的政策引导，建设21世纪海上丝绸之路成为该领域研究更强劲的动员令。

从海上丝绸之路百年研究史中，我们能清晰地体会到其间反复经历着认同中华文明与认同西方文明的历史转换，亦反复经历着接受中国与孤立中国的话语变迁。

从经济贸易角度看，海上丝绸之路打通了中国与沿线国家之间的物资交流通道，中国的丝绸、陶瓷、茶叶和铜铁器纷纷输出到海外各国，海外各国的珍奇异兽等亦纷纷输入中国。在海上丝绸之路上活跃的人群频有变幻，阿拉伯人、波斯商人是截至南宋为止海上丝绸之路上的主角，时至明代，中国的大商帮如徽商、晋商、闽商、粤商乃至宁波商人、山东商人等等都纷纷走进利厚的海贸领域，他们不仅主导着中外货品的贸易，而且还多次与早先进入东亚海域的西班牙、葡萄牙、荷兰直至日本的海上拓殖势力展开了针锋相对的斗争，或收复台湾，或主导着澳门的早期开发。时至清代，中西海上力量在亚洲海域互有竞争与合作，冲突有时也会特别地激烈。中国的海上贸易力量在西方先进的轮船面前日益失去优势，走向了被动挨打的境地，但民间小股的海商、海盗乃至渔民仍然延续着哪怕是处于地下状态的海洋贸易，推动着世界范围内的物资交流与汇通。从文化交流角度看，货物的流动本身已是文化交流的重要载体，东亚邻国日本对“唐物”充满敬佩与崇拜，走出中世纪的欧洲亦痴迷中国历代的书画及各种工艺，因此，伴随着丝绸、陶瓷等的向外输出，优秀的中华文化亦反复掀起一波又一波的中国热。

在既往的海上丝绸之路研究中，或着眼于国际间的经贸往来，或着眼于港口地名的考辨、航海技术的使用与进步，或着眼于各朝海疆疆域、海洋主权的维护等内容，这些或被纳入中外关系史学科，或被定义为边疆史地研究，缺乏整体系统的全面把握。

重建21世纪海上丝绸之路战略的提出是在建设海洋强国的国策下的具体而微，这标志着中国将重启与海上丝绸之路沿线各国之间业已悠久存在的平等的国与国之间的政治关系、和谐的文化交流与融合互摄关系以及国与国之间友好的民间交往等等，历史的梳理便于唤起人们对共同文化理念的笃信，便于彼此重温既往共同精神纽带之缔结的机理，历史传统可以历经岁月的淘洗而显得清晰，亦势必将主宰人们的心理倾向和处世态度。

因此抓住重建21世纪海上丝绸之路的时代契机，认真开展历史上海上丝绸之路的人文思索和挖掘，其学术意义与社会意义都是不可小视的。借着国家"一带一路"策略的东风，海上丝绸之路研究进入了新的再出发阶段。与中国综合国力的迅速提升相比，中国当下的文化建设似未得到足够的重视。我们理应回归到更加理性的层面，思索在海上丝绸之路早期阶段中国话语权的树立，思索海上丝绸之路顿挫时期中国海洋话语权的失落，思索当今建设海上丝绸之路时我们在文化上、历史中可以寻找到的本土资源，形成具有中国风格、中国气派、中国特色的话语体系，弘扬儒家"仁"、"和"、"协同万方"思想，为新时期人类和谐、和平、合作开发利用和开发海洋做出我们自己的理论贡献。

如今，包括广州、漳州、泉州、福州、宁波、扬州、南京、登州、北海在内的九个港口城市联合申请世界文化遗产，这些城市的港口史研究均能被称为申遗的重要佐证。

如今，海洋考古取得了长足的发展，诸多的沉船考古新发现为我们拓展海上丝绸之路的研究提供了丰赡翔实的资料来源。

如今，若干新理论、新方法和新史料的调查、汇集与整理为我们开展专题性的研究提供了更好的平台。

我们有充分的理由相信，海上丝绸之路系列丛书的面世将能够向世人充分展示海上丝绸之路更加丰富的历史面貌，揭示以中国为主导的海上丝绸之路时代贸易的实态、参与人群及其生活方式、海洋贸易及其制度管理状况等，从而使中国海上丝绸之路文化有更进一步的呈现，为新时期海上丝绸之路建设提供一份资鉴。

王日根

2016年12月

目　录

导　论

历史演进的阶段性时常在政治上以王朝的变更、政策的调整为标志，在经济上以自然经济或商品经济、内向型经济或外向型经济的不同取向为前提。明清时期历经500余年，其间经历过明王朝向清王朝的交替，相对而言，算是社会较为稳定、经济建设较有成就的时期。变化则主要表现在：以中原为中心的政治格局遭遇到了层出的挑战，明王朝建立之初，来自海上的威胁便存在，而且时有加剧的倾向，敌对力量则有倭寇、海盗和来自遥远的西方的殖民者，这些势力凭借海洋经营往往集聚起较强的实力，令王朝的海防建设或捉襟见肘，或化为灰烬。

朱元璋坚守继承乃至实践国家对海洋的态度：航海者"凶顽积习，阴狠成风，或出本贩番，或造船下海，或勾引贼党，或接济夷船"，他们"沽势恃强，专通番国，以豺虎之豪奴，驾重桅之巨航"，"专造违式大船，假以渡船之名"，专营贼赃并违禁之物，几乎全是不"守本务实"、不"守诚敬法"的恶徒。他们"不服德教，且与蛮夷相通，危及教化"。于是，在政治上应对其有所防备；在经济上则希望把海外活动之利掌握在朝廷的手中。朱元璋说："四方诸夷，皆阻山隔海，僻在一隅，得其地不足以供给，得其民不足以使令。朕即位以来，西方诸商来我中国互市者，边疆未尝断绝。朕复敕吏民善遇之，由是商人获利，疆场无扰，是我中华大有惠于尔国也。""其朝贡无论疏数，厚往而薄来可也。彼既慕义来归，则赉予之物宜厚，以示朝廷怀柔之意。"朱元璋要求他的子孙遵守《皇明祖训》，即使是明成祖朱棣也只是表面上调整了他的政策的某些偏颇，并没有根本否定传统的海洋观。"布德威怀柔远人"，即是郑和下西洋的主要目标。

清朝建立后，反复强调要重行明初的制度，到康熙时期，恢复中华传统文化的各项制度均已建立起来，体现了对传统文化的继承和弘扬。清政府对海洋区域的管理较前有所强化，其所表现出来的倾向性在于力图把海洋经济区域纳入传统农业化、大陆化的轨道，包括推行州县行政区划制度、科举教育制度乃至风俗更化措施等。出于防备反清势力与海盗颠覆清朝的戒心，清朝政府对海洋活动给予了较多的限制，尽管不断有地方官员从地方社会经济发展需要出发，提出各种开放海禁、鼓励海洋经济发展的方略，但海禁政策的主旨基本没有改变。

明朝政府对海洋管理往往并没有既成的政策，而是处于不断的摸索和调整之中，体现出对客观形势的适应。明代中后期东南沿海特别是福建、广东、浙江等地倭乱不断，对王朝冲击巨大。自明代到清代，王朝出于整个国家安全考虑，对东南沿海的基层乡村社会进行了一系列防御构建。随着地方动乱的不断兴起以及王朝的不断衰微，中央政府对地方的控制日显微弱，使得地方势力不断增长，并开始逐步在地方防御事务上发挥作用。这种势力的增长主要是以血缘和地缘为纽带的。

明代中后期倭寇兴起，海疆告急，特别是浙、闽、广三省地区，成为地方动乱的渊薮，明代整个御外体系的重心开始出现转移，由明初仰仗九边重镇的边兵开始将军力经营的重心放到明代的外卫。明代的外卫分布起初依卫所建置，主要职能是提供兵员，守护城池，更重要的是负责江防与海防。到明代中后期，东南沿海的重要性日益凸显出来，相应地，政府也加强了东南沿海海防体系的营建。嘉靖年间，明政府加强对海防的建设，在沿海纷纷建立卫所、巡检司、城堡、墩台等，形成了辽东—北直隶—山东—南直隶—浙江—福建—广东七个划区防守体系。其中福建海防区分为三路五寨，以福宁州、兴化府为一路，置参将一员（驻福宁），防守范围自流江（今福鼎）至南日岛；漳州府、泉州府为一路，置参将一员（驻诏安），防守范围自南日岛至走马溪、安边馆；南、北两路间，以福州为一路，设参将。到隆庆、万历年间恢复烽火门、浯屿、小埕、南日山、铜山五水寨，每寨以把总领之。每一水寨都有自己的防区，相互配合，防守整个福建海域。

诏安作为闽广交界的边陲重地，陆路由二都平饶诏交接，可下抵潮汕地区，上至平和、龙岩等；海路上与台湾隔海相望，处东南沿海海岸线的重要一点。嘉靖九年（1530 年），诏安设置县级区划，将南诏乡提升到诏安县，除了教化地方的考虑外，中央想加强这一海防要区的控制也是其重要的因素。明嘉靖以后以倭寇海盗为主的地方性动乱，将诏安对于整个王朝东南海防的重要性凸显了出来，明将俞大猷也多次论及营建好诏安防御对于取得抗倭寇抗海寇胜利的巨大意义。官方政府对诏安地方防御体系的营建基本上是服从于整个海防大局的，明代对福建海防区的营建中，三路五寨中的南路参将就设置在诏安，铜山水寨的营建对此海防区亦有着重要的意义。

月港地方的走私贸易由来已久，但一直没有引起统治者的注意，嘉靖年间严重的倭乱才使其进入明王朝的管理视野之中，中央朝廷开始在这个地方设置军事机构，力图稳住东南海疆。为了加强对地方社会的控制，朝廷一方面采取中原体制的做法——设县直接统治；另一方面，经过反复权衡，被动地、有限度地选择月港开海贸易，由此海澄（月港）开始了合法发展海外贸易的新时代，商税制度亦逐渐建立起来。从海澄设县、隆庆开海乃至商税制度建设，中央与地方的慢慢磨合，官方与民间长期以来所形成的自然默契昭然可见。

同时，从嘉靖三十六年（1557 年）起，福建开始有了专任巡抚的设置：

> 闽，经略之大者，系于督镇。盖闽之巡抚，自正统前侍郎杨勉始也，至成化末，王继而后，或罢或遣矣，嘉靖间，胡琏、朱纨、王忬兼闽浙巡视，事平而不常设，专设自阮鹗始，未几而兼提督军门矣。[1]

军事建制的一步步提高，显示了明朝政府对治理倭乱的努力，同时也是月港地方社会日益受到中央重视的表现。

其次，明朝政府还采取了中原王朝的传统做法——增加行政治所，以加强对地方社会的控制。有明一代，福建地区设县都是在地方多盗、社会秩序混乱的背景下实现的，不论是内陆山区的寿宁、永安、漳平、宁洋等县，还是沿海地区的诏安、海澄二县。

通洋收利并非明朝统治者的初衷。明朝政府在海澄设县，开放海禁，一开始并不是要征收商税，而是想让当地混乱的社会秩序尽快稳定下来，从此在中央政府的统一管治之下，不要再有其他风波威胁到王朝的统治，也保东南沿海一方平静。此时朝廷考虑的政治利益要大于经济利益。因此可以说，海澄设县、隆庆开海，使得月港海商私人贸易的合法地位得到了确认，更重要的是明朝政府对沿海地方社会的控制得到了进一步的加强。

随着时间的推移，慢慢地，福建地方官员发现开海贸易不会出什么乱子，相反地，还给地方带来了稳定的税收来源，对漳州的兵饷起了很大的支

① （明）郭造卿：《闽中经略议》，《天下郡国利病书・福建》，上海：上海书店出版社，1985 年，第 10 页。

持作用，以至于崇祯十二年(1639年)，给事中傅元初上《请开洋禁疏》，其中谈道："万历年间，开洋市于漳州府海澄县之月港，一年得税二万有余两，以充闽中兵饷。"[①]万历年间关于"泉漳分贩东西洋"的讨论就是海澄洋利日益重要的反映。而明朝廷方面也觉得有限制的开海并不会对其全国的统治构成威胁，相反地，还减轻了漳南的兵饷负担。因此，普通百姓出洋贸易的相应措施得以提出，并得到中央朝廷的允许、颁布、施行。

海澄舶税制度化的过程是中央与地方慢慢磨合的过程。其实，这一过程也是官方与民间长期以来所形成的自然默契状态的反映。

福建巡抚许孚远从实际出发，在经过调查了解民情之后，向朝廷做了报告，希望中央政府能考虑到普通百姓的切身利益和海禁政策将带来的后果。于是，这次海禁仅维持了短短的时间，海澄商民又可以申请文引，出海贸易了。

督饷官员吕继梗，浙江新昌人，举人。督捕通判，署三十八年饷。其为政详练周至，曾经提出饷事十议(也称吕侯十法)，得到上级官员的赏识并推行之。为了表达感激之情，海澄当地商人立碑加以称颂。

邵圭，浙江余姚人，举人，清军同知，署四十一年饷。在任期内，邵圭征收饷税，在完成官府规定的数额之外，对商民多实行放宽措施。这样的做法不仅没有对普通商民进行盘剥，相应地，还激发了海澄商民出海经商的积极性。

其后有官害、吏害和奸商之害等为主的三大商困，地方府县官员却积极有为，包括抵制高寀的力量抵销了明政府海洋政策可能产生的偏颇效果。

明清海洋管理政策中，海防是第一位的，实施过程中存在调整，体现为"敌"与"我"的划界，嘉靖时的倭患是显例。调动民间社会力量参与管理，可以化敌为友，产生孤立、缩小对立面的效果，郑芝龙的归明是突出的例子。

清政府的海洋政策是建立在如下背景的：(1)对付郑成功集团的禁海政策；(2)克服官员腐败的开海欲求；(3)防范里外勾结、颠覆清朝的禁海意向：禁南洋，禁天主教徒，禁走私(米、木材、军器等)；(4)播德宣教、充盈国库的外拓意识。

施琅认为开海必须以加强管理为前提。"如今贩洋贸易船只，无分大小

---

① (明)傅元初：《崇祯十二年三月给事中傅元初请开洋禁疏》，《天下郡国利病书·福建》，上海：上海书店出版社，1985年，第33页。

络绎而发；只数繁多，资本有限，饷税无几；不惟取厌外域，轻慢我非大国之风，且借公行私，多载人民，深有可虑。……此时内地人民，奸徒贫乏不少，弗为设法立规，节次搭载而往，恐内地渐见日稀。夫以台湾难民，尚荷皇上德意，移入内地安插，今内地之人，反听其相引而之外国，殊非善固邦本之法。……更考历代以来，备防外国，甚为严密。今虽与其贸易，亦须有制，不可过纵。以臣愚见，此飘洋贸易一项，当行之督、抚、提，各将通省之内，凡可兴贩外国各港门，议定上大洋船只数，听官民之有根脚身家、不至生奸者，或一人自造一船，或数人合造一船，听四方客商货物附搭，庶人数少而资本多，饷税有征，稽查尤易。……其欲赴南北各省贸易并采捕渔船，亦行督、抚、提作何设法，画定互察牵制良规，以杜泛逸海外滋奸。”不能说施琅的这些说法没有道理，加强管理，实现海外贸易的规模化、秩序化很有必要。由于施琅从清王朝的统治出发，因而其建议很快被采纳。

如何估计台湾的形势，是制定海洋政策的基础。施琅从一个军事家的角度，强调了处置台湾海峡地区局势的谨慎方略，并迅速化作清政府的政策，这既是清朝廷倚重施琅的表现，又是清政府不熟悉海洋环境的表现。

清政府向来担心有人把粮食、木材等贩运出口，也反对商人居留海外。但是“内地之民希图获利，往往于船上载米带去，并卖船而回，甚至有留在彼处之人”。这又引起清朝廷的惶恐。康熙帝一再指出，每年出海船只，多至千余，而“回来者不过十之五六，其余悉卖在海外”，“官造海船数十只，尚需数万金，民间造船何如许多？”[①]他担心人和船出海不归，于其统治不利。

康熙后期，由于土地高度集中，吏治腐败，阶级矛盾激化，国内民众起义不断，康熙担心内地人民与海外势力结成联盟反抗清朝，忧虑地说：“海外有吕宋、噶喇吧等处，常留汉人，自明代以来有之，此即海贼之薮也。”“台湾之人，时与吕宋地方人互相往来”，必须“豫为措置”。[②] 在这种形势下，清政府于康熙五十六年（1717 年）颁布了禁止与南洋贸易的命令，“其南洋、吕宋、噶喇吧等处，不许前往贸易”。[③] 清廷企图采用禁海的手段，来阻断假想敌的联络。

康熙朝海疆政策屡有变革，这缘于其对客观形势变化的因应。由于康

① 《清朝续文献通考》卷三三，《市籴》。

② 《圣祖实录》卷二七〇，第 15～16 页。

③ 《清朝续文献通考》卷三三，《市籴》。

熙帝本人及其大部分臣僚不熟悉海洋，制定海洋政策的分寸就很难把握。来自地方和民间的奏章和呼声，有的又无法上达；有的虽然上达，也不一定马上被中央所理解和认可，直至变成政策。当形成的政策施之于实践时，不同的官员又往往有不同的理解和应对态度，执行起来又会多种多样。正因为康熙帝力图沟通中央与地方、把握各方面的实态并及时调整政策，才导致康熙朝海疆政策中的时禁时开、时严时弛，多有反复的现象出现。

所有这些反映了对社会变迁形势的不断适应，反映了康熙朝野对海洋管理的不断探索，反映了康熙朝政策决策中的民主透明科学化倾向。康熙朝海疆政策反复变易既是认识海洋趋于深化的表现，又是认识海洋尚存在局限性的表现。

国家政权在海疆开发与发展过程中产生重要影响，社会条件对海疆开发和发展产生特殊影响，地理条件对海疆开发与发展有巨大影响。其中显示：海洋文明与内陆文明具有融通性和排他性，对国家政权具有依赖性和相对独立性。

在清代海洋管理政策演变史上，积极性和进步性是主要的，其对海峡两岸间的贸易产生了积极的带动作用，使两岸在一个较长的时间内形成一个政治、经济、文化一体化的格局。这是内陆文化与海洋文化相互交融的过程。台湾在这种大陆化、内地化的过程中，经济实力和文化基础均得以提升，为其后的发展创造了良好的条件。

王朝的统治者总是力图使自己的政权历万世而不辍，他们的努力往往是不遗余力的。朱元璋虽然被定位为小农出身，却为明初的海防建设谱写了浓墨重彩的篇章。其关于“御敌于外洋”的思想是立国之初的明王朝确立自信的标志，其中包含了民众对清明盛世的殷殷企求。卫所制度、墩台制度、寨堡制度等虽带有浓厚的陆地防御色彩，却是王朝矢志建立和谐海洋秩序的宣言。尽管其后王朝的政治威势渐显消减，但是海防的整顿和重建基调一直延续下来，嘉靖时期、万历时期乃至崇祯时期都有这样的精彩之笔。海防建设中的进与退并不是那么简单易见的，其中包含的时局走向、突发事件、人事纠葛等都可能左右着政策的走向和举措的伸缩。

由军事渐入行政是历代王朝将“化外”转为“化内”、由“盗区”变为“政区”的基本路径。在农业思维框架下的沿海区域曾因为“土地瘠薄”而被舍弃或忽略，海防地位的提升才促成它们进入统治者的视野，并通过设置政区的办法来实现这个目标。自上而下的设置政区要求有时还能得到自下而上的积极呼应乃至主动奔走，这是沿海区域长期形成的内附倾向。

要将对沿海区域的统治变成事实，一味地限制和禁止往往是与目标背道而驰的，发展当地的经济、提升老百姓的生计水平才能从根本上赢得人心，获得拥护。顺应民众融入跨境海洋贸易、合理地安排进出口的程序等成为管理者必须加以探索和实践的手段。这其中，不同阅历、不同站位、不同品性乃至不同风格的官员，留给世人的往往是各不相同的答卷。

顺应时势的月港贸易合法化较早呈现出明王朝的开放取向，福建沿海迅速进入国际贸易的大循环之中，厦门港深得其惠，异军突起。清朝倾向开放的海洋政策直接带动了江南城镇的遍地开花，宁波、上海等较大型港口城市分别成为不同时期南北洋的界标而兴盛起来，由宁波海商购置作为清理海盗障碍的第一艘轮船直接推进了中国近代轮船业的发轫。

由于明清时期的海洋开发是沿着两条轨道进行的，官方时常力图主导海洋事业的进程，不惜发动阵容强大而颇耗国力的郑和航行，朝贡之利只是富足了朝廷内府，这特别能被外朝官员抓住把柄，宣告这一举动为纰政。但是，具有厚利的海上活动便迅速为民间力量所接手，从汪直、郑芝龙、郑成功到蔡牵等等，前赴后继，层出不穷。在这样“外患纷起”的环境中，沿海人民出于自保的目的或建立起血缘、地缘或业缘、神缘的家族化组织，或相互抱团，自立规约，建立起小范围的秩序系统，因此，沿海人民正是在“爱拼才会赢”的逆境中开辟其发展通路的。

面对这“不靖的海”，政治家、思想家一样在“运筹帷幄”，顾炎武、蓝鼎元、魏源等都贡献出自己的思维智慧，显示出走向海洋的步履虽蹒跚，导向性却是坚定而踏实的。

第一章

明清朝廷海洋政策的演变

第一节　明初海上力量的投向选择与朝贡体制的重建

一、洪武年间重建朝贡体制战略目标的确立与海上力量的错误投向

明朝初创之际，国势艰难。在朱元璋统治的31年时间里，虽然国家面临着各种社会问题，国力也不宽裕，但这位皇帝却早早定下了重建朝贡体制的战略目标，试图通过确立中国对周边国家的宗主国地位，来树立明朝皇帝至高无上的权威。

“洪武初，海外诸蕃与中国往来，使臣不绝，商贾便之。”[1]但是洪武帝重建朝贡体制的行动明显是以军事力量为后盾的。例如，洪武三年(1370年)九月，针对辽霤不来朝贡，朱元璋公然向对方发出了武力恫吓：“近高丽、安南、占城、爪哇、西洋琐里、海外诸国，皆称臣入贡。……抑我师之未加，姑以为可自安耶？兹特遣人往谕，能番知天道，率众来归。官加擢用，民复旧业。

① 《明太祖实录》卷二五四，上海：上海古籍出版社，1983年，第3671页。

朕不食言,尔其图之。”[①]但是这种武力威胁主要还是针对与明朝有陆地相邻关系的朝贡国家,对于那些南洋、西洋地区的海外诸国,更多的还是依靠派使臣宣谕和贸易利诱来促使其朝贡,但这种脆弱的朝贡体制很快就因明朝与爪哇的宗蕃权之争而告破裂。

洪武十三年(1380年),作为中国传统朝贡国的三佛齐遣使来华,希望朱元璋派使臣前去册封他们的新国王。朱元璋欣然应允,但没想到的是,派去册封三佛齐王印绶的明朝使臣全部被“爪哇诱而杀之”。[②] 因为当时爪哇已控制了三佛齐,成为它的宗主国,而三佛齐传统上还是中国的朝贡国,因此明朝作为三佛齐的宗主国,向三佛齐派使臣去册封国王也是正常的。但是爪哇王觉得明朝此举威胁到了爪哇在当地的宗主权和地区霸权,故杀害了明朝册封使臣,以达到将明朝的宗主权排斥在南洋地区之外的目的。几年之后,朱元璋终于得知明朝使臣被杀的消息,大怒,“留其(爪哇)使月余,将加罪,已,遣还,赐敕责之”。[③] 此后“使臣商旅阻绝,诸国王之意遂尔不通”。[④] 洪武帝重建朝贡体制的设想大部分没有实现。

洪武时期重建朝贡体制的努力严重受阻,有两个重要原因都与海上力量有关。

一是明初海上力量建设上的不足。洪武初年,明朝海军虽然拥有3000～4000艘各型舰船,[⑤]但这些舰船主要来自于战争缴获,并且以内河舰船居多,适合远海航行的船只较少。客观上讲,洪武时期的明朝海军还处于初创期,只能担负从内水到近海区域的防御任务,海运业才刚刚恢复,适合远海航行的五桅海运船主要用来海运粮饷,保障京师物资供应。这些先天不足严重制约了明朝海军的远海作战能力。基于洪武时期海上力量的现状,朱元璋为海军确立的基本建设思路就是:在沿海各冲要之地建立起一个

① 《明太祖实录》卷五六,上海:上海古籍出版社,1983年,第1100页。

② (清)张廷玉等:《明史》卷三二四,列传二一二,《外国五·爪哇》,北京:中华书局,1974年,第8402页。

③ (清)张廷玉等:《明史》卷三二四,列传二一二,《外国五·爪哇》,北京:中华书局,1974年,第8402页。

④ 《明太祖实录》卷二五四,上海:上海古籍出版社,1983年,第3672页。

⑤ 何锋:《中国的海洋——明朝海上力量建设考察》,厦门大学博士学位论文,2007年,第9页。

"陆聚步兵，水具战舰"[1]的海上防御体系。后来出于防倭需要，于洪武七年(1374年)正月对这一战略做了调整，成立远海巡防舰队，命靖海侯吴祯为总兵官、都督佥事于显为副总兵官，率领江阴、广洋、横海、水军四卫舟师出海巡捕海寇。"所统在京各卫及太仓、杭州、温、台、明、福、漳、泉、潮州沿海诸卫官军，悉听节制。"[2]远洋舰队的巡逻区域最远到达琉球大洋，并与倭寇船队交火，给倭寇以沉重的打击。此后每年春季，海军舰队出海巡逻，分路防倭，秋季撤回，成为一种常例。[3] 但我们也要清楚地认识到，吴祯的远洋舰队主要任务是巡逻警戒，而且受制于大型远洋舰船的制造能力、人员训练水平和后勤保障等问题，这支舰队的远洋投送能力、作战能力和舰队自持力都不可能很强。客观上讲用于远洋巡逻尚可应付，用于远洋作战则力所不能及。

洪武十三年(1380年)爪哇杀害明朝使臣事件发生后，在相当长时间里改变了南洋地区的政治格局。爪哇成为南洋地区性大国，三佛齐首先被爪哇所灭，更名为旧港，苏吉丹、碟里、日罗夏治、渤泥、彭亨、百花、苏门答腊等爪哇附近的小国被爪哇所阻，不再到中国朝贡，爪哇成为西洋、南洋诸国贸易的中心，明朝方面"惟安南、占城、真腊、暹罗、大琉球自入贡以来至今来庭"。[4]

从战略地理角度来分析洪武十三年(1380年)后明朝在东南亚地区的朝贡国情况，我们发现，这些不再向中国朝贡的西洋、南洋地区的国家，在地理上均与中国远隔重洋，没有直接的陆地相邻关系。明朝属于典型的农业社会，其武装力量构成以陆军和步兵为主，这决定了对外施加军事影响力的地区只能是那些与明朝有陆地相邻关系的国家，只有这样，明朝对藩属国的军事威慑力才有用武之地，洪武皇帝对北元的征伐和对辽东霫族的武力恫吓就是明证。但是，海外诸国的地缘环境大不一样，它们与明朝远隔重洋，明朝陆军的威慑力对这些藩属国鞭长莫及。朱元璋如果要对西洋、南洋的藩属国采取武力行动，则必须依赖明朝的海上力量。在这里，海上力量的远洋投送能力和作战能力就成为重建朝贡体制，确保南洋、西洋诸藩国臣服的

---

① (清)张廷玉等:《明史》卷一二六,《汤和传》,北京:中华书局,1974年,第3754页。

② 《明太祖实录》卷八七,上海:上海古籍出版社,1983年,第1546页。

③ 范中义:《筹海图编浅说》,北京:解放军出版社,1987年,第203页。

④ 《明太祖实录》卷二五四,上海:上海古籍出版社,1983年,第3672页。

关键。但至少在洪武年间,明朝的海上力量不具备这个条件。洪武时期的明朝海军不仅无法向南洋地区投送,就连跨过对马海峡,攻击近在咫尺的日本也办不到。例如,当洪武十三年(1380年)所谓的胡惟庸通倭事件曝光后,朱元璋通过礼部向日本国王良怀(即室町幕府将军足利义满)发去诏书,以表达自己的不满,诏书上写道:"今日本君臣,以沧海小国,诡诈不诚,纵民为盗,四寇邻邦,为良民害。无乃天将更其君臣而弭其患乎。我至尊(即朱元璋)又不允,曰:……若以舳舻数千,泊彼环海,使彼东西趋战,四向弗继,故可灭矣。然于生民何罪?"[①]洪武十四年(1381年)良怀亲自复书,表达了绝不屈服于朱元璋的强硬态度:"臣闻天朝有兴战之策,小邦亦有御敌之图。论文有孔、孟道德之文章,论武有孙、吴韬略之兵法。又闻陛下选股肱之将,起精锐之师,来侵臣境。水泽之地,山海之洲,自有其备,岂肯跪途而奉之乎?顺之未必其生,逆之未必其死。相逢贺兰山前,聊以博戏,臣何惧哉。倘君胜臣负,且满上国之意。设臣胜君负,反作小邦之羞。自古讲和为上,罢战为强,免生灵之涂炭,拯黎庶之艰辛。特遣使臣,敬叩丹陛,惟上国图之。"[②]朱元璋"得表愠甚,终鉴蒙古之辙,不加兵也"。[③]

其实朱元璋放弃派兵的原因很简单,那就是明朝没有向远洋投送军事力量的能力。在朱元璋看来,连空前强大的元朝海军都失败了,比元朝海军弱小得多的明朝海军就更没有取胜的希望。所以,当明朝面对爪哇阻断南洋、西洋地区的朝贡贸易时,朱元璋也无可奈何,到最后还不得不将爪哇的使臣放回国,发一封抗议信了事。南洋、西洋诸国也正是看到了明朝海上力量的不足以及爪哇的现实威胁,才会放弃到中国朝贡,从而导致朱元璋以武力为后盾重建朝贡体制的失败。

二是朱元璋在海上力量的使用上存在着严重的战略投向错误。朱元璋的这个海上力量建设思想基本上是一个近海防御型海军战略,同时辅之以远海巡逻制度,其目的一是防倭,二是执行海禁政策。而恰恰是将海军用于执行海禁政策,标志着明朝在海上力量的使用上存在着严重的战略投向

① 《明太祖实录》卷一三八,上海:上海古籍出版社,1983年,第2175页。

② (清)张廷玉等:《明史》卷三二二,列传第二一〇,《外国三·日本》,北京:中华书局,1974年,第8343~8344页。

③ (清)张廷玉等:《明史》卷三二二,列传第二一〇,《外国三·日本》,北京:中华书局,1974年,第8344页。

错误。

海禁的提出最初是为了断绝大陆居民对方国珍、张士诚反叛余部的物资接济。但随着朱元璋巩固了在全国的统治后，继续借口“国珍及张士诚余众多窜岛屿间，勾倭为寇”，而“禁沿海民私出海”，[①]从军事角度上就解释不通了。其实，从洪武元年（1368年）到洪武十四年（1381年），平均每年发生的倭寇入侵事件只有2～3起，最多的洪武二年（1369年）也不过7起，[②]这些倭寇入侵事件在数量上远不及嘉靖年间，其破坏力也不大，甚至还比不上中国海盗对沿海居民造成的危害。所以，朱元璋以防倭作为实行海禁的理由，只能是一种掩人耳目的做法。

海禁政策出台有着深层次的原因：首先是朱元璋的维稳思想。他一心想恢复中国传统的自耕农社会，将农民重新固着到土地上，以便于控制管理。而商品经济和贸易的发展则会引起人员的迁徙与流动，使农民有机会接触更多的外部事物，这会从思想上打破小农安于现状的想法，更会引起对农民人身控制力的削弱。所以朱元璋对充当小农经济破坏者的商品经济和海外贸易心存恐惧，怀有敌视情绪。其次是朱元璋的报复心理。出于对沿海居民曾经大力资助过方国珍、张士诚怀恨在心，因此有意对沿海居民进行经济制裁和惩罚。最后才是防倭。事实上，从北宋晚期开始，中国沿海民间的海外贸易活动就越来越繁盛。政府通过市舶司对贸易加以管理，既增加了财政收入，又维护了沿海居民的利益，官民双方在海贸问题上相得益彰。宋元时期，中国沿海也有海盗和倭寇的袭扰，这在世界范围内也是一个普遍的现象，但并未对国家安全构成严重威胁，因此朱元璋借口防御海盗和倭寇而实行海禁的理由，在事实上是站不住脚的。朱元璋以一己私念，凭借国家的行政权力来实施海禁，阻止民间发展海外贸易，应该说是一种逆历史潮流而动的行为。可不幸的是，这种基于个人好恶而产生的海禁思想却被后来的统治者视为“祖宗成法”，不可更改，使得个人意志逐渐变成国家意志，加剧了沿海居民与中央政府的对立情绪，刺激了海盗、倭寇、私商的违禁行为的产生。

在实施海禁的日子里，明朝的海军担负着两个基本职能：保卫海疆和稽查民间海外贸易。有趣的是，这两项职能在今天看来，其目的刚好是自相矛

---

① （清）张廷玉等：《明史》志第六三，兵三，北京：中华书局，1974年，第2243页。

② 高扬文、陶琦主编：《明代倭寇史略》，北京：中华书局，2004年，第18页。

盾的。海军保卫海疆的行动，其根本目的应该是为本国的海上活动提供安全的外部环境，以利于海外贸易的开展。通过发展海外贸易，政府获得更多的资金来建设海军，促进海军的健康发展。但是我们看到，明朝海军却做着本末倒置的事情。按照朱元璋的逻辑，因为沿海居民出海贸易，所以海盗倭寇循利而来，引得海疆不宁。要使海疆安宁，就得查禁民间海外贸易，只要没人出海做生意了，倭寇、海盗就不会来侵扰了，海疆才会宁静。可这种违背经济规律的海军建设思想是不可能长久持续下去的。很快，海盗、私商、倭寇重新活动起来，沿海居民也对禁海令置若罔闻，私自出海贸易的人数有增无减，并且海军将领也很快被腐蚀，加入海上走私者的行列。随之而来的是洪武帝更加严厉的制裁措施和禁海令，于是海军官兵为了自保性命，不问良莠、不管官民，对所有出海的船只都加以查禁，结果连正常的海运都无以为继。洪武二十五年秋七月己酉(1392 年 8 月 18 日)，两浙运司向皇帝上言说："商人赴温州各场支盐者必经涉海洋，然著令军民不得乘船出海，故所司一概禁之，商人给盐不便。"朱元璋接到这个奏报后的尴尬表情可想而知，他斥责兵部官员说："海滨之人，多连结岛夷为盗，故禁出海。若商人支盐，何禁耶?"[①]随后命兵部移文谕之，要求海军巡逻人员对海运区别对待，不可一概查禁。在这场关于海禁的博弈中，正是朱元璋对贸易所持的错误想法和对海上力量的错误运用，才使得政府和民间都被这无谓的猫鼠游戏弄得疲惫不堪、两败俱伤。

海军是一个人数虽少，但资金、技术密集型的军种，其作战行动的成本是高昂的，但效果的显现却是长期的，这与陆上作战极不相同。这也正是作为传统农业文明熏陶下的中国皇帝多数都不重视海军的一个原因。在明初海上力量的建设中，除了洪武帝个人权威所提供的支持外，训练、使用、维护、管理中央和地方舰队的费用是惊人的。由于朝贡体制未备、朝贡贸易不兴、私人海外贸易被禁，海军不仅不能从海外贸易中获得支持其发展的资金，反而还要中央和地方从农业税收中拿出大量资金来进行补贴，这自然成为国家的财政包袱。朱元璋的做法使明朝海上力量的建设和海军的运用明显违背了海军自身存在的宗旨，即海军是为贸易而生，而不是用来阻止贸易的。

---

① 《明太祖实录》卷二一九，上海：上海古籍出版社，1983 年，第 3218 页。

二、永乐年间海上力量的远洋投送决定了朝贡体制重建的成功

到了永乐年间，明朝国势日趋强盛，完成重建朝贡体制的设想有了实现的物质条件和外部环境。这时期，明朝拥有了完善的海运体系，有强大的中央直属舰队和海岸警卫舰队，有专门用于防倭的远洋巡防舰队，有由卫所、水寨构成的完备海军基地，还有大批常年奔波在海上的水手和海军战斗人员。国内造船场已经能建造排水量从数千吨到上万吨不等的大型船舶，宝船、海运船、战座船、马船、快船、水船等适合远洋航行需要的各型船舶应运而生，功能上涵盖了一支远洋舰队所需的指挥、护卫、作战、后勤保障、通信联络等各方面。这一切技术条件的达成，为永乐帝推行向海外发展，完成重建朝贡体制的战略目标提供了可能。雄才大略的朱棣夺取帝位后自认为是"奉天命天君主天下"的"共主"，要海外各国都来朝贡。从战争中夺取政权的朱棣很清楚空言恫吓与实力展示之间是有巨大差异的，要想避免重蹈洪武时期的覆辙，就必须大力加强明朝海军的远洋投送能力和远洋作战能力，用实实在在的军事威慑来保障朝贡体制的重建。

首先是重组远洋巡防舰队。远洋巡防舰队最初是在洪武七年（1374年）正月组建的，朱元璋死后，明朝陷入长达4年的靖难内战之中，远洋巡防舰队的人员和船只也被交战双方抽来调去，损耗在各个战场上。到战争结束时，舰队已经名存实亡。朱棣即位后，要想重建朝贡体制，向海外宣布国威，必须有一支能遂行远洋作战任务的海军舰队才行，因此重建远洋巡防舰队，为后续的海军远洋行动做准备，就成为实现重建朝贡体制这项战略任务的第一步。永乐六年（1408年）十二月，朱棣"命丰城侯李彬充总兵官……统帅官军自淮安抵沙门岛缘海地方剿捕倭寇。命都指挥罗文光充总兵官，指挥李敬元充副总兵官，统帅官军自苏州抵浙江等处缘海地方剿捕倭寇"。十二月庚子（1409年1月12日）又"命都指挥姜清、张真充总兵官，指挥李珪、杨衍充副总兵，往广东、福建。各统海舟五十艘，壮士五千人，缘海提备倭寇。如与丰城侯，仍听丰城侯调遣"。[1] 这样，在永乐六年（1408年）十二

[1] 《明太宗实录》卷八六，上海：上海古籍出版社，1983年，第1147页。

月底的时候，朱棣完成了远洋巡防舰队的重建工作，并从编制体制上强化了对沿海各省海岸警卫舰队的控制和管理，明朝海军恢复了"远洋—近海—岸基"的三层防御体系。

其次是利用海军的远洋作战能力对拒绝朝贡的国家和地区进行军事打击，震慑其他国家，从而保证重建朝贡体制的顺利进行。

当永乐帝雄心勃勃地准备开始向海外宣布国威，重建朝贡体制的时候，首先碰到了安南的挑战。安南权臣黎季犛在诛杀前国王后自立为王，公开与明朝武装对抗，试图摆脱藩属国的地位而独立。安南的行为严重挑战了永乐帝重建朝贡体制的雄心，这是他无法容忍的。在永乐帝的支持下，郑和这位有勇有谋、实战经验丰富的心腹内侍被选中，率领着当时世界上最强大的舰队远航西洋，去实现重建大明朝贡体制的梦想。而张辅则被委任为征讨安南的总兵官，率领数十万明军去征讨安南。

永乐三年六月己卯(1405 年 7 月 11 日)，永乐帝命郑和为正使、王景弘为副使，率领 27800 多人出使西洋诸国。舰队自刘家港扬帆起航，经刘家河出长江口，然后"泛海至福建，复自福建五虎门扬帆"，[①]开始了第一次下西洋的航行。郑和下西洋的第一个任务是联络占城，配合张辅即将展开的征讨安南的军事行动。

此时占城正受到北部安南国的侵略，郑和舰队的到来给占城国王占巴的赖极大的军事支持。这种帮助一方面有助于增强占城的防御作战能力；另一方面也将安南军队的注意力吸引到了南边，从而迫使安南陷入南北两线作战的不利境地。郑和的舰队在占城一直待到永乐四年(1406 年)五月才走，随后七月总兵官征夷将军成国公朱能率大军讨伐安南(朱能病笃，实际上由张辅代行指挥权)。[②] 郑和在占城停留了 10 个多月，指挥他的人协助占城军队抵抗安南的进攻。当明朝的征讨大军即将出动时，安南不得不将侵略占城的军队从南线调往北线，以防御明军的进攻。这样，占城面临的军事威胁解除，郑和的第一个任务完成。由于还有其他使命，不能在占城久留，所以在稳定了该国的局势后，郑和舰队就顺风南下，经过 20 天的航行，于永乐四年(1406 年)六月到达阇婆(今印度尼西亚的爪哇岛)。

---

① (清)张廷玉等：《明史》卷三〇四，列传第一九二，北京：中华书局，1974 年，第 7766～7767 页。

② 《明太宗实录》卷五八，上海：上海古籍出版社，1983 年，第 852 页。

在爪哇，明朝官兵遭到爪哇西王的伏击，170 人被杀。郑和得知人员遇袭的消息后，立即组织大部队前去救援，并准备讨伐西王。永乐帝获悉此事后，“赐敕切责之，命输黄金六万两以赎。六年再遣郑和使其国。西王献黄金万两，礼官以输数不足，请下其使于狱。帝曰：‘朕于远人，欲其畏罪而已，宁利其金耶？’悉捐之。自后，比年一贡，或间岁一贡，或一岁数贡”①。在明朝远洋海军的威慑下，爪哇自此臣服，从而丧失了对南洋、西洋地区的贸易垄断地位。之后郑和率舰队到达旧港（今印度尼西亚苏门答腊岛巨港），向其酋长陈祖义宣谕，要其向明朝朝贡，但遭到海盗出身的陈祖义武装偷袭。不过陈的武装反抗行动最终以失败告终，陈祖义集团被消灭，明朝在旧港故地设立旧港宣慰使司，成为明朝在南洋地区的最高行政机构。陈祖义武装抗拒明朝的行为以惨败告终，南洋诸国大为震动，从而意识到在强大的明朝海军面前最好不要搞对抗，以臣服为上策，这样不仅可以获得明政府的赏赐，而且海路的安全也能得到明朝海军的保障。旧港事件后，郑和在东南亚一带再没有碰到类似的武装对抗行为。经过爪哇和旧港事件，明朝海军打破了爪哇和旧港对南洋地区海上贸易和海上商路的垄断控制，为西洋和南洋诸国直接与明朝开展贸易创造了有利条件，绝大多数东南亚国家被纳入明朝的朝贡体制当中，成为明朝的藩属国。

永乐六年九月癸亥（1408 年 10 月 7 日）郑和第二次出使西洋，②在锡兰山（今斯里兰卡）与其国王亚烈苦奈儿发生了武装冲突。明朝指责亚烈苦奈儿贪财，欲劫夺郑和舰队的金银财宝。而锡兰则指责郑和欲夺取该国圣物“佛牙”和立碑，以强迫锡兰向明朝臣服朝贡。不管双方所持的理由如何，这场武装冲突以郑和的胜利而告结束，亚烈苦奈儿及其妻子官属被明军俘虏，锡兰士兵向明军投降。③ 永乐九年夏六月乙巳（1411 年 7 月 6 日），“郑和还自西洋”，④将擒获的锡兰国国王和官员“献俘于朝”，永乐帝“赦不诛，释归国”。“是时，交阯（即安南）已破灭，郡县其地，诸邦益震詟，来者日多。”⑤

① （清）张廷玉等：《明史》卷三二四，列传二一二，《外国五·爪哇》，北京：中华书局，1974 年，第 8403 页。

② （清）张廷玉等：《明史》卷六，本纪第六，《成祖二》，北京：中华书局，1974 年，第 85 页。

③ （清）张廷玉等：《明史》卷三〇四，列传第一九二，北京：中华书局，1974 年，第 7767 页。

④ （清）张廷玉等：《明史》卷六，本纪第六，《成祖二》，北京：中华书局，1974 年，第 89 页。

⑤ （清）张廷玉等：《明史》卷三〇四，列传第一九二，北京：中华书局，1974 年，第 7767 页。

永乐十年十一月丙申(1412年12月18日),郑和第三次下西洋,[①]在苏门答腊遭到了与苏门答腊新国王敌对的苏干剌军队的袭击。郑和指挥明军还击,大败苏干剌并将其活捉,永乐十三年七月(1415年8月)还朝后永乐帝下令处死了苏干剌。苏门答剌事件后,郑和舰队到达暹罗国(今泰国)。当时暹罗国正致力于地区扩张,试图吞并满剌加(即马六甲)。郑和到来后积极干预此事,谴责暹罗国,支持满剌加独立。[②] 在中国的军事压力下,暹罗国承诺放弃吞并满剌加的企图。之后到达锡兰国,解决锡兰国王的废立问题。[③] 随后舰队北上印度东海岸,抵达孟加拉湾,然后折回马六甲海峡,在满剌加修筑城堡后返国。

在前三次下西洋的过程中,郑和以杰出的外交、军事才能有效阻止了在安南、爪哇、旧港、锡兰、苏门答腊、暹罗、满剌加等地出现的武装对抗明朝和妄图称霸地区的事件,还建立了海外行政机构和军事据点,保证了明朝重新建立的朝贡体制不被撼动,树立了明朝作为宗主国的绝对权威。这些事件也使南洋、西洋诸国切身感受到了明朝海军的威力,不敢再与明朝对抗。此后郑和再出使西洋就变得一帆风顺了,绝大多数西洋国家向明朝称臣纳贡,成为明朝朝贡体制当中的一员。中国在整个西洋地区获得了空前的声望,而这些威望的获得除了源于中国人的和平交往原则外,更离不开明朝海军所具备的强大远洋投送能力和战斗力,才使洪武、永乐两朝确立的重建朝贡体制的战略目标得以实现。明朝朝贡体制的艰难重建过程再次证明了国际交往中的一个基本原则:平衡依赖于力量,和平依赖于威慑。

三、远洋海军的存在使明朝控制了朝贡贸易的核心

朝贡体制重建以后,明朝官方主导的朝贡贸易遂成为永宣时期主要的海外贸易方式。通过朝贡贸易,明政府聚敛了巨额财富。虽然我们还不清楚这些财富在皇帝内库和政府国库之间是按何种比例分配的,但永乐帝无疑从中大获其利,使他有兴趣继续推动远航事业的发展。那么,明朝是如何

① (清)张廷玉等:《明史》卷六,本纪第六,《成祖二》,北京:中华书局,1974年,第90页。

② 时平:《论郑和海权的性质——兼谈郑和海权研究中的几个问题》,南京郑和研究会编:《走向海洋的中国人》,北京:海潮出版社,1996年,第111～112页。

③ 时平:《论郑和海权的性质——兼谈郑和海权研究中的几个问题》,南京郑和研究会编:《走向海洋的中国人》,北京:海潮出版社,1996年,第111页。

通过朝贡贸易来大获其利的呢？其奥妙就在于明政府在依靠远洋海军树立在南洋和西洋地区霸权的时候，不经意间也控制了货币发行权和贸易定价权，其中最重要的就是贸易定价权。

首先是货币发行权。控制货币发行权的实质就是明朝要使本国的纸币成为西洋诸国与中国进行贸易时的一种结算单位。明初，政府继续使用纸币作为本国的流通货币，但是汲取元代钞法的成功经验和失败教训，发行的纸币有充足的贵金属做保证金，以保证纸币不贬值。洪武二十三年（1390年）的时候，朱元璋就曾经为表彰朱棣征讨乃儿不花的战功而赏赐给朱棣钞100万锭，可见明朝初期，国内的纸币供应量是相当巨大的。但是，纸币仅仅在国内流通还不足以说明明朝的影响力超过前代，这也与洪武帝、永乐帝要实现海外诸国万邦来朝的志向不符。因此，朝贡贸易体制能否建立，朝贡贸易能否推行下去，重要的就是看朝贡国是否使用明朝的纸币作为贸易结算单位。就像宋代那样，中国的铜钱成为整个亚太地区公认的流通货币和结算单位。但是明朝的纸币与宋代的铜钱有个本质区别，那就是宋代的铜钱本身有价值，因此被国内外大量储藏、走私、熔铸和挪作他用，导致了严重的钱荒问题，极大地消耗了宋朝的货币财富；而明朝的纸币本身没有任何价值，它只是一种货币符号或者信用凭证，明朝纸币的信用好不好，主要取决于国家的实力。因此，明政府不论是把纸币赠予外国，还是与海外诸国使用纸币进行贸易结算，实际上都是拿明朝的国家信用做交换媒介，与存放在国内的由贵金属充当的保证金无关，纸币的交易与流通并不会带走明朝国内的货币财富。

在纸币的使用上，西洋诸国面临着三种情况：一是明朝经济军事力量强大，纸币信用高时，向明朝称臣纳贡，使用明朝纸币进行贸易；二是明朝经济军事力量强大，但纸币开始贬值，作为藩属国，被迫使用明朝纸币进行贸易；三是明朝经济军事力量严重削弱，纸币贬值，作为藩属国拒绝使用明朝纸币进行贸易，而明朝再也没有能力使用军事力量强迫藩属国接受纸币进行贸易。可见，明朝要长时间实现对货币发行权的控制，让南洋、西洋地区的藩属国接受纸币，并不是件容易的事情。特别是当第二、三种情况出现时，为了保证纸币在朝贡贸易中的结算地位不动摇，明朝政府就必须依靠远洋海军的军事力量来维持。

洪武、永乐时期中国国力强大，纸币的信用很好，几乎可以与等重量的白银相兑换，因此海外诸国也乐于接受纸币。例如，洪武二十三年（1390

年)，“中山来贡，其通事私携乳香十斤、胡椒三百斤入都，为门者所获，当入官。诏还之，仍赐以钞”。[①] 这件事说明当时明朝与朝贡国进行交易时是以纸币为结算单位的，而且正因为当时明朝纸币的信用好，所以交易者愿意接受纸币。此外，从明朝对外国的赏赐中也可看到当时纸币的影响力在向国外逐渐扩大。明朝在回赠朝贡国的礼物中，除了赏赐个别国家少量的金银、铜钱外，大多数时候给的都是纸币。如永乐四年(1406 年)八月，冯嘉施兰酋长“嘉马银等来朝，贡方物，赐钞币有差”；[②]永乐九年(1411 年)，满剌加国王率妻子陪臣共 540 余人的庞大使团来明朝朝贡，回国之际，永乐帝赐给其国王的礼物中就含有“钞四十万贯”；[③]永乐二十九年(1431 年)，永乐帝给郑和钞 10 万贯以便在海外分发。[④] 明朝的纸币就这样随着对朝贡国的赏赐和郑和的远航，不断向海外扩散，从而导致使用明朝纸币作为贸易结算单位的地区和范围不断扩大，明朝的影响力也不断扩大。由于明朝的纸币本身并不是金属货币，因此赏赐大量纸币并不会减少国家货币财富的持有量。同时伴随着郑和舰队建立起来的朝贡体制，这些散发出去的纸币又通过朝贡贸易的渠道开始回流，从而使得藩属国在经济、政治上不断加强与宗主国的联系。

至于说郑和下西洋造成了国力耗费巨大，导致国家财政空虚，则有违事实。造成官员们抨击远洋活动耗费国家财力的直接原因则可能是内库与国库在朝贡贸易收益上的不合理分配比例。皇帝从朝贡贸易中获利颇丰，且收益大部分进了自己的内藏库，但政府却要从国库中掏钱出来为皇帝的朝贡赏赐买单，所以就可能出现政府亏钱而皇帝赚钱的情况。皇帝赚了钱自然对远洋活动大力支持，而政府亏了钱当然对远洋活动大加批评。

在永乐前期，夏原吉掌管财政，明政府尽管建造包括宝船在内的 1700 多艘远洋船只，组织大规模的海运，赐予王公和功臣大量重礼，以及支出安南战争的费用，政府仍未出现财政赤字。造成国家财政空虚的真正原因是

---

① (清)张廷玉等:《明史》卷三二三，列传第二一一，《外国四・琉球》，北京:中华书局，1974 年，第 8362 页。

② (清)张廷玉等:《明史》卷三二三，列传第二一一，《外国四・冯嘉施兰》，北京:中华书局，1974 年，第 8380 页。

③ (清)张廷玉等:《明史》卷三二五，列传第二一三，《外国六・满剌加》，北京:中华书局，1974 年，第 8417 页。

④ (美)罗荣邦著，陈希育译:《明初海军的衰弱》，《远东》第 5 卷，1958 年，第 66 页。

迁都北京后大兴宫殿、远征漠北、宫廷的奢侈挥霍、对皇室成员的过度赏赐，以及官员的贪污腐败。因为明初，政府的财政收入以农业税为主，当大量的农业税收投入上述行为中时造成对财政收入的纯消耗，却没有产生任何经济收益。因此，长时间的收支不平衡必然导致财政空虚。而政府官员的贪污腐败使得本已拮据的财政雪上加霜。以造船业为例，政府官员从中大肆敛财，普通军民则必须忍受沉重的剥削和压榨。吏部尚书蹇义(大约在永乐十一年之后担任尚书)在向皇帝呈送的奏折中就说道："在京各卫成造海船等件，所有物料虽是官给，然有匠作原计数少，或该科放支，斤两不足，率令军民陪补。头会箕敛，侵损非细。"①

当大兴土木、远征漠北、挥霍无度、巨额赏赐和官员贪腐在纯消耗着明政府的财政收入时，只有郑和建立的朝贡贸易体制帮助明政府赚到了钱，但这些钱多数进了皇帝的口袋，可能只有少数进入了国库。正是通过进入国库的那部分朝贡贸易的收益，才在一定程度上弥补了农业税收的纯消耗，使得永乐年间明政府的财政收支大体维持平衡。所以当永宣之后，中国航海事业停顿下来，朝贡贸易的收益没有了，而造成农业税收纯消耗的那些行为还继续存在时，明政府的财政就陷入入不敷出的境地了。

其次是贸易定价权。随着郑和下西洋建立起来朝贡体制，朝贡贸易也如火如荼地开始进行，明政府从朝贡贸易中聚敛了大量财富，但这些财富并不完全是通过等价交换的原则获取的，而是通过取得贸易定价权，进而通过垄断价格来获取的。可以说，贸易定价权的得与失直接关系着朝贡贸易是赚钱还是亏本，进而关系到朝贡贸易的存亡。而在决定贸易定价权的过程中，明朝远洋海军的军事威慑力是个至关重要的因素。

贸易定价权在朝贡贸易中是如何发挥作用的呢？通过郑和舰队的远航，西洋诸国见识到了明朝远洋海军的战斗力和威慑力，于是称臣纳贡，成为明朝的藩属国，从而接受郑和的纸币馈赠，同意使用纸币作为朝贡贸易的结算单位，并在朝贡贸易中按照明朝政府制定的不等价交换原则进行交易。当西洋诸国的朝贡使团来到中国后，明政府除了象征性地接受少量贡物外，一般都会从使团手中购买许多贡品和商品，主要以朝廷和皇室需要的高附加值商品和奢侈品为主，例如黄金、白银、铜、马匹、苏木、药材等。在购买

① (明)陈子龙:《明经世文编》卷一四，《蹇忠定公疏》，《上言十事疏》，北京：中华书局，1962年，第100页。

时，明政府以朝贡体制中规定的低价购买原则购买这些高附加值商品。例如，明政府向外国使者购买黄金，一两黄金付给50贯纸币，一两白银付给15贯，而当时官方的兑换率是一两黄金值400贯，一两白银值80贯。又例如苏木，1433年之前的市场价是500克价值5～50贯钱，而明政府购买500克苏木仅支付半贯钱。[①] 这就是垄断低价。通过这种方式，明朝至少从朝鲜得到1000两的黄金和1万两的白银，从安南取得了1000两的黄金和2万两的白银。[②] 当使团离开时，明政府回赠部分礼物，使团也会购买大批中国商品回国，这些商品主要是技术含量高的丝织品、陶瓷、茶叶、铁器等工业品，这也是朝贡国统治者需要的奢侈品。朝贡使团在购买这些商品时必须按明朝官方给出的价格购买，这个价格一般都会比国内市场高，于是形成垄断高价。即便在卖给朝贡使团商品时以市场价出售，但由于明政府在购买商品时控制着垄断低价，因此仍然从朝贡贸易中大获其利。所以，对垄断低价和垄断高价的控制，尤其是对垄断低价的控制，才是贸易定价权的关键。

通过皇帝回赐和郑和分发出去的大量纸币，最终为明朝换回来的是大量高附加值的物质财富，而明朝所付出的只是一堆印有花花绿绿图案的纸。伴随郑和舰队七下西洋的征程，明朝运用远洋海军的威慑作用，牢牢控制了货币发行权和贸易定价权，使得明朝得以依靠不等价交换原则从朝贡贸易中大获其利，从而确保朝贡体制的有效运行。

永宣之后，虽然中国的远航事业停顿下来了，但朝贡贸易体制所确立的不等价交换原则因其制度惯性还存在了一段较长时间，明朝皇帝在这种官方主导的朝贡贸易中还是能获利，只是获利不及以前丰厚罢了。而明政府则还要继续为皇帝的朝贡赏赐买单，却毫无收益可言，因此明朝的皇帝与政府对朝贡贸易的兴趣都在降低。

四、远洋海军的消失导致朝贡体制在西洋地区的没落

虽然明政府通过控制货币发行权和贸易定价权从朝贡贸易中获取了大量好处，但从经济学的角度看，明政府对于这两权的认识和运用始终处于一

---

① (美)罗荣邦著，陈希育译：《明初海军的衰弱》，《远东》第5卷，1958年，第66页。原文中的“盎司”对应中国的“两”。

② (美)罗荣邦著，陈希育译：《明初海军的衰弱》，《远东》第5卷，1958年，第66页。

种不自觉和无意识的状态下。它没有认识到货币发行权和贸易定价权作为一种经济手段在朝贡贸易中的特殊地位和极端重要性，更没有意识到远洋海军与朝贡贸易间反映出来的军事与经济的内在联系，因此才有后来的弃远洋海军和贸易定价权如敝屣的行为。

郑和舰队的远洋航行为明朝政府带来了巨大的利润和好处，这绝不是像一些官员所说的那样，远航耗费了巨大国力，导致财政空虚，民生艰难。洪熙元年二月（1425 年 2 月），郑和舰队回国，新即位的洪熙帝朱高炽（即明仁宗）迫于国内政治压力，以及他本人对明朝海洋权益的无知，于是命“郑和领下番官军守备南京”，[①]不许他再下西洋。鉴于永乐帝开创的航海事业和朝贡体制有夭折的危险，郑和向新皇帝上言：“欲国家富强，不可置海洋于不顾。财富取之海，危险亦来自海上。一旦他国之君夺得南洋，华夏危矣。我国船队战无不胜，可用之扩大经商，制服异域，使其不敢觊觎南洋也。”[②]但是明仁宗没有听取郑和的建议。明宣宗即位后，又听从朝中腐儒的清议，将海军和陆军从安南撤出，安南的独立使明朝在东南亚地区的威望一落千丈，朝贡体制甚至因此出现崩溃的危险。

自明朝海军第六次下西洋结束 5 年之久后，西洋诸国见中国海军长期不至，遂产生轻慢之情，向明朝的朝贡也不再积极。于是在宣德五年（1430 年）六月，宣德皇帝“以践阼岁久，而诸番国远者犹未朝贡”为由，[③]派郑和、王景弘率领舰队第七次远航西洋，到 1433 年郑和舰队才启程回国。当返航到古里时，63 岁的郑和因积劳成疾，不幸辞世。宣德八年（1433 年）七月，王景弘指挥远洋舰队回到中国。从此以后，明朝的海上远航活动结束，郑和的航海日志被销毁，宝船被拆解，人员被遣散。随着时间的推移，明朝也逐渐失去了能够制造大型远洋舰船所需的技术、熟练工人、原材料供应渠道等，使得明政府在以后即便有心重建远洋舰队，但因失去了装备制造能力而不得不放弃。失去了技术支持就不可能再建造出远洋舰船，当然也就更谈不上向海外投送军事力量。随着海军远洋投送能力的丧失，建立在不等价交换原则基础上的朝贡贸易格局必将被西洋诸国打破，货币发行权和贸易定价权的丧失也是迟早的事情。明英宗时期，中国经历了正统十四年（1449

---

① （清）张廷玉等：《明史》卷七四，志第五〇，北京：中华书局，1974 年，第 1826 页。
② （法）弗朗索瓦・德勃雷著，赵喜鹏译：《海外华人》，序，北京：新华出版社，1982 年。
③ （清）张廷玉等：《明史》卷三〇四，列传第一九二，北京：中华书局，1974 年，第 7768 页。

年)的“土木堡之变”惨败,经济和军事实力遭到重创,明政府再也不能威慑西洋诸国了。

明朝随着国力的削弱和远洋海军的消失,国家信用也大不如前。明朝纸币此时已经贬值到不及票面价值的10%,外国人完全拒绝纸币,要求以丝、瓷和大量铜钱作为赏赐物品和报酬。对于外国使者带来的商品,再也不能强迫他们按明政府规定的低价出售,而必须按市场价格偿付。到了景泰四年(1453年),当500克苏木的市场价维持在5～8分白银时,明廷固定付给7分白银。① 此时朝贡贸易对于明朝的皇帝和政府而言都已经无利可图,而且在事实上赏赐贡品还变成一种纯粹消耗政府财源的负担,明朝的皇帝和政府都失去了对朝贡贸易的兴趣。历经洪武、永乐两朝建立起来的朝贡体制此时已不可避免地走向没落,但这恰好为民间海上贸易的兴起让出了广阔的空间。

第二节　洪武年间海防思想的转变与福建海防建设

一、洪武初年的海防思想与实践

明朝建立伊始便受到了来自日本海盗的袭扰,倭寇成为明初海防最主要的对象。明代是我国古代海防建立的时期,②而洪武年间又是整个明代海防的创立时期,其间又以洪武十八年(1385年)汤和出而经略为界,分为前、后两个阶段,这两个阶段在海防指导思想与具体海防实践中都存在着重大的区别。学界有人忽视洪武初年海防思想与实践的阶段性,将前后两个阶段混为一谈。而在分析转变原因时,将洪武年间海防思想与实践的转变

① (美)罗荣邦著,陈希育译:《明初海军的衰弱》,《远东》第5卷,1958年,第66页。

② 茅元仪《武备志》云:“海之有防自本朝始也,海之严于防自肃庙时始也。”蔡方炳的《海防篇》亦云:“海之有防,历代不见于典册,有之,自明代始。”齐翀修纂(乾隆)《南澳志》也说:“古有边防而无海防,海之有防自明始也。”

归结为外交策略的变化，忽视了转变过程中军事因素的作用。[①] 实际上，在前一个阶段，明太祖寄希望于用外交手段来解决倭寇问题的同时，并未放弃军事斗争。洪武初年的海防主要强调海上巡倭，并建立起相应的巡海制度。然而，洪武初年的巡海思想与实践在海陆防御上都存在着重大的缺陷，成为明廷在防倭策略上进行深刻调整的重要原因。

洪武十八年(1385 年)之前的海防思想集中体现在德庆侯廖永忠[②]的奏章中。洪武六年(1373 年)春正月，廖永忠根据“倭夷鼠伏海岛，因风之便以肆掠，其来如奔狼，去若惊鸟，来或莫知，去不易捕”的特点，提出：“令广洋、江阴、横海、水军四卫添造多橹快舡，命将领之，无事则沿海巡徼，以备不虞。若倭夷之来，则大船薄之，彼欲战不能敌，欲退不可走，庶乎可以剿捕也。”[③]这实际上就是“海上巡倭”的海防思想。

“海上巡倭”思想提出后便为明太祖朱元璋所接受，随即明廷任命总兵官派出中央直属水军，[④]开始组织大规模的巡海。洪武六年(1373 年)三月，诏以广洋卫指挥使于显为总兵官，横海卫指挥使朱寿为副总兵，出海巡倭。[⑤] 第二年正月，又“以靖海侯吴祯为总兵官，都督佥事于显为副总兵，领江阴、广洋、横海、水军四卫舟师出海，巡捕海寇，所统在京各卫及太仓、杭州、温、台、明、福、漳、泉、潮州沿海诸卫官军悉听节制”。[⑥] 自是，吴祯“每春以舟师出海，分路防倭，迄秋乃还”。[⑦] 在地方，针对滨海州县“官军逐捕，往

---

① 驻闽海军军事编纂室：《福建海防史》，厦门：厦门大学出版社，1990 年；杨金森、范中义：《中国海防史》，北京：海洋出版社，2005 年；黄中青：《明代海防的水寨与游兵——浙闽粤沿海岛屿防卫的建置与解体》，宜兰：学书奖助基金，2001 年；等等。

② 元末，廖永忠随其兄廖永安率水军归附朱元璋。在攻打陈友谅、张士诚、方国珍的战争中总领水军，屡立奇功。后拜征南将军，略定福建、两广，以功封德庆侯。廖永忠是明初为数不多的有实际海战经验的水军将领。(详见《明史·廖永忠传》)

③ 《明太祖实录》卷七八，“洪武六年正月己酉”条，上海：上海古籍出版社，1983 年。

④ 按：明初中央直属水军主要包括廖永忠所提到的设立于洪武元年(1368 年)的江阴卫和广洋卫，以及设立于洪武四年(1371 年)的横海卫，以上三卫皆为亲军指挥使司。水军卫则于洪武四年(1371 年)改建为水军左、右二卫。此外，还有洪武三年(1370 年)，在京营中设立直属于都督府的水军 24 卫，每卫置船 50 艘，军士 350 人缮理，“遇有征调则益兵操之”。详见《明太祖实录》卷三四，“洪武元年八月己丑”条；卷五四，“洪武三年七月壬辰”条；卷七〇，“洪武四年十二月戊戌”条，上海：上海古籍出版社，1983 年。

⑤ 《明太祖实录》卷八〇，“洪武六年三月甲子”条，上海：上海古籍出版社，1983 年。

⑥ 《明太祖实录》卷八七，“洪武七年春正月甲戌”条，上海：上海古籍出版社，1983 年。

⑦ (清)张廷玉等：《明史》卷九一，《兵三》，北京：中华书局，1974 年，第 2243 页。

往乏舟，不能追击”[①]的情况，从洪武五年(1372 年)开始，明太祖多次诏令沿海卫所造海舟，以御倭寇。由此，建立了任命总兵官[②]率领中央直属水军和地方水军大规模出海巡捕倭寇的巡海制度。洪武初年的巡海制度确实也取得了一定的战果。例如，洪武七年(1374 年)总兵官吴祯就曾追击倭寇至琉球大洋并大败之。[③] 但是，巡海制度也暴露出重大的缺陷。中国沿海的海岸线漫长，“自广东乐会接安南界，五千里抵闽，又二千里抵浙，又二千里抵南直隶，又千八百里抵山东，又千二百里逾宝坻、卢龙抵辽东，又千三百余里抵鸭绿江，岛寇倭夷，在在出没”[④]。仅靠数量有限的舟师力量是无法全面顾及的，巡海往往漏洞百出，倭寇常常得间登岸“寇掠自如”。[⑤] 而在巡海制度下，地方海上布防长期滞后、更易不常。如，洪武十五年(1382 年)，浙江都指挥使司奏，“杭州、绍兴等卫，每至春则发舟师出海，分巡嘉兴、澉浦、松江、金山防御倭夷，迨秋乃还。后浙江之舟难于出闸，乃聚泊于绍兴钱清汇，然自钱清抵澉浦、金山，必由三江、海门俟潮开洋，凡三潮而后至。或遇风涛，动逾旬日，卒然有急，何以应援？不若仍于澉浦、金山防御为便。其台州、宁波二卫舟师，则宜于海门、宝陀巡御，或止于本卫江次备御，有警则易于追捕。若温州卫之舟，卒难出海，宜于蒲州、荆门海口备之”。[⑥] 可见，在巡海制度下，地方海上没有进行缜密的布防，导致战船缺乏适宜的抛泊地，没有明确的巡哨和防御范围，缺乏相应的应援机制，使得整个地方海上防御涣散不堪。洪武十五年(1382 年)开始，明太祖也逐渐发觉巡海制度的种种弊端。洪武十五年(1382 年)正月，山东都指挥使司请求发舟师出海巡倭，明太祖答复：“海道险，勿出兵，但令诸卫严饬军士防御之。”[⑦]驳回了地方出

---

① 《明太祖实录》卷七五，“洪武五年八月甲申”条，上海：上海古籍出版社，1983 年。

② 明初遇到大的征讨即派遣公、侯、伯等出任总兵官，挂某某将军印，统兵出征。洪武、永乐年间抗倭也采用了任命总兵官挂印出征的制度，明廷多次派遣总兵官赴沿海领导抗倭。洪武、永乐年间的总兵官位高权重，地位十分显赫。每遇总兵官出征则沿海都司、卫所、水陆官军皆听其调度，事权最重。然而，明初的总兵官事权虽大，却为差遣官，因事而立，因时而设，事毕，“上所佩印，官军各回卫所”，体现了很强的临时性特点。

③ (清)张廷玉等：《明史》卷九一，《兵三》，北京：中华书局，1974 年，第 2243 页。

④ (清)张廷玉等：《明史》卷九一，《兵三》，北京：中华书局，1974 年，第 2243 页。

⑤ (明)张燮著，谢方点校：《东西洋考》卷六，《外纪考・日本》，北京：中华书局，2000 年，第 111 页。

⑥ 《明太祖实录》卷一四四，“洪武十五年四月辛丑”条，上海：上海古籍出版社，1983 年。

⑦ 《明太祖实录》卷一四一，“洪武十五年春正月辛丑”条，上海：上海古籍出版社，1983 年。

海巡倭的请求。同年十一月，“福州左、右、中三卫奏请造战船，上曰：今天下无事，造战船将何施耶？不听”[①]。驳回地方造战船的请求。

由于洪武初期强调海上巡倭，在岸防方面主要依靠统一战争中所建立起来的卫所体系来抵御倭寇的入犯，其弊端十分明显。如最初福建沿海地区的卫所主要是设立于府、州、县行政中心，它们随着军事控制的推进而设置，在地方行政秩序稳定的过程中逐渐完善，由此构筑起针对府、州行政中心的军事防御体系。[②] 这些军卫主要集中在府、县治所，除了极少数位于海岸线上，其他皆远离海岸线，在职能上主要是担负地方弹压职能，并非针对海防需要而设置的海防卫所。由于海岸防线长期未置，所带来的问题主要有以下两个方面：一方面，由于明初实行“寓兵于卫”的卫所制度，没有卫所便没有兵力，海防兵力不足的问题一直存在。洪武初年倭寇入犯，只能抽用当地民壮戍守。据《崇武所城志》载：“明朝未建所城时，倭寇登岸，就于惠安县民三丁抽一以防倭。”[③]另一方面，明代卫所制度采取“因防设卫”的原则，海防卫所的不设，导致海岸线上的冲要去处防卫虚弱，甚至没有设防，这无疑便利了倭寇的登犯。随着洪武初年海防实践的深入开展，明太祖逐渐也意识到海防卫所未置所带来的兵力不足、海岸防守空虚的问题。因此，洪武十八年(1385年)三月辛巳，明太祖在给正在经略海徼的靖宁侯叶升等的敕谕中要求其“但当保障，清野以待之……不宜轻出境外，蹈其不测也”。[④] 这并非意味着明廷放弃抗倭，相反预示着明廷在海防问题上的改弦更张。

洪武初年的巡海是明廷抗倭的主要手段，其最大的缺陷就在于片面地强调舟师力量，忽视了对岸防的建设，由此背离了海防斗争的规律。在海上防御方面由于过分强调巡海，忽视对地方海上布防的设置，导致整个巡海制

---

① 《明太祖实录》卷一五〇，“洪武十五年十一月癸酉”条，上海：上海古籍出版社，1983年。

② 洪武元年(1368年)，汤和由海道取福州，置福州卫。三月，置泉州卫。五月，置漳州卫。洪武四年(1371年)正月，置福州卫指挥使司。洪武八年(1375年)又在福州城郊兴建左卫和右卫，以拱卫省城。洪武十二年(1379年)增筑福建兴化卫城。分别见：《明太祖实录》卷三一，“洪武元年三月乙亥”条；《明太祖实录》卷三二，“洪武元年五月戊戌”条；《明太祖实录》卷六〇，“洪武四年正月庚寅”条；《明太祖实录》卷一二九，“洪武十二年十二月壬辰”条，上海：上海古籍出版社，1983年。

③ (明)叶春及：《惠安政书·附崇武所城志·军伍》，福州：福建人民出版社，1987年，第20页。

④ 《明太祖实录》卷一七二，“洪武十八年三月辛巳”条，上海：上海古籍出版社，1983年。

度显得涣散而不得要领。尽管如此,洪武初年海防思想和实践为随后大规模的海防建设积累了宝贵的经验。洪武十八年(1385 年)之后,明太祖先后派出汤和、周德兴等重臣经略东南海防,并修正了洪武初年"专以巡海为务"的防海策略,开始从海、陆两个方面进行海防建设。

二、洪武年间福建海岸防线的建立

正如上文所述,目前学界普遍认为促使洪武十八年(1385 年)前后明廷在海防思想与实践中发生重大转变的原因是中日外交关系的变化,特别是洪武十六年(1383 年)中日交涉的失败。对此史载:"(太祖)怒日本特甚,决意绝之,专以防海为务。"[①]笔者认为,除了上述外交的原因,促使明廷海防思想发生转变的还有军事方面的原因。洪武初年巡海制度所暴露出的弊端,是迫使明廷在防海策略上做出调整的一个重要原因,而此种事关安危的军事因素在某种程度上显得更为迫切。

据《明史》记载:"既而倭寇海上,帝患之。顾谓汤和曰:卿虽老,强为朕一行。和请与方鸣谦俱。鸣谦,国珍从子也,习海事,常访以御倭策。鸣谦曰:倭海上来,则海上御之耳。请量地远近置卫所,陆聚步兵,水具战舰,则倭不得入,入亦不得傅岸。"[②]这一海陆兼顾的海防思想的提出,实际上扭转了洪武初年专以巡海为务的海防思想,力主从海上和陆地同时筹建海防,即海陆联防的海防思想。这一思想的提出无疑比巡海思想更加贴近海防斗争的规律。对此史书评价道:"明初备倭只于海上巡捕。至此始量地远近置卫筑城,水陆设防。嗣是江夏侯、信国公递有增置,法至周详,鸣谦数语实发其端,为海防要策也。"[③]随后,汤和、周德兴等人大规模的海防建设都是循着这一思想展开的。以下就以福建地区的海防建设为例加以说明。

据《明太祖实录》载:洪武二十年(1387 年)四月,"命江夏侯周德兴往福建,以福、兴、漳、泉四府民户三丁取一为缘海卫所戍兵,以防倭寇。其原置军卫非要害之所即移置之。德兴至福建,按籍抽兵,相视要害可为城守之

---

① (清)张廷玉等:《明史》卷三二二,《日本传》,北京:中华书局,1974 年,第 8344 页。

② (清)张廷玉等:《明史》卷一二六,《汤和传》,北京:中华书局,1974 年,第 3754 页。

③ (清)徐景熹修,鲁曾煜纂:(乾隆)《福州府志》卷一三,《海防》,乾隆十九年(1754 年)刊本。

处，具图以进。凡选丁壮万五千余人，筑城一十六，增置巡检司四十有五，分隶诸卫以为防御”[①]。

洪武二十年(1387年)，福建海防卫所的建置显然吸取了洪武初年海防实践的教训。

首先，福建海防卫所选址最鲜明的特点就在于直接构建于海岸线上。为防止倭寇轻易登岸，周德兴在海防卫所选址问题上吸取了洪武初年卫所远离海岸的教训，加强了对海岸线的防卫。因此，新建立的海防卫所绝大部分都构筑于海岸线上，直接濒临大海，其海防职能十分明显。这种濒海建卫的规划并非无心之举，相反是海防经略者有意为之。例如，铜山千户所城在选址之时，“初在龙潭山开筑城址，后以地势深入，不能外阻其锋，故进其城于东山”。[②] 海防卫所前置于海岸线上，直接占据了海岸线上的冲要，为防御倭寇的登岸创造了条件。

其次，福建沿海的卫所设置较之内地更为密集，大大超越明代“系一郡者设所，连郡者设卫”[③]的规制。在福建濒海四府一州中，除福宁州外，[④]福州府、兴化府、泉州府和漳州府均设置两个或两个以上的军卫，并且新设立的镇东、平海、永宁、镇海4个海防军卫分别与内陆的福州左、中、右卫，兴化卫，泉州卫，漳州卫等内地卫所相互呼应，互为应援，由此，形成了海岸线与内地之间的陆上战略纵深。福建沿海内外两条陆地防线的形成，剔除了洪武初年陆上防卫空虚的弊端，形成有层次的陆地防御体系，这些都对于加强和改善福建沿海陆上防御有着重要的意义。

最后，海防卫所在规制上也比普通军卫要大出许多。以泉州府永宁卫为例，永宁卫辖卫城内的左、右、中、前、后5个千户所，以及在外的福全、崇武、中左、金门、高浦5个守御千户所。不计算在外的5个守御千户所，仅仅在卫内5个千户所的总兵力就有6935名，已经超过一般5600人一卫的规制。而所辖的崇武所操海、屯种旗军旧额1221名，福全所差操、屯种旗军旧

---

① 《明太祖实录》卷一八一，“洪武二十年四月辛巳朔戊子”条，上海：上海古籍出版社，1983年。

② (清)陈振藻：《铜山志・明铜山所志》，福建省东山县图书馆藏本翻印，第3页。

③ (清)张廷玉等：《明史》卷九〇，《兵二》，北京：中华书局，1974年，第2193页。

④ 福宁州情况比较特殊，所属宁德、福安县多山，不利于倭寇的内犯，陆上防卫仅需坚壁清野而已，因而仅设立福宁一卫。参见(明)陈子龙：《明经世文编》卷二六七，《胡少保海防论・福宁州论》，北京：中华书局，1962年，第2824～2825页。

额 575 名,金门所差操、屯种旗军旧额 1535 名,中左所操海、旗军旧额 1204 名,高浦所操海、屯种旗军旧额 1258 名,则永宁卫辖在外守御千户所兵员为 5793 名,加上在内 5 所的 6935 名,总计 12728 名,兵力相当于通常的两个卫,足见海防卫所规模之庞大。① 海防卫所的建立改变了原来临时抽调民壮抗倭的窘境,一定程度上解决了海防兵力不足的问题。

此外,由于沿海地区大多地势平阔,无险可据,周德兴在设置沿海卫所的同时兴建了许多规模较大、设施完备的城池,掀起了明初福建地方第一轮海防筑城的高潮。在周德兴建筑的 16 座城池中,除了福宁州城外,其他均为卫所、巡检司城。这些坚固的城池一方面可作为御敌的堡垒,另一方面可作为沿海居民的避难场所。除了周德兴集中督造之外,各地也陆续有所筑建。②

除了卫所的建设之外,"江夏侯周德兴经营海上,又以滨海地疏节阔,目非一卫一所所能遥制,更设巡检司于暇隙地",③将巡检司作为卫所的展开纳入海防体系当中。

明代福建沿海巡司的海防职能十分明显,其海防地位同样重要。"卫所、巡司以控贼于陆,水寨防之于海,则知巡司衙门虽小,而与水寨同时建设,所以联络声势,保障居民也。"④首先,福建沿海巡检司占据倭寇入犯的门户。如"深沪巡检司在十六都,去县七十里,东滨大海,北永宁卫,南福全所,西邻浔尾通南日,接铜山,深沪抵永宁间为佛堂澳,可泊舟,海寇出入必经门户也"。⑤ 其次,福建沿海巡检司起到了弥补卫所防御不足,联络卫所的作用。以兴化府为例,周德兴经略福建海防时,仅在兴化府沿海地方设立平海卫,在外仅辖莆禧守御千户一所,而"自南日、湄洲至迎仙,环海二百余

① 顾城:《明代东南海防重镇永宁卫》,《永宁古卫城文化研究》,福州:福建人民出版社,2001 年,第 2 页。

② 徐泓:《明代福建的筑城运动》,《暨大学报》第 3 卷第 1 期,1999 年。

③ (明)何乔远:《闽书》卷四〇,《扞圉志》,福州:福建人民出版社,1994 年,第 982～983 页。

④ (明)顾炎武:《天下郡国利病书》卷九一,《福建一》,光绪二十七年(1901 年)仲秋二林斋藏版图书集成局铅印,第 12 页。

⑤ (明)何乔远:《闽书》卷四〇,《扞圉志》,福州:福建人民出版社,1994 年,第 991 页。

里”,[①]仅靠此一卫一所,无疑难以防御。因而,在平海卫、莆禧所外,又设立小屿、吉了、嵌头、青山、冲沁、迎仙六巡司,以扩大防守范围,联络卫所。巡检司“平居则巡缉奸宄,会哨则督催官军,声势联络,相互应援”。[②] 最后,巡检司起到了乡间堡垒的作用。周德兴所建立的巡检司一般都有司城,一旦敌寇来犯,周围民众可以入城坚守,如“又附寨村落去郡城迢递,有警各携老稚、挟衣粮驰入寨城避锋镝,此又坚壁清野意也”[③]。

除了卫所、巡检司外,海岸线上广布着众多的烽燧堡寨,在海防预警以及村镇防护上也同样发挥着重要的作用。至洪武二十一年(1388 年),福建沿海卫所、巡检司城池基本建立完毕。经汤和的“行视”和奏请下,明廷以正式的建制将周德兴创立的卫所确立下来。洪武二十一年(1388 年),“命(汤)和行视闽粤,筑城增兵。置福建沿海指挥使司五,曰福宁、镇东、平海、永宁、镇海。领千户所十二,曰大金、定海、梅花、万安、莆禧、崇武、福全、金门、高浦、六鳌、铜山、玄钟”。[④]

综上所述,洪武十八年(1385 年)以后,明廷吸取此前海防实践的教训,改变了专以巡海为务的海防策略,加强了对海岸线的防守。经过周德兴的经略,福建海岸线上构筑起以卫指挥使司为支柱,守御千户所为展开,巡检司为联络的岸防体系。诚如明人章潢所言:“国初惩倭之诈,缘海备御,几于万里。其大为卫,次为所,又次为巡检司。大小相维,经纬相错,星罗棋布,狼顾犬防,故所在制。”[⑤]随着海防卫所、巡检司的建立,海岸线上屯聚了重兵,陆路防御的重心也由洪武初年的府州治所前置到了海岸线上。

---

① (明)顾炎武:《天下郡国利病书》卷九一,《福建一》,光绪二十七年(1901 年)仲秋二林斋藏版图书集成局铅印,第 12 页。

② (清)谭抡总纂,福建省福鼎县地方志编纂委员会整理:《福鼎县志》卷五,《兵制》,1989 年,第 152 页。

③ (明)何乔远:《闽书》卷四〇,《扞圉志》,福州:福建人民出版社,1994 年,第 982～983 页。

④ (清)张廷玉等:《明史》卷九一,《兵志三》,北京:中华书局,1974 年,第 2244 页。

⑤ (明)章潢:《图书编》卷五〇,《海寇图说》,上海:上海古籍出版社,1992 年,第 209 页。

三、洪武年间福建水寨的建立

在海上防线方面，明廷放弃洪武初年的巡海制度，[①]代之以更针对地方特点的水寨制度。在福建，周德兴依托近岸海岛及大陆突出部构筑了以水寨为核心的海上防线。福建的五水寨中除小埕水寨（1452年设）外，烽火门、南日山、浯屿、铜山水寨均为洪武二十一年（1388年）江夏侯周德兴经略福建时所创立。创立之初均在近岸海岛或大陆突出部上，海上防御的重心被确定于近海。水寨的设置标志着明代近海防御思想的确立。

明代设置水寨的主要目的在于从海上防御倭寇，即所谓"倭海上来，则海上御之"，以期达到"倭不得入，入亦不得傅岸"的目的。为了实现这样的战略目标，一方面必须加强对海上交通要道的控制，以切断倭寇来往的通道；另一方面必须对海上战略目标实施有效保护，而这些重要的战略目标都集中于近海。试以明代福建五水寨的布防情况加以说明。

首先，福建五个水寨均占据着近海冲要，为陆地的海上屏障："烽火（水寨）之台山，小埕（水寨）之东涌，海坛（游兵）东庠，南日（水寨）乌坵，浯铜（游兵）彭湖、玄钟山皆倭寇必经之地。"[②]可见，福建五水寨是沿海五府州的海上藩篱。如，浯屿水寨为漳泉海上门户，是庇护漳泉的海上屏障。"盖其地突起海中，为同安、漳州接壤要区，而隔峙于大小嶝、大小担、烈屿之间，最称险要。贼之自外洋东南首来者，此可以捍其入，自海仓、月港而中起者，此可以阻其出，稍有声息，指顾可知。"[③]同样地，小埕水寨则为省会、连江的海上藩篱，"（小埕水寨）界于烽火，实连江门墙，分兵备御，福郡可无虞矣"。[④] 冲要的海防位置使得水寨在整个海防体系中成为第一道防线，是拥护内地的

---

① 永乐年间，由于中日关系的变化，倭寇一度猖獗起来。明廷在依托洪武年间建立的海防体系的基础上，又恢复了洪武初年的巡海制度，但仅限于永乐年间。此后，便再没有看到大规模巡海的相关记载。

② （明）陈仁锡：《皇明世法录》卷七五，《海防》，吴相湘主编：《中国史学丛书》，台北：台湾学生书局，1965—1985年，第1987页。

③ （明）洪受著，吴岛校释：《沧海纪遗・建制之纪第二・议水寨不宜移入厦门》，台北：台湾古籍出版有限公司，2002年，第40页。

④ （明）郑大郁：《经国雄略・省藩考卷之三・福建末议》，《美国哈佛大学哈佛燕京图书馆藏中文善本汇刊》第19册，北京：商务印书馆，2003年，第240页。

海上屏障。

其次，明初水寨扼守海上交通要道，起着控扼海道的职能。如浯屿水寨就控制着闽南海上的交通要道，据今存于浯屿岛上的道光四年（1824年）石碑《浯屿新筑营房墩台记》载："浯屿之北有小担，又北有大担，并峙于港口海中，实为厦岛门户……大、小担之间门狭而浅，惟浯屿与小担其间洋阔而水深，商船出入恒必由之。浯屿之南汊亦浅，可通小艇，其东有九折礁，舟人所畏也。然真西则有隈澳，可避风。山坡平衍，居民数百家，而大担、小担皆无之，故海人舣舟必于浯屿……而江、浙、台、粤之船，皆可绕屿而入厦港。"[①] 同样地，烽火门水寨设置于霞浦县东北部的烽火岛上，该岛与大陆所组成的水道是闽东海上的交通要道，而烽火门水寨正扼守在这条南北通航的主航道上。而南日水寨则设立于兴化外海的南日岛上，扼守着南日海峡，控制着闽省中部海上的交通要冲——南日水道。可见，福建水寨扼守着闽省海上的交通要道，扼守着倭寇、海盗海上来往的通道。

最后，水寨据守着闽省三大水系的出海口，防范敌寇溯流侵入福建内地。福建的三大水系，包括闽江、晋江和九龙江，三条大江贯通福建沿海与内地，如果从这三大水系的出海口入寇，便可深入福建腹地。因而，这些江河的出海口成为水寨防守的重地，如守卫闽江口的小埕水寨。闽江口为闽江的入海口，由此溯江而上可直逼会城之下，"自海洋入三江口，自三江口入郡城不半日可到"。[②] 小埕水寨恰恰设立于闽江口北端的黄岐半岛之上，守护着会城的海上门户。守住小埕水寨也就守住了闽江的出海口，确保了会城的安全。又如，浯屿水寨位于九龙江出海口的南端，"外有以控大、小岨屿之险，内可以绝海门月港之奸，诚要区也"。[③] 守住浯屿水寨也就守住了九龙江的出海口。

除了加强对近海战略目标的防御，水寨设置于近海的目的还与卫所实施海陆联防。通过洪武初年的巡海实践，人们不仅认识到单纯依靠水军防海的局限，更认识到海陆联防的重要性。"夫茫茫巨洋，极目无际，虽于要害之处联舰设备，而疾风怒涛不时，亦必择善地以为停泊焉。岂得扬帆起碇，

---

① 郑镛：《浯屿水寨考》，《福建史志》1994年第4期。

② （明）章潢：《图书编》卷九一，《福建一》，上海：上海古籍出版社，1992年，第14页。

③ （明）郑若曾撰，李致忠点校：《筹海图编》卷四，《福建事宜》，北京：中华书局，2007年，第275页。

常出洋口，而能尽阻贼船之不入，尽遏贼船之不归哉！必欲其尽收全功，以为经久不易之图，在于水陆夹攻之矣。”[①]而设置于近海的水寨正是为了与陆地卫所联系声势，实施海陆联防。“设若贼船潜入海口，则水兵星罗于其外，陆兵云布于其内。其将至也，击其困惫。既至也，击其先登。既登也，击其无备。”[②]随着明代水寨的设立，明代海上防御的重心也被置于近海。近海防御思想无疑更加切合明代海防实际，曾任胡宗宪幕僚的郑若曾就认为击敌远海，“其间有不便者，何也？离内地太远，声援不及、接济不便，风潮有顺逆，舟定舶有便否，蛟龙之惊，触礁之险，设伏击刺之难，将官之命危于累卵”。因此提出“哨贼于远洋而不常厥居，击贼于近洋而勿使近岸”[③]的思想，这种近海防御的思想显然更加符合明代海防条件。

明代海防体系的建设并非局限于福建一隅，在全国范围内，明廷都按照方鸣谦“陆聚步兵，水具战舰”的思想创立了海陆联防的海防体系。明代海防体系的建立对于克服洪武初年巡海制度的弊端，防范倭寇的侵扰产生了积极的作用。对此史书评价道：“照得国初防海规划，至为精密。百年以来，海烽久熄。”[④]得益于经制的海防体系的建立与有效运转，“朝廷阅数岁一令大臣巡警而已”。[⑤]

结　　语

明代是我国封建社会第一个大规模进行海防建设的朝代，由于没有现成的经验可资借鉴，明初在探索海防斗争规律的过程中经历了曲折的历程，使得洪武年间的海防思想与实践呈现出鲜明的阶段性特征。洪武十八年

① (明)郑若曾撰，李致忠点校：《筹海图编》卷一二，《经略三・固海岸》，北京：中华书局，2007年，第774页。

② (明)郑若曾撰，李致忠点校：《筹海图编》卷一二，《经略三・固海岸》，北京：中华书局，2007年，第774页。

③ (明)茅元仪辑：《武备志》卷二〇九，台北：世华出版社，1984年，第20册，第8857页。

④ (明)陈子龙：《明经世文编》卷二六〇，《条陈海防经略事疏》，北京：中华书局，1962年，第2746页。

⑤ (清)张廷玉等：《明史》卷九一，《兵三》，北京：中华书局，1974年，第2243页。

(1385年)前后两个阶段,有着不同的海防指导思想与海防实践,不能将它们混为一谈。洪武初年的巡海制度过分地强调海上巡捕,忽视了对岸防的建设,导致整个沿海岸防虚弱,甚至没有设防。在海上防御方面,空泛的巡海既不可能做到对整个海岸线的全面防御,又无法针对地方实际进行重点防御。巡海制度的种种弊端,导致明廷在海防思想与实践上的重大转变,不能将转变的原因简单地归结为外交因素的影响。洪武十八年(1385年),海陆联防思想的提出是明代在探索海防斗争规律过程中的一个重大进步。按照海陆联防思想构筑起来的海防体系,不仅在海上和陆上两个方面进行海防建设,而且强调海陆防线间的相互联系,实施水陆夹攻。为了实施海陆联防,陆地防御的重心被置于海岸线上,海上防御的重心被置于近海,由此确立了明代水军近海防御的指导思想。学界比较流行的一种观点认为洪武十八年(1385年)明廷放弃巡海是一种从海洋的退缩,甚至认为是放弃对海洋的保护。笔者认为,在没有做好对近海的防御之前,空谈远海防御是不切实际的,洪武初年巡海实践的失败恰好说明了这一点。而就明代海防的任务及海防条件看,集中力量防卫近海无疑更加切合明代海防实际,更加符合海防斗争规律。明代近海防御思想的提出和确立是为了更好地防卫海洋,不能就此认为是放弃对海洋的保护。

第三节　从福建市舶司变迁看明代海洋政策走向

一、明以前福建市舶司的演变

市舶司,是我国古代管理海外贸易的官方机构。古代的海外贸易以贸易主体而论包括官方和民间两种,以贸易形式而论则分为朝贡贸易和非朝贡贸易。朝贡贸易是中国古代官方与海外诸国的进贡和回赐贸易,非朝贡贸易即民间私人为主的贸易。《西山杂志》云:"唐开元时,泉州海滨同蛮舶往来。至德乾元时,鱼朝恩奏设立福建观察使,清源参事处、平海参事处署安海，稽征沿海蕃舶、商舟之税。”[①]朝廷在泉州设立的福建观察使、参事处等机构负责征收蕃舶、商舟之税，虽然没有以市舶命名之，但这些机构已经具备了市舶司管理民间海外贸易的职能。故唐朝福建观察使、参事处算得上是福建市舶司的萌芽。

五代十国时期，福建处于闽国的统治之下，由于海外贸易的发展，闽国国王王审知设立了主管蕃舶征榷事务的机构“榷货务”。到其子王延曦时，福建市舶司之名出现，《西山杂志》载：“王延曦设立市舶司，闽商人林仁翰，林灵仙曾孙，谋求市舶司之官，而拱宸指挥朱文进亦求。闽永隆九年，朱文进弑杀王延曦。林仁翰倾家财募死士约王延政、王延彬攻陷福州，椎杀朱文进，移市舶司于泉州。”[②]宋朝积贫积弱，财政支出浩大，常常入不敷出。政府收入主要来自东南地区，当时有“东南之利，舶商居其一”[③]的说法。在崇宁以后，由于各主要港口都已建立市舶司，市舶收入显著增加，“九年之内至一千万”。[④] 南宋偏安江南，市舶收入在财政上的地位更为直接和重要。宋高宗曾说过：“市舶之利，颇助国用，宜循旧法，以招徕远人，阜通货贿。”[⑤]两宋时期的市舶司职权不断扩大，市舶司管理体制日趋完善。

北宋在沿海地区先后设立了四个市舶司，分别是广南路（司址在广州）、两浙路（司址在明州、温州等地）、福建路（司址在泉州）和京东东路（司址在密州）。在福建路市舶司设立之前，泉州舶商出海贸易须到两浙或广东市舶司申请出海证明，方可进行。如“商人出海外蕃国贩易者，令并诣两浙市舶司请给官券，违者没入其宝货”，[⑥]这种政策非常不利于泉州商民出海贸易，后来在多方努力下，朝廷才下令在“泉州增置市舶”。[⑦]《宋史》曰：“元祐初，诏福建路于泉州置司。”[⑧]《文献通考》则指出具体年份：“哲宗即位之二年，

---

① （清）蔡永蒹：《西山杂志》“市舶司”条，转引自林仁川：《福建对外贸易与海关史》，厦门：鹭江出版社，1991年。

② （清）蔡永蒹：《西山杂志》“市舶司”条，转引自林仁川：《福建对外贸易与海关史》，厦门：鹭江出版社，1991年。

③ （元）脱脱：《宋史》卷一八六，《食货志下》。

④ （宋）马端临：《文献通考》卷二六，《市舶互市》。

⑤ （清）徐松：《宋会要辑稿》，《职官四四》。

⑥ （元）脱脱：《宋史》卷一八六，《互市舶法》。

⑦ （清）徐松：《宋会要辑稿》，《职官四四》之八。

⑧ （元）脱脱：《宋史》卷一六七，《职官七》。

始诏泉置市舶。"[①]从上述文献记载得知，福建路市舶司的出现时间是在元祐二年（1087 年），司址设在泉州。设立之后福建路市舶司经历了两次兴废，第一次是在建炎元年（1127 年）福建与两浙市舶司一起归入转运司，[②]建炎二年（1128 年）闽、浙市舶司复置。第二次是在绍兴二年（1132 年）福建路市舶司的事务由提点刑狱兼管，后由提举茶事官兼领，绍兴三年（1133 年）市舶司恢复。[③]

宋朝福建路市舶司的设置晚于广南路和两浙路市舶司 100 多年，其间原因已有诸多学者进行探讨，大致如下：第一，太平兴国年间泉州地区曾爆发一次大规模的农民起义，起义最终被镇压下去，但当地社会仍较为动荡，故宋初未设立福建路市舶司。第二，泉州的港口和交通条件不及广、浙。日本学者指出："不外是由于到福建地方的交通困难，国初才没有在福建设置如杭、广的市舶司。"[④]第三，泉州自身经济发展程度低，海商集团活动尚有限。第四，各港口之间的竞争导致福建市舶司迟迟未设立。说到底实际上在于福建地处遥远，朝廷给予的重视程度尚不够。到北宋末年，泉州远离战乱，海外贸易未受影响。南宋都城南迁至临安，位于京畿附近的两浙贸易受到压制，两浙路市舶司日渐衰落。相对于广南路市舶司，泉州市舶司离临安更近，泉州的海外贸易发展较快，福建路市舶司便迅速崛起。因此，福建路市舶司呈现出起步晚但发展很快的态势。

除了设立市舶司之外，北宋还制定《市舶则法》来规范市舶制度。关于市舶司的职责，《宋史》明确指出"掌番货海舶征榷贸易之事，以来远人，通远物"。[⑤] 宋朝的四路市舶司均为"招致海南诸蕃"[⑥]而设，职能运作大体相似。宋朝的海外贸易对象是大食（今阿拉伯地区）、古暹（今泰国）、阇婆（今爪哇）、占城（今越南）、勃泥（今加里曼丹岛地区）、麻逸（今菲律宾地区）、三佛齐（今大巽他群岛地区）。市舶司的管理包括对外蕃来华贸易的管理和对本国商人出海贸易的管理两大方面。

蕃舶进港后，市舶司先对禁榷品进行收购，"禁榷"指蕃舶货物中不允许

---

① （宋）马端临：《文献通考》卷六二，《职官考十六》。

② （元）脱脱：《宋史》卷一六七，《职官七》。

③ （宋）范质：《宋会要》，《职官四四》之一五。

④ （日）藤田丰八著，魏重庆译：《宋代之市舶司与市舶条例》，上海：商务印书馆，1936 年。

⑤ （元）脱脱：《宋史》卷一六七，《职官七》。

⑥ （元）脱脱：《宋史》卷一八六，《食货下・互市舶法》。

民间交易的香药宝货，由官府在京师设榷署进行专买专卖。宋朝不同时期对禁榷品的规定不尽相同，但多是珠宝、犀象、乳香[①]等稀有奢侈之物。禁榷品被市舶司收购后运往京师，一部分供皇室享用，一部分由榷署加价出售，官府从中获利甚丰。

禁榷之外的货物实行抽解和博买。抽解是市舶司对货物征收的实物税。抽解税率时有变动，北宋初年“十五取一”，[②]淳化年间对税率做了调整，“大抵海舶至，十先征其一”，是对货物的种类不进行区分的一种征税。到宋徽宗时，根据货物的粗细成色划定不同的抽解税率：“以十分为率，珍珠、龙脑凡细色抽一分，玳瑁、苏木凡粗色抽三分。”[③]南宋沿袭北宋晚期的规定，按照货物粗色、细色来进行抽解，绍兴六年（1136 年）是细色物品十分抽一分，粗色物品十五分抽一分，绍兴十四年（1144 年）对蕃商香药“十取其四”，引起蕃商们的不满，恢复十分之二的税率。和抽解同时进行的还有博买，即政府对某些急需货物以低于市场价的方式强制收购，如宋金交战时对军需品采取博买，常规时期博买的货物多是奢侈品，处置方式和禁榷物品一样由皇室享用或加价出售。

本国商人出海贸易必须到市舶司申请出海证明，出海证明就是宋朝政府发放的出海贸易许可证，称“公据”或“官券”。舶商出海前向市舶司呈报出海船员姓名、所载货物数量和所去地点，经市舶司验证后发放公据；船舶回航之时，拿公据到市舶司进行抽解纳税。通过出海公据的发放，宋朝对民间海外贸易实行了有效的管理，并获得一定的财政收入。此外，为中外海商的安全航行举行祈风典礼，这也是宋朝福建市舶司的职责之一。福建市舶司的祈风典礼在泉州九日山山麓的延福寺举行，典礼由市舶司提举和地方官共同主持。祈风典礼隆重肃穆，结束后常勒石记录，现今的泉州南安九日山仍保存十方祈风石刻。

宋朝是市舶司发展的重要时期，市舶管理体制日益完善。宋朝的市舶司在管理海外贸易的同时，通过对进出口货物实行抽解和博买，扩大了朝廷的收入来源，可以称得上是官商合一的机构。福建市舶司的正式设立促进了福建海外贸易的发展和泉州港的兴盛，元朝建立之后，福建市舶司和泉州

① （元）脱脱：《宋史》卷一八六，《食货下 · 互市舶法》。
② （宋）范质：《宋会要》职官四四之二七。
③ （宋）朱彧：《萍洲可谈》，北京：中华书局，1985 年。

港迎来了全盛时期。

宋朝市舶司设立之初，市舶司提举多由知州兼任，至于福建市舶司的第一位专任提举是谁目前尚无定论。高岐曰："福建提举市舶之官不常置，自宋绍兴二十一年(1151年)李庄始为之，嗣后废兴沿革代不相袭。"[①]也有人指出莆田人徐确早在崇宁年间就担任福建市舶司提举一职。李庄也好，徐确也罢，北宋置专官掌管市舶司事务是确定无疑的。宋朝重视海外贸易，而市舶官员选任的得当与否直接关系着市舶收入的多寡，因此宋朝的多数皇帝都非常重视市舶官员的选任。北宋仁宗就对辅臣说："此邦控制海外诸国，宝货所聚。前为守者，多不能称职。今宜遴选其人。"[②]南宋高宗说："广东帅臣及诸路提举市舶官皆当慎择，苟非其人，则措置失宜，海商往往不至。"[③]南宋年间起用泉州富商蒲寿庚为福建市舶提举司，在蒲寿庚的悉心经营下，市舶司"擅翻利者三十年"。[④] 据统计，两宋共任命福建市舶司提举104人，其中36人是进士出身，[⑤]有学者考证市舶提举的品级多数在正七品和从五品之间。[⑥] 宋朝市舶司的官员除了提举全面掌管市舶司事务之外，还设有监舶务、干办公事等数人。

元朝是一个外向发展的王朝，它沿袭南宋的市舶制度，在东南沿海的主要港口设立市舶司。元世祖至元三十年(1293年)制定的市舶条例写道："有市舶的勾当，是国家大得济的勾当。……咱每(们)这田地无用的伞、磨、合罗、磁器、家杂、帘子，这般与了，博换他每(们)中用的物件来。"[⑦]至元十四年(1277年)，元朝在泉州设立市舶司，任命忙古带为泉州市舶提举。之后相继设立庆元、上海、澉浦三个市舶司，令福建安抚使杨发督之。[⑧]

尽管泉州市舶司时有兴废，但以设立的时间为多。与元朝建立海上贸易的国家和地区有100多个，其中与泉州港通航的国家多达30余个，北至

---

① (明)高岐：《福建市舶提举司志》序。

② (宋)李焘：《续资治通鉴长编》卷一〇三，"天圣三年一月壬子"条，北京：中华书局，1957年。

③ (宋)李心传：《建炎以来系年要录》卷一六二，"绍兴二十一年正月乙未"条。

④ (元)脱脱：《宋史·瀛国公本纪》，"景炎元年十二月"条。

⑤ 杨清江、陈苍松：《福建市舶司人物录》，泉州：温陵书画院印务馆，1987年，第2页。

⑥ 杨文新：《宋代市舶司研究》，厦门：厦门大学出版社，2013年。

⑦ 《元典章》卷二二，《户部》八《市舶法》。

⑧ (明)宋濂：《元史》志第四十三，《食货二·市舶》。

朝鲜、日本，南至南洋，西到波斯、阿拉伯半岛，均有商船往来。元朝的造船业很发达，泉州是重要的造船基地。优越的条件使得泉州市舶司成为元朝最重要的港口之一。

不同于宋朝的市舶司归中央直接管辖，元朝的市舶司隶属于行中书省。元朝市舶司的职能主要是：对中外船舶的货物征税，监管出海贸易，鼓励甚至直接参与海外贸易。元朝市舶司对中外船舶的征税采取单一的抽分方式，取消了两宋时的禁榷和博买，抽分税率多有变化，但基本上仿效宋朝将货物分为粗细两大类确定不同的征收比例。在市舶司未设立之前，元朝仿宋朝旧制，在沿海地方对中外往来舶货征收十分之一的实物税，粗货十五分取一。[①] 市舶司设立之后，每有船舶入港，行省行泉府司和市舶司官员来到船舶停靠之地，先将船货封实，然后再进行抽分。实际抽分时市舶司还可能提高抽分比例，抽分后的货物如果要在有市舶司的地方出售则还要加征税收，至元二十九年(1292 年)十一月规定："凡商旅贩泉、福等处已抽分之物，于本省有市舶司之地卖者，细色于二十五分之中取一，粗色于三十分之中取一，免其输税。"至元三十年(1293 年)特别规定泉州市舶司"于抽分之外，又取三十分之一以为税"。市舶司在抽分时，对蕃货和土货实行双抽和单抽之制："双抽者蕃货也，单抽者土货也。"[②]所谓双抽就是对来自外国的货物停靠港口时要抽分一次，售出时要再次抽分。而对国内的土货只是在出售时抽分一次。双抽和单抽制的实行有利于国内商品的出口。

和两宋的市舶司一样，元朝市舶司的职责之一是对出海贸易进行监管。出海贸易和回航船舶要到市舶司告之其所至之地，市舶司对船舶所载货物进行查验，合格者才发给公据。市舶司开具的公据上写明船户和船员的姓名、船舶要到的地方、船货清单、何时返航等事项，并盖印行省行泉府司的骑缝章。船舶回航时要拿着出海时发放的公据到原市舶司抽分。市舶司对贸易的监管还体现在严禁将违禁物品运往外藩，《元典章》卷二二记录：海船起航时，市舶司官员亲自检查各大小船内有无违禁之物，如无夹带，即时放令开洋。违禁之物不外是"金银铜铁男女"之类。

---

① (明)宋濂：《元史》志第四十三，《食货二·市舶》。

② (明)宋濂：《元史》志第四十三，《食货二·市舶》。

表 1-1　元朝福建市舶司沿革表

时间	至元十四年（1277 年）	大德七年（1303 年）	至大元年（1308 年）	至大四年（1311 年）	延祐元年（1314 年）	延祐七年（1320 年）	至治二年（1322 年）
泉州市舶司	建立	停罢（以禁商下海罢之）	复置（隶属行省）	停罢	复置（仍禁人下蕃）	停罢（以下蕃之人将丝银细物易于外国）	复置（申严市舶之禁）

元朝市舶司极具特色的职能在于代表官方参与海外贸易，这是前朝各代没有的情况。《元史》记载："（市舶司）每岁招集舶商，于蕃邦博易珠翠香货等物。及次年回帆，依例抽解，然后听其货卖。"[①]这说明元朝官方对待海外贸易的态度不仅是积极支持更是直接参与，由市舶司召集舶商出海贸易，官方对货物征税，显示出元朝海外贸易官商合一的特征。至元二十一年（1284 年），卢世荣出任中书右丞，提出了在杭州和泉州实行的市舶垄断海外贸易的"官本船制度"：由官府出钱造船，提供对外贸易的交易本钱，市舶司选派商人出海贸易，贸易利润官方得七成，出海商人得三成。[②] 在实行官本船制度的同时，禁止私人下海贸易，这样就把海外贸易的利润牢牢掌握在官方手中。对于官本船货物的抽分是"细物十分抽二，粗物十五分抽二"。元朝的泉州市舶司虽然不再举行宋朝的祈风典礼，但是会举行祭祀海神天妃的仪式，祈求海神保护中外船商的安全，也是泉州市舶司的职责之一。

至元十三年（1276 年），元军攻占泉州后，大食裔巨商蒲寿庚降元，元朝廷任命蒲寿庚为泉州市舶司提举。蒲寿庚在南宋淳祐年间因御海寇有功被授予闽广招抚使，兼领泉州提举市舶使。被元朝任命为泉州市舶司提举，其实是继续他的原职。在任职期间，蒲寿庚提议朝廷"下诏招海外诸蕃"进行海外贸易。第二年蒲寿庚升任闽广总督，蒙古人忙古带以闽广大都督行都元帅兼领泉州市舶司。至元十八年（1281 年），蒲寿庚长子蒲师文任泉州市舶提举司提举。元初的泉州市舶司长官由地方长官兼任，没有独立的官员系统。延祐元年（1314 年）复置泉州市舶司后，市舶司有了独立的官员配

① （明）宋濂：《元史》志第四十三，《食货二・市舶》。

② （明）宋濂：《元史》志第四十三，《食货二・市舶》。

置:"每司提举二员,从五品;同提举二员,从六品;副提举二员,从七品;知事一员。"[①]相对于宋朝的市舶司官职,元朝的市舶司官职较多且更完备。有关记录显示元朝任命的泉州市舶司提举共39人,同提举14人,副提举18人,知事2人,此外还有专门负责招徕蕃舶的"提控"4人和负责审计收支的照磨2人。[②] 市舶司提举是市舶司的最高领导,掌握海外贸易的大权。为了防止提举专断独行,元朝每司配置2名提举,在实际运作中地方官也参与市舶事务。泉州市舶司官员以蒙元、回回人为主,通过市舶司官员的配置和任命,元朝统治者进一步将海外贸易厚利牢牢地掌握在自己的手中,体现出官方主导海洋贸易的取向。

二、明代福建市舶司的变迁

朱元璋革元建明,虽然口号中喊的是"驱逐胡虏,恢复中华",但在政策上对元朝的建树亦多有继承,继续保持官方对政治、经济、文化进行全面控制的态势,市舶司的设置与变迁即贯彻了这样的精神。

(一)福建市舶司由泉州迁往福州的过程

明朝建立后,明太祖即派使臣四处诏谕藩国前来朝贡,在中央设主客司专门负责四夷朝贡事务。随着朝贡国家增多,在地方设置专门的机构来负责朝贡事务。"洪武初,设于太仓黄渡,寻罢。复设于宁波、泉州、广州。"[③]宁波通日本,泉州通琉球,广州通占城、暹罗、西洋诸国。由于倭寇对沿海地区的不断骚扰,洪武七年(1374年)九月废置了宁波、泉州、广州三市舶司。

永乐元年(1403年)八月,"上以海外番国朝贡之使附带物货前来交易者,须有官专至之,遂命吏部依洪武初制,于浙江、福建、广东设市舶提举司,隶布政司。每司置提举司一员,从五品,副提举二员,从六品,吏目一员,从九品"。[④] 明政府重新恢复设置了福建、浙江、广东三市舶司,用来接待朝贡使,并允许贡使及随行人员带一些蕃货在市舶司内进行交易。明成祖即位

---

① (明)宋濂:《元史》志第四十一,《百官七·市舶提举司》。

② 杨清江、陈苍松:《福建市舶司人物录》,泉州:温陵书画院印务馆,1987年,第18~28页。

③ (清)张廷玉等:《明史》卷五七,《食货志·市舶》,北京:中华书局,1974年。

④ 《明太宗实录》卷二二,"永乐元年八月"条,上海:上海古籍出版社,1983年。

以后改变了明初保守防御型的对外政策，积极发展朝贡贸易，派遣郑和出使西洋，大力招徕海外诸国来华朝贡。随着来华朝贡使臣的增多，为了方便接待来华人员，永乐三年(1405 年)在北京修建会同馆接待进京人员，又在三处市舶司分别修建了来远驿(泉州)、安远驿(宁波)、怀远驿(广州)，各设驿丞一员。福建市舶司的来远驿设在城南车桥村，来华朝贡的琉球使团被安置在这里。永乐年间还出现了市舶府，即市舶太监的公署，明史曰："设官如洪武初制，寻命内臣提督之。"[①]市舶太监由皇帝亲自派出管理市舶司事务，永乐年间福建市舶司先后有两位市舶太监。

成化年间，福建市舶司司址由泉州迁往福州，结束了北宋以来 380 多年的泉州市舶司的历史。治所迁到福州后，地点设在布政司西南、乌石山北部，进贡厂设在郡城东南河口。

表 1-2　明朝福建市舶司沿革表

设立	洪武三年(1370 年)二月至洪武七年(1374 年)(时间不定)	永乐元年(1403 年)八月	成化年间迁至福州(时间不定)	嘉靖三十九年(1560 年)一月		万历二十七年(1599 年)
撤销	洪武七年(1374 年)九月		嘉靖二年(1523 年)	嘉靖四十四年(1565 年)开而后禁	万历八年(1580 年)	

正德、嘉靖年间，明朝东南沿海不断受到倭寇的骚扰。嘉靖二年(1523 年)，浙江市舶司发生了日本使节的"争贡之役"，给事中夏言奏言"倭祸起于市舶"，明廷"遂革福建、浙江二市舶司，惟存广东市舶司"[②]。嘉靖三十九年(1560 年)，凤阳巡抚唐顺之上奏："浙福广三省原设三市舶司，所以收其利权而掺之于上，使奸民不得乘其便。今数者俱已废坏，宜令诸路酌时修举。"[③]福建市舶司和浙江市舶司重新设置起来。嘉靖四十四年(1565 年)，

① (清)张廷玉等:《明史》卷七五，《职官志·市舶提举司》，北京:中华书局，1974 年。
② (清)张廷玉等:《明史》卷七五，《职官志·市舶提举司》，北京:中华书局，1974 年。
③ 《明世宗实录》卷四八〇，"嘉靖三十九年正月"条，上海:上海古籍出版社，1983 年。

福建市舶司开而后禁。随着隆庆年间漳州月港的开放，福建市舶司的地位日渐衰微，《大明会典》载："福建等处承宣布政使司，旧有市舶提举司，万历八年(1580年)裁革。"[①]万历二十七年(1599年)二月，福建市舶司复设。

明朝市舶司废兴沿革，以东南沿海的安定与否作为依据。沿海局势安定之时，则设立市舶司接待外国朝贡贸易；沿海有倭寇或海盗扰乱时，停罢市舶司。总体而言，明朝前期至成化年间，福建市舶司变迁次数较少，存在时间为多。正德、嘉靖至明末则兴废无常。

海禁并不是禁止一切海外贸易，只是禁止民众出海贸易，对于以朝贡为主体的官方贸易则是大开方便之门。在严厉的海禁政策下，朝贡成为中外交往的唯一合法途径。明人王圻说："贡舶与市舶一事也。凡外夷贡者，我朝皆设市舶司以领之。许带方物，官设牙行，与民贸易，谓之互市。是有贡舶，即有互市，非入贡，不许互市矣。……市舶与商舶二事也，贡舶为王法所许，司于市舶，贸易之公也。海商为王法所不许，不司于市舶，贸易之私也。"[②]明朝的市舶司成为海禁政策下为朝贡贸易服务的机构，福建市舶司专理琉球的朝贡事务。《明史·食货志》载："海外诸国入贡，许附载方物与中国贸易。因设市舶司，置提举官以领之，所以通夷情，抑奸商，俾法禁有所施，因以消其衅隙也。"[③]从中可知市舶司的职能：其一，"通夷情"，是要了解海外敌对势力的动向；其二，"抑奸商"，就是禁止私人出海经商谋利；其三，"俾法禁有所施"，就是要有效地推行海禁。永乐年间，"寻设交趾云屯市舶提举司接西南诸国"，[④]明朝在不靠海的内陆地区设立市舶司区别于宋元时期只在沿海港口设立市舶司。明史曰："东有马市，西有茶市，皆以驭边省成守费。"[⑤]马市、茶市是为了驭边守境，交趾云屯市舶司是为了西南地区的安定，沿海市舶司是为了海防，可见明朝在内陆和沿海边境设立的市场和机构的政治和军事意义远大于经济意义。隆庆开海后，明廷在月港设置了督饷馆，向海商征收饷税，督饷馆是管理私人海外贸易的机构，以征税为主要职

---

① (明)李东阳、申时行：《大明会典》卷一五，《户部·州县》，扬州：江苏广陵古籍刻印社，2007年。

② (明)王圻：《续文献通考》卷二六，《市籴考·市舶互市》。

③ (清)张廷玉等：《明史》卷八一，《食货志五》，北京：中华书局，1974年。

④ (清)张廷玉等：《明史》卷八一，《食货志五》，北京：中华书局，1974年。

⑤ (清)张廷玉等：《明史》卷八一，《食货志五》，北京：中华书局，1974年。

能，市舶司依然履行着管理朝贡贸易的职责。

明朝在实行海禁的同时设立市舶司也是为了政府垄断市舶之利。明朝的海禁和海禁下的朝贡贸易通常被认为是没有一点经济利益的亏本买卖，其实不然。明朝市舶司虽然没有宋元市舶司那么多的税收收入，但是外藩朝贡的大宗货物是有利可图的。各朝贡国的贡物多是珠宝、香料、苏木、胡椒之类，其中硫黄、胡椒、苏木少则百斤、千斤，多则几万斤。史载琉球国中山王察度曾一次进贡马九十匹，山南王承察度一次贡马五十二匹、硫黄七千斤、苏木一千三百斤。如此大量的贡物，岂是皇室贵族能消费完的？事实上，除了极少数珠宝等稀有物品被皇室贵族所用之外，大部分贡物被朝廷用来折抵俸禄、赏赐物，成为货币的代用品。[①]《明太祖实录》中多次出现皇帝用胡椒、苏木等贡物代替钱币赏赐官员、军士、役夫的记载："赐京卫军士胡椒各三斤……赐京卫军士征伤残疾者钞人五锭、苏木二十斤、胡椒五斤，老而无子者半之，有子者又半之。"[②]"造三山门外石桥成赏役夫二千余人胡椒各一斤苏木各五斤。"[③]"赐扈从北征五军总兵官公侯伯都督英国公张辅、忠勇王金忠等二十六人白金、钞币、表里、苏木、胡椒有差。"[④]由此看来，明朝的朝贡贸易并不是以往学者所说的毫无经济利益可言，即使政治和军事意义大于经济利益，即使赚的不多，但绝对不是赔本买卖。有学者指出，明朝政府从市舶贸易中获得巨大的财政利益，即"市舶之利"。[⑤] 明人张瀚曰："夫市舶本以禁海贾、奸商，使利权在上，罢市舶而利孔在下。"所谓的"利"，就是市舶司获取的朝贡贸易之利。海禁政策下，明廷设置市舶司和相关朝贡机构垄断了市舶之利。

海禁政策是明朝市舶司设立的共同背景，各市舶司的设立也有着特殊的考虑。明朝中前期沿袭宋元传统将福建市舶司设置在泉州，地点在泉州南水仙门内宋市舶务旧址，来远驿设在城南车桥村。[⑥] "泉州为闽南一都

① 田汝康：《中国帆船贸易与对外关系史论集》，杭州：浙江人民出版社，1987 年，第118 页。

② 《明太祖实录》卷一三一，"洪武十三年四月"条，上海：上海古籍出版社，1983 年。

③ 《明太祖实录》卷二四四，"洪武二十九年正月"条，上海：上海古籍出版社，1983 年。

④ 《明太宗实录》卷二，"永乐二十二年八月"条，上海：上海古籍出版社，1983 年。

⑤ 李金明、廖大珂：《中国古代海外贸易史》，南宁：广西人民出版社，1995 年，第 225～230 页。

⑥ （清）齐召南、汪沆纂修：（同治）《泉州府志》卷一二，《公署》。

会，面海倚山，连吴接粤，土膏民沃……"[①]泉州是福建开发较早的地区之一，有着优越的地理位置和便利的海运交通。明朝设13个布政使司，福建布政司衙门驻福州府。明初的沿海地区本来就不安定，市舶司又是跟外国直接打交道的部门，出于安全的考虑，市舶司必然要远离政治中心，泉州不仅距离两京（北京、南京）较远，也不是福建省府所在地，泉州市舶司距离福州不太远又便于布政司的管理。泉州的港口条件和海外交通非常优越，位于晋江、洛阳江入海口处，水陆交通便利，泉州港水深港阔，适于船只停泊，是天然的优良港湾。作为"海上丝绸之路"的起点，泉州港在历朝历代的对外贸易中发挥着重要的作用，泉州城因泉州港而发展，泉州港因泉州城而兴盛。宋元时期均把福建市舶司设在泉州，进一步促进了泉州的发展。这一时期泉州港被誉为"东方第一大港"，与埃及的亚历山大港齐名。《马可·波罗游记》真实地记载了元朝泉州港的景象："到第五天傍晚抵达宏伟秀丽的刺桐城（泉州）。在它的沿岸有一个港口，以船舶往来如梭而出名。船舶装载商品后，运到蛮子省各地销售。运到那里的胡椒，数量非常可观。但运往亚历山大供应西方世界各地需要的胡椒，就相形见绌，恐怕不过它的百分之一吧。刺桐是世界上最大的港口之一，大批商人云集这里，货物堆积如山，的确难以想象。"[②]泉州历来是福建地区海外贸易最发达的地方，自然成为明朝中前期福建市舶司司址的不二之选。

高岐《福建市舶提举司志》谓："福建提举市舶之官不常置，自宋绍兴二十一年（1151年）李庄始为之，嗣后废兴沿革代不相袭。至我朝始专官以督理藩市之事，然不专为琉球设也，迄于今始为琉球专其官矣。"指出明初福建市舶司并不是专理琉球事务，大约嘉靖年间[嘉靖三十三年（1554年）高岐任福建市舶司提举]才专门负责琉球一国的朝贡。《筹海图编》则指出明初设立福建市舶司"既不通贡，又不通舶"。[③] 福建市舶司既不管理朝贡贸易，又不管理商舶贸易。不过该书紧接着提道："凡外裔入贡者，我朝皆设市舶司以领之。在广东者，专为占城、暹罗诸番而设；在福建者，专为琉球而设；

① （清）怀荫布：《泉州府志》序二，上海：上海书店出版社，2000年。

② （意）马可·波罗：《马可·波罗游记》，北京：中国文史出版社，2008年。

③ （明）郑若曾撰，李致忠点校：《筹海图编》卷一二下，《开互市》，北京：中华书局，2007年，第850页。

在浙江者，专为日本而设。”[1]与前文的记载相矛盾，不过一个“专”字则说明福建市舶司只负责琉球朝贡，不负责其他国家事务。《明史》中仅洪武年间有记载的琉球来华朝贡就达十七次之多，以后各朝亦“奉贡不绝”。琉球如此频繁地来华朝贡，明朝专门设置一市舶司来管理琉球朝贡事务是完全有必要的，福建市舶司只掌管琉球一国朝贡事务的可能性较大。明朝沿袭宋元旧制设福建市舶司于泉州，后因“藩舶入贡乃趋福”，成化年间将司址由泉州城南水仙门迁到了福州澳门桥。《八闽通志》“公署”条谓：“福建市舶提举司，在布政司西南，侯官县之西，都指挥佥事王胜宅也。旧置司于泉州，后番舶入贡，多抵福州河口。成化五年(1469 年)，巡抚副都御使张瑄奏请移建于此。”[2]笔者翻阅史料并参考相关论述，将迁司的原因初步归纳为以下四点：其一，琉球到福州较泉州更为便捷。其二，主管市舶的官员多在福州。其三，泉州港的衰落，福州港的兴起。其四，琉球贡使多属福州籍人后裔。

首先，迁司到福州是由于琉球入贡从福州上岸比从泉州更为便捷。琉球在福建省的东南部，距离福州市的直线距离更近一些。琉球来华借力东北风，福建市舶司在泉州时，琉球显然是先经过福州再南行到达泉州。之后贡品运往京师，要北上再次经过福州。若将市舶司直接设在福州，减少了福泉之间往返的路程，自然少了一些人力、物力的花费。

其次，主管市舶的官员多在福州。市舶司隶属于布政司，外国贡使附带货物前来交易，必须在布政司的主持下方可进行。福建的布政司位于省城福州，之前市舶司设在泉州之时，市舶管理存在诸多不便，布政司的官员也有往来奔忙之苦。永乐年间，为了加强对海外贸易的管理，任命市舶太监监管市舶事务，在福州设置福建市舶太监府。《闽都记》曰：“织染局在地平寺之东，市舶内臣公署也。国朝洪武八年(1375 年)，建织染局于府治东南光泽坊内。成化十六年(1480 年)，太监尚春以其地建市舶府，移局今所。”[3]市舶太监凌驾于市舶司提举之上，市舶司实际上受布政司和市舶太监的双重监管。布政司和市舶府均在福州，而市舶司在泉州，无论贡使往来泉、福之间，还是官府接待皆不方便。将市舶司迁往福州，有利于对朝贡事务的

---

① (明)郑若曾撰，李致忠点校：《筹海图编》卷一二下，《开互市》，北京：中华书局，2007 年，第 852 页。

② (明)黄仲昭修纂：《八闽通志》卷四〇，《公署》，福州：福建人民出版社，1991 年。

③ (明)王应山：《闽都记》卷六，福州：海风出版社，2001 年。

管理。

再次，明朝泉州港的衰落和福州港的兴起也是迁司的原因之一。元末的战乱，使得泉州的社会经济遭受了极大的破坏，许多在泉经商、侨居的阿拉伯、波斯商人，被迫纷纷回国。明初，虽然沿袭历朝传统，将市舶司设在了泉州，但是因明王朝厉行海禁，严禁一切私人海上贸易，泉州市舶司的职能和贸易范围与宋元时期相比发生了极大的变化：其一，海禁政策的严厉执行使得朝贡贸易成为唯一合法的海上贸易形式，泉州只是作为官方朝贡贸易的港口，负责接待外国使者，负责贡物的查勘，并无管理海外贸易之职权。其二，泉州港的贸易对象和范围由宋元时期的西洋、阿拉伯国家缩小到印度洋及南洋诸国。明代泉州港的官办海外贸易则被限定为仅通琉球。于是，宋元时期熙熙攘攘的泉州消失了，热闹繁华的泉州港慢慢衰落下去。与此同时，福州港逐渐兴起。福州位于闽江流域的出海口，水陆交通便利，是闽东、闽北及闽南部分地区商品的集散中心，而这些地区在明代，经济得到了很好的发展，带动了福州港的繁荣。光绪《闽县乡土志》记载当时福州的繁荣景象称："八闽物产以茶、木、纸为大宗，皆非产自福州也。然巨商大贾，其营运所集，必以福州为的。"[①]据《福州府志》记载，明万历年间，福州共有市 9 个，其中城内 6 个，城厢 3 个。[②] 此时的福州已经代替泉州成为福建的经济中心。外国朝贡中国名义上是政治目的，其实谋求经济上的好处才是其真实的追求，琉球贡使自然要选择经济繁荣、商品丰富的福州作为他们的落脚点。《福建市舶提举司志》记载："福城为八闽总会之地，其衣冠文物十倍于泉，羽冠异类，奉贽献琛，奔走左右。而受约束者，观三司卫所之制，岂不思屏藩国，刑罚清，武备修，安敢萌外侮之心乎！观府县学校之制，岂不思生齿之繁，财赋之殷，人才之盛，焉敢启内侵之衅乎？"[③]可以看出，将市舶司迁到福州，明朝廷希望外国朝贡者看到天朝上国的繁华富庶，从而心生敬畏、臣服，不敢轻易挑起事端。明代的福州也是福建的造船基地，明初郑和下西洋，长乐太平港是郑和船队的造船基地之一，可见其造船业的发达。郑和船队从南京开航南下，都要先到福州外港太平港（今长乐市境内）停泊，等待信风的到来扬帆起航。可见，明朝泉州港的兴盛已过，福州港则繁华空前。

---

① （光绪）《闽县乡土志·商务杂述》。

② （万历）《福州府志》卷一二，《街市》。

③ （明）高岐：《福建市舶提举司志·艺文》。

最后，应该特别关注的迁司原因是琉球贡使多属福州籍人后裔。明洪武二十五年(1392年)，琉球中山国国王察度在朝贡时要求赐予一些中国人丁，以便更好地学习中国文化及往来朝贡。明太祖接受察度王的邀请，“赐闽中舟工三十六户，以便贡使往来”，[①]是为闽人三十六户或闽人三十六姓。这些人到达琉球后，主要居住在那霸港附近的久米岛，所以又称他们久米三十六姓。闽人三十六姓及其后裔被琉球王府重用，“知书者授大夫、长史，以为贡谢司；习海者授通事、总管，为指南之备”。[②] 他们在琉球负责航海、造船、外交文书的编写与翻译、对外贸易等事务。这些闽人的原籍大多为福州府之河口、长乐等地方，他们作为琉球的贡使、通事来华朝贡，出于乡土情结和探亲之便多停泊在福州河口一带。《天下郡国利病书》云：“后番舶入贡，多抵福州河口，因朝阳通事三十六姓，其先皆河口人也，故就乎此。”[③]贡使的老家在福州，那么朝贡船舶停靠福州港，实乃人之常情。

其时，尽管“岁久番舶渐抵福城南河口”，但是福建市舶司还在泉州。成化二年(1466年)，巡按御史朱贤奏请迁司于福州，朝廷打算听从其提议将福建市舶司迁往福州的柏衙。时任福建市舶司提举罗伦上疏反对：“衙门设立自有其地；迁移亦有其数。盖以柏衙僻陋，非可设之地；岁数未穷，非可迁之时。”[④]市舶司就没有迁至福州。之后，经福建各路官员的多次奏请，设于泉州的福建市舶司最终移置福州。

迁司后的福建市舶司位于澳门桥，在布政司西南，都指挥王胜的旧宅。同时设进贡厂于城南河口，用来贮存贡品；置柔远驿于水部门外，安排贡使居住在此；市舶太监府建在柏衙。是时，市舶司所在的王胜旧宅墙院较为破旧，弘治年间，福建市舶太监刘广指出：“是司之设，壮中国之等威，其体制不可不隆；耸外夷之瞻视，其门闳不可不丽。”[⑤]市舶司作为和外国使臣直接接触的衙门，一定要大气体面才能壮天朝国威，于是对市舶司进行了一次大规模的扩建，弘治十五年(1502年)九月十五日竣工。修整一新的福建市舶司

---

① (清)张廷玉等：《明史》卷三二三，《外国四·琉球》，北京：中华书局，1974年。

② 《明神宗实录》卷四三八，“万历三十五年九月乙亥”条，上海：上海古籍出版社，1983年。

③ (明)顾炎武：《天下郡国利病书》卷九六，上海：上海书店，1935年。

④ (明)高岐：《福建市舶提举司志·艺文》。

⑤ (明)高岐：《福建市舶提举司志·艺文》。

"外为重门,中正厅,翼以两厢,案室有堂,湢有室,官吏有廨,共屋七十余间"。[①]

福建市舶司从泉州迁往福州,是福州、泉州经济地位变迁,琉球方面的推动和朝廷、地方相互牵制的结果。尽管迁址后市舶司的职能无太大的变化,依然专管琉球朝贡贸易,但此次迁址结束了泉州市舶司380多年的历史,开启了福州作为市舶司治所的新时期。市舶司司址的迁移对泉州和福州都有着重要的影响,着实为福建海关发展史上的一件大事。

洪武初年的琉球出现山南、中山、山北三个王国,分别位于琉球大岛的南部、中部和北部,这个时期称为琉球历史上的"三山时代"(1322—1429年)。三国中,以中山最强,山北最弱。

洪武五年春正月甲子(1372年2月20日),明太祖遣行人杨载持诏书谕琉球国,诏曰:"昔帝王之治天下,凡日月所照,无有远迩,一视同仁。故中国奠安,四夷得所,非有意于臣服之也……朕为臣民拥戴即皇帝位,定有天下之号大明,建元洪武。是用遣使外夷,播告朕意。使者所至,蛮夷酋长称臣入贡。惟尔琉球在中国东南,远处海外,未及报知。兹特遣使往谕,尔其知之。"[②]由此可知,琉球是诸藩国中较晚与明朝确立朝贡关系的国家。同年十二月中山王察度派其弟泰期来明朝贡。"由是琉球始通中国,以开人文维新之基。"[③]之后山南、山北亦和明朝确立了朝贡关系。琉球与明朝正式建立外交关系之后,中琉往来日趋频繁。明太祖把琉球列为与明朝关系友好的"不征诸夷国"之一,规定琉球两年来华朝贡一次,实际上三山时代的琉球三国并未按照规定贡期前来朝贡。从中琉正式建交的1372年到琉球结束三王并立之势形成统一国家的1429年,琉球三国先后派遣使臣来华朝贡共计123次,其中洪武年间39次,永乐年间64次,洪熙元年5次,宣德元年至宣德四年(1426—1429年)15次。三国因实力大小不一,各自来华朝贡频率相差较大:"惟山北最弱,故其朝贡亦最稀。自永乐三年入贡后,至是年四月始入贡……而中山益强,以其国富,一岁常再贡三贡。"[④]实力最强的中山王遣使来朝次数最多,山南次之,山北最少。永乐十四年(1416年)中山国

---

① (明)高岐:《福建市舶提举司志·艺文》。

② 《明太祖实录》卷七一,"洪武五年春正月甲子"条,上海:上海古籍出版社,1983年。

③ 球阳研究会编:《球阳》卷一,东京:角川书店,昭和五十八年。转引自谢必震、胡新:《中琉关系史料与研究》,北京:海洋出版社,2010年。

④ (清)张廷玉等:《明史》卷三二三,《外国四·琉球》,北京:中华书局,1974年。

吞并山北国，宣德四年(1429年)吞并山南国，统一了琉球，“自是，惟中山一国朝贡不绝”。统一后的琉球国定都首里(今日本冲绳县那霸市内东北部的一个地区，首里城及相关遗迹已于2000年被列为世界遗产)，继续保持着与明朝的朝贡关系。有学者统计有明一朝，琉球(包括三山时代)来华朝贡多达373次。[①]

琉球盛产马和硫黄，因而马和硫黄成为琉球的大宗贡品，《明实录》中常见有琉球进贡马百十匹，硫黄少则一两千斤多则万斤的记载。此外，苏木、红铜、胡椒、象牙也是琉球的常规贡品，有时琉球还会进贡少量的腰刀、折扇、玛瑙、螺壳等。琉球进贡方物后，明朝要进行回赐，明初的回赐物多为丝织品、金银铜钱、《大统历》之类。洪武七年(1374年)冬，中山王派遣其弟泰期携使臣前来朝贡，明太祖回赐给他们大量的文绮和陶铁器，并且命刑部侍郎李浩带着七万斤陶器、一千斤铁器到琉球国交换明朝所需的马匹。洪武九年(1376年)，李浩从琉球带回四十匹马，在琉球待了近两年的李浩发现“其国不贵纨绮，惟贵磁器、铁斧”，[②]于是把此事告诉了明太祖。此后，明朝廷对琉球的赏赐多为瓷器和铁器。中国的瓷器、铁器大量输入琉球，深受琉球人民的欢迎，有力地促进了琉球社会的发展。为了应对琉球如此频繁的朝贡往来，方便贡物、回赐物的运输和管理，明朝设置了福建市舶司并规定该司专门负责琉球朝贡事宜。

明朝与琉球的官方往来除了琉球来华朝贡之外，还包括明朝派遣使臣前往琉球行诏谕、谕祭和册封之礼。所谓诏谕是指明朝每有新帝登基，就要派遣使者前去诏告诸朝贡国，如：“(洪武)五年正月命行人杨载以即位建元诏告其国……及惠帝嗣位，遣官以登极诏谕其国……成祖承大统，诏谕如前……”[③]朝贡国的国王去世，作为宗主国的明朝派人前去祭奠谓之谕祭，谕祭之后还要另立新王行册封之礼，如：“明年(永乐二年)二月，中山世子武宁遣使告父丧，命礼部遣官谕祭，赙以布帛，遂命武宁袭位。四月，山南王从弟汪应祖亦遣使告承察度之丧，谓前王无子，传位应祖，乞加朝命，且赐冠带。帝并从之，遂遣官册封。”[④]明朝遣往琉球行谕祭、册封之礼的使臣多是

---

① 谢必震、胡新：《中琉关系史料与研究》，北京：海洋出版社，2010年，第35页。
② (清)张廷玉等：《明史》卷三二三，《外国四·琉球》，北京：中华书局，1974年。
③ (清)张廷玉等：《明史》卷三二三，《外国四·琉球》，北京：中华书局，1974年。
④ (清)张廷玉等：《明史》卷三二三，《外国四·琉球》，北京：中华书局，1974年。

礼部行人司的行人，随行人员多达几百人。嘉靖年间命吏科左给事中陈侃、行人高澄册封中山王尚清，册封归来后陈侃把出使的所见所闻记录下来并命名为《使琉球录》。明朝中琉关系密切，双方官方往来除朝贡、诏谕、谕祭和册封之外，琉球还来华补贡、贺正旦、贺登基、到长陵（明十三陵之首）进香、请赐冠服、迎册封、谢恩、报倭警等。为了促进中琉的贸易往来和文化交流，洪武年间明太祖特赐"闽人三十六姓"移居琉球。此后，琉球来华朝贡使臣多由"闽人三十六姓"及其后裔担任，成化五年（1469 年）的琉球贡使蔡璟言："祖父本福建南安人，为琉球通事，传至璟，擢长史。"[①]"闽人三十六姓"居住的久米村成为琉球的中华文化传播中心。琉球人非常乐于学习中华文化，"洪武二十五年夏，中山贡使以其王从子及寨官子偕来，请肄业国学。从之，赐衣巾靴袜并夏衣一袭"。[②] 以此为开端，其后有多位琉球王室和官员的子弟进入明朝的最高学府国子监学习四书五经、律令诗词，明朝经常赏赐他们衣物，"礼待甚厚"。琉球学生在华一般学制为四年，有时有人因故提早结业。学成回国的留学生，通常都得到琉球国王的重用。他们在传播汉文化，治理国政，加强中琉友好关系方面起了极为重要的作用。

明朝中琉之间并不全是友好往来。史载永乐年间琉球中山国的贡使在福建掠夺海舶、杀官军、殴打中官，成祖得知后，只是将带头闹事者杀掉，余下的人交给中山王处理。次年中山王遣使谢罪，"帝待之如初"。成化十年（1474 年），琉球贡使在福建怀安焚烧房屋，掠夺钱财，并杀害民众两人，而朝廷却没有抓到凶犯。由此足以见琉球使臣之野蛮，明朝管理之懈怠。对于这些在华杀人纵火的罪犯，琉球不但没有严厉处置，反而又几次派遣他们为使来华朝贡。成化年间，官员发现了来朝使臣就是之前那些在福建行抢夺、烧杀之事的凶犯，但明廷除了不批准琉球增加朝贡次数的请求之外无计可施。尽管明廷再三申令禁止琉球使臣附带私物，但实际上琉球使臣私自携带物品在华交易的现象依然大量存在，如成化六年（1470 年）"贡使程鹏至福州，与指挥刘玉私通货贿"。[③] 有些使臣的真实身份就是商人。明廷对此心知肚明："其国连章奏请，不过欲图市易。"[④]琉球使臣私下与民间贸易

① （清）张廷玉等：《明史》卷三二三，《外国四・琉球》，北京：中华书局，1974 年。

② （清）张廷玉等：《明史》卷三二三，《外国四・琉球》，北京：中华书局，1974 年。

③ （清）张廷玉等：《明史》卷三二三，《外国四・琉球》，北京：中华书局，1974 年。

④ （清）张廷玉等：《明史》卷三二三，《外国四・琉球》，北京：中华书局，1974 年。

换得能在琉球国内赚取高额利润的物品。琉球挑选使臣的标准是要有本事尽可能多地谋取中国物品，至于礼仪素养高低则不在考查范围。因此那些曾经在中国纵火掠夺、作恶多端的凶犯们靠着有点“奸狡百端，专贸中国之货，以擅外蕃之利”的本事，不但没遭到严惩，反而继续被派遣来华朝贡，干着表面上是使臣，私下里贿赂明朝官员、勾结中国商人以贩卖货物赚取高额利润，有时甚至不惜做杀人放火的勾当。不管是琉球使臣的私自贸易所获之物还是明廷回赐之物，均为琉球国内生产生活所急需或必需之物。对于资源匮乏的小国琉球而言，中琉之间的贸易往来俨然成为其社会经济发展的重要支柱，派遣子弟、官员来华学习诗书典籍成为其思想文化进步的重要途径。与明朝交往，琉球付出甚微，得到好处巨多，所以琉球非常乐于来华朝贡，多次请求增加朝贡次数；甚至在明朝灭亡，南明刚刚在福建建立之时，还继续派遣使臣前来朝贡。

中琉官方往来在明朝正式确立起来，尽管与其他藩国相比建交时间略晚一些，但是在确立藩属关系之后，琉球对来华朝贡之事极为热心，乃至成为诸藩国中朝贡最勤的国家，明史云：“其虔事天朝，为外藩最云。”[①]

（二）福建市舶司的内部运作

高岐谓：“（市舶司）惟理宾贡怀柔，其兼榷盐铁酒茶事务弗与焉，政虽简而职则专，制虽变而体制一，无复向之更矣。”[②]明朝的福建市舶司只有一个任务——负责琉球朝贡事宜。

《明实录》中有很多关于明朝皇帝赐给琉球船只的记载，负责为琉球造船的自然是福建。在中国的帮助下，琉球仿照着明朝赏赐的船只自己学着造船，慢慢地也能造出适用于远洋航行的船了。

日本学者松浦章通过对明朝各国来华的通事进行考证得出结论：明朝来华的海外各国朝贡使团中，有不少通事是中国人。他们之所以成为海外各国的通事，有的是因为遭遇海难而漂流海外，后来成为外国通事返回故国；有的是秘密从事海外走私贸易，长期旅居海外，后来参加外国使团而充

---

① （清）张廷玉等：《明史》卷三二三，《外国四·琉球》，北京：中华书局，1974年。

② （明）高岐：《福建市舶提举司志·沿革》。

任通事之职；有的是逃亡海外的犯人，之后担任朝贡使节而返回明朝。[①] 前文提到“闽人三十六姓”及其后裔就被琉球王府授予大夫、长史、贡谢司、通事、总管之职，负责航海、造船、外交文书的编写、翻译、对外贸易等事务。成化五年(1469 年)的琉球贡使蔡璟这样描述自己的身世：“祖父本福建南安人，为琉球通事，传至璟，擢长史。”[②]如此看来，担任琉球通事职位的亦以中国人居多。除各国使团有自己的通事之外，为了与各国使节进行交流，明朝也有通事。明朝的四夷馆就是专门培养这种翻译人才的机构，史曰：“提督四夷馆。少卿一人，正四品，掌译书之事。自永乐五年，外国朝贡，特设蒙古、女直、西番、西天、回回、百夷、高昌、缅甸八馆，置译字生、通事，通事初隶通政使司，通译语言文字。正德中，增设八百馆(八百国兰者哥进贡)。万历中，又增设暹罗馆。初设四夷馆隶翰林院，选国子监生习译。宣德元年，兼选官民子弟，委官教肄，学士稽考程课。”[③]据《大明会典》记载，成化五年(1469 年)四夷馆共有通事六十名，各通事负责不同的国家，其中有琉球通事两人。[④] 在明朝任命的通事中，汉人较多，少数民族任职者较少，这是因为明朝廷认为汉人比少数民族人更可信、更忠诚。

琉球进贡使团少则百余人，多则数百人。对朝贡国而言，朝贡不仅是对华贸易的代名词，而且可以借机获取明朝政府的赏赐，因而常常组织庞大的使团，携带大批贡物前来，琉球当然也不例外。明朝方面则出于边境安全和节约财政支出的考虑，再三对包括琉球在内的各朝贡国的朝贡规模进行限制。史载：“(弘治)三年，使者至，言近岁贡使止许二十五人入都，物多人少，虑致疏虞。诏许增五人，其傔从在闽者，并增给二十人廪食，为一百七十人。”[⑤]由此可知明孝宗弘治年间规定的琉球使团人数为 170 人，30 人可进京朝贡，其余人留守福建。嘉靖年间规定“不得过百五十人”。

《历代宝案》说：“琉球国中山王世子尚清为进贡等事，切照本国所产物稀少，缺乏贡物，深为未便，为此今遣正使马沙开、都通事梁杰等坐驾义字号

---

① (日)松浦章：《明清时代东亚海域的文化交流》，南京：江苏人民出版社，2009 年，第 54 页。

② (清)张廷玉等：《明史》卷三二三，《外国四・琉球》，北京：中华书局，1974 年。

③ (清)张廷玉等：《明史》卷七四，《职官三・提督四夷馆》，北京：中华书局，1974 年。

④ (明)李东阳、申时行：《大明会典》卷一〇八，《各国通事》，扬州：江苏广陵古籍刻印社，2007 年。

⑤ (清)张廷玉等：《明史》卷三二三，《外国四・琉球》，北京：中华书局，1974 年。

小船一只，装载磁器等货前往佛大泥[①]等国出产地面，两平收买苏木、胡椒等物回国，预备下年进贡大明天朝。”[②]该卷还记载了装载瓷器前往暹罗等国收买苏木、胡椒以备次年进贡明朝一事。显然，琉球的贡品不是本国所产，而是与三佛齐、暹罗等东南亚诸国交换所得。以上两则文书也揭示了这样一个事实，即明朝廷赏赐给琉球的瓷器被琉球运往东南亚诸国贩卖换得苏木、胡椒等物，换来的苏木、胡椒再当作贡品进奉给明朝。历代宝案中还有不少琉球和朝鲜、日本等国的贸易往来文书。有学者指出：“这是一个以琉球为中介的中国与日本、朝鲜、东南亚诸国的贸易交通网络。”[③]

史料记载：“琉球在海中，本与浙、闽地势东西相值，但其中平衍无山。船行海中，全以山为准……琉球归福州，出姑米山，必取温州南杞山；山偏在西北，故冬至乘东北风，参用乾戌等针，袤绕北行，以渐折而正西。虽彼此地势东西相值，不能纯用卯酉针，径直相往来者，皆以山为准；且行船必贵占上风故也。……琉球归福州，由那霸港用申针放洋；辛酉针一更半，见姑米山并姑巴甚麻山；辛酉针四更、辛戌针十二更、乾戌针四更、单申针五更、辛酉针十六更，见南杞山（属浙江温州）；坤未针三更，取台山；丁未针三更，取里麻山（一名霜山）；单辛针三更，收入福州定海所，进闽安镇（琉球姑米山至福州定海所，共五十更船）。”[④]琉球来明朝的航海路线大致为：从都城首里附近的那霸港出发，经姑米山，穿越广袤的太平洋，到达我国温州地区的南杞山，继续南行经台山、里麻山、定海所入五虎门，进福州城。琉球贡船即将停靠福州河口时，闽安镇等处的巡检司（始于洪武二年，设立在府州县之关津要道，是县级衙门底下的基层组织，主要职事是率领弓兵、缉捕盗贼、盘诘奸伪）[⑤]即申报各衙门，把总（官名，正七品，隶属于明朝京营、边军系统，麾下约有战兵四百四十人）便派遣其下属千百户一人率领军士防范琉球贡船进港。同时都司（都指挥使司简称，明朝设立于地方的军事指挥机关，掌一方军政，统帅其所辖卫所，属五军都督府而听从兵部调令，与承宣布政使司、提刑按察使司合称“三司”）委派指挥一员督同地方沿江巡逻防范。之后，都、布、按三司各派一名官员带领市舶司掌印官、土通事及工匠等人一起前往贡

① 佛大泥可能是指三佛齐。

② 《历代宝案》第一集，卷四二，台北：台湾大学，1972年。

③ 谢必震、胡新：《中琉关系史料与研究》，北京：海洋出版社，2010年，第148页。

④ （清）徐葆光：《中山传信录》。

⑤ 王天有：《明代国家机构研究》，北京：北京大学出版社，1992年，第239页。

船停泊处“译问差来夷使果系进贡”，确认对方的琉球贡使身份后，继而“取彼国符文、执照查验，备抄明白”。此处的查验符文、执照是市舶司的重要职责之一。

符文和执照即朝贡表文和朝贡勘合。明人王圻指出：“夫贡者，夷王之所遣，有定期，有金叶勘合表文为验。使其来也以时，其验也无伪，我国家未尝不许也。贡未尝不许，则市舶未尝不通。”[①]朝贡表文是朝贡国向明朝政府呈递官方文书，是各国遣使朝贡的必备手续和前提条件。古代中国君臣尊卑观念甚强，“表”是达成上奏皇帝言事陈请的文书体裁之一，如三国时期蜀汉丞相诸葛亮在北伐中原之前给后主刘禅上述的《出师表》。朝贡国给明朝皇帝的表文体现的是愿意臣服于明朝的意思。朝贡表文的一般格式是：首先以臣子的身份对明帝称颂一番，然后说些派遣专使恭候明帝起居，兼贡方物之类的话语，署名“某某国王臣某某”，并用明朝年号。[②]

勘合，是明朝国家事务管理中广泛使用的一种文书凭证，类似于今天的公文骑缝公章、公文存根。通过对勘合印识、字号与内容的比较、勘验，以辨别真伪，防止欺诈。明朝的勘合种类繁多，广泛应用于军队调发、官员差遣、钱粮征收等，是明朝中央集权进一步强化的突出体现。朝贡勘合，作为勘合的一种，是明朝颁发给诸朝贡国的文书证明。朝贡勘合注明朝贡国国主、贡道、贡期，然后加盖骑缝印信，从骑缝印信处分为两半，一半发给朝贡国，另一半则一式三份分别存放在礼部、布政司和市舶司。各国前来朝贡，在勘合上写明来朝日期、贡船数目、使团人数及构成、贡物及附搭货物的种类和具体数量。贡船到达后，市舶司掌印官将贡使携带的勘合与市舶司存放的勘合的另一半进行比对，看笔迹是否一致，骑缝印信是否契合，二符一致契合则为真，否则为假。朝贡勘合由礼部发放，始于洪武十六年（1383 年）。《新刻明政统宗》云：“十月，给北番勘合。上以海外诸国进贡，信息往来真伪难辨，遂命礼部置勘合文簿发诸国。”[③]有学者考证第一批发放勘合的国家和地区有 15 个：暹罗、日本、占城、爪哇、真腊、满剌加、苏禄国东王、苏禄国西

---

① （明）王圻：《续文献通考》卷三一，《市籴考·市舶互市》。

② （日）木宫泰彦著，胡锡年译：《日中文化交流史》，北京：商务印书馆，1980 年，第 517、518～519 页。

③ （明）涂山：《新刻明政统宗》卷四，“洪武十六年十月”条。

王、苏禄国峒山、柯支、拨泥、锡兰山、古里、苏门答剌、古麻剌。[①] 唐、宋、元时期海外贸易活跃，许多国家特别是私商可以通过正常的贸易渠道与中国交往，而不限于朝贡一途，因此对于勘合表文的管理不严。但是明朝将海外国家纳入朝贡体系，朝贡成为外国来华贸易的唯一合法形式，加之严峻的海防形势，明朝中前期对朝贡表文、勘合的管理相当严格，明确规定"四夷入贡中国，必奉表文"。[②]

经查验勘合确系琉球朝贡使团后，督令随行工匠将朝贡船舱封钉，贡船在原委指挥的防护下驾往进贡厂河下，听候会盘，贡使送至柔远驿安歇。福建市舶司包括提举司、进贡厂和柔远驿。成化年间，福建市舶司由泉州迁到福州：提举司设在都指挥佥事王胜宅，为市舶司官员办公场所和居住之地；进贡厂设于城南河口，用来贮存琉球的贡物，规模很大；柔远驿设在水部门外，为琉球贡使安歇之所，也是琉球人在福建从事贸易的主要场所。

提举司：正厅三间、穿堂二间、中堂三间、东房三间、西房三间；吏户礼书房三间；兵刑工书房三间；仪门三间、屏门一座、大门三间；土地祠三间；荔枝树一株、龙眼树四株。

提举宅：客厅三间、中房三间、两耳房八间、厨房一间、宅门三间。

副提举宅：客厅三间、中房三间、耳房三间、厨房一间、宅门二座。

吏目宅：客厅三间、中房三间、耳房八间、宅门一座。

东公廨房六间，西园房三间。

进贡厂：锡贡堂三间（会盘方物于此）、承恩堂三间（察院三司会宴于此）、控海楼一座三间、厨房一所、尚公桥一座、碑亭一座、仪门三间、运府提举司会宴堂三间、待夷使宴堂三间、更楼一间、守宿房五间；库内香料库三间、椒锡库一间、苏木库三间、硫黄库一间，共八间，拣筛煎销硫黄两廊房共二十八间，库亭一座三间、库门三间、外参门一座、二门一座、大门一座、门外坊牌一座、各小角门三座。

（进贡厂内）天妃宫一所：前殿三间、后殿三间、两廊十间、大门一间。

进贡厂还有：真武祠一间、土地祠一间、鱼池莲池前后共六口、荔枝树共四十一株、龙眼树共十二株、桃树共四株、枣树一株、扁柏树三株、松树一株、竹墩浦一所，约长二十丈、横约方丈的多湾曲，新开荒箭路平地一所。

---

① 李庆新：《明代海外贸易制度》，北京：社会科学文献出版社，2007年，第82页。

② （明）郑舜功：《日本一鉴·穷河话海》卷七，《表章》，1939年影引旧抄本。

柔远驿：前厅三间、两边卧房共六间、后厅五间、两边夷梢卧房共二十七间、二门三间、守把千户房两边共十间、军士房二间、大门一间。[①]

各夷行李件数搬运入驿等事宜都要向市舶司申报。夷官提交会盘申请，察院（即都察院，明朝负责监察百官的机构）批行布政使司（承宣布政使司简称，明朝省级行政区的最高行政机关，负责一省的行政事务，“三司”之一）择日，札行市舶司另具日期、封皮张数、手本，禀请各衙门按临到进贡厂会盘。会盘之日，原委官员验封开舱后，由闽、侯、怀三县按照旧规备办箩桶杠索等物件送至进贡厂。都司行左右中三衙军士在进贡厂外列队防范。布政司行福州府闽、侯、怀三县照依上年事例备办酒席，宴待琉球贡使和随行人员。各大小衙门官员，俱到进贡厂听候会盘。会盘步骤是：首先，市舶司官员呈递夷使参见行礼事宜、手本、方物、文册；其次，琉球贡使将马匹、苏木、胡椒、硫黄等项贡物依次进上；再次，行匠对照着进贡文书对贡物进行查验；经行匠查验，确认无误之后，最后由闽、侯、怀三县的民夫将贡物搬扛贮库，会盘结束。市舶司附属的进贡厂是会盘地，在整个会盘过程中，市舶司履行着组织会盘、查验贡物的职责。

会盘结束后，琉球贡使回柔远驿安歇。提举司一名拨吏和都司行左右中三卫派遣的三员百户、一百名军士一起每夜提铃巡逻，防守方物。都司另派遣两员千户和三十名军士把守柔远驿门，防止琉球人“擅自出入，交通贸易违禁货物”。对于前来朝贡的夷人，明朝明确规定了每人的伙食钱粮标准：“夷官廪给每员每日给米五升，人伴口粮每名每日给米一升五合，夷梢月粮每名每日给米一升，该三山驿备申福州府行常丰仓，按月关支蔬菜。夷官每员每日给银五分，人伴每名每日给银五厘，按季赴布政司给领火柴。每员名每日给银一厘。”拨给琉球使团的钱粮标准由市舶司按时准确发放给每个人。

琉球即将进京朝贡之前，察院和都、布、按三司各先差人带着琉球进贡的手本、文册等赴京上报。市舶司官员和布、按二司官员到进贡厂操持入京朝贡事宜。工匠们把厂库内的原进草包、生硫黄依照旧法舂筛并煎销成饼以方便装运。工匠、民夫们把整理好的贡物装入闽、侯、怀三县提供的箩桶内，市舶司官员择具封杠。市舶司官员带领原委官员到厂库验看明白，之

---

① （明）高岐：《福建市舶提举司志·署舍》。

后，逐杠钉封照旧收库。

都、布、按三司会委千百户四员、内二员护送琉球贡使及随行人员约二十人赴北京。琉球贡使北上进京的路线是：自柔远驿起程，乘船溯闽江而上，翻越武夷山进入浙江境内。接下来琉球贡道就和日本贡道重合：从宁波的四明驿乘船溯甬江，渡钱塘江至杭州，然后由运河抵镇江，横渡长江，再进入运河，经过扬州、淮安、济宁，渡过黄河到达天津，再溯运河到大通州登陆，从此前往北京。[①] 贡使在北京主要由礼部各司负责接待事宜。会同馆是琉球使团在京的住地，在履行完朝贡礼仪之后，使团随行的琉球商人可以在会同馆内进行贸易活动。

明朝规定琉球使团进京的人数限制在三十人以内，[②]余下的琉球人皆在市舶司将附带的货物进行交易。明人王圻曰："贡舶与市舶一事矣。凡外夷贡者，我朝皆设市舶司以领之。许带方物，官设牙行，与民贸易，谓之互市。是有贡舶，即有互市，非入贡，不许互市矣。"[③]琉球人买卖物品，不能直接和中国人打交道，而是由官设牙行作为媒介。牙行，是市舶司的附属机构，牙行有牙人。官牙的职责是会同行匠验看货物成色，评估货物价格，介绍与中国商人交易，从中提取佣金。琉球人回国需要购置的货物也需要通过官牙代为采办。这种承办琉球商务的商人，当时被称为球商。福建市舶司有二十四名牙人。[④] 市舶司对官牙管理很严格，牙人均经市舶司挑选，选有抵业人户充任，领有官府的执照。在交易时，使用统一发放的制式文簿，填写船户名称、货物数目等，"每月赴官查照"，[⑤]"私充牙行者充军"。[⑥] 随贡而来的全部私货必须通过官牙才能投放市场。由此可见，市舶牙行实质是明朝政府垄断中外贸易的机构。

琉球贡使从京回还，先至柔远驿安歇。市舶司择日设宴款待，宴毕，市舶司取具夷官离驿日期、缘由，申详布政司。布政司派遣一名官员，会同市

---

① （明）木宫泰彦著，胡锡年译：《日中文化交流史》，北京：商务印书馆，1980年，第564～565页。

② （清）张廷玉等：《明史》卷三二三，《外国四・琉球》，北京：中华书局，1974年。

③ （明）王圻：《续文献通考》卷二六，《市籴考・市舶互市》。

④ （明）高岐：《福建市舶提举司志・属役》。

⑤ 《大明律》卷一〇，《户律・市廛》。

⑥ （明）李东阳、申时行：《大明会典》卷三五，《户部・商税》，扬州：江苏广陵古籍刻印社，2007年。

舶司的土通事和吏目，将夷人逐一搜检上船，防送至梅花千户所地方，开洋回国。之后，市舶司还要通报贡船沿途经过的各巡司，严防琉球使团登岸、收买违禁货物。至此，福建市舶司的任务圆满完成。

综合以上福建市舶司参与的琉球朝贡的过程，将福建市舶司的主要职责归纳如下：其一，查验朝贡表文、勘合；其二，组织会盘、查验贡物；其三，负责琉球使团在柔远驿的安歇事宜，并定期、定量地发放钱粮给琉球使团；其四，操持琉球入京朝贡事宜；其五，设牙行代理琉球与中国的买卖贸易；其六，市舶司有协助海防、海禁的任务。

三、明代福建市舶司演迁与政府对海洋控制的式微

福建市舶司的演变经历了从泉州到福州的地点变化、从主管民间海外贸易到服务朝贡贸易的职能转变、从功能宽泛到职有所专的角色更替、从较为显赫到逐渐边缘的身份升沉，这其中显示出政府对海洋区域管理的认识经历了一个逐渐加深的过程，既有积极有为的开拓，又有政府本身的无奈。

明朝的市舶司与宋元时期的市舶司职责大不相同。宋元市舶司兼理朝贡和私人海外贸易，明朝的市舶司则成为专理朝贡贸易的机构。因此，明朝市舶司能否发挥作用很大程度系于朝贡贸易的盛衰。大致而言，在厉行海禁而朝贡贸易兴盛的明朝初期，因海外诸国朝贡频繁，市舶司的任务较重，作用比较明显。但即使在朝贡活动频繁的永乐朝，其职权也难与宋元时期的市舶司相提并论。再加上市舶司受布政使司和市舶太监的双重监管，其实际职权非常有限。明朝中后期，随着私人贸易的兴起，朝贡贸易的衰落，市舶司原本不大的职权日趋被剥夺殆尽。

《明史》曰："市舶提举司，提举一人，从五品；副提举二人，从六品；其属，吏目一人，从九品。"[①]从官员的品级来看，明朝市舶司官员与宋元市舶司官员大约都是从五品、从六品，但是二者的职权则是天壤之别。由于宋元时期非常重视海外贸易，因此市舶司官员的职权较大，朝廷十分重视市舶司官员的选任。而到了明朝"贾海有禁，其所司者朝贡一事"，由于受布政司和市舶太监的双重监管，市舶司官员可谓"人微言轻"。尤其到了明朝中后期，市舶

① （清）张廷玉等：《明史》卷七五，《职官·市舶提举司》，北京：中华书局，1974年。

司常被作为贬谪官员的安置之所，司务的清闲和被贬的苦闷使得市舶司的官员除了“终日读书撰文，仰望储用”之外竟无别事可做。

明朝市舶司从管理系统上来说，隶属于省一级的行政机构布政司。市舶司官员处理各朝贡事宜之前都要先禀请布政司的指示，受布政司官员的监督，并及时向布政司汇报进展。

朝廷为了加强对海外宝货的掌控，永乐元年(1403 年)，“命内臣齐喜提督广东市舶”，[①]宦官开始插手市舶事务。有学者指出：“明代市舶司，以中官领之，此亦明制之异于宋元者。”[②]市舶宦官多以太监充任，也有少监、监丞、奉御等，这些大小宦官统称“市舶太监”。关于市舶宦官的职衔，《明史》记载：“太监正四品，左右少监从四品，监丞、司副从五品，奉御从六品。”[③]可见市舶宦官的官位并不高，但市舶太监系皇帝亲自派出，直接对皇帝负责，因此拥有很大的权力。史载：“闽中税监高寀，常求异物于海舶以进御。”[④]有明一朝，共有十四名市舶太监任职福建。随着市舶太监被遣至各司，其公署即市舶府相应建立。“织染局在地平寺之东，市舶内臣公署也。成化十六年，太监尚春以其地建市舶府，移局今所。”[⑤]市舶府独立于地方政府之外，拥有自己的组织体系，直属于内府“二十四衙门”。(明朝宦官体制，内设十二监，四司，八局。明朝有两套机构，一套是以阁部为代表的官僚机构，另一套是以司礼监为代表的宦官机构。[⑥])起初，市舶太监仅提督市舶司一事，以后实权扩大，成化年间又有提督沿海的权力，嘉靖初更“兼提督海道，遇警得调官军”。[⑦] 明朝中后期，市舶太监常依仗手中权势与贡使、海盗相勾结，在沿海地区明目张胆地行抢夺烧杀之事。嘉靖元年(1522 年)，“给事中夏言奏倭祸起于市舶，遂革福建、浙江二市舶司，惟存广东市舶司”。[⑧] 其实，导致沿海地区倭祸不断的原因，并不是市舶司，而是与市舶太监的胡作非为有

---

① (明)徐学聚：《国朝典汇》卷二〇〇，《市舶》。

② 李剑农：《宋元明经济史稿》，北京：三联书店，1957 年，第 167 页。

③ (清)张廷玉等：《明史》卷七四，《职官・宦官》，北京：中华书局，1974 年。

④ (明)谢肇淛：《五杂俎》卷九，上海：上海书店出版社，2001 年。

⑤ (明)王应山：《闽都记》卷六，福州：海风出版社，2001 年。

⑥ 王天有：《明代国家机构研究》，北京：故宫出版社，2014 年，第 181 页。

⑦ (明)王世贞：《弇山堂别集》卷九九，《中官考十》。

⑧ (清)张廷玉等：《明史》卷七五，《职官・市舶提举司》，北京：中华书局，1974 年。

关，明人徐学聚曰："所当罢者市舶太监，非市舶也。"[①]

自永乐年间朝廷派遣市舶太监掌管朝贡贸易之后，市舶司实际上受市舶太监和布政司的双重领导，权力非常有限。明人谓："其供应之节，控驭之方，掌于郡守；犒待之仪，贡输之数，主于中官；职提司者，不过检视之而已。"[②]明初，琉球常常一年一贡或一年数贡，成化年间严格限制琉球二年一贡，福建市舶司的事务实际减少一半以上，市舶司几乎成为闲置机构。故明人高岐谓："（福建市舶司）惟理贡舶，不复开海市，副提举遂未铨授矣。吏目闲来，任亦虚设耳。虽有正提举，贡至经理之，此外无他事。"[③]

明朝中前期的福建市舶司提举多是举人出身，自成化三年（1467年）将翰林院修撰罗伦贬为福建市舶司提举之后，嘉靖年间有多位官员被贬至福建市舶司出任提举。这在明人李仁龙撰写的《刻张东海赠行罗一峰诗序》中说得很明白："按故事，市舶清简，设以待迁客，先是翰院铨曹，凡左迁者率莅是，终日读书撰文，养望储用。"[④]可见士人出任市舶提举司完全是失意的情况。据统计，明朝担任福建市舶司提举的贬谪之官[⑤]有：罗伦（成化三年被贬，原任翰林院修撰）、徐廷杰（嘉靖十三年被贬，原任山东按察司佥事）、陆时雍（嘉靖十七年被贬，原任工部郎中）、江汝璧（嘉靖十七年被贬，原任左春坊谕德）、杨育秀（嘉靖十八年被贬，原任吏部文选司郎中）、高岐（嘉靖三十三年被贬，原任太仆寺寺丞）。

在以朝贡为主的中琉贸易往来中，福建市舶司主要负责查验表文、勘合，组织会盘，负责琉球使团的安歇，操持琉球贡使入京朝贡，设牙行代理琉球商人与中国的交易等。看似诸多重要的职责，市舶司却扮演的是"中间人""跑腿者"的角色，实权被以布政司为首的地方官员和以市舶太监为首的中央势力所掌控。明朝市舶司的官员远没有宋元时期那样位尊权重，甚至一度被作为贬谪官员的安置之所。

---

① （明）徐学聚：《国朝典汇》卷二〇〇，《市舶》。

② （明）陈子龙：《明经世文编》卷一四七，北京：中华书局，1962年。

③ （明）高岐：《福建市舶提举司志·官职》。

④ （明）高岐：《福建市舶提举司志·艺文》。

⑤ 杨清江、陈苍松：《福建市舶司人物录》，泉州：温陵书画院印务馆，1987年，第65～70页。

第四节　清代前期治台政策的演变

康熙二十一年(1682年),康熙帝派施琅率水师攻取澎湖,于次年统一台湾,从而解决了困扰清政府近三十年之久的台湾问题。康熙帝领台之初,为了防止台湾人民的反抗,固然采取了种种防范措施,但其政策总体上应该是"宽猛相济,恩威并施"的。随着台湾地区的开发,雍正、乾隆等朝能针对原有治台政策在执行中出现的弊端而采取相应的措施加以整治,使政策进一步趋向积极,适应了客观形势发展的新要求,极大地促进了台湾地区的经济开发,为以后的台湾建省奠定了坚实的基础。

一、由私渡转为官渡:渡台政策的变化

清政府领台之初,在"台湾孤悬海外,易薮贼"思想的影响下,为防止台湾成为海盗渊薮,对大陆人民渡台颁布了三条规定:(1)欲渡航赴台湾者,先给原籍地方之照单,经分巡台厦兵备道之稽查,依台湾海防同知之审验,许之;潜渡者处以严罚。(2)渡航台湾者,不准携伴家眷;既渡航者不得招致之。(3)粤地(广东)屡为海盗渊薮,以其积习未脱,禁其民之渡台。[①] 此后,由于到台移民为了取得土地而导致了民"番"关系的紧张,甚至冲突,又于康熙五十七年(1718年),重申"凡往来台湾之人,必令地方官给照,方许渡载;单身游民无照者,不许偷渡。如有犯者,官兵民人分别严加治罪,船只入官。如有哨船私载者,将该管官一体参奏处分"。[②]

然而,利之所在,人必趋之。台湾土地肥沃、资源富饶,内地人民"无田可耕,无工可佣,无食求觅。一到台地,上之可以致富,下之可以温饱。一切

① 李祖基:《论清代移民台湾之政策——兼评〈中国移民史〉之"台湾的移民垦殖"》,《历史研究》2001年第3期。

② 《清圣祖实录》卷二七七,北京:中华书局,1985年,第168页。

农、工、商、贾以及百艺之末，记工授值，比内地率皆倍蓰”。[①] 这对地狭人稠，饱受人口压力的闽粤沿海的人民无疑有着巨大的吸引力。故其禁虽严，而“民之渡台，如水之趋下，群流奔注。而欲以轻法止之，是以只手而障崩堤，必不能矣”。[②] 据吴士功《题准台民搬眷过台疏》所述：“计自乾隆二十三年十二月至二十四年止，一载之中，共盘获偷渡民人二十五起。老幼男妇九百九十九名，内溺毙者男妇三十四名口。……其已经发觉者如此，其私自过台在海洋被害者，恐不知凡几。”[③]大陆移民的渡台数量可见一斑。

面对大陆移民一波又一波的渡台高潮，清政府继废除第三条禁令之后，又开始着手对前两条移民政策做部分的调整和变动，包括三次准许搬眷入台以及设立官渡。

（一）准许台民搬眷入台

清政府禁止移民携眷渡台的政策，导致了台湾移民中男多女少，人口性别比例严重失调的现象。雍正六年（1728 年），蓝鼎元在《经理台湾》中记道：“统计台湾一府，惟中路台邑所属，有夫妻子母之人民。自北路诸罗、彰化以上，淡水、鸡笼以及东部山后千有余里，通共妇女不及数百人；南路凤山、新园、琅峤以下四五百里，妇女亦不及数百人”；[④]“有村庄数百人而无一眷口者”，“娶一妇动费百金”。[⑤]

禁止携眷使移民夫妻、父母、子女无法团聚，不仅有乖伦理人情，而且许多无室家宗族之系累的单身青壮年男子聚集在一起，成为台湾社会治安的一大隐患。清代台湾社会动乱频仍，就与此有极大关系：首先，赌博之风盛行。据唐赞衮在《台阳见闻录》中称：“台地赌风，甲于他处。宝摊、牌九，不一其名。抱布贸丝者，入肆问津，无不倾囊而出，更有曲房密室，银烛高烧，

① （清）沈起元：《条陈台湾事宜状》，《皇朝经世文编》卷八四，北京：中华书局，1992 年，第 2089 页。

② （清）沈起元：《条陈台湾事宜状》，《皇朝经世文编》卷八四，北京：中华书局，1992 年，第 2089 页。

③ （清）吴士功：《题准台民搬眷过台疏》，（清）余文仪：《续修台湾府志》卷二〇，《台湾文献史料丛刊》第 1 辑第 121 种，台北：大通书局，1984 年，第 726 页。

④ （清）蓝鼎元：《经理台湾》，《鹿洲全集》下册，厦门：厦门大学出版社，1995 年，第 805 页。

⑤ （清）周钟瑄：《诸罗县志》卷一二，《杂记志 · 外纪》，第 292 页。

艳妓列于前，俊仆随于后，呼卢喝雉，一掷千金，大为风俗人心之害。”[①]赌博的危害是巨大的，“夫赌博恶业也，不肖之子挟赀登场，呼卢喝雉以为快；以一聚两，以五聚十，成群逐队，叫嚣争斗，皆由于此。至于胜者思逞，负者思后，两相负而不知悔。及家无余资，始则出于典鬻，继则不得不出于偷窃，亦长奸之讹也”。[②] 其次，单身游民游食四方，随处结党，极易铤而走险。他们为了趁火打劫，抢夺财物，往往引发骚乱，并煽动械斗。械斗持续的时间，短的几个月，长的可达两三年，致使田园被抛荒，村落变成废墟，百姓流离失所，台湾社会动荡难安。

为了纾解人口结构严重失调所造成的社会压力，闽台一些地方官员多次上书清政府，要求放宽对民众移民台湾的限制。雍正十年（1732 年），鄂尔泰等议奏："台地开垦承佃、雇工、贸易，均系闽粤民人，不啻数十万之众，其中淳淳不等。若终岁群居，皆无室家，则其心不靖，难以久安。……查明本人眷口，填给路引，准其搬移入台。"[③]雍正帝采纳该建议，携眷入台的限制首次被废除。

朝廷允许携眷渡台以后，移民台湾者骤增。自雍正十二年到乾隆五年（1734—1740 年）给照的大小男妇不下二万余人。[④] 此后，又于乾隆十一年至十三年（1746—1748 年）、乾隆二十五年至乾隆二十六年（1760—1761 年）两次开禁，准许在台“有田产生业，平日安分循良之人”或“在台日久，置有恒产者”，由地方官查实给照，回原籍携眷来台。[⑤] 这几次搬眷行动不仅大大地改善了台湾移民人口中严重失衡的性别结构和年龄结构，一定程度上消除了社会不安定的因素；而且也令许多来台的移民结束了“春初往耕，秋成卖谷还籍，置产赡家”的候鸟式迁徙生活，在台湾安家定居下来。这对于台湾社会财富的积累、社区的建设、再生产的扩大以及台湾的进一步开发都有十分重大的意义。乾隆五十三年（1788 年），平定林爽文起义之后，钦差协办大学士、陕甘总督办理将军事务福康安再次建议，对携眷渡台问题“毋庸

---

① （清）唐赞衮：《台阳见闻录》卷下，《台湾文献丛刊》第 19 种，台北：台湾银行经济研究室编印，1958 年，第 145 页。

② （清）蒋毓英：《台湾府志》卷五，厦门：厦门大学出版社，1985 年，第 54 页。

③ （清）余文仪：《续修台湾府志》卷二〇，《艺文一・奏疏》，《台湾文献史料丛刊》第 1 辑第 121 种，台北：大通书局，1984 年，第 725 页。

④ 林仁川：《大陆与台湾的历史渊源》，上海：文汇出版社，1991 年。

⑤ 《清高宗实录》卷二六五、卷二九二，北京：中华书局，1985 年。

禁止。嗣后安分良民，情愿携眷来台湾者，由该地方官查实给照，准其渡海；一面移咨台湾地方官，将眷口编入民籍”。[①] 经大学士、九卿议复，由乾隆帝谕准施行，困扰台湾移民多年的携眷问题至此终于得到解决，标志着清政府移民台湾政策的一大改革。

(二)设立官渡

虽然清政府几次下令准许渡台搬眷，但是，已获准搬眷者因手续烦冗，官吏敲诈，偷渡之事仍无法禁止。乾隆五十四年(1789 年)，闽浙总督福康安奏请明设官渡以杜绝私渡之弊，解决了长久以来一直困扰清政府的这一问题。他说：“与其禁之于既渡之后，不如查之于未渡之先，明设官渡……使民人等知官渡便于私渡，而私渡并不省于官渡，则凡私渡之民不待查禁而自归于官渡。”[②]福康安的建议得到乾隆帝的认可，即着有关人员订立官渡章程，此章程规定如下：

> 一、内地客民领照赴台湾，责令行保船户开报姓名、籍贯、年龄、住址，并往台湾作何生业，呈报该管厅员查验，立即给照放行，移民台湾各厅验放入口。其出口之处，仍令守口员弁查验放行。如有给照迟延、验放留难等事，即将该处员弁严行参处。人照不符，照私渡例治罪。
>
> 二、官渡商船由厦门至鹿耳门，每名许收番银三圆；由南台至八里坌、蚶江至鹿仔港，每名许收番银二圆，不准多索。
>
> 三、仍饬专管各汛口营弁、兵役每日将所泊商、渔等船查验字号、船牌，按旬列报；一有无照船只，即行根究。如兵役等拿获偷渡之犯，即将船只货物一并赏给，以示鼓励。
>
> 四、沿海有底无盖小船，俱令验烙编号；止许就近拨载，不得远出，以防弊混。[③]

大陆移民是开发台湾的主力，对促进台湾社会的开发与发展起着不可估量的重要作用。因此，清政府有关大陆人民渡台的规定，就在某种程度上

---

① 《大学士公阿桂等奏折》(移会抄件)，“中央研究院”历史语言研究所编：《明清史料》戊编第 4 本，北京：中华书局，1987 年，第 305～312 页。

② “中央研究院”历史语言研究所编：《明清史料》戊编第 2 本，北京：中华书局，1987 年，第 140 页。

③ 《清高宗实录》卷一三四五，北京：中华书局，1985 年，第 1237～1238 页。

反映了对台湾开发的态度。纵观康雍乾三朝，清政府对大陆人民渡台的禁令时严时松，经历了几次波折，但总的趋势是逐步走向宽弛，尤其是到乾隆五十四年(1789年)实现官渡以后，为大陆人民入台提供了方便，加速了人口流动，使大陆人口渡台进入新的阶段，对进一步促进台湾的开发起了积极的作用。

二、由限制走向开放：对台贸易政策走向

台湾作为封建社会末期新兴的农业区域，与传统的自然经济社会有所不同。除了制作蔗糖外，基本上没有手工制造业，许多生活用品无法自给，"百货皆取资于内地"，[①]因而商品经济比较发达。"筹台宗匠"蓝鼎元认为，发展台湾农业"先为筹其农桑衣食之源"，固然不可忽视，但为了迅速繁荣台湾经济，还必须发展商业贸易。他主张立即废除对出入台湾的商船敲诈勒索的种种行径，把阻碍商业贸易的"陋规"革除，促成"流通百货，听民贸易"的新局面。[②]

初时，台湾地区由于社会秩序得到稳定，社会经济发展，同大陆之间的通商贸易也逐步地发展起来。从康熙二十三年(1684年)起，台湾海商已开始向福建、广东等地输出粮食，向宁波、苏州、天津、盛京等地输出蔗糖。但为了便于管理，当时的清政府只开放厦门与台湾南部港口鹿耳门一条对渡线路，限定闽台往来只能由两口出入。到了18世纪中叶，台湾已成为重要的粮食生产基地，出现了"年谷时熟，几不胜书"的盛况。每当大陆青黄不接，内地米价高昂之时，台湾各式各样的船只就满载稻米，源源不断运往大陆。据估计，每年从台湾贩运之米，合计少则五六十万石，多则八九十万石。[③]"福建省城五方杂处，食指浩繁，漳(州)、泉(州)皆滨海之处，地方斥卤，所产米谷，即甚丰稔之年，亦不敷民食，全赖台湾米贩源源接济。"[④]在康

---

① (清)李元春删辑：《台湾志略》卷一，《风俗》，道光十五年刊本，第36页。

② (清)蓝鼎元：《与吴观察论治台湾事宜书》，《鹿洲全集》上册，厦门：厦门大学出版社，1995年，第48页。

③ 黄福才：《台湾商业史》，南昌：江西人民出版社，1990年，第98页。

④ 《台案汇录丙集》，《台湾文献丛刊》第176种，台北：台湾银行经济研究室编印，1963年，第197页。

熙年间至雍正初年这一段时期内，台湾商船频繁往返于台湾与大陆之间，而大陆的商船也运来了从布帛、日用器具直至砖瓦木石等建筑、造船材料等大宗物资。

雍正、乾隆年间，大陆移民继续大量地涌入台湾，台湾地区社会经济进入了飞速发展阶段，“开垦流移之众，延袤二千余里，糖谷之利甲天下”，[①]“富庶之规与中土埒”。社会经济的繁荣，促进了台湾地区商品流通领域日益扩展，“商贾安于市，行旅安于涂（途），舟车络绎，百货麇至”。[②] 这一时期，大陆的各种商品物资由于台湾人口的迅速增长而不断扩大销路，台湾也因为“地沃民富”而“糖麻油米之利，北至天津、山海关，南至宁波、上海，而内济福州、漳泉数郡”。[③] 台湾同中国大陆之间的商业贸易与经济交流，在深度与广度上比前一阶段又有新的发展，经济地位变得更为重要，鹿耳门与厦门单口对渡，已远远不能满足海峡两岸物资互补贸易的需要。北路的商贩、船只往往不顾原有的规定，贪便取利，由彰化的鹿港偷渡出洋，前往泉州的蚶江一带。不少无照之人也常常从蚶江、深沪等地偷渡入台，令守口官兵防不胜防。面对这一现实，闽省地方官员认识到由于地方的开发、经济的发展，“今较昔大不相侔，蚶江渡台，既可以顺舆情，又可以资民便，不宜仍行禁止”。[④] 清政府在几经权衡以后，决定正式开放海禁，增开对渡贸易口岸，加强对闽台贸易的管理，征收关税。这样既满足了沿海百姓的要求，也可增加朝廷收入，可谓一举数得。乾隆四十九年（1784 年），正式开放泉州蚶江口与台湾的鹿仔港对渡，基本上解决了中部地区的对外交通问题。[⑤]

在北部地区，乾隆五十三年（1788 年）林爽文之乱平定之后不久，由福康安奏准在淡水厅的八里坌明设口岸，对渡福州五虎门海口，以便商民；并令淡水同知等就近稽查，遇有船只出入即行挂验，其运载米石均照新定海口

---

① （清）蓝鼎元：《覆制军台疆管理书》，（清）余文仪：《续修台湾府志》卷二一，《艺文》，《台湾文献史料丛刊》第 1 辑第 121 种，台北：大通书局，1984 年。

② （清）王必昌：《台湾县志》柁序。

③ 林仁川：《大陆与台湾的历史渊源》，上海：文汇出版社，1991 年，第 126 页。

④ 《闽浙总督富勒浑奏折》（移会抄件），“中央研究院”历史语言研究所编：《明清史料》戊编第 2 本，北京：中华书局，1987 年。

⑤ （清）周凯：《厦门志》卷五，《船政略》，厦门：鹭江出版社，1996 年，第 132 页。

章程办理，不许借端勒索，[①]以此满足北部开发和经济的发展以及随之而来的日益迫切的对外交通的需求，至此闽台交流的三条正式路线得以形成。乾隆五十五年(1790 年)，在闽浙总督觉罗伍拉纳的提议下，清政府又废除了厦门船只赴鹿港贸易必须由蚶江挂验赴台的不合理规定，允许厦船可以直接赴鹿港贸易，不必再由泉州蚶江中转。[②]

从上可见，清政府能够顺应局势的发展，做出明智的决策，逐渐开放闽台间的经济交流。由指定单口对渡贸易，逐步发展到多口对渡贸易，其影响是深远的：一方面扫除了两岸贸易发展的障碍，极大地促进了商业贸易的繁荣，大陆的"大小商渔，往来利涉，其视鹿仔港，直户庭耳。利之所在，群趋若鹜"；[③]另一方面也为台湾经济提供了前所未有的发展契机。台湾港口一经官方正式开口后，港口周边地区经济自然蒸蒸日上，成为区域经济的核心。鹿港、八里坌等港口的相继开放，带动了台湾南部鹿港和北部艋舺两地商业的发展、城镇的兴起和区域经济的繁荣。鹿港开放后，鹿港市镇发展日新月异，"街衢纵横皆有，大街长三里许，泉厦郊商居多，舟车辐辏，百货充盈。台自郡城而外，各处货市，当以鹿港为最"。[④] 八里坌开放后，北部艋舺地区更是"商船聚集，阛阓最盛"。[⑤] 清代中后期，鹿港、艋舺和台湾府城成为台湾最重要最繁荣的商业中心，俗谚有"一府二鹿三艋舺"之称。南部、中部、北部的农产品从各个集镇和中心集中到这里，输往大陆；大陆来的手工业品也从这里输往台湾各地。

三、固海宁疆：政治统治的强化

明清之际的台湾正处在开发初期，人口较少，所以起初清朝当局对台湾的统治力量比较单薄，偏于台湾岛西南部一隅，无法对台湾全岛进行有效的管理。统一台湾后，康熙帝设置台湾府，隶属福建省，下辖台湾、凤山、诸罗

---

① 《大学士公阿桂等奏折》，"中央研究院"历史语言研究所编：《明清史料》戊编第 4 本，北京：中华书局，1987 年，第 312 页。

② 《清高宗实录选辑》，《台湾文献丛刊》第 186 种，台北：台湾银行经济研究室编印，1964 年，第 676 页。

③ (清)周玺：《彰化县志》卷二，《规制志·街市》，台北：大通书局，1984 年。

④ (清)周玺：《彰化县志》卷二，《规制志·街市》，台北：大通书局，1984 年。

⑤ (清)姚莹：《东槎纪略》卷三，《台北道里记》，台北：大通书局，1984 年。

三县，将台湾置于中央管辖之下，由一名巡道管辖。并派兵驻守台湾，从军事上加以控制。设置一名总兵官，下配置两员副将，领兵八千，分水陆八营。由于澎湖对台湾有重要意义，同时在澎湖设一名副将，统兵两千，分为两营。

朱一贵起义以后，清朝当局对台湾地位的重要性有了进一步的认识，遂于雍正元年(1723年)七月，于冈山、盐水港、笨港等地设兵驻防。八月，增置彰化县，并于淡水增设捕盗同知一员。雍正五年(1727年)，改台厦道为台湾道，添设台湾府通判一员，驻澎湖。[1]

为了使台湾实现政治稳定，老百姓能够安居乐业，清政府还十分注重官吏制度的建设和完善，其主要措施如下：

(一)重视各级官吏的选拔、任用

考虑到台湾在中国海防上地位的重要性及台湾地区的复杂性，清朝中央政府首先重视闽浙总督的人选问题。早在康熙四十五年(1706年)，康熙帝就明确强调："闽省海疆与台湾相近，总督职任，必得才兼文武之人乃可。"[2]台湾总兵为台湾地区最高武职官员，朝廷尤为重视。康熙五十年(1711年)，台湾总兵崔相国任期届满，缺需另补，康熙帝明确指示兵部："台湾总兵官殊属紧要，应调补之人，着问九卿及福建省官员，亦遣人往问大学士李光地，并晓谕福建总督等，将该省武官内好者，即行荐举，勿致隐漏。如果伊等据实具奏，则福建省官员知贤否皆能上达，咸勉相率为好官矣！"[3]康熙帝确定的任用闽督、台湾总兵的指导思想，成为以后遴选领台高级武官尤其是台湾总兵的基本原则。为使台湾总兵切实担负起"固海疆"之重任，雍正十一年(1733年)，闽浙总督郝玉麟奏请将台湾总兵改为挂印总兵官，给方印。奏言曰："台湾孤悬海外，总兵一官有统驭民番之责，请照山陕沿边之便，改为挂印总兵官。"[4]兵部议复允准，遂为定例。乾隆帝对台湾道的人选亦十分重视，乾隆十二年(1747年)谕曰："今该督抚既请选择道府大员，以重海疆，不拘资格，务必择老成干练、有为有守，可以整饬地方者，使之统帅

---

① 张本政主编：《〈清实录〉台湾史资料专辑》，福州：福建人民出版社，1993年，第96、101页。

② 《清圣祖实录》卷二二七，北京：中华书局，1985年。

③ 《清圣祖实录》卷二四八，北京：中华书局，1985年。

④ 《清世宗实录》卷一三四，北京：中华书局，1985年。

属员，加以振刷。……实心经营数年，则民风吏治，涣然改观，海疆永享宁静之福矣。”[①]为了进一步提高台湾道的地位，乾隆五十一年（1786年）又加按察使衔。[②]

为使在台官吏实心理政，清政府做出了具体的奖罚规定：凡调往各员期满之日，政绩优著者“准其加二级，称职者，准其加一级，以示鼓励”。[③] 雍正十一年（1733年）复准，“台湾道员准其照镇、协之例，三年报满；知府、同知、知县，准其照参将等官之例，二年报满。俟协办人员到台半年后，令各该员交代清楚；回至内地，福建督抚照例查核，分别具题。如果实心办理，地方宁谧，俱准其以应升之缺即用”。[④]

此外，在任期问题上，原来台湾文武官员的任期都是三年，一度曾经规定，知府、知县、同知等到任两年后，由福建省派人来台与旧员协办，半年后旧员返回内地，这样文官的任期变为两年半。[⑤] 到了乾隆四十八年（1783年），皇帝发现台湾官员在处理械斗事件时“因循怠惰”，将知府、知县、总兵、副将等革职拿问，并指出：“台湾为海外重地，民番杂处，最关紧要。向例该地总兵、道、府，俱系三年更换，即调回内地。该员等因瓜期不远，未免心存玩忽，以致诸务废弛。近来屡有械斗滋事之案，必当设法调剂，俾该地方文武大员，久于其任，新旧相兼，则伊等知责成綦重，方足以资整顿。嗣后台湾总兵、道、府各员，俱着改为五年任满，届期若一体更换，未免俱易生手。着将总兵、道、府各员，轮间更换，每过二年，更换一员，庶该处前后交代，常有久任熟谙之员，督率经理，于海疆重地，自有裨益。”[⑥]遂定总兵五年更换制。

乾隆五十一年（1786年）发生林爽文事件后，清政府更进一步加强了对台湾的统治。其主要措施有：派出得力的官员治理台湾，台湾总兵都由满洲人担任；准许台湾道员可以具折奏事，以免耽误时机；责令福建将军、督抚、提督等大员分年巡察台湾，对当地官员实行查核，写出评语；清查户口；严禁私渡；整顿水陆营兵；修筑郡县城垣等。

---

① 张本政主编：《〈清实录〉台湾史资料专辑》，福州：福建人民出版社，1993年，第156页。

② 许雪姬：《清代台湾的官僚体系》，台北：自立晚报社文化出版部，1993年，第14页。

③ 《清世宗实录》卷七八，北京：中华书局，1985年。

④ （清）范咸：《重修台湾府志》卷三，台北：大通书局，1984年。

⑤ 许雪姬：《清代台湾的官僚体系》，台北：自立晚报社文化出版部，1993年，第32页。

⑥ 《清高宗实录》卷一一九四，北京：中华书局，1985年，第961页。

(二)设置巡台御史

朱一贵起义暴露出台湾政务存在的种种弊端,“文恬武嬉,兵有名而无实人,民逸居而无教”。[①] 因此,当时福建督抚奏请台湾添兵,而康熙帝则认为添兵无用,一要改善吏治,二要沟通信息。为此,决定“每年自京派出御史一员,前往台湾巡查。此御史往来行走,彼此一切信息可得速闻,凡有应条奏事宜亦可条奏,而彼处之人皆知畏惧,至地方事务,御示不必管理也,将此旨传示九卿”。[②] 自此,正式设立了巡台御史,满、汉各一员,一年期满更替。雍正八年(1730 年),因“台湾地方关系紧要,巡察御史新旧并用,始为有益。希德慎已留任一年,这差着御史柏修去,高山再留巡视一年”。[③] 从此,调台各员到任二年,该督抚另选贤能赴台协办,半年以后,将旧员调回。毋庸置疑,御史巡台制度的建立,在开始阶段曾起了积极作用。如彰化设县以及一些地方设立巡检、准许民人搬眷过台等,都是由于巡台御史的奏告而批准的。但到了乾隆后期,皇帝认为巡台御史权力不如督抚,了解下情不如当地官员,作用不大,可有可无,终于从乾隆四十七年(1782 年)开始停派。巡台御史的停派并不说明清政府不重视台湾,而是改为由闽省督抚、水陆提督每年轮值一人前往台湾,“实力稽察整顿,以期永靖海疆”。

(三)设立官庄

在整顿吏治的同时,也必须解决官吏中存在的实际问题,如“米贵”,“各官穷蹙”。蓝鼎元说:“台道各县强忍,不敢言贫,九营将弁,人人有救口不赡之叹。”“各官穷蹙”的原因是台湾旧有的官庄归入公家,“平时缺养廉之资,乱时百无所出”。解决办法是再建官庄,鼓励文武各官于北路屯田,以为官府之恒产,俾足养廉之用。

对此,作为当时总兵蓝廷珍幕僚的蓝鼎元提出了具体的建议:“查台北有竹堑埔,沃衍百余里,可辟良田千顷,又当孔道要冲,襄以弃置荆榛,故野番敢于出没。唯地大需人,非民力所能开垦。莫若令全台文武各官,分地辟之,各捐资本,自备牛种田器,结庐招佃,永为本衙门恒产,不独一时之利,万

---

① (清)蓝鼎元:《平台纪略》,《鹿洲全集》下册,厦门:厦门大学出版社,1995 年,第 837 页。

② 《清圣祖实录》卷二九五,北京:中华书局,1985 年,第 861 页。

③ (清)刘良璧:《重修福建台湾府志》卷一三,台北:大通书局,1984 年。

世之也。夫台地素腴，随垦随收，一年所获，足敷其本，二三年后，食用不竭。以天地自然之利，为臣子养廉之资，而又可以祛番害，益国富，足民食，是一举而数善备也。”[①]朝廷采纳了他的建议，先垦猫雾捒之野，名曰蓝兴，即今台中郡治之地。其田最沃，有泉可溉，每甲岁可得谷百石。八年，总兵王郡奏以台湾赏恤兵丁之款，购置业产，而收其利，照例纳租，由镇理之，派员征收。其后官庄一百二十有五所，年征糖谷、牛磨、鱼塭等款三万七百三十九两九钱六分六厘，逐年增多。[②]

从康、雍、乾三朝治台官员管理制度的建立和完善来看，其着眼点在于如何更有利于中央政府对台湾实行切实有效的治理，有利于海疆重地的稳固。因此，从国防观出发，其动机是积极可取的，其效果亦是明显的。由于台湾的历史原因与特殊的地理位置，朝廷在台湾实行的班兵驻防原则、更戍制度、军官轮换制度等，都具有创造性，对于加强台湾军队建设取到了一定的积极效果。由于康、雍、乾三朝一百一十年间台湾地区并没有遭到西方殖民主义者的侵扰，台湾驻军也就不可能在反侵略战争中得到检验。但是，我们仍不能忽视，康、雍、乾三朝在台湾的军队建设，对于觊觎台湾的西方殖民主义来说，起了一定的威慑作用。正如姚莹在《台湾班兵议》中所说：“圣祖仁皇帝命将兴师，克塽衔璧归降，始入版图。于今一百三十三载，设立重镇，总摄师干，界以专杀之典，为东南沿海数十郡外藩日本荷兰无敢窥伺者，台湾之功也。”[③]

四、由“化外”到“化内”：文化教育的发展

为了对台湾社会进行综合治理，必须大力发展台湾文化教育事业。台湾是一个典型的移民社会，岛上多有“浮嚣不静之气”，有相当一部分人游手好闲，不但不以勤俭为荣，反而争阔讲奢成风，更兼爱结党尚争，好讼乐斗，影响社会治安。因此，教化就显得十分重要。

刚统一时，台湾的文化教育事业几乎为零。康熙二十三年(1684 年)，

① (清)蓝鼎元：《与吴观察论台湾事宜书》，《鹿洲全集》上册，厦门：厦门大学出版社，1995 年，第 52 页。

② 连横：《台湾通史》卷八，《田赋志》，北京：商务印书馆，1983 年，第 133 页。

③ (清)姚莹：《东槎纪略》卷四，《台湾班兵议》，台北：大通书局，1984 年，第 93 页。

始建台湾府学，不久再建“社学”三所、“书院”一所，后又不断增加学校，扩大入学名额。随着文化教育事业的逐步普及，康熙帝“特准福建台湾乡试，另编字号，额中一名”。从此，台湾和其他大陆地区的士子一样，获得了参加全国统一的科举考试的权利。[①]

康熙四十九年(1710年)，陈瑸任台厦兵备道时，不仅扩建儒学，而且建立学田，使学校经费得到保障。[②] 当时，除官办的府县儒学外，大陆城乡的社学、义学也在台湾兴起。康熙末年，清政府平定朱一贵起义以后，对台湾的民间教育更为重视。蓝鼎元在《覆制军台疆经理书》中明确提出：“台湾之患，又不在富而在教。兴学校，重师儒……斯又今日之急务也。”[③]把教育视为经理台疆的大事。在他的积极支持下，台湾各地的义学纷纷建立，一部分社学也易其组织为义学，不仅在府、县、厅设义学，而且在各要冲地带也普设义学，如凤山县、新竹县等。雍正元年(1723年)，对能读书的土著儿童赠送《四书》一册、时历书一帙，在学土著儿童皆辫发冠履、衣布帛，一如汉人。[④]《稗海纪游》说：“新港、加溜弯、欧王(即肖垄)、麻豆，于伪郑时为四大社，令其子弟能就乡塾读书者，蠲其徭役，以渐化之。”[⑤]据刘良璧《重修福建台湾府志》记载，到乾隆初年，已有土番义学47所，其中台湾县5所，凤山县8所，诸罗县11所，彰化县17所，淡水6所。[⑥] 土著社学大约在乾隆年间达到了鼎盛，对于提高高山族同胞的文化水平起了很大的作用。例如“东螺、猫儿干间，有读书识字之番。有能背诵毛诗者，口齿颇真，往来牌票，亦能句读……蒙师谓诸童聪慧，日课可两页”。[⑦]《台阳见闻录》曰：“台湾义学之外，又有社学……择熟番子弟之秀颖者入学读书，训以官音，熟习之后，令其往

① 《清圣祖实录》卷一三〇，北京：中华书局，1985年，第7页。

② (清)范咸：《重修台湾府志》卷八，台北：大通书局，1984年，第291页。

③ (清)蓝鼎元：《覆制军台疆经理书》，(清)余文仪：《续修台湾府志》卷二一，《艺文》，《台湾文献史料丛刊》第1辑第121种，台北：大通书局，1984年。

④ (清)黄叔璥：《台海使槎录》卷七，《番俗杂记》，《台湾文献史料丛刊》第2辑第4种，台北：大通书局，1984年，第171页。

⑤ (清)郁永河：《稗海纪游》卷中，《台湾文献丛刊》第44种，台北：台湾银行经济研究室编印，1959年，第17页。

⑥ (清)刘良璧：《重修福建台湾府志》卷一一，台北：大通书局，1984年，第333～334页。

⑦ (清)黄叔璥：《台海使槎录》卷五，《番俗六考》，《台湾文献史料丛刊》第2辑第4种，台北：大通书局，1984年，第109页。

教生番子弟……近来社学尤多，番童衣冠诵读，与内地无异。”[①]尹士俍在《台湾志略》中说道：“淡属社学五处，肄业番童四十一人；台邑社少，设社学一处，肄业番童七人；凤邑社学五处，肄业番童二十人；诸邑社学九处，肄业番童四十三人；彰邑社学十二处，肄业番童五十六人；几同凡民之俊秀。”[②]

除了大兴文教外，清政府还在乡试上对台湾生员有种种优待。为了鼓励台湾生员积极到大陆应考，雍正七年（1729 年），巡台御史兼提督学政夏之芳要求援照旧例，另编字号，得到福建巡抚刘世明的支持。刘世明上疏说：“台湾府属应试生儒，原有另编字号取中之例，后因台地士子半系泉、漳二府之人，希冀多中，故有撤去另编字号之请。今冒籍者俱已归本籍，海外诵读之士竞切观光，请仍照旧例另编字号，于闽省中额内取中一名，以示鼓励。”[③]清政府批准他的建议，又恢复了台湾额中一名的保障名额。雍正十三年（1735 年），福建巡抚卢焯要求再增加一名，他说：“台湾乡试士子向系另编字号，额中举人一名，今台属五学，人文日盛，请予闽省解额外，将台字号再加一名，以示鼓励。”[④]雍正帝同意卢焯的奏请，准许台湾增加第二个举人的保障名额。然而当时每届应试者达五百多人，有人提出应按规定，减少为二百人。乾隆八年（1743 年），巡台御史兼提督学政熊学鹏力争不可裁减，他奏称：“台郡孤悬海外，情形与内地不同。向例额中举人二名，录送科举五百名，今定额止送二百名，应裁减过半，恐无以示鼓励。”礼部基本上同意这个意见，适当增加一些名额，“于定额二百名外，择其文理精通者酌量宽余录送”，但说明这只是对台湾的特殊照顾，“内地不可援以为例”，[⑤]从而对鼓励台湾生员赴福州参加乡试起了一定鼓舞作用。尹士俍《台湾志略》曰：“从前科场加意作养，另编字号，每科中式一名。嗣因人才倍盛，遂奉世宗皇帝格外恩施，特允抚军卢公之请，每科额中二名，永为定例。海外士子登进有阶，靡不欢欣鼓舞，益励进修行。见贤才辈出，大振儒风，不但蕊榜蝉联，即理学经济之士，亦必蔚起其间，安知台阳一隅，不更为海滨邹鲁哉？”[⑥]

① （清）唐赞衮：《台阳见闻录》卷下，《文教》，《台湾文献丛刊》第 19 种，台北：台湾银行经济研究室编印，1958 年，第 87～88 页。

② （清）尹士俍：《台湾志略·番情习俗》，第 61 页。

③ 《清世宗实录》卷八九，北京：中华书局，1985 年，第 204 页。

④ 《清世宗实录》卷二五六，北京：中华书局，1985 年，第 907 页。

⑤ 《清世宗实录》卷一九八，北京：中华书局，1985 年，第 548 页。

⑥ （清）尹士俍：《台湾志略·学校士习》，第 42 页。

结　语

毋庸置疑，清政府在治理台湾的过程中，确实实行了一些不合理的限制政策，一定程度上给台湾地区的发展带来了消极影响。如长期禁止台湾汉人当兵，所有驻防台湾的军队概由福建调来，即使兵员缺额，也不招募当地人民递补，驻台军队的给养，则由台湾人民按户分摊；严禁汉人进入“番地”、不许台湾建筑城垣、限制铁器输入台湾等等，有一些政策历清一代都没有进行根本改善。[①] 但这些严厉防范的政治决断却不能说没有现实的根据。清初政局不稳，东北、西北不时危机四起，对于曾经是“反清复明”基地的海疆重地——台湾不能再突生变故。

但是即使在“消极治台”最为盛行的康熙时期，我们仍[illegible]很多的积极因素，如在经济上，清政府实行屯戍制，采取轻徭[illegible]康熙帝在驻台士兵中实行屯戍法，士兵半为镇守，半为[illegible]给田三十亩，牛一头，使“兵有恒产，饷可省半”。[②] 与此同时，[illegible]发土地的积极性，改革了赋税制度，改变了过去那种“就田征谷，计[illegible]钱”的政策，代之以一条鞭法，把土地分为上、中、下三等，履田定税，按等征收，[③]同时还免除了高山族妇女的丁税。[④] 康熙五十一年（1712 年），康熙帝又批准台湾以康熙五十年（1711 年）丁数为征收田赋的依据，以后滋生人丁，“永不加赋”。[⑤] 又如康熙帝对台湾的战略地位也表现出了前所未有的重视，他在统一台湾第二年即认识到“台湾弃取，所关甚大”，[⑥]并多次强调：“台湾、澎湖之地关系甚大。”[⑦]到雍、乾两朝，随着台湾的开发、人口的增长、

---

① 陈碧笙：《台湾地方史》，北京：中国社会科学出版社，1982 年，第 100～102 页。

② 赵尔巽：《清史稿》第 33 册，北京：中华书局，1977 年，第 9877 页。

③ 孟昭信：《康熙大帝全传》，长春：吉林文史出版社，1987 年，第 170 页。

④ 郑忠民：《收复台湾：康熙皇帝统一中国的伟大壮举》，《彭城职业大学学报》1999 年第 4 期。

⑤ 《清圣祖实录》卷二四九，北京：中华书局，1985 年，第 469 页。

⑥ 《清圣祖实录》卷一一四，北京：中华书局，1985 年，第 176 页。

⑦ 张本政主编：《〈清实录〉台湾资料专辑》，福州：福建人民出版社，1993 年，第 78 页。

经济的发展，清政府对台湾的海防战略地位和经济地位的认识越来越明确。1742年，乾隆帝曾言："台湾地隔重洋，一方孤寄，实为数省藩篱，最为紧要。"[①]乾隆十五年(1750年)，乾隆帝谕巡台御史钱琦，"台郡远隔重洋，最关紧要，务须实心经理"。[②]

清代前期对于台湾经济地位的重视则可从政府对台湾赈灾的指示中窥见一斑。如：

乾隆三年(1738年)十月二十九日，闽浙总督郝玉麟等奏报闽省台、凤二县旱灾情形并办理赈恤缓征缘由。得旨：台地远处海外，赈恤之事更宜周详，不可以素称产米之区而稍有所忽也。乾隆十二年(1747年)九月三十日批示："台湾若成旱灾，不比内地，一切应加之意也。"

乾隆十二年(1747年)十月二十九日批示："台湾既受偏灾，不比内地，宜加之意也。"

乾隆十三年(1748年)十月二十二日谕曰："台地米谷，向来接济漳、泉，若台郡失收，则海外民食，较之内地，尤为紧要。"

乾隆十三年(1748年)十一月六日，闽浙总督喀尔吉善、福建巡抚潘思榘奏报台湾被灾，请"照例先行抚恤一月口粮，仍分别被灾轻重分数，按月加赈"。得旨：一切抚恤事宜，督率所属实心妥为之。[③]这些都对以后的对台政策有指导性的意义。

清朝前期清政府对于台湾的治理固然还未像后来台湾建省时那样，把台湾看作"南北洋关键""中国第一门户"，[④]对有关台湾事务在各方面都予以优先考虑，而是存在着消极和积极两种因素的相互斗争。纵观康熙、雍正、乾隆三朝对台政策的发展变化，其总体趋势是逐步走向积极的。清前期统治者的睿智之处就在于能够审时度势，积极采纳官员提出的合理建议，并根据现实出现的新问题、新形势相应调整政策，迅速果断地采用新的决策以代替已经过时的规章制度，使治台政策在总体上由消极转向积极，由防范转

① 《清高宗实录》卷一八一，北京：中华书局，1985年，第342页。

② 张本政主编：《〈清实录〉台湾资料专辑》，福州：福建人民出版社，1993年，第171页。

③ 张本政主编：《〈清实录〉台湾资料专辑》，福州：福建人民出版社，1993年，第26、159、165页。

④ (清)刘铭传：《恭报到台日期并筹办台北防务折》，《刘壮肃公奏议》卷三，台北：大通书局，1987年，第165页。

向开发，为台湾的发展繁荣做出了贡献，也为以后台湾成为一个独立的省份奠定了坚实的基础。因此，这一时期清政府对台湾建设的积极态度还是应当得到基本肯定的。

清代前期治台方略变化的原因与一些官员乃至地方缙绅提出的许多积极可行的建议是分不开的，其中尤以“筹台宗匠”蓝鼎元为杰出代表。他们的大声疾呼在一定程度上加深了清朝统治者对台湾问题的重视，并使台湾地位的重要性为越来越多的人所认识。

第二章

海洋政策指导下的实践

第一节 陆地思维的扭转与明代福建水寨内迁

近年来，海防地理学被引入海防史研究之中，出现了一批有代表性的研究成果。[①] 作为一门研究海岸、海岛、海洋等地理环境对军事活动影响，为海防建设、军事驻防、海军作战提供依据与指导的专门学科，海防地理学的引入不仅拓展了海防史研究的领域，而且为我们辨析海防史料，纠正认识上的偏差提供了有力的工具。笔者即从海防地理的视角出发，着重从海防地理对军事驻防的影响，重新审视明代颇具争议的福建水寨内迁问题，力求揭示明代福建水寨内迁的真正动因，总结明代在军港选址与岛屿驻防上的得失。

① 王宏斌：《晚清海防地理学发展史》，北京：中国社会科学出版社，2012 年；王宏斌：《清代前期关于福建台湾海防地理形势的认识》，《史学月刊》2001 年第 2 期；宋平章：《清代前期学者关于渤海周围地区海防地理形势的认识》，《信阳师范学院学报（哲学社会科学版）》2001 年第 1 期；钟铁军：《明代浙江海防战区地理研究》，北京大学博士学位论文，2006 年；鲁延召：《明清时期广东中路海防地理研究》，暨南大学博士学位论文，2010 年；邵晴：《明代山东半岛海防建置研究——以沿海卫所为中心》，中国海洋大学硕士学位论文，2007 年；等等。

一、明初朱元璋陆防思维下的福建水寨设置

朱元璋建立明朝以后，着手建章立制。对于海防的建设，亦彰显出恢宏的气概。只是朱元璋依循陆防的固有经验，将水寨以点的方式设置于外海的岛屿上，力图将陆防的思想实践于海上。他依靠自己消灭强元、建立大一统的明王朝而迅速树立的政治权威，既将内陆的水兵和陆兵征调到海上，又不顾海洋环境本身的特点，将水寨置于遥远而不便补给的海岛之上。军人们由从征、归附、谪充和垛籍而来，许多人并不擅长水上训练、生活和作战，有的甚至因"水土不服"而出现了健康被损害的现象。

明洪武时期，为贯彻"倭从海上来，则海上御之"的思想，达到"倭不得入，入亦不得傅岸"[①]的目的，明朝统治者朱元璋下令在沿海建置水寨，作为战区水军母港及指挥枢纽。明代水寨在海防体系中发挥着重要的作用，其中尤以福建水寨最为时人所推崇，"闽之五水门寨尤硕画！"[②]

明代福建水寨中烽火门、南日、浯屿水寨最初建于海岛，而井尾澳和小埕水寨则设立于陆上。明初水寨选址十分重视其宏观战略环境，表现如下：

首先，福建水寨守卫着海上要冲，起着陆地藩篱的作用。如，浯屿水寨一直被认为是漳泉两郡的海上门户，"盖其地突起海中，为同安、漳州接壤要区，而隔峙于大小嶝、大小担、烈屿之间，最称险要"。[③] 而南日水寨则被视为闽省中部的海上屏障，"北可以遏南茭、湖井之冲，南可以阻湄洲、岱坠之阨，亦要区也"。同样，铜山水寨被视为闽南海上锁钥，"北自金石以接浯屿，南自梅岭以达广东，险阨所系，匪浅浅也"。[④]

其次，福建水寨扼守海上交通要道，发挥着控制海道的职能。如，浯屿水寨控制着闽南海上的交通要道，"大小担之间门狭而浅，惟浯屿与小担其

---

① （清）张廷玉等：《明史》卷一二六，《汤和传》，北京：中华书局，1974 年，第 3754 页。

② （明）章潢：《图书编》卷五七，《沿海御寇要地》，上海：上海古籍出版社，1992 年，第 508 页。

③ （明）洪受著，吴岛校释：《沧海纪遗·建制之纪第二》，台北：台湾古籍出版有限公司，2002 年，第 40 页。

④ （明）郑若曾撰，李致忠点校：《筹海图编》卷四，《福建事宜》，北京：中华书局，2007 年，第 277 页。

间洋阔而水深，商船出入恒必由之……而江、浙、台、粤之船，皆可绕屿而入厦港”。① 同样，烽火门水寨控制着闽东战略要地烽火门水道，明清之际，该水道一直是进出闽浙的主航道，“由烽火门过大小仑山、秦屿、水澳，至南镇、沙埕，直抵南、北二关，闽浙交界”。② 而南日水寨则控制着南日水道，该水道亦为闽海中部海上交通的主航道。

表 2-1 明代福建五水寨建置情况表

寨名	寨　址	创立时间	创建者
烽火门水寨	三沙海面（今地在霞浦县古镇半岛外的烽火岛上）	洪武二十一年（1388 年）	周德兴
小埕水寨	定海所前（今地在连江县黄岐半岛南突出部的筱埕镇）	景泰三年（1452 年）	薛希琏
南日山水寨	南日山下（今地在福建莆田市东南的南日岛）	洪武二十一年（1388 年）	周德兴
浯屿水寨	大担南太武山外（今地在漳州龙海市港尾镇东北的浯屿岛）	洪武二十一年（1388 年）	周德兴
井尾澳水寨	井尾澳（今地在漳州漳浦县井尾半岛上）	洪武二十一年（1388 年）	周德兴

资料来源：（清）陆潜鸿辑，黄超云点校：《方域志下・都里》，《镇海卫志校注》，郑州：中州古籍出版社，1993 年，第 17 页；另见《建置志・城池》，第 24 页；（明）黄仲昭修纂：《八闽通志》卷四三，《公署》，福州：福建人民出版社，1991 年，第 906 页；《明代宗实录》卷二一二，“景泰三年正月壬寅”条，第 4559～4560 页。

最后，福建水寨据守着江河的出海口，起着防范敌寇溯流内侵的作用。如，小埕水寨控制着闽江的出海口，由此溯江而上可直逼会城，小埕水寨的设置即为守护会城的海上门户。“（小埕）北连界于烽火，南接壤于南日，连

① （清）许松年：《浯屿新筑营房墩台记》，何丙仲编纂：《厦门碑志汇编》，北京：中国广播电视出版社，2004 年，第 118 页。

② （清）周玺纂辑：《彰化县志》卷一，《建置沿革・水道》，《台湾文献史料丛刊》第 8 辑，第 156 种，台北：大通书局，1987 年，第 24 页。

江为福郡之门户，而小埕为连江之藩翰也。”[①]又如，浯屿水寨位于九龙江出海口的南端，控制着九龙江的出海口，“外有以控大、小担屿之险，内可绝海门、月港之奸，诚要区也”。[②]

人们在高度政治权威面前，可以隐忍自己的苦痛，呼应王朝的要求，表达自己对新王朝的拥戴，但随着洪武朝政治威势的削弱，海防官兵的来源便难以保证。洪武时期曾经有效的海防体制便逐渐失效，且弊窦逐渐明晰。其后的统治者需要较朱元璋寻找到更多的手段，方能谋求海防目标的实现，何况越往后，明王朝遭遇的海防劲敌越多。

二、洪武以后水寨遭遇的诸多不便

明初对水寨选址宏观环境的偏重，很大程度上是受陆上关隘镇戍经验的影响。这使得明初海防经略者无视海陆驻防的重大差异，忽略海防地理对军事驻防的制约，导致明初水寨出现了诸多的问题。例如，明初设立于陆上的井尾澳水寨即存在着通航条件恶劣的问题。井尾澳位于漳浦县井尾半岛，该地处于鸿江的出海口，为江海交汇之所，确系防海要地。“（井尾澳）在青山北，南距鸿江四十里，可泊船百余，内通白石、赤湖、佛昙桥，萑苻所出没。”[③]然而，此地恶劣的通航条件决定其不宜建置水寨。对此，清初曾实地踏勘的工部尚书杜臻就指出：“（井尾）澳口多礁，巡船避之，非潮至八九分不可入……惟浅船可入，又不利南风，夏至后，巡船辄弃井尾去。”[④]可见，井尾澳口水浅礁多，战船需待潮进出，由此制约了战船的机动性。而每年夏至后，在强劲的西南季风作用下，战船触礁的风险大为增加，迫使战船不得不改泊他处，水寨战船的四散停泊导致水寨呈现出“星散势弱”[⑤]的状态。可

---

① （明）郑若曾撰，李致忠点校：《筹海图编》卷四，《福建事宜》，北京：中华书局，2007年，第277页。

② （明）郑若曾撰，李致忠点校：《筹海图编》卷四，《福建事宜》，北京：中华书局，2007年，第275页。

③ （清）杜臻：《巡视粤闽纪略》卷四，《影印文渊阁四库全书》第460册，台北：台湾商务印书馆，1986年，第1046页。

④ （清）杜臻：《巡视粤闽纪略》卷四，《影印文渊阁四库全书》第460册，台北：台湾商务印书馆，1986年，第1046页。

⑤ 《明英宗实录》卷二一二，“景泰三年正月壬寅”条，上海：上海古籍出版社，1983年，第4559页。

见，明初忽视海防地理对军事驻防的制约作用，导致水寨出现选址不当的问题；而这一问题在明初设立于海岛的水寨上表现得更加突出，且与岛屿驻防问题搅和在了一起，显得更加复杂。

明清海防实践中，人们即已发现海岛地理环境对军事驻防的制约，并总结出不同类型海岛在防御方式上的“守”“哨”之别。如，清代著名军事地理学家顾祖禹就指出：“海中岛屿，东南错列以百十计，但其地有可哨而不可守者，有可寄泊而不可久泊者。”[①]那些适宜“守”的海岛往往是岛幅面积大，开发条件好，适宜大规模驻军，且具备优良港口的大型海岛。对此，《海防志》即以金、厦二岛为例指出，“闽地之濒海者虽多，而金、厦为最著，盖其间有平原广陆，可以牧马、屯兵；有曲港深洲，可以围舟结砦；有豪门巨贾，可以助饷资粮”。[②] 相反，小型海岛因不具备上述条件，在防御上不能“守”而仅能“哨”。而明初恰恰将水寨设置在这些不宜“守”的小岛上，这不仅给水寨的驻防带来困难，更是威胁到其自身的安危，表现如下：

首先，保障困难，难以固守。明初福建水寨驻防的海岛均为基岩小岛，多红壤土，水源缺乏，不适垦殖。[③] 即便是岛幅较大、条件稍好的南日岛亦被认为是“土质硗确，耕田稀少”。[④] 这使得明初水寨驻军补给依赖海运，战时后勤无法保障。对此，倭乱期间，曾为名将戚继光幕僚的福清人林章就指出，“航海远戍，兵食有弗继之忧”。[⑤] 而后勤保障的困境极易转化为海岛攻防上的劣势，如，杜臻在总结清、郑反复争夺福建海岛时就指出，“盖以四面阻水，运道易绝，而贼驾舟薄城则甚便”。[⑥] 而强行驻防此类岛屿存在着不攻自破的风险，对此，被誉为“筹台宗匠”的蓝鼎元即以澎湖为例指出，“澎湖不过水面一撮沙堆，山不能长树木，地不能生米粟，人民不足捍御，形势不足

---

① （清）顾祖禹撰，贺次君、施和金点校：《读史方舆纪要》卷九五，《福建一》，北京：中华书局，2005 年，第 4377 页。

② 林学增修：（民国）《同安县志》卷四二，《旧志小引・乾隆丁亥志小引》，台北：成文出版社，1989 年，第 6 页。

③ 福建省海岸带和海涂资源综合调查领导小组：《福建省海岸带和海涂资源调查报告》，北京：海洋出版社，1995 年，第 245 页。

④ 萨福榛：《沿革》，《南日岛志》（不分卷），厦门大学古籍室藏民国抄本，1937 年。

⑤ （明）林章：《第五问》，《林初文诗文全集》（不分卷），《续修四库全书》集部第 1358 册，上海：上海古籍出版社，1995 年，第 679 页。

⑥ （清）杜臻：《闽粤巡视纪略》卷四，《影印文渊阁四库全书》第 460 册，台北：台湾商务印书馆，1986 年，第 1048 页。

依据，一草一木需台厦，若一二月舟楫不通，则不待战自毙矣”。[①] 对于此类海岛驻防的险境，我们不妨举个战例。嘉靖二十七年（1548 年），双屿为明军攻灭后，葡萄牙人移驻明初曾设水寨的福建浯屿岛，明军随即对该岛进行了封锁，“以致葡人既得不到货物，又得不到粮食”。[②] 饥饿的葡萄牙人被迫登陆觅食，“一支舰队焚毁了他们的船只，500 多名葡人，仅有 30 余人得以逃脱”。[③] 由于粮道断绝，葡人无法在岛上立足，最终主动放弃了浯屿。可见，小型海岛在军事驻防上存在着先天的不足，决定了其在战时难以固守，所谓“弗能自保，乌能保人”。[④] 明初在这些小岛上创设水寨，显然不是明智之举。

其次，防御不足，难以应援。海岛作为相对独立的地理单元，在军事驻防上呈现出相对孤立的特点。而明代的水寨既是战区水军的母港，又是其指挥枢纽，本身就是重要的战略目标，有着相对较高的防护要求，这决定了强化岛屿防御与完善应援机制的重要性。如上所述，明初水寨驻防的小岛并不具备长期大规模驻军的条件，而强行大规模驻军又潜藏着很大的风险，这也就是顾祖禹所说的“可哨而不可守”的道理所在。自身防御的不足使得海岛应援的重要性突显了出来，然而海岛应援并非易事。我们知道，海岛应援需要经历跨海登陆的过程，在帆船时代要受到风向、潮汐等因素的制约，这与陆上应援完全是两回事。“舟行全借天风与潮，人力能几，风顺而重则不问潮候逆顺，皆可行，若风轻而潮逆，甚艰。”[⑤]正因为海岛难以应援，所以尽管明初水寨与大陆的绝对距离并不远，明人却仍以“孤远”称之。对此，林章就指出：“海洋浩渺，观望易生，卒遇警报，果能联络相卫欤？”[⑥]而实际上，明初并不重视海岛应援，表现在水寨设立之后，卫所战船便渐次消乏。明

---

① （清）蓝鼎元：《东征集》卷四，《论台镇不可移澎湖书》，《台湾文献史料丛刊》第 7 辑第 126 册，台北：大通书局，1987 年，第 47 页。

② （英）博克舍：《十六世纪中国南部行纪》，北京：中华书局，1990 年，第 135 页。

③ J. M. Braga, *The Western Pioneers and Their Discovery of Macao*, Macao: Imprensa Nacional, 1949, p. 77.

④ （清）林偕春：《兵防总论》，（清）薛凝度修，吴鼎文点校：（嘉庆）《云霄厅志》，云霄：云霄县人大常委会编印，2005 年，第 101 页。

⑤ （明）章潢：《图书编》卷五〇，《海中泊舟》，上海：上海古籍出版社，1992 年，第 208 页。

⑥ （明）林章：《第五问》，《林初文诗文全集》（不分卷），《续修四库全书》集部第 1358 册，上海：上海古籍出版社，1995 年，第 679 页。

初，每“十百户所设官船十只，快船二只……及置水寨，前船改移、存殁，今不能复矣”。[①] 卫所战船的消乏便意味着水寨无法获得有效的应援，从而进一步恶化了水寨的防御形势。可见，明初水寨自身无法构筑足够的防御，又难以建立有效的应援机制，这些弊端的存在与明初水寨选址不当有直接的关系。

再次，目标暴露，易遭突袭。为达到由海上屏障陆地的目的，明初水寨被设立于战线最前沿的小岛上，由此不仅带来了保障困难、防御不足的问题，更使得明初水寨目标暴露，易遭海上突袭。在帆船时代，风潮是影响海战胜负的决定性因素之一，“（海战）至要莫如辨风色潮期，取上风上潮以战，失此虽十万不能以敌千余”。[②] 而明初水寨突出前沿，目标暴露，极易在风潮上处于劣势，面对海上突袭，“会有孤危掩袭之失”。[③] 同时，古代预警在很大程度上依赖于瞭望，受气象条件的影响甚大；加之水寨突出前沿，缺乏必要的预警和防御缓冲，由此增加了水寨遭受突袭的风险。对此，明代著名军事学家王在晋即指出：“倘乘昏雾，假风涛之顺，袭至……岂能御之？”[④]此外，明代水寨特殊的驻防体制进一步恶化了这一形势，明初水寨采用特殊的人船分离体制，水寨有船无兵，卫所有兵无船。汛期，水寨兵船才与卫所出海军结合。汛毕，“把总指挥以下皆解去”。[⑤] 这使得水寨在非汛期有船无兵，处境险恶。对此，名将俞大猷就曾警告说：“闽广海洋之盗，不时生发，忽然而至，有船无兵，必致疏虞。”[⑥]而明人章潢进一步指出：“倘贼觇我无备，批吭捣虚，不亦危乎？”[⑦]可见，明初水寨选址目标过于暴露，易招致海上突

---

① （明）朱彤纂，陈敬法增补：《战船》，《崇武所城志》，福州：福建人民出版社，1987年，第25页。

② （明）顾炎武：《闽中兵食议》，《天下郡国利病书》，《四库全书存目丛书》史部第172册，济南：齐鲁书社，1996年，第425页。

③ （明）洪受著，吴岛校释：《沧海纪遗·建制之纪第二·议水寨不宜移入厦门》，台北：台湾古籍出版有限公司，2002年，第40页。

④ （明）王在晋：《海防纂要》卷一，《浙江事宜》，《续修四库全书》第739册，上海：上海古籍出版社，1995年，第673页。

⑤ （明）周瑛：《烽火门海道分司记》，（明）殷之辂：（万历）《福宁州志》卷一四，《艺文志下》，《日本藏中国罕见地方志丛刊》，北京：书目文献出版社，1990年，第347页。

⑥ （明）俞大猷撰，廖渊泉、张吉昌点校：《正气堂全集》，福州：福建人民出版社，2007年，第487页。

⑦ （明）章潢：《图书编》卷五七，《海防》，上海：上海古籍出版社，1992年，第482页。

袭的威胁，这一弊端的存在同样与明初水寨选址不当有直接的关系。

最后，缺乏优良港澳。在火炮技术引入港区防护之前，军港对战船的防护在很大程度上依赖于地形的屏障，这也正是《海防志》所说的"有曲港、深洲可以围舟结砦"的道理所在。对此，杜臻亦指出，"盖海之险，在水有澳曲可以藏舟"。[①] 相反，缺乏地形屏障的保护，将船队直接裸露于敌方的视野之中是相当危险的。对此，我们不妨举个战例，天启六年(1626 年)秋，新任福建巡抚朱一冯遣把总许心素、陈文廉率大批船队进击铜山，征剿郑芝龙。陈文廉所率百余艘战船不收泊铜山母港，而"尽行收入小港，先自立于死地"。[②] 郑芝龙闻讯后，先派两只小船伪装成渔船潜入明军泊地进行侦查，随即率领大批船队乘着顺风、顺潮，突至明军泊地。由于明军船队缺乏地形屏障的保护，郑军假风潮之便施放火船，以极微弱的代价，轻易地烧毁明军各类船只七十余艘。[③] 可见，有地形屏障的纵深港澳对船队的防护有着重要意义。而明初福建水寨驻防的小岛，不仅地势突出，而且岛幅面积小，岛澳平直浅出，缺乏有地形屏障优良港澳以庇护军船，这使得聚泊水寨的大批船队随时面临海上突袭的威胁，不能不说是明初水寨选址的另外一个重要不足。

综上所述，明初海防经略者忽视海防地理对军事驻防的制约，错误地将水寨设置于战线最前沿的小岛上，导致明初水寨出现了无法自存、防御不足、易被袭破的问题。对此，长期在闽海征战的督府中军都司戴冲霄进行了总结，并明确地肯定了水寨的内迁。"福建五澳水寨乃江夏侯所设，俱在海外，今迁三寨于海边，曰浯屿、烽火门、南日是已。其旧寨一一可考，孤悬海中，既鲜有村落，又无生理，一时倭寇攻劫，内地不知，哨援不及，兵船之设无益也。故后人建议移入内地，移之诚是也。"[④]

---

① (清)杜臻:《闽粤巡视纪略》卷四,《影印文渊阁四库全书》(第 460 册),台北:台湾商务印书馆,1986 年,第 1048 页。

② (明)曹履泰:《答朱明景抚台》,《靖海纪略》卷一,《台湾文献史料丛刊》第 6 辑,台北:大通书局,第 4 页。

③ (明)曹履泰:《答朱明景抚台》,《靖海纪略》卷一,《台湾文献史料丛刊》第 6 辑,台北:大通书局,第 4 页。

④ (明)郑若曾撰,李致忠点校:《筹海图编》卷四,《福建事宜》,北京:中华书局,2007 年,第 280 页。

三、烽火门水寨内迁的个案分析

明代在水寨选址问题上几经变易，多数水寨都经历了复杂的迁移历程，以福建为例，除较晚设立的小埕水寨外，其余水寨均经历了复杂的迁移历程，其大体过程如下：

井尾澳水寨，于景泰三年（1452 年）内迁至铜山所城西门外，改称铜山水寨，其今地在东山县铜陵镇西北面的九仙山下。[①] 后玄钟所边设立玄钟水寨，隶于铜山水寨。[②]

浯屿水寨，最迟在弘治二年（1489 年）之前，就被内迁至中左所（今厦门）。[③] 万历三十年（1602 年），水寨改移至晋江石湖。[④]

南日水寨，亦于景泰三年（1452 年）被内迁至“府城东南新安里吉了巡检司之东滨海”，[⑤]今地在莆田忠门半岛南端的东埔镇梯吴附近。万历六年（1578 年），在福建巡抚刘尧诲的奏请下，南日寨被移至平海卫南哨澳。[⑥] 万历四十一年（1613 年），水寨改移至三江口刘澳，[⑦]今地在莆田市涵江区三江口镇附近。

烽火门水寨，永乐年间由烽火岛内迁至海岸边上的三沙。正统七年（1442 年），水寨再次内迁至福宁湾腹里的松山。嘉靖二十七年（1548 年），水寨改移流江，同时三都澳口的大箬头设立官井洋水寨，隶于烽火门水

---

① （清）陈振藻：《铜山志・铜山公署志》，东山：福建省东山县图书馆翻印，1982 年，第 16 页。

② （明）郑若曾撰，李致忠点校，《筹海图编》卷四，《福建事宜》，北京：中华书局，2007 年，第 276 页。

③ 何孟兴：《明嘉靖年间闽海贼巢浯屿岛》，《兴大人文学报》总第 32 期，下册，2002 年。

④ 叶向高：《石湖浯屿水寨题名碑》，沈有容辑：《闽海赠言》，《台湾文献丛刊》第 56 种，台北：台湾银行经济研究室，1959 年，第 4 页。

⑤ （明）黄仲昭修纂：《八闽通志》卷四三，《公署》，福州：福建人民出版社，1991 年，第 906 页。

⑥ （明）项笃寿：《题为严禁下海奸人勾引接济逋贼贻害地方事》，《小司马奏草》卷六，《续修四库全书》史部第 478 册，上海：上海古籍出版社，1995 年，第 661 页。

⑦ 《明神宗实录》卷五〇五，“万历四十一年二月丁未”条，上海：上海古籍出版社，1983 年，第 9598 页。

寨。[1] 不久，烽火门水寨回迁松山。

可见，明代福建水寨的迁移历程相当复杂，相关的研究仍有不小的拓展空间。本节集中于水寨内迁问题的探讨，对于水寨因战区重要性升降而做的改移暂不涉及。而明代福建水寨的内迁历程中，烽火门水寨是最早被内迁，且内迁次数最多的水寨，因而最具代表性，以下便以烽火门水寨为例，考察水寨如何通过内迁以克服明初选址的弊端。

关于烽火门水寨的迁移历程，嘉庆《福鼎县志》载："于外洋设烽火门水寨，永乐间设游把总一员，后徙三沙，正统徙松山，嘉靖徙箬头，旋徙松山。"[2]可见，自永乐以后，烽火门水寨便经历了复杂的迁移历程。永乐年间，卫所规制尚称完整，卫军战力尚强。因而有学者认为水寨内迁是卫所制度衰败所致的观点便很难成立，[3]水寨内迁与明初选址不当有直接的关系。我们知道，明代倭患呈现出由北向南的发展态势，紧邻浙江的烽火门水寨最先感受到倭患的压力，亦最早暴露出选址的问题。永乐八年（1410 年）十一月，一股驾船二十三艘，人数多达二千余人的倭寇由浙江突入福建，直接攻陷了汛期向烽火门水寨派遣出海军的大金、定海二千户所，并乘势攻围平海卫城。[4] 此时，大金、定海二所已是自身难保，"孤悬海中"的烽火门水寨的危急状况便可想而知。为此，福建方面曾试图通过增兵以保护水寨，"节因倭夷寇扰，议抽福州左中卫并福宁卫大金所官军添守"。[5] 然而，增兵的效果仅限于增强对岛上的公署、校场、营房等设施的防护，并不能克服水寨在选址方面的劣势，特别是对战船的防护效果甚微，为防水寨为倭寇所袭破，福建方面将水寨内迁至陆上的三沙。

---

① 《明代宗实录》卷二一二，"景泰三年正月壬寅"条，第 4559～4560 页。

② （清）谭抡总纂，福建省福鼎县地方志编纂委员会整理：（嘉庆）《福鼎县志》卷五，《兵制》，第 149 页。

③ 驻闽海军军事编纂室：《福建海防史》，厦门：厦门大学出版社，1990 年；黄鸣奋：《厦门海防文化》，厦门：鹭江出版社，1996 年；黄中青：《明代海防的水寨与游兵——浙闽粤沿海岛屿防御的建置与解体》，《明史研究丛刊》，2001 年；卢建一：《闽台海防研究》，北京：方志出版社，2003 年；何孟兴：《浯屿水寨——一个明代闽海水师重镇的观察》，台北：兰台出版社，2005 年；杨金森、范中义：《中国海防史》，北京：海洋出版社，2005 年；等等。

④ 《明太宗实录》卷一一〇，"永乐八年十一月癸酉"条，上海：上海古籍出版社，1983 年，第 1410 页。

⑤ （明）朱纨：《议处海防事》，（明）陈子龙：《明经世文编》卷二〇六，《朱中丞甓余杂集》，北京：中华书局，1962 年，第 2172 页。

然而，三沙的驻防条件仍不甚优越，迫使水寨不得不再迁松山。关于水寨再迁的原因，著名福建史专家朱维幹教授认为：所谓地点孤远，风涛汹涌，是迁移水寨的一种借口，并非事实。[①] 如果从地理环境考察的话，朱先生的这种推论略显武断，三沙海域确实存在风浪问题。史载，"（三沙）每年七、八、九月，常有大潮，飓风更甚，如钱塘之怒涛"。[②] 如此大的风浪势必会对泊船产生影响。对此，宁波生员陈可愿在考察相同地理环境对泊船影响时就指出，"但水震荡不宁，舟泊于此，久则易坏"。[③] 可见，风浪问题确是水寨再迁的重要原因。然而问题是，三沙附近有着众多的避风良港，如果是因风浪，完全可以在附近找到合适的港口，何必舍近求远，远徙松山？可见，风浪问题又不完全是水寨再迁的原因。

永乐年间，烽火门水寨内迁三沙解决了水寨后勤难以保障的问题，同时在一定程度上改善了水寨的应援条件，而福建方面亦特地调大金所官军协防水寨，"永乐间，倭寇犯境，议拨福宁卫大金所官军防守"。[④] 然而，从地理上看，三沙位于福宁湾口的北端，而大金所却位于福宁湾口南端，两者相去甚远，这势必会影响到大金所的应援职能。而大金所拨出的守寨官兵亦少得可怜，仅"官四名，旗军三百"。[⑤] 这与水寨所承受的防守压力完全不相匹配，此外三沙附近再无卫所建置，水寨安全仍无法得到保障。对此，顾祖禹在分析广东柘林水寨先后为海寇李魁奇、刘香袭破的原因时就指出，"海寇扬帆直指，瞬息可至，且四面孤悬，无附近卫所可以缓急应援"。[⑥] 三沙的地理环境与柘林十分相似，三沙紧邻烽火门水道，地势突出，水寨独处三沙很可能像柘林水寨那样，为敌寇所袭破。而再迁后的烽火门水寨位于今霞浦县州洋乡松山村，该地紧邻福宁卫，水寨由此被置于福宁卫的保护下。而福

---

① 朱维幹：《福建史稿》（下册），福州：福建教育出版社，1985 年，第 184 页。

② （明）殷之辂：（万历）《福宁州志》卷一，《山川》，《日本藏中国罕见地方志丛刊》，北京：书目文献出版社，1990 年，第 35 页。

③ （明）郑若曾撰，李致忠点校：《筹海图编》卷一二上，《经略三・御海洋》，北京：中华书局，2007 年，第 771 页。

④ （明）郑若曾撰，李致忠点校：《筹海图编》卷四，《福建事宜》，北京：中华书局，2007 年，第 276 页。

⑤ （明）黄仲昭修纂：《八闽通志》卷四三，《公署志》，福州：福建人民出版社，1991 年，第 909 页。

⑥ （清）顾祖禹撰，贺次君、施和金点校：《读史方舆纪要》卷一〇三，《广东四》，北京：中华书局，2005 年，第 4725 页。

建水寨向卫所周边迁移并非仅限于烽火门水寨，内迁后的井尾澳水寨位于铜山所城西门外，内迁后的南日水寨紧邻莆禧所，内迁后的浯屿水寨则靠近中左所，而较晚设立的小埕水寨直接就设在定海所旁。可见，福建水寨并非随意地向腹里迁移，而是通过有意识地向卫所周边迁移，以达到借助卫所力量增强自身防御的目的。

而就地理环境而言，内迁后的水寨均被置于具有地形屏障的纵深港澳，以此改善港区的预警与防护条件。如再迁后的烽火门水寨位于福宁湾腹里的松山，松山港地势深入，具备较好的防御缓冲条件，而且港区周边遍布着福宁卫大金所的众多烽堠，改善了港区的预警条件。同时，松山航道沿线分布着诸多岛屿，“港口有大、小门二山，北有小岛筋山，南有长泰山，其东即烽火门也，门南又北桑山、南桑山、火焰山”。[①] 这些岛屿对松山港形成有效的屏障作用。同样，内迁后的铜山水寨位于铜山港内，铜山港位于东山岛东北端，港口由东山岛与古雷半岛夹峙而成，港区较为隐蔽。同时，港区水域宽而深，港口进出便利，“东山港口之形势至为扼要，口之中央有塔屿，海拔五百公尺，砥柱中流，分港口为东、西二门户，东口小，通潮汕，曰小门；西口大，通漳、厦，曰大门”。[②] 此外，港区内外分布着铜山所的诸多烽堠，改善了港区的预警条件。可见，水寨内迁除了寻求卫所的庇护外，亦在寻求有地形屏障的优良港区，以此克服明初水寨选址目标暴露、易遭突袭的弊病。

四、围绕福建水寨内迁的争议

明代水寨的内迁从一开始即招致广泛的非议，特别是倭乱爆发后，时人更多断定是水寨内迁削弱了海防的效力，主张恢复旧址。“识者谓，沿海设烽火五寨皆在海洋之中，如处弓弦之上，故声势联络，可以互相应援。承平弊滋，正统间，倡为孤岛无援之说，移各寨内港，今寨名虽是，寨地则非。内港山澳崎岖，每被贼舟径趋浅水，而吾大船为无用之器。故迎则不支，追则

① (清)齐召南：《水道提纲》，《中国科学技术典籍通汇·地学卷》第5册，郑州：河南教育出版社，1993年，第657～658页。

② 李猷明总纂：(民国)《东山县志》卷一，《地理志》，东山：福建省东山县地方志编纂委员会，1987年，第31页。

不及，由失势所致也。”[①]又如，“国初海岛便近去处，皆设水寨，以据险伺敌，后来将士惮于过海，水寨之名虽在，而皆自海岛移置海岸。闻老将言，双屿、烈港、浯屿诸岛，近时海贼据以为巢者，皆是国初水寨故处，向使我常据之，贼安得而巢之，今宜查出国初水寨所在，一一修复”。[②] 此类言论在史籍中可谓俯拾皆是，其批评的着眼点大体有三：其一，水寨的内迁导致防线的内缩；其二，水寨的内迁造成大型兵船无法发挥作用；其三，水寨的内迁导致海岛为敌寇所占据。然而，几乎与批评声鹊起的同时，部分久历海战的将领及长期居住边海的士人对上述看法提出质疑。

首先，关于水寨内迁造成防线内缩的问题。水寨职能的发挥取决于战船的机动性与作战能力，而非水寨的驻地，这与陆上关隘的据险镇戍有着本质的区别，亦即水寨的驻地与汛地关系问题。对此，游击王有麟就指出：“论闽事者往往以复江夏侯旧寨为说，又有言其不当复者。不知今之寨游，虽设在旧寨之内，而其哨守常在旧寨之外，其言当复与不必复者，皆剿纸上之谈，而未亲历海上者也。”[③]在此，王有麟对不谙水军特点，空谈复寨的看法提出批评，同时指出水寨的驻地与汛地是两个不同的问题，尽管水寨驻守内港，军船仍能出哨外海。对此，同安人蔡献臣以浯屿水寨为例指出：“如厦门防守官军果能以湄洲、深沪、料罗、大担为汛地，络绎巡警，而于料罗澳及大担屿最切要处，常扼守之，则又不论旧浯屿与厦门矣。”[④]在蔡氏看来，浯屿水寨驻守浯屿或厦门并不重要，关键在于战船出哨汛地。同时，他也对固持复寨的观点提出了批评，强调战船出哨的重要性，“夫寇飘忽靡常，刻舟于旧所从入者，固为拘挛之见。第将士以船为家，时戒严于波浪要害之冲，则弭盗之上策也”。[⑤] 同样，莆田士人朱淛在论及南日复寨问题时亦认为水军的出哨远比复寨更为重要，“诚使海滨诸镇舟舰整具，军士在营，戍将得人，奋励

---

① (明)殷之辂：(万历)《福宁州志》卷一，《山川》，《日本藏中国罕见地方志丛刊》，北京：书目文献出版社，1990年，第31页。

② (明)唐顺之：《条陈海防经略事疏》，(明)陈子龙：《明经世文编》卷二六〇，北京：中华书局，1962年，第2746页。

③ (明)郑若曾撰，邓钟重辑：《筹海重编》卷四，《福建事宜》，《四库全书存目丛书》史部第227册，济南：齐鲁书社，1996年，第78页。

④ (明)蔡献臣：《清白堂稿》卷一七，《防围志》，《四库未收书辑刊》第6辑第22册，北京：北京出版社，2000年，第524页。

⑤ (明)蔡献臣：《清白堂稿》卷一七，《防围志》，《四库未收书辑刊》第6辑第22册，北京：北京出版社，2000年，第524页。

威武，日以舟师巡逻海上，一闻寇盗，首尾邀击，自足以弹压弭服，南日之移姑俟他日随机应变计未晚”。[1] 可见，水寨职能的发挥并不取决于水寨驻守内港或外港，而取决于军船是否出海巡哨，而“自升平久，而额军、额船，渐失旧制，指挥、千百户等官，足不逾城，会哨之法杳然矣”。[2] 军政的废弛，巡哨的薄弱才是明代中叶水寨职能丧失的关键因素，亦是海上防线内缩的决定性因素。

其次，关于大型兵船在内港失势的问题。大型兵船本来不是设计用于内海及港区的作战，而是用之于外洋的冲犁。“按福船势力雄大，最便冲犁，所以扼贼于外洋……港中山澳崎岖，贼船窄小，反易趋避，而大船转动多碍。”[3]如上所述，大型兵船不出外洋，并非水寨内迁的结果，而是明代军政废弛、巡哨薄弱的结果。而即便是大型兵船出外海巡守，亦不能尽阻贼船于外洋，总是会有敌船透过稀疏的防线突入内港。因此，对于一支健全的水军而言，发展大、中、小各号船型，以适应内外海及港区作战的需要是水军发展的必然。“故寨中有福船，又有次号哨船、冬船以便攻战，小号鸟船、快船以便哨探，或助力袭击。如福船出洋犁贼，贼船势将内逼，哨、冬船与鸟、快船急抢上风，又出贼船之内，向外逐打，务逼使出洋，内外夹击收功，如一概从外追打，逼贼登岸具有军法。”[4]可见，内海及港区作战主要是由中、小号的哨船、冬船、鸟船向外驱逐，而大型的福船由外向内助战，征战的主力是中、小号的战船。而明代福建水寨亦配有各号战船，如，浯屿水寨“管福、哨、冬、鸟等船四十八只”；铜山水寨，“原设福船、哨船、冬船、快马船共四十六只”；[5]等等。水寨配备大、中、小各号战船就是为了适应不同海域作战的需求，苛求大福船在内海及港区作战，其本身就是不太合理的想法。

---

① (明)朱浙:《天马山房遗稿》卷二,《海上赠言》,《影印四库全书》第 1273 册,台北:台湾商务印书馆,1986 年,第 447 页。

② (清)汪楫:《崇祯长编》卷六三,“崇祯五年九月乙卯”条,第 3666 页。

③ (明)顾炎武:《天下郡国利病书・福建》,《四库全书存目丛书》史部第 172 册,济南:齐鲁书社,1996 年,第 457 页。

④ (明)顾炎武:《天下郡国利病书・福建》,《四库全书存目丛书》史部第 172 册,济南:齐鲁书社,1996 年,第 457 页。

⑤ (清)李维钰原本,(清)沈定均续修,(清)吴联薰增纂:(光绪)《漳州府志》卷二二,《兵纪一》,《中国地方志集成・福建府县志辑》第 29 册,上海:上海书店出版社,2000 年,第 434 页。

最后，关于水寨内迁致使敌寇占据海岛的问题。明初实行迁岛政策，将沿海大量岛民内迁陆地，对海岛采取部分弃守的政策。[①] 该政策的制定与执行说明明初并未真正重视海岛，亦未真正将海岛防御纳入海防经略视野。这种轻视海岛的思想和行动使得明人对海岛驻防规律认识不足，成为明初水寨选址失误的思想根源之一，亦构成海岛为敌寇占据的现实基础。而从战术层面而言，岛屿拉锯是岛屿攻防中较为常见的现象，只要配备足够的海上力量，建立动态的海岛防御机制，部分军事价值较差的海岛暂时为敌寇所占据，并非什么可怕的事情。明代海寇活动的游移不定，历来是官军征讨的一个难题。对此，兵部尚书聂豹就指出，"海贼与山贼异，山贼有巢穴可以力攻；海贼乘风飘忽，瞬息千里，难以力取"。[②] 相反，如果海寇专驻某澳、某岛，便相对有利于官军的征剿。对此，名将俞大猷就指出，"窃意海贼之所以难与者，为其一闻官兵追捕，即驾出洋，不得接战收功，为可虑耳。若夫专泊澳分，轻视官兵，驱之不去，此则脆兵之所忌，强兵之所喜也"。[③] 而明代成功清剿海岛的战例并不鲜见，如，嘉靖二十七年(1548 年)，朱纨遣都司卢镗围困并攻灭双屿，一举捣毁中外海盗盘踞多年的双屿巢穴，"斩俘、溺死数百人，贼首许六、姚大总与大窝主顾良玉、祝良贵、刘奇、十四等，皆就擒"。[④] 而且，在"四面阻水"的海岛，一旦将敌人包围，往往可以全歼。如，嘉靖三十二年(1553 年)十月，有倭船飘至兴化府南日山旧寨，登岸流劫，"把总指挥张栋督舟师冲击，倭走据山。知府董士弘纠民兵、猎户，与栋等围而歼之"。[⑤] 可见，在总结明代海岛防御问题时，不应简单地归咎于水寨的内迁，而更应该反思当时消极的海岛政策，探讨切实可行的岛屿防御机制。

---

① 何孟兴：《洗岛靖海：论明初福建的"墟地徙民"措施》，《兴大历史学报》，第 22 期，2010 年；卢建一：《明清海疆政策与东南海岛研究》，福州：福建人民出版社，2011 年。

② 佚名：《嘉靖平倭通录》，《倭变事略》，上海：上海书店出版社，1982 年，第 10 页。

③ (明)俞大猷撰，廖渊泉、张吉昌点校：《论王直不可招》，《正气堂集》卷五，《正气堂全集》，福州：福建人民出版社，2007 年，第 164 页。

④ (明)郑若曾撰，李致忠点校：《浙江倭变记》，《筹海图编》卷五，北京：中华书局，2007 年，第 322 页。

⑤ 《明世宗实录》卷四〇三，"嘉靖三十二年十月壬寅"条，上海：上海古籍出版社，1983 年，第 7062 页。

结　　语

明代水寨内迁集中反映了明代海防经略者由最初无视海防地理，到重视与累积海防地理知识，并主动将之运用于指导海防实践的转变历程，体现了明人克服陆地思维，形成海洋意识的过程。同时，水寨内迁亦折射出了明代在军港选址与岛屿防御问题上的探索，其中的经验与教训对当下仍有着重要的借鉴意义。首先，关于军港的选址。舰队作为夺取制海权的海上攻击力量，其本身亦是敌方搜寻和攻击的主要目标。因此，军港的选址不仅事关舰队攻击职能的发挥，更关系到舰队自身的安危，选址时除了关注宏观战略位置外，还必须重视军港自身的微观驻防环境。具体地说，在考虑港区水深、航道、风浪等停泊与通航条件的同时，应当重视地形屏障和防御纵深对舰船的保护，避免将舰船直接暴露于敌方的火力之下。同时，应配置足够的军事力量以保护港区。此外，应充分重视港区预警的重要性，努力构筑和拓展预警体系，为舰船的机动与防护提供必要的时空缓冲。其次，关于岛屿的驻防。在关注岛屿宏观战略价值的同时，应对各类岛屿的实际驻防条件有准确的认识，从而对海岛驻防的价值和目标做出客观的评估，并综合岛屿的驻防条件、驻防价值、驻防目标选择对应的防御方式，避免将重要的战略目标构筑于防护条件较差的海岛之上。同时，应充分重视岛屿驻防与陆上驻防在补给、预警和应援等方面的差异，拓展岛屿预警和防护空间，形成完善的保障与应援机制，构建动态的岛屿防御机制。此外，应重视岛屿开发与军事驻防的相互关系，充分重视民间力量在岛屿开发与军事防御中的作用，充分调动民间力量参与海岛驻防与建设。

第二节　明代海洋政策与汪直的“倭”匪问题

“南倭北虏”是困扰明朝的心腹大患。“北虏”是个老题目，而“南倭”可是明王朝必须面对的一个新对手，没有现成经验供借鉴。

明朝曾设卫所，修城池，派大将重兵驻守等，人力物力花费极大。明太祖朱元璋颁布“片板不准下海”的诏令，“洪武四年十二月……且禁沿海民私出海，时国珍及张士诚余众多鼠窜岛屿间，勾倭为寇”。[①] 海禁政策作为祖训为明此后历代皇帝严格执行，成祖朱棣亦未敢明令废除之，备受褒扬的隆庆开海实际上也不过是应对民间激烈反抗的缓兵之计，海禁成了有明一代极具特色和颇受争议的政治举措之一。不可否认，在当时的历史条件下，厉行海禁有诸多正面的考虑：商品经济水平低下，海疆不靖，传统的重本抑末思想，甚至是国家财政上的考虑等等。海禁在实施之初确实达到了稳定海疆的目的，但古老的中国在“天朝上国”的迷梦中，在“海禁”的泥沼中难以自拔，愈陷愈深。

在海禁政策面前，朝廷上一直存在着严禁和弛禁两派，而在民间则出现了诸多的反抗海禁的大集团和大势力。滨海之民以海为生，海禁断了他们的衣食之本，必然起而反抗，许栋、李光头、徐海、汪直、郑芝龙等著名的海上集团层出不穷。其中，汪直集团较特别，他是徽商涉足海上贸易的重要代表。

其一，汪直集团发展之快，影响之大远非之前的海上势力可比。

汪直(1501—1559)，本名铨，又名五峰，号五峰船主，徽州歙县人。民间史料和日本方面或称之为“王直”。汪直“少落魄，有任侠气。及壮，多智略，善施与，以故人宗信之”。[②] 其时，在江浙东南沿海从事民间贸易的主体是徽州府歙县商人，具有代表性的是许氏(许栋)集团。作为同乡，汪直成了大海商许栋集团中的一员，并凭借个人才干逐渐成为集团中的重要人物。嘉靖二十七年(1548年)，许栋集团遭到力挺海禁的顽固派官员朱纨进剿，遭受重创。汪直收集其残部，重建双屿港贸易基地，组成一个新的海商集团；同时为了维护正常的海上贸易秩序和对抗官军的围剿，他建立了强大的武装。汪直集团的势力很快壮大起来，后逐步取得了江浙东南沿海的控制权。汪直集团成为东南沿海，乃至中国海商集团中人数最多、势力最强的海商集团。史载“大群数千人，小群数百人，而推直为最，徐海次之”。[③] 当时的宁波双屿岛成为全球性贸易中心。来自欧洲和日本的白银源源不断地运到这

① (清)张廷玉等：《明史》卷九一，北京：中华书局，1974年，第2243页。

② (明)郑若曾撰，李致忠点校：《筹海图编》卷九，北京：中华书局，2007年，第619页。

③ (清)谷应泰：《明史纪事本末》卷五五，第847页。

里，换取中国的丝绸、瓷器和茶叶。历史学家称之为“16 世纪的上海”，全球的商品在这里交换、中转和集散。可见汪直的影响力有多大，他建立了一个庞大的海上帝国，而自己就是这个海上帝国的国王。

其二，明代之倭乱，在嘉靖年间汪直集团兴盛之时达到极点。

统治者很早就意识到海防的重要性：“沿海之地，自广东乐会接安南界，五千里抵闽，又二千里抵浙……岛寇倭夷，在在出没，故海防亦重。”[①]尽管“倭患”明初就存在，但当时势力尚弱，而且明王朝十分重视海防设置，未能酿成大患。“（永乐）十七年，倭寇辽东，总兵官刘江歼之于望海涡。自是倭大惧，百余年间，海上无大侵犯。朝廷阅数岁一令大臣巡警而已。”[②]到了嘉靖年间，政治腐败，边防松弛，倭患渐起。此时的东南沿海工商业发展起来，而海禁依然厉行，沿海民众和汪直集团与朝廷的斗争非常引人注目。“闰三月，海贼汪直纠倭寇濒海诸郡，至六月始去。”[③]又载：“时胡宗宪为总督，诛海贼徐海、汪直。直部三千人，复勾倭入寇，闽、广益骚。”

在上述史料中，类如汪直的海上势力均被视为“倭寇、海盗、海贼”，官方认为汪直集团与倭寇相勾结、无恶不作，对沿海地区的稳定造成极大危害。多次派出重兵严厉镇压：“五月甲午，总督侍郎张经、副总兵俞大猷击倭于王江泾，大破之。”“六月丙申，总兵俞大猷败倭于黄浦。”“戊午，倭犯仙游，总兵官戚继光大败之，福建倭平。六月辛卯，倭犯海丰，俞大猷破之。”[④]历来的史书以及教材上戚继光抗倭都是正义的、英勇的行为，而汪直是倭寇同辈之流。

学界对汪直的评价主要是过去一直兴盛的倭寇论、海盗论和最近几年兴起的海商论。

倭寇，顾名思义，应是指日本海寇。《筹海图编》记载：“我太祖高皇帝乘乾御极，四裔咸宾。独于倭则绝弗与通，为防益切，神谟渊识，盖至今日而始验云。”[⑤]14—16 世纪的日本处于战乱时代，一些在国内不得志的流民常在中国东南沿海地区寻衅滋事，被称为倭寇。但是明政府及历代史书中却将

① （清）张廷玉等：《明史》卷九一，北京：中华书局，1974 年，第 2243 页。

② （清）张廷玉等：《明史》卷九一，北京：中华书局，1974 年，第 2243 页。

③ （清）张廷玉等：《明史》卷一八，北京：中华书局，1974 年，第 241 页。

④ （清）张廷玉等：《明史》卷一八，北京：中华书局，1974 年，第 249 页。

⑤ （明）郑若曾撰，李致忠点校：《筹海图编》序，北京：中华书局，2007 年，第 9 页。

汪直集团笼统地称为倭寇，认定嘉靖年间的倭乱是汪直集团所为。首先，汪直是中国人，不是倭寇，其集团成员也基本上是中国人。归有光曾感叹："尝闻吾军斩首百余，其间只有一二为真贼者。"[①]所以把汪直集团视为倭寇是错误的。至于海盗论则是称汪直集团在沿海地区搜杀抢掠无恶不作，据《明史·汪直传》记载，汪直"威望大著，人共奔走之。或馈时鲜，或馈米酒，或献子女"。就连抗倭名将朱纨也说："三尺童子，亦视海盗如衣食父母，视军门如世代仇雠。"[②]由此表明，沿海百姓并不把汪直集团视为"倭寇"或"海盗"。

汪直集团既非海盗亦非倭寇，其实是与日本从事海上贸易的海商。日本乃古倭国，"宋以前皆通中国，朝贡不绝，事具前史。元世祖数遣使招之不至，命人征之，途中因暴风，军尽没。后屡招之不至，终元世未相通也"。洪武初年，因为之前有倭人侵扰沿海，太祖遣人诏谕其国谓："宜朝则来廷，不则修兵自固。倘必为盗寇，即命将徂征耳，王其图之。"[③]日本王良怀遂遣使来朝，后日本进入内乱时期，有一些倭寇来中国沿海地区骚扰，明朝廷多次命日王抓捕倭寇，日本也较为配合，曾将抓获的倭寇交给明廷谢罪，史载："（永乐）八年四月，义持（日本国王源义持）遣使谢恩，寻献所获海寇，帝嘉之。"[④]中日之间的朝贡贸易一直存在。到了嘉靖年间，日本进入战国时期，国内混乱，日本王室无力约束日本海寇来中国沿海抢劫。日本于嘉靖二十七年（1548年）最后一次来贡后，新、旧勘合未及时更换，此后中日之间的朝贡贸易断绝。作为朝贡贸易的管理机构市舶司也随之关闭，"给事中夏言上言：倭患起于市舶。遂罢之。初，太祖时虽绝日本，而三市舶司不废，市舶'盖以迁有无之货，省戍守之费，禁海贾，亦奸商，使利权在上下。自市舶内臣出，稍稍苦之。然所当罢市舶内臣，非市舶也。'至是，因言奏，悉罢之。市舶罢，而利权在下。奸豪外交交内言冈，海上无宁日矣"。朝贡贸易这一渠道不通，日本又迫切需要中国物品，中国海商和日本便积极从事海上走私贸易，汪直就是其中之一。而此时中国厉行海禁，海上贸易是违法的，在明王朝看来汪直集团和倭寇沆瀣一气。汪直曾说："中国法度森严，动辄触禁，孰

---

① （明）陈子龙：《明经世文编》卷二九五，北京：中华书局，1962年。
② （明）陈子龙：《明经世文编》卷二七〇，北京：中华书局，1962年。
③ （清）张廷玉等：《明史》卷三二二，北京：中华书局，1974年，第8341页。
④ （清）张廷玉等：《明史》卷三二二，北京：中华书局，1974年，第8345页。

与海外乎逍遥哉?"[1]汪直集团主要是在海上经商牟利,其基本队伍是闽浙沿海,尤其是福建漳州、泉州一带沿海地区的穷苦百姓,他们大多以海为生,十分拥护汪直集团,这是由私人海外贸易的巨额利润吸引所致。汪直与日本贸易的产品主要是丝绸,也捎带一些火药、硫黄等物品。汪直集团的确有些抢劫行为,对象主要是富家大户。汪直和一般的海商不一样,虽然他也拥有武装力量,但是却一直在与明政府接触谈判乃至合作,试图说服明政府开放海禁,从而取得进行海外贸易的合法身份,而不是一味地和明政府进行敌对行动。他说:"若贷罪许市,吾亦欲归耳。"[2]明王朝难以在军事上战胜汪直,就利用汪直不想对抗朝廷,只求开禁互市的心理,采取了诱降策略。史载:"直本编民,既称效顺,即当释兵。乃绝不言及,第求开市通贡,隐若属国然,其奸叵测。"[3]嘉靖三十四年(1555年),籍贯为徽州绩溪的浙江总督胡宗宪,释放在狱的汪直的老母妻儿,给予丰厚的待遇,同时派使团前往日本宣谕并招抚汪直。经多轮谈判,汪直于1557年九月率数千骁勇由日本驾舰回国,泊舟山岑港,于十一月份入胡宗宪总督府。胡宗宪待汪直既有同乡之谊,又有收归己用之心,对汪直非常优待,并上疏请求赦免。但此时朝中一些重臣已变换嘴脸,对胡宗宪进行激烈的弹劾,言其受汪直贿赂而徇私,使胡宗宪处于两难境地,陷入危境。胡宗宪被迫交出汪直,汪直被捕入狱,于1559年十二月被斩于杭州官巷口。汪直临死时预言:"死吾一人,恐苦两浙百姓。"其余众非常愤恨,遂与明廷展开了长期激烈的斗争。

在我国的历代官方史书中,对敢于以武力对抗政府者,一概都是冠以"匪""寇""奸"等一类名号的,譬如明朝的唐赛儿、李自成等人,个个都莫非"盗""寇",而对他们给民间带来的"祸害"以及烧杀抢掠如何"残暴"的记载,也比比皆是。

其实,汪直事件只是海上走私贸易与海禁政策激烈冲突的一个缩影,他们不过是沿海民众求生存、海上集团图贸易之利的行为罢了。但是大明王朝守着"寸板不准下海"的祖宗之法极力压制民间海上贸易,导致"南倭"的发生,劳民伤财,对于沿海地区的经济造成了一定的破坏,而这本来是完全可以避免的。

---

① (明)郑若曾撰,李致忠点校:《筹海图编》卷九,北京:中华书局,2007年,第619页。
② (清)张廷玉等:《明史》卷二五〇,北京:中华书局,1974年,第5411页。
③ (清)张廷玉等:《明史》卷三二二,北京:中华书局,1974年,第8354页。

第三节　明代福建汀漳新县设置与政府对海疆管理的强化

对明代漳州设县高潮，蓝鼎元曾评价说："（漳州）一州之地，以龙溪为元首，长泰、南靖、漳平，其肩背也；漳浦、海澄，其腹心肺腑也；平和、诏安、龙岩、宁洋，其四肢手足也。方今海晏河清，无伏莽乘墉之患，如人安坐于家中，大疾不作，肢体便利。惟有时其饮食，无致饥渴；时其衣服，无伤寒暑；时其沐浴，无俾垢秽，将不久而自肥，何必借重于参苓药石哉？浑身皆是肉，无处可容锥刀，是所望于调养者。"[①]蓝鼎元将漳州府整个政区比作人的身体，把府中各个县份比作是人体的各个部分，将漳州至明中叶以来遇到的社会失序问题比作是人的机体生了病，而将行政秩序的恢复和行政的施行效果比作用药石来调养机体。从明清汀漳二府新设县跟经济和地理的联系来看，这一地区的行政调整可分为数种不同的情况。下面将讨论汀漳政区整体中作为四肢手足的新县设立和作为腹心县份的设立的不同情况。

一、沿着闽粤赣省界新县设立的个案（归化、永定、平和、诏安）

在明中叶邓茂七之乱平定后，明政府开始在以往旧县辖区过广的闽中山区添设多个新县，作为对邓乱的善后措施。明景泰三年（1452 年）在延平府设立了永安县，景泰六年（1455 年）在建宁府新设了寿宁县，接着从成化年间直至嘉靖年间又沿着福建与江西、广东交界的边界地方设立新县，新设了归化、永定、平和、诏安四县。它们沿着省界由西北向西南沿海一字排开，构成了福建省级政区的边界县份群，成为明代福建汀漳地区设县高潮的一个重要组成部分。

汀州新设的归化、永定二县，都是在明成化年间设立的。在邓茂七之乱

① （清）蓝鼎元：《鹿洲初集》卷一二，《漳州府图说》，厦门：厦门大学出版社，1995 年。

被镇压下去之后，汀州府地方的社会秩序依然是混乱的。该州原有县份辖区过大导致管理困难的问题在邓乱中凸显出来，因而官方开始进行县级政区的调整进程。邓茂七之乱后，汀州的地方社会地主与佃农的关系十分紧张，社会贫富分化趋势导致的人心不定状况没有改变，流民问题继续存在。如天顺六年（1462 年）上杭爆发反对地方势家侵夺小民的农民起义，“天顺壬午，上杭溪南里贼首李崇政愤嫉邑之富豪侵夺，有司弗禁，遂乌合群丑，攻破县治，大肆剽掠。监司暨都布按三司以兵驻汀州，闻贼势张甚，不敢进。日椎金鼓，耀士卒扬虚声。民益骇散，贼益猖獗，据岩险，诱流亡，时出侵犯。旁县官兵莫能御，退而自保”。[①] 在邓乱平复不过十几年的时间内又出现如此场景，说明导致邓茂七之乱的基本社会矛盾未曾解决，官府的行政和军事效率仍旧低下。当时邓乱只是依靠监察御史伍骥的灵活措施暂时得以平息，史载：“癸未（1463 年），监察御史伍公骥奉命按治于闽。……檄三司引兵会议方略，众殊无固志。公因询上杭来者，皆言道梗不可往。公曰：即梗汝辈安得立来？升肩舆携数老兵，抵上杭，询贼穴，闻一致仕教官家居，乃屏徒从，单骑造焉。教官惊愕出迎，备言家属被贼驱迫状。公令召亲戚听告谕，贼见公无他。明日下寨来者十数人，公谕以祸福，莫不感泣。语闻贼中，降者万余人，立命复旧业。其魁亦欲乞降，会有谋殆贼降而诛之者，公固不听而贼怀疑惑，遂拥众不下。公躬督将士逼贼巢以营，贼悉力来拒……而公督战益急遂平，乃班师。”[②]伍骥首先克服了官僚体制内部的阻力并运用招抚流民的手段成功平乱，但依靠的仍是官员个人的行政素养和威望。这次动乱之后，作为善后措施，官方首先调整了洪武年间设立的两个道（福宁道、建宁道）的辖区，新设了漳南道以控制汀漳二府。官方添设漳南道的理由是：“漳汀之界，其地多高山，林木蓊郁，幽遐瑰诡，难于往来。掌福宁者巡止漳州，掌建宁者巡止汀州。二郡之不通如手足之萎痹，气之不贯也。故邻于界者，有司无警肃或得侵渔于下，百姓无畏惮时得恣肆于乡，致天顺间有溪南、胜运之乱。成化六年，顺天府治中岩人邱昂奏请添设一道为漳南道，独莅二郡。既得俞（谕）旨，佥宪周公谟以经营伊始，在任得其人，特命贰守程公熙、通判吴公桓董其事。”[③]在新设了漳南道之后，由于仍觉得难以控制地

① （乾隆）《汀州府志》卷四〇，《艺文记·增修褒忠祠记》。
② （乾隆）《汀州府志》卷四〇，《艺文记·增修褒忠祠记》。
③ （乾隆）《汀州府志》卷四一，《艺文记·新设漳南道记》。

方，官方开始在汀州与江西、广东交界的地方添设新县。

成化六年(1470年)，汀州新设了归化县，该县设立的主要目的在于控制地方不靖的状态。府志中记载："归化之设，分清流之归上、归下里，分宁化之柳阳下觉里，分将乐之兴善中和里，分沙县之沙阳里。四乡之民各去县治甚远，曩沙尤邓寇作乱，四方之民不无协从之党，大军征剿之余，尚不格心式化。时监察御史吴公璘会同都布按三司秦民敬等，以汀郡二守程熙素得民心，委诣紫云台抚字之，至则民心尽格。成化六年，巡抚都宪滕公按临，程公备述民情，乞于明溪镇增设县治为宜。滕公移文巡抚御史左公钰、参政赵公昌、副使何公乔新会议，奏下民部议之，所议佥当入告于上，上允所议。遂命礼部造印，礼部选官知县郭润、县丞杨灿、主簿孙复、典史艾清，领印牒赴任莅事。"[①]由于清流、宁化、将乐、沙县四县交界的地区，政声不到，民易倡乱，尤其是四乡之民参与了邓茂七的起义，这直接推动了归化县的设立。新设县的主要程序是：由地方官向巡查地方的巡按等建言，巡按将意见层层上达，先至巡抚、参政等省级的官员，再报告中央寻求批准。中央批准之后，遴选优秀的官员派往新设的县治展开新县的建设活动。这些程序在明代汀漳二府所有新县的设置过程中基本相似。在新县令未到之前，归化新县的选址、建设的工程监督主要是漳南道官员和府级负责治安的通判等的职责。"时分巡漳南道佥宪周公谟适任其责，督汀郡通判吴桓、明溪驿骆丞孙亮，躬造其地，观察形胜……定为县治之位。"[②]设县经费上："发漳建(南)道之赃罚及在官公用白金数千余两，而郡守李公桓亦发属邑旧蓄赃罚助为创造所需。"[③]新建县城，将县署、学宫、城隍、山川社稷坛、公馆驿舍作为必须建设的项目，城墙的构建由于花费巨大，不一定于设县时建成，往往滞后。而添设儒学加强教化的作用，成为新县设置中最首要考虑的政务之一，往往在县志中都会留下新建儒学记之类的记载。

永定县于成化十四年(1478年)设县，主要也是由于当地寇乱频繁。县志记载："按永定析自上杭，隶于汀属于闽，因明天顺六年间，胜运李宗政(即李崇政)招诱流亡阙永华等作乱，自号白眉，破县治，杀都阃丁泉。七年巡按御史伍骥擒剿之。成化十三年冬，溪南钟三、黎仲端等哨聚劫掠，御史戴用

① (乾隆)《汀州府志》卷四〇，《艺文记·初建归化县记》。

② (乾隆)《汀州府志》卷四〇，《艺文记·初建归化县记》。

③ (乾隆)《汀州府志》卷四〇，《艺文记·初建归化县记》。

剿之毋克。十四年,诏起右佥都御史高明巡抚福建捕治。高以方略授副使刘城擒斩仲端等十一人,平其余党。乃会镇守巡按及三司官僚佥议,谓上杭县治来苏所辖溪南、金丰、丰田、太平、胜运等里,远者去县治二百余里,接连漳广,山僻人顽,非立县镇抚化导之不可,遂奏析溪、金、丰、太、胜、五里一十九图添设一县。"[①]新县的设立,先由本地里老耆民廖世馨向官府提议,负责平乱的巡抚高明安排副使刘城、布政司参议陈渤前去复勘民情,地方民众的意见是众口一词要求设县稳定地方。于是分割上杭一县的四里地设县。新县的选址在田心地方:"太平、溪南、金丰、丰田四里,万山稠密,地方狭窄,内有溪南里第五图地名田心一处,山环水绕,地方平坦,南北约有七里,东西约有四里。畎亩相连,居民相接,堪以开设县治。"[②]永定设立的是一个裁减县份,首任县官的铨选过程与归化县相似:"本地山多田少人稀,难设全县,乞敕吏部于旧任廉能相应官员中选除知县、典吏、巡检、教谕各一名前来创始。"[③]设县的经费上:"但前项里分居民多贫窘,又有新招复业者,今创立县衙、儒学、巡检司、城隍庙并铺舍、医学等衙门,不取民间一钱一夫,俱会议于别项措置,木料工价足够取用。"[④]基本还是由官方从节余中筹措。

归化、永定新设县治最主要的目的是治安。但是当地倡乱的风气在设县后仍没有被遏制,如万历年间郭造卿所说:"独汀州当三省之交,成化六年设归化,而其地盗少;十四年设永定,而窃发间有者,盖南通潮、漳而北上杭三图,皆寇薮也,迩日乃靖者。"而上杭三图地方在邓茂七之乱之后百余年间,更是盗贼窃发的地区。"然近日三省山寇数十年一作,及剿有数十年之安,惟三图百余年无秋冬间不啸聚,屡扑而不驯服。其山林险密,尤异他区。邻省山寇共推之为主耳。"[⑤]归化、永定处于省界边缘地区,接近赣南地方。而明中叶之后赣南和潮州社会因福建移民的大量移入,激化了族群矛盾,出现大量盗寇集团,成为一个有名难治的"盗区"。故明政府于弘治八年(1495年)设立了南赣军门管理闽粤赣湘四省边区。而南赣的大规模盗寇团伙常

① (民国)《永定县志》卷五,《城市志》。

② (民国)《永定县志》卷五,《城市志》。

③ (民国)《永定县志》卷五,《城市志》。

④ (民国)《永定县志》卷五,《城市志》。

⑤ (清)顾炎武:《天下郡国利病书》(不分卷),《续修四库全书》史部第597册,上海:上海古籍出版社,2003年,第254~255页。

常异地流劫到汀漳作乱，汀州的盗寇也往往进入相邻的赣粤地方作乱。如《天下郡国利病书》中记载："（成化）二十三年，上杭贼首刘昂、温留生纠武平所千户刘铎、佃人丘隆等数千人，攻掠江西石城、广昌、信礼，广东揭阳等县，杀官劫库，三省奏闻。添设汀漳兵备佥事伍希闵讨平之。奏添设莱鼓、楼冈二巡检司，并守备都指挥专驻武平守御。弘治八年，上杭来苏里贼首刘廷用、张敏、陈宗寿等，聚众攻劫江西瑞金、会昌、宁都，转掠广东程乡等县。就任升广东左布政使金泽都察院右副都御史，节制江西、广东、湖广、福建四省，统辖汀、赣、潮、桂等八府地方，俾专镇于江西赣州。比照梧州中制事例，以抚捕之。八月泽莅任，悉平群盗，仍具奏每县添设巡捕主簿一员，职专捕盗。正德二年，剧寇李四子等作乱。四子，广东沉香县人。时沉香石骨都松源等处盗贼窃发，武平岩泉里界于江广，李四子乘机结党，抢夺货物，平籴稻谷。一时乌合之众闻风猬起。岩泉贼首陈裕应之，遂分作二十营寨。七年，会三省官驻扎上杭，四处把截，断其粮道，遂擒贼首李四子等，枭首军门，招抚胁从，而余党悉平。十二年，岩泉孽寇刘隆等复炽，节制右副都御史王守仁平之。"[①]李四子之乱中，平籴稻谷仍是倡乱的基本行为之一，这说明闽西地方反对不合理租佃关系的斗争持续不断。官方的新设县之举并没有解决这一基本问题。

在南赣军门设立之后，汀漳二府的新设县治往往由南赣军门来负责。正德年间，因地方动乱的加剧，在漳州府与汀州府毗邻的南靖割设了平和县。平和设县的直接原因是正德年间相邻的象湖、箭营等处发生寇乱，当时担任南赣巡抚的王阳明亦大力推动。由于南靖芦溪、平和一带离县治遥远，而且濒临广东饶平等地，当地深受广东流寇的影响，王阳明上设县疏中说："南靖县治僻在一隅，相离芦溪、平和、长乐等处地里（理）遥远，政教不及，小民罔知法度，不时劫掠乡村，肆无忌惮，酿成大祸。今日动三军之众，合二省之威，虽日歼厥渠魁，扫除党类，此特一时之计，未为长远之规。……河头地方北与芦溪流恩山岗接境，西南与平和象湖山接境，而平和等乡又与广东饶平县大伞、箭灌等乡接境，皆系穷险贼巢。两省居民，相距所属县治各有五日之程，名虽分设都图，实则不闻政教。往往相诱出劫，一呼数千，所过荼毒，有不忍言。正德二年，虽蒙统兵剿捕，未曾设有县治；不过数月，遗党复

① （清）顾炎武：《天下郡国利病书》（不分卷），《续修四库全书》史部第597册，上海：上海古籍出版社，2003年，第267页。

兴。今蒙调兵剿抚，虽少宁息，诚恐漏网之徒复踵前弊，呈乞添县治，以控制贼巢；建立学校，以移风易俗；庶得久安长治。”[①]正德二年（1507 年），统兵剿捕以李四子为首的寇乱。从正德二年（1507 年）李四子倡乱，到正德十二年（1517 年）王阳明才最终平定地方的动乱，当地的社会动荡已经持续了十年之久。这说明平和地方作为省际边境地区，遭受邻近地方动乱的影响特别大也特别持久。而与归化、永定同为边界新县的情况相似，官方在这里设县首要考虑的是镇压本地的叛乱和抵御邻省盗寇的流劫。

平和县治所的选择包含了对治安和经济两种因素的综合考虑。治安上，县治必须与各个都图距离相近，并控遏险要和交通关节地区。同时，县治所在地方还要经济条件较好，这样设县之后才易于积聚人口，整理赋税。王阳明设县疏中称：“蒙漳南道督同本职，与南靖县知县施祥带领耆民曾敦立等，并山人洪钦顺等，亲诣河头地方，踏得大洋陂背山面水，地势宽平，周围量度可六百余丈，西接广东饶平，北联三围芦溪，堪以建设县治。合将南靖县清宁、新安等里，漳浦县二三等都，分割管摄，随地粮差。及看得芦溪枋头地势颇雄，宜立巡检司以为防御，就将小溪巡检司移建，仍量加编弓兵，点选乡夫，协同巡逻。遇有盗贼，随即扑捕。再三审据通都民人合词，执称南靖地方极临边境，盗贼易生，上策莫如设县。况今奏凯之后，军饷钱粮尚有余剩，各人亦愿凿山采石，挑土筑城，砍伐树木，烧造砖瓦，数月之内，工可告成。为照南靖县相离芦溪等处委的穹远，难以提防管束，今欲于河头添设县治，枋头坂移设巡检司，外足以控制饶平邻境，内足以压服芦溪诸巢；又且民皆乐从，不烦官府督责，诚亦一劳永逸，事颇相应。”[②]这样的县治所在，考虑了农业发展条件较好的因素，同时在险要处设立巡检司以弥补县治治安的不足，堪称周详。

如前所述，平和地方动乱已延续了将近十年之久，地方士绅和普通百姓早已不堪忍受，因而新县的设立得到了地方父老的支持与协助，“臣时督兵其地，亲行访询父老，辄咨道路，众口一词，莫不举首愿望，仰心乐从；旦夕皇皇，惟恐或阻。臣随遣人私视其地，官府未有教令，先以伐木畚土，杂然并

① （明）王守仁：《添设清平县治疏》，《王阳明全集》卷九，上海：上海古籍出版社，1992 年，第 318～321 页。

② （明）王守仁：《添设清平县治疏》，《王阳明全集》卷九，上海：上海古籍出版社，1992 年，第 318～321 页。

作，裹粮趋事，相望于道。究其所以，皆缘数邑之民积苦盗贼；设县控御之议，父老相沿已久，人心冀望甚渴，皆以为必须如此，而后百年之盗可散，数邑之民可安，故其乐事劝工，不令而远”。当地方官员到地方复勘时，“拘集坊郭父老及河头新旧居民再三询访，各交口称便。有地者愿归官丈量，以建城池；有山者愿听上砍伐，以助木石；有人力者又皆忻然相聚，挑筑土基，业已垂成。惟恐上议中止，下情难遂”。[①] 生员张浩然，义民乡老曾敦立、林大俊等还在推动官方设县中发挥了作用。曾敦立的事迹，在县志中记载得较为详细。县志中说他是当地在坊人，芦溪寇乱时携带族人逃入汀州府城避乱，乱平之后大力推动设县，其家在县治所在地，他带领族人“凿山采石甃筑，至迁其祖坟四处以避之。人谓是役也，敦立之力居多”。[②] 曾敦立大概属于明代的在地地主，介入大量的地方事务，是稳定地方秩序的中坚力量，为官府所倚靠，日后官府也大力褒奖他和他的后代。县里在他死后为其立了百岁坊以志其创县的功劳，他的儿子曾椿、曾松都继续与官府合作。曾椿“发粟赈芦溪顽民，因戒以毋盗”，曾松“设县后箭管、芦溪等盗起，松单骑被之，贼望风骇遁”。官方因而褒奖二人：曾椿之子曾璋后被赐予兵司马指挥的职位，曾松则被登入地方设立的孝义坊，称“冠带义士”。[③] 这反映了明中叶时期，地方上仍存在与官方大力合作维护秩序的中间力量，同时在地地主对地方事务大量介入，使得设县之后可以暂时恢复地方稳定。

平和设县实际上历经曲折，“及割南靖县清宁里七图、新安里五图，共计粮三千九百九石六斗七升四合七勺五抄；计一十二里，和为裁减县分，一知一典治之。原议漳浦县二都二图、三都十图，地方隔远，民不乐从，今议不必分割。再照新县所属多系新民，须得廉能官员，庶几开新创始，事不烦而民不扰。其学校教官，合无止选一员署印，先行提学道，将清宁、新安二里见在府县儒学生员，就便拨补廪增之数；其有不足，于府县学廪增附内，量拨充补；又或不足，于新民之家选取俊秀子弟入学，使其改心易虑，用图自新。及照南靖县邑小事繁，分割一十二里，添设新县办纳，愈见不堪。合无亦作裁减县分，以一知一典治之。又查得龙溪县一百五十二图内，将二十一都七

① （明）王守仁：《添设清平县治疏》，《王阳明全集》卷九，上海：上海古籍出版社，1992年，第318～321页。

② （康熙）《平和县志》卷九，《人物》。

③ （康熙）《平和县志》卷九，《人物》。

图，二十五都五图，共计十二图，计粮一千六百八十一石七升三合八勺三抄，拨凑南靖县抵纳粮科。又照南靖小溪巡检司既已改立漳汀，合改漳汀巡检司印信，奏请改铸；并新县儒学、医、阴阳等衙门，俱例改铸印信。……并估计过城垣、城楼、窝铺等项工料银两数目。及查府库各项官银，实有一万余两，堪以支用，要行委官择日动工筑砌”。[①] 由于设县的经费比较充足，各种衙署建设齐备。而这次设县之后，官方将所分割的旧县漳浦改为裁减县份，并尽量利用原已存在的地方设施和行政资源，力图使设县行为的行政费用降到最低。在南赣军门设立兼管汀漳之后不久，王阳明在任上开始推行保甲和乡约相结合的统治地方的措施，并和设县这样的施政行为结合起来。在正德年间这样的措施还是取得了一定的效果，日后成为明政府治理东南动乱地方的标准手法。当然设县能取得效果主要原因在于地方势力的合作和支持。此后，在动荡的闽粤赣边地区的赣南、潮州、漳州都兴起设县的热潮。

归化、永定、平和等县的设立，在地理上是沿着福建省界由北向南依次展开，时间上也是顺序设立。而诏安县在嘉靖九年(1530 年)设县，沿海社会的治安问题开始日益严重起来。诏安县位于福建政区沿海极南之地，其社会基本情况与同属省界边缘的归化、永定、平和存在些许不同，具有明中叶以后福建社会自身发展起来的海外贸易中心地的性质。但是诏安作为省界边缘县份一样具有边界县的特征，就是受到异地流寇的严重骚扰，而本地也萌生大量流劫他省的寇乱团伙。因而设立该县，治安功能仍是摆在第一位的。永定、平和等地多是山寇集团倡乱，而诏安则海寇与山寇结合作乱。嘉靖年间许多著名的海寇山寇集团都是在诏安生发的。嘉靖年间，沿海的以海上贸易为主体的商品经济繁荣发展，引起了地方社会的巨大变化。归化、永定、平和设县时，汀漳沿海尚未有严重的海寇问题，地方社会虽然开始失去秩序，但还不至于像嘉靖年间那样出现沿海处处通番接济与政府对抗反对海禁政策，甚至地方士绅也开始成为政府的对立面的情形。同时，山海交讧的局面还未出现。而嘉靖九年(1530 年)设立的诏安县具有海外私人贸易中心港口和省界边缘地区设县的双重性质，其设县的时间仅仅比嘉靖中期开始的“大倭寇”动乱、“山海交讧”的情形早了二十余年，可以说此处的

① (明)王守仁:《再议平和县治疏》,《王阳明全集》卷一〇,上海:上海古籍出版社,1992 年,第 380～383 页。

设县具有预防沿海社会大动乱的旨趣。

乡民许仲远在《奏设县治疏》中这样形容嘉靖初年南诏的地方社会："……南诏城，当闽广交界之冲。山林盘郁，土地平衍，人烟稠密，舟车辐辏。二、四、五都环抱东北，粮逾万石，户满三千，实海滨之一巨镇也。地离本县二百余里，中隔半沙、余甘、盘陀等处，山林险恶、道路崎岖，官司难于约束。民俗相习顽梗，租粮逋负，累及懦弱之包赔，词讼烦兴。勾掠经年而不出，殴公差而一方骚扰，赖人命而阖郡抢夺，强凌众暴，视如饮食，是以永当。里甲之家，跋险而且忧危，杯水不救薪火，额外办无名之钱，岁费百金接济不敷，俱供息于市井之富民，推避不前。甘重揽于积年之光棍，倾家荡产，十户九同。穷极思乱，勾引连境山獠海艘，啸聚百千，白昼剽掠乎乡村，据险截劫乎商宦，岁无宁日。"[①]嘉靖初年的南诏地方社会已经是个商业化的社会，而赋税逋逃不均的情形严重，地方贫富分化进一步加剧，导致人心思乱，同时大量下海通番的贸易已经开始在诏安发展起来，这导致了社会动乱日益加剧。在南诏地方不断动乱的情形下，当地乡民不断提出设县的要求："弘治十七年，乡民呈设县治，蒙镇巡衙门议调漳州卫后所军守备兹土。……但武夫悍骜，罔思民瘼，每遇警急束手坐视。不曰官军不敢妄动，则曰巡捕官军稀少，且倘令军士凌虐小民，滥受词状，欺骗万端，火热水深，无可控诉。正德十四年，分巡道周佥事按临，乡民又呈设县，上司议设通判一员驻扎。民方翘首企仰太平，不意畏难避险，常川在府。无事则拥众而来，徒劳里甲之支应；有事则望风先去，不管地方之安危。……嘉靖二年，江西饶州兵备副使范奏为陈言地方事，乞将漳浦之南诏、饶平之神全分拆二县。……嘉靖四年，布政司使司陈布政、蔡参政相继经临，臣等又呈设县，蒙观形势，慨然推行。转呈巡按刘御史，批从长议处，行本县勘结，反被奸恶歇家书手人等，恶其害己，扶同诡捏回报，下情无由上达。"[②]地方不断地有设县动议，而官方并不轻易设县，除了显示地方上开始出现反对设县的力量外（如利益将受到伤害的里书县吏们），另外就是漳浦县正德年间已经分割出了平和县，并降为裁减县份，官方推动设县的理由并不是很充分。但在地方动乱不断的情形下，仍移置了卫所，设立了通判加以治理。但官方的行政措施难以达到理想效果，地方要求恢复秩序的民众只得继续诉求设县。因而许仲远继续提出设县的经

① （康熙）《诏安县志》卷一二，《艺文》，《奏设县治疏》。

② （康熙）《诏安县志》卷一二，《艺文》，《奏设县治疏》。

费等问题并不能成为反对设县的理由:“臣等岂不知劳民伤财,但南诏地方城池完固,衙门鼎新,所少者惟县与学耳。公费不过二千金,见今贮库淫祠银约有三千余两,动支绰有余裕。岂不知官多民扰,但漳州府通判三员,漳浦县丞二员,截彼就此,员不加增。”[1]在地方的不断推动和地方社会秩序日益崩溃的情形下,官方最终设立了诏安县。

上面简要讨论了明中叶开始在汀漳二府辖内,沿着福建西南省界新设县的情况。这些县份,因为处于数省交界的地区,同时由于明代商品经济发展的推动,社会不靖的情形十分显著,这几个县份的设立使得人为划分出来的省际边界才日益清晰起来。但是官方力图通过设县恢复社会治安的意图难以实现,在这几个县设立之后,地方上反而朝着更加动荡的局面发展,如根据《重修虔台志》记载:“嘉靖二十二年春正月,流贼寇永定,典史莫住战死,旋剿平之”“嘉靖二十二年冬十月,平上杭、会昌、龙南诸盗”“嘉靖二十三年春正月,上杭、大埔盗连结寇掠,义民赖荣祖击破之”“(嘉靖二十三年春)流贼入归化,知县陈彷督兵擒之”。[2] 而诏安县在嘉靖二十七年(1548 年)出现白叶洞贼的大规模动乱。“嘉靖二十七年二月,剿平白叶洞贼。饶平、诏安二县贼首陈营玉、刘文养等伙党二百余,盘据白叶洞,往往出劫潮阳、大埔等县,为漳潮患。报急,公(龚辉)行漳南兵备道项佥事乔,督漳州府通判陆体仁、平和知县谢明德、典史廖瑜、诏安典史陆铁,约会广东饶平县丞孔以成、大使梅绽等各率劲兵进攻白叶洞,擒斩贼首黄福生、刘文养等一百三十六名颗。陈荣玉遁,为岭东道捕获,并贼属共计一百八十四名。乃议于贼巢旧址筑立营堡、公廨,委南诏千户所官一员,领军一百名坐镇其地。贼田与官兵佃种为口粮,贮其余以资军饷。”[3]地方想要倚靠设县来恢复治安的理想完全没有取得效果,而这一加剧动荡的趋势则与沿海成为海外贸易中心导致的社会剧烈变化息息相关。嘉靖二十六年(1547 年),朱纨由南赣巡抚转任闽浙巡抚,对地方不靖的情形极为不满,他认为地方加剧动乱的原因在于海禁不严,沿海地方人民下海通番反对政府。因而朱纨在汀漳地区大力推行保甲制度和严格海禁,结果却遭到地方士绅和民众的强烈反对,最终他的措施也彻底失败了。

---

① (康熙)《诏安县志》卷一二,《艺文》,《奏设县治疏》。

② (天启)《重修虔台志》卷之六,《事纪三》。

③ (天启)《重修虔台志》卷之六,《事纪三》。

汀漳二府沿着省际边界新设的这几个县份中，归化在地理上与邵武、延平、建宁几府关系更为紧密，距离漳州沿海十分遥远。而永定、平和、诏安这几个县地理上相联系，设县施政反映了这个地区经济的进一步发展；同时也深受漳州沿海海上贸易的影响，经济一体化的程度加深。永定的地理位置特殊，在设县之后兴起修驿道和筑桥的热潮，加强了与漳州、潮州沿海的联系。平和、诏安等县也出现筑路修桥的行动，进一步便利了地方经济交流往来。永定县的经济发展尤为显著，一举由一个落后的地区发展成汀州府中仅次于长汀、上杭的大县，而同时其所受到的流寇侵袭和原生的寇乱团伙也最多。如《图书编》中说邻省盗寇团伙进入福建："山寇从入有二：从汀州至者，则自将乐冲入延平，流劫诸县；从潮惠至者，则自诏安趋入漳、泉，转掠沿海。"[①]永定等这几个县作为省际边界的县份，其防御邻省盗寇集团侵扰的要求要高于汀漳二府的其他县份。而政府直接防范的军卫措施早已失去功能，官方对地方的直接控制程度也日趋薄弱。在这种情形下，永定、平和、诏安民间兴筑自保性质的土堡开始发展，官方将保护地方的任务交给民间，推动了地方自治和地方军事化程度的加深，土堡林立也成为福建省界地方特殊的风貌。而土堡的大量建设间接反映了设县在防卫地方上的不足，修筑土堡所需的大量资金倚靠民间自筹，基本也是倚靠海外贸易获得的利润，也反映了福建汀漳二府地方在经济上的发展。土堡的大量设立就像断续连接的一道长城，将省界地方的边界确立了出来。而地方军事化的进一步发展使得地方更不可能回到明初秩序井然的社会中去，倡乱的山寇集团也利用土堡为巢穴，并攻破了许多宗族的土堡，对地方的破坏更为激烈。

省际边界动乱不安的情形曾使嘉靖年间官方再次想在上杭、永定之间添设新县。嘉靖时俞大猷担任汀漳守备一职，负责剿除当地的寇乱集团时即提出在三图设县的建议。明人郭造卿在《闽中分处郡县议》中记述了俞大猷欲在上杭三图设县的始末："余尝驻汀前，汀守吴兴徐公当寇猖獗未遑立县，乃建议立抚民馆于三图，逼抵贼巢，本为权宜之术也。然近日三省山寇数十年一作，及剿有数十年之安，惟三图百余年无秋冬间不啸聚，屡扑而不驯服。其山林险密，尤异他区。邻省山寇共推之为主耳。参将俞大猷尝至上下水诸寨，其民七十三户，上状言，三图溪南东接永定，西毗程乡，北仰上

① (明)章潢：《图书编》卷四〇，《福建图叙》，上海：上海古籍出版社，1992年。

杭，南联大埔，四通而易诱惑，恃险不难作乱，虽设抚馆要之，不如县便。且峰市附近，又通闽广要路，地虽偏小犹可以为善国。上下水间有河坪，地势宽广，山溪环抱，堪筑县城，就近抚治。宜割上杭来苏三图四图、溪南三图、永定溪南一图、四图，共五里丁米为县，如昔永定之例。大猷上其议未行，或以在二县之民以割地为难，其费出于汀属，有司以扰民为词。不知此方未宁，二县及府首受其祸。既宁，先获其福矣。或以官多为费，不知将盗贼之地，养治贼之官，以设官之扰，省用兵之费，盖有久利而无害者也。今三图余党虽就抚而叵测，若汀分土安民，此一方最急。论弭盗绝源，在三省尤先者也。即割二县地，而动一府费，宜所必从者第行之，何如耳？来苏各图田粮为他图所已收割者，宜从地而归新县。虽纷争之门已杜，而旧城之赋实减。上杭既分永定矣，而犹为河坪于四十里而割其三，恐称不给。长汀有五十九里，宜割附近上杭之平源、丹溪等图二三图补附之，不患乎不均矣。其和坪今方移抚民馆筑城其中，不如就而立县。……既已有城，而县学公署借上杭河税用之足矣。夫此数者，皆属大计，但郡县幸乱已定，则息肩而税驾，匪以疮痍未复为辞，则以茧丝未蓄为虑。夫先阴雨而绸缪可也，既溧摇稍宁，可不为御侮计乎？"[①]而《重修虔台志》中也记述了在三图设县不果的内因："嘉靖四十二年八月，请添设县治。闽广山寇时发，则以地险使然，而上杭三图之贼历百有余年，根株尚未尽拔，屡经斩刈，芽孽复生。近日下水葛贼兄弟成擒，巢穴荡涤，欲为久安之图，故有建县之议。以河头埠为县治，而割上杭三里、永定二里，益以大埔之嵯坑、牛坪，程乡之桃源、松源筑城，建学经费，设官，于以控制咽喉，扼塞盗源。谋既协于佥同，民亦乐于趋赴。议上，不果行。"[②]在地方动荡不靖的情形下，官方重新掌控地方恢复秩序的种种努力均不见效，因而愈加倚靠通过设县来彻底稳定地方。而设县的施政本身也遇到很多行政上的阻碍，同时成本极高，经济上的负担也较重，恢复地方秩序的效果且不好。到了明代中晚期，地方上对设县施政产生两种意见，一种支持并推动设县，另一种反对并阻碍设县。设县的背后反映了地方上不同利益集团对自身利益的考虑，已不是成化、正德年间那种比较关注治安并顺应地方经济发展要求的情形了。这在嘉靖末年宁洋县和海澄县的设县中可

---

① (明)郭造卿:《闽中分处郡县议》,(明)顾炎武:《天下郡国利病书》(不分卷),《续修四库全书》史部第597册,上海:上海古籍出版社,2003年,第254～255页。

② (天启)《重修虔台志》卷之七,《事纪四》。

以看得更加清晰。这可能成为三图地方试图设县，而结果却是“议上，不果行”的部分原因。

二、沿着九龙江流域新县设置的个案(漳平、宁洋)

历史上九龙江流域航运困难。而明代则在这一流域设立了两个新县，漳平位于九龙江中游地区，而宁洋则位于九龙江的上游。在漳州沿海商品经济繁荣发展的情况下，沿着九龙江流域向上游辐射的开发态势加深，山区丰富的木材和商品作物的栽培也为沿海的海外贸易提供了经济上的支持，九龙江流域在明代与沿海的经济联系加强了。漳平设县在成化年间；宁洋则在嘉靖、隆庆年间，与海澄同时设县。

漳平县的设立在成化七年(1471年)，与归化、永定处于同一个地方动乱的周期内，但在地方志的记载中看不到汀州寇乱与漳平设县的直接关系。县志中记载漳平设县的情形是：“成化三年，龙岩民林廷琥等以居仁、聚贤、感化、和睦、永福五里距邑绵邈而峻阻，赋税不供，民用梗化，请别立邑以控制之。命下三司议，七年辛卯乃即九龙乡置县治，以率五里之民。”[①]从简单的记载中，可见漳平的设县仍是由于原来龙岩县辖区过广，难以管理这一地区，而当地居民往往易于参加动乱所致。在《开建漳平县治记》中对于开设漳平县有更详尽的记载：“漳平本龙岩所辖地，去旧治三百余里。俗恃远僻刁顽，国赋民租，逋负者众，公私患之。成化己丑(五年，1469年)，岩之父老苏元辈白于通守李候铉直，割居仁、感化、和睦、聚贤、永福五里之远者，另立一县以治之。候转白诸司以请于宪庙，制曰：可。下其事于福建巡按、藩臬诸重臣核之。被命者往居仁之小菁，山水环距，川陆可通，县治宜其中。具以复，于是名其县曰漳平。”[②]漳平县治也是选择了可以控遏水陆交通的平衍地方。而漳平的地理形势重要，位于九龙江上下游交界的地方，如史料中记载漳平：“漳郡据全闽之胜，以控岭表……按地志去郡四百里，东抵安溪，西界龙岩，南连南靖，北亘永安。山陆险塞辽阒，不时流寇莽伏其间，于是设县治，以扼潮赣之栈道。”[③]而漳平又是沿海食盐向上游发卖的中转地方，如

---

① (道光)《漳平县志》卷一，《舆地》。

② (乾隆)《龙岩州志》卷一五，《艺文志三》，《开建漳平县治记》。

③ (乾隆)《龙岩州志》卷一五，《艺文志三》，(漳平)《筑城记》。

《天下郡国利病书》中记载:“查自龙岭而下有浦口焉,由良村山兜可接安溪之感化里;自龙岭而上有涵口焉,由大深可抵安溪;有华口焉,由溪南可抵大田;自漳平而上,由双溪口至新桥罗溪西洋,可抵永安;又由小溪水口至大陶、小陶,亦抵永安;又由水口至万安,可通连城;自宁洋而上,由马家山可抵永安;是皆透越地也。浦口、埠头已革;涵口山路颇艰。若溪南、新桥、罗溪、小溪、水口、万安诸处,皆借名官商,据要设埠,其所透越视马家山不啻什百。人但知马家山之为尾闾,而不知溪南等处之皆漏卮也。”[①]漳平和嘉靖、隆庆间设立的宁洋县对于沿海食盐转运山区的闽中地区都具有重要的意义,这在《天下郡国利病书·福建分册》的《盐法考》中有详尽的记载。因而漳平的设县是九龙江流域深入开发的必然要求,日后在其上游又添设了宁洋县,下游的华崶岭地方也在民国期间设立了华安县。

漳平是在邓茂七之乱后,闽西地方持续动乱的情况下,官方顺应经济发展形势并预防动乱的蔓延而设立的新县。该地在邓茂七起事期间有李乌嘴的团伙倡乱。在设县之时,虽然邻近的汀州处于动荡不安中,而该地并没有大的盗贼团伙作乱,因而添设漳平是一种关注地方治安的预防性措施。但在漳平设县之后不久的弘治年间(1488—1505年),地方出现温文进寇乱事件。成化时人蔡清对温文进倡乱有如下记载:“福建多山路,山路多险隘。……其险甚处,上有悬崖峭壁百十仞,下则有不测之坑谷,泉泄其中声如震雷,而仅以盈尺之板或半腐木枝架其上以度,甚可危也。又或林木蒙翳,披一罅而入,数十百步不见天日,与探虎穴无异。其出也,木叶草刺粘带满襟裳。当时平无事,行者无欢呼追迫之声,犹若未甚害。不幸如去年(弘治四年,1491年)漳贼温文进倡乱,不三四日抵安溪县,县民匆卒,委弃赀产,奔入泉城。欲从陆行,则恐贼伺其隘,万无一生。姑投溪舟,而人众利先,溪舟小不足多任载,胥及溺皆无辜之民也,可胜痛哉。夫桥梁道路亦王政一事……今职方内地,皇风清穆百余年,而此等事有司犹视为度外。设使温文进辈稍有黠鼠之智,不离穴以即平地,则官军虽数十万,其如不得方轨,不得成列之径路,何恐亦未能剿绝如此之易也。况虽幸无虞,而行旅之出于其路者犯涉艰危,亦有官君子所当留心者。窃意可于岁事稍丰之日,令有司督谕当地大姓或照里甲图分,相地势所便,以次分治之。非必大动工力,大

① (明)顾炎武:《天下郡国利病书》(不分卷),《续修四库全书》史部第597册,上海:上海古籍出版社,2003年,第290页。

抵皆有成蹊。如傍崖之径元用木度，则去其腐且小者，易以坚且阔者。或架方桥于其上又善矣。其木石则取之左右无穷也。若林木丛翳处，则刊之焚之，使兽蹄稍远，行人不至卒与虎狼遇也。今之大姓，家有余资而滥费于淫祀，何限此等，在在有之。若令舍彼为此，督谕有方，盖未必不皤然乐趋也，未必皆劳鞭棰也。如民力不足，虽佐以官钱亦可也。其于有事之日，兵民尤为大助。"[①]温文进等利用漳平等地的险要和偏僻的地理条件进行倡乱活动，官方亦发现平乱受地理因素限制很大，因而在平乱之后提出改善交通、架桥修路的诉求，而这样的诉求也从侧面反映了当地的经济发展状况。温文进动乱对于官方试图通过设县来预防地方动乱的初衷可说具有讽刺意味，官方预防动乱的设县行政没有收到效果。而在正德之后，福建沿海地方高度发展的海外贸易，使得汀漳的山区地区也受到商品经济发展的强烈拉动，地方社会秩序在经济发展与地方行政难以协调发展的情形下更加恶化。沿海海寇的问题和山区的山寇爆发形成同一个周期内的运动，在嘉靖年间形成山海交讧的局面。漳平地方在嘉靖末年受到海贼和邻近广东的饶平贼的侵扰。如县志中记载，嘉靖四十年（1561 年）海贼清江总劫掠居仁、感化二里，四十一年饶贼陈绍禄犯城焚劫，而四十二年饶贼天上禄复至攻城，同年龙岩土贼苏阿普、曾东田作乱并导致前去平乱的漳平知县魏文瑞中伏身死。[②] 平乱之后，官方在岩、永、平、大四县之交添设了宁洋县。

关于宁洋县设县的情形，日本学者青山一郎已做了详尽的研究。在此我们只是根据青山一郎的研究大致做个说明。青山认为，苏阿普倡乱之后，朝廷对于苏阿普寇乱团伙的态度是很含糊的，试图招抚而不是剿除该团伙；而漳平县令魏文瑞是主张剿除的，并在准备不足的情况下贸然进攻苏阿普的巢穴，结果中伏身死。在这种情况下朝廷剿灭了苏阿普、曾东田寇乱团伙。在乱平之后，地方生员曹氏兄弟上书要求设县并提出将县治设在集贤里，而曹氏兄弟自身是集贤里人。永安永宁里等地的民众因经济较其他地方发达，产生反对设县的势力。但在漳州府和南赣军门官方的推动下，最终新县得以设立，而推动设县的曹氏兄弟在反对方的控诉下也遭受革去生员身份的处分。新县的设置对于所分析出的旧县具有实际上的损害作用。如导致原县学额减少，赋役负担加重，原有的包揽等利益减少等等。而地方势

---

① （明）蔡清：《虚斋集》卷四，《民情四条答当路》。

② （道光）《漳平县志》卷一〇，《寇乱》。

力分化出对设县两种不同态度的最主要原因在于地方势力集团对于地方利益的争夺，争取到县治所在地的士绅和乡族将会从设县中得到实际的好处，如上述平和曾敦立等人的例子。而作为宁洋县治的集贤里地方经济并不发达，设县之后出现经济较发达的永宁里不愿入籍宁洋，置产买地仍在永安县内的状况，这种状况延续了上百年都得不到解决。[①] 而宁洋县设立之后在经济上始终是发育不良的县份，在中华人民共和国成立之后的行政区划大调整中最终被取消。

漳平和宁洋的设县说明了九龙江流域在明代经济开发的进一步深入，沿海商品经济发展拉动了对九龙江流域的深入开发。但这一区域的发展因地理的限制实际上落后于沿着省界设县的永定、平和、诏安等处，更不用说跟沿海地区相比。虽然九龙江流域远离省际边界处于福建省内部地区，但该流域漳州府腹地的龙岩、漳平、宁洋等地及其附近的永春、德化、大田等漳泉延三府交界的山区地带，正德年间就开始屡受广东贼的侵扰，邻省的盗贼集团往往突破永定、平和、诏安等处充满武装土堡和防御卫所的县份，来到地方军事力量更为薄弱的九龙江流域及其附近山区流劫侵扰。沿海人民建设土堡，以保障当地社会安全，《天下郡国利病书》记载平和县的溪口土堡："在清宁里。路当平和、南靖、漳浦之交，居民辐辏。嘉靖间寇乱，居民累土为城因溪为池，饶寇过不敢犯。"[②]另如诏安的象鼻土堡："嘉靖间，海寇吴平犯诏，堡长阮仕笃等率其族拒守，与贼持三日夜，贼不能取胜，乃解去，诏赖以安。"[③]一般的流寇集团在沿海地方乡族势力严密防守下，难以占到很大的便宜。因而弘治、正德年间开始，泉州与九龙江流域接近的地区就受到来自广东饶平和漳州内地等处流寇的侵扰："弘治四年，漳平盗温文进寇安溪，攻陷县治，永春、南安郡城一时骚动。副使司马垔，督官民兵讨平之。正德中，广东盗屡寇南安、永春、德化、安溪等县。嘉靖元年秋，广东盗犯永春。二年正月辛亥，泉兵与广东贼战于高坪，败掳泉州卫经历葛彦。乙西，漳泉

① (日)青山一郎：《明代の新县设置と地域社会——福建漳州府宁洋县の场合》，《史学杂志》第101/102期，1992年，第82～108页。

② (明)顾炎武：《天下郡国利病书》(不分卷)，《续修四库全书》史部第597册，上海：上海古籍出版社，2003年，第300页。

③ (明)顾炎武：《天下郡国利病书》(不分卷)，《续修四库全书》史部第597册，上海：上海古籍出版社，2003年，第306页。

合兵复战于霞村，掳漳州府通判施福。七月，贼入兴化。三年十月，六县兵合击贼于德化小尤中，团歼之。二十六年，剧寇陈日辉聚党据安溪覆鼎山、大小尖、白叶坂诸峒。”[①]这说明邻省的盗寇集团常常深入福建省内的腹地山区，并可能与漳州及当地生发出来的盗寇集团结合倡乱，而这些所谓的饶贼、广寇跟漳州沿海的海盗及嘉靖年间东南沿海的倭寇联系是很密切的。明政府在沿海和九龙江的腹地都设立了善后性的新县，但这已属明代设县运动的尾声。

三、沿海贸易中心地区新县的设置个案（诏安、海澄）

当沿海地方海上贸易兴起时，明代汀漳地方的社会情势发生了很大的变化。前文已简要概述了诏安县设县的过程。这里，我们将从诏安和海澄二县沿海地方社会的特点考虑其设县的施政行为。从正统年间漳州沿海即出现海盗，“甘瑛……正统二年知漳州。……海门山居民往往涉海为盗，遇客船剽掠无遗，甚至杀人鱼贯弃海上。瑛以其民不可胜诛，乃奏迁内地，借废寺田以给之，使得齿于良民”。景泰年间则有知府谢骞在漳州沿海编立牌甲，拆除违式大船，力图平定不时生发的海盗。成化年间，姜谅知漳州：“为人有心计，长于吏治。初至，水旱相仍，民多为盗，乃散粟以怀徕之。盗不止，乃募盗捕盗而盗绝。时海上有盗魁，谅召捕盗者议捕盗之法，一时海宇清肃。”[②]成化至正德年间，漳州府盗寇的情况仍然是山寇多而海盗少。正德十二年（1517 年）导致平和设县的直接原因是南靖詹师富的倡乱。詹师富组织了大规模的山寇集团，暂时尚未与海寇结合，因而官方通过一定的行政行为仍能使地方维系在一个低限度的稳定状态中。而明初以来为保证沿海安全而厉行海禁，并将沿海岛民内迁，遍设卫所加以控制等措施，到了明中叶已经无法实行了。漳州沿海地方经济发达，人地矛盾突出，《天下郡国利病书》和地方志中记载的一田三主、一田二主的土地经营方式反映了沿海

---

① （明）顾炎武：《天下郡国利病书》（不分卷），《续修四库全书》史部第 597 册，上海：上海古籍出版社，2003 年，第 245 页。

② （万历）《漳州府志》卷四，第 33 页。

土地可以承载人口已达到极限。而因漳州沿海人文鼎盛，科举发达，[①]故当地势家大族发展程度极高，出现势家把持沿海社会的局面。因而沿海私人海上贸易兴起，实际上却控制在势家大族的手中，一般的沿海小民依附于通番贩海的势家，使得当地社会呈现出一种将官方直接控制不断排挤出去的趋势。如《筹海图编》中说道："又云沿海地方，人趋重利。接济之人在处皆有，但漳、泉为甚。余多小民，勾诱番徒，窝匿异货，其事易露而法亦可加。漳、泉多倚著姓宦族主之，方其番船之泊近郊也，张挂旗号人亦不可谁何。其异货之行于他境也，甚至有借其关文，明贴封条，役官夫以送出境至京者。及其海船回番而劫掠于远近地方，则又佯为之辞曰：'此非此伙也，乃彼一鯮也。'讹言以惑人听。比及上司北责，水寨巡司人等，间有一二官军捕获寇盗，人船解送到官。彼为巨盗大驵，屯住外洋者，反役智用幸，致使著姓宦族之人又出官明认之，曰：是某月日，某使家人某姓某处粜稻也，或买杉也，或治装买匹帛也。家人有银若干在身，捕者利之，今虽送官报赃尚有不尽法合追给。"[②]沿海通番接济的小民和掌控海贸的势家结合，形成了强烈反抗政府海禁政策的势力，最终导致了嘉靖年间沿海倭患、海盗和山区寇乱结合在一起的大动乱。

漳州沿海私人贸易的首发地是诏安。《诏安县志》中记载："安边馆，在四都之梅岭，濒海有公馆，后废。漳之洋舶，其先实发于此，后以其地屡为倭寇所凭，发船移于海澄。"[③]《东西洋考》中也说："先是发舶在南诏之梅岭。后被盗贼梗阻，改道海澄。"[④]漳州沿海私人贸易首先于诏安梅岭兴起，主要是因为诏安位于闽海极边之地，梅岭港口自身贸易条件优越，附近潮州的南澳也是一个海上走私贸易的基地。林仁川指出："梅岭在诏安县悬钟山北面，从凤山大围逶迤而出，因山的形状像一枝倒挂梅花，故名梅岭。梅岭附近港湾统称梅岭港。梅岭港内，岛屿星列，港湾曲折，是私商活动的好场所。"[⑤]俞大猷在《正气堂集》中写道："漳州诏安五都走马溪，两山如门，四时

① （乾隆）《海澄县志》卷一五，《风土》记载："漳穷海徼，其人以业文为不赀，以舶海为恒产。故文则扬葩吐藻，几捋三吴；武则健斗，无事不令人畏。"

② （明）郑若曾撰，李致忠点校：《筹海图编》卷四，《福建事宜》，北京：中华书局，2007年。

③ （康熙）《诏安县志·武备志·关隘》。

④ （明）张燮著，谢方点校：《东西洋考》卷七，《饷税考》，北京：中华书局，2000年。

⑤ 林仁川：《明末清初私人海上贸易》，上海：华东师范大学出版社，1987年，第161页。

风不为患，去县及各水寨颇远，接济者夕旦往来无所忌避，诚天予猾贼一逋薮也。”[①]由于地理位置比较优越，梅岭历来是东西洋私人海上商船的中继站，“诸番自彭亨而上者可数十日程，水米俱竭，必泊此储备而后敢去日本，自宁波而下者亦可数十日程，其须泊而取备亦如之，故此澳乃海寇必经之处”。[②] 到了嘉靖年间，梅岭的海商活动更加频繁，当地有“林、田、傅三大姓，共一千余家。男不耕作，而食必粱肉；女不蚕织，而衣皆锦绮，莫非自通番接济为盗行劫中得来”。[③] 梅岭不仅是中国海商活动的中心，而且也是国际海盗商人的据点，特别是嘉靖二十七年（1548 年），双屿港被朱纨捣毁以后，盘踞双屿的国际海盗商人大批流窜到福建沿海，集结在浯屿、梅岭等地。如谢继东指出，诏安的梅岭是月港兴起之前海上贸易的主要港口。[④] 明中叶漳州沿海的贸易中心存在一个由诏安梅岭向漳州月港转移的过程。而导致这一转移最关键的因素是在嘉靖九年（1530 年）诏安设县，政府对当地走私贸易的管理加强了。由于诏安处于闽粤两省交界的边缘地区，官方对这一地区的管理存在很大的困难。闽粤二省由于政情不同，官方实施海禁的步骤不可能一致，结果：“广禁而闽弛，则闽为逋薮；闽禁而广弛，则广为逋薮。”[⑤]“福建捕急则奔广东，广东捕急则奔福建。”[⑥]

因而在月港兴起之后，由于月港的海上贸易辐射整个东南，尤其跟潮州海外贸易关系紧密，诏安地方处于月港和潮惠之间，潮州海寇、流寇侵入福建往往经过诏安，诏安本地也成为大海寇、山寇的渊薮，如嘉靖年间的吴平、曾一本等人就是诏安人，而当地人与吴平、曾一本海寇“同为者，比比而是”，都深深卷入地方动乱之中。[⑦] 诏安当地正统年间与官方合作维持地方秩序的大族势家到了嘉靖年间由于海外贸易巨额利润的吸引，往往成为通番下海的主导力量，并与政府厉行海禁的政策形成矛盾冲突，最终站到了官方的

---

① （明）俞大猷：《正气堂集》卷二，厦门博物馆据清道光木刻本重印，1991 年。

② （明）俞大猷：《正气堂集》卷二，厦门博物馆据清道光木刻本重印，1991 年。

③ （明）俞大猷：《正气堂集》卷二，厦门博物馆据清道光木刻本重印，1991 年。

④ 谢继东：《月港开辟前后的梅岭》，中共龙溪地委宣传部、福建省历史学会厦门分会编印：《月港研究论文集》，1983 年，第 233～238 页。

⑤ （明）章潢：《图书编》卷四〇，《福建海寇》，上海：上海古籍出版社，1992 年。

⑥ （明）茅元仪：《武备志》卷二一三，转引自林仁川：《明末清初私人海上贸易》，上海：华东师范大学出版社，1987 年，第 170 页。

⑦ 林仁川：《明末清初私人海上贸易》，上海：华东师范大学出版社，1987 年，第 45 页。

对立面。在嘉靖年间,福建漳州沿海地方以月港和诏安梅岭作为海上贸易的中心,沿海贸易经济高度发展,地方社会对海外贸易形成极大的依赖性,地方各个阶层都卷入海外贸易之中,强力突破了明政府以农立国的经济构架。在这种情况下,官方眼中的沿海社会成为极为动荡的地区,官方则力图通过种种措施来对付海外贸易兴起形成的挑战。

明嘉靖中期,朱纨担任闽浙巡抚,他清晰地认识到沿海地方自发的海外贸易对固有政治体系的破坏作用。他力图加强对汀漳沿海的直接控制,压制蓬勃发展的沿海贸易,但在地方社会各阶层的强烈反弹下,他的种种措施都归结于失败,并激化了沿海地方社会与中央的矛盾。朱纨担任闽浙巡抚时期,在汀漳地方沿海和内陆都加强了保甲制度的建设,力图加强对地方的控制并通过地方自己的力量对付地方叛乱的势力。然而在沿海地方社会私人海外贸易深入发展并导致地方风气变化的情形下,厉行保甲不但不能平乱,反而激化了地方民众与官方矛盾。朱纨对诏安梅岭地方海贸实施压制性的措施,动用军队剿灭梅岭地方的海上私人贸易集团,取得走马溪大捷。结果非但没有将海外贸易势头压制下去,反而引起沿海社会的普遍反对,同时受到官僚阶层中支持海贸的福建籍官员的弹劾,最终下狱仰药而死。朱纨在《甓余杂集》中将诏安梅岭等地的地方社会描述成:"盖诏安去漳郡三日之程,而梅岭去县治四十余里,地僻则化益阻,化阻而俗益恶。贼船集泊每于走马溪下湾者,则以此地两山壁立,风涛不惊,若天成一贼薮。然又有梅岭群恶以济之耳,如田、如林、如何、如傅、如苏等姓,延聚数里许,人户不下千余。凶顽积习,险恶成风。或出本贩番,或造船下海,或勾引贼党,或接济夷船。……官府差人不敢一及其门。苟一追摄辄肆抗拒,甚则聚众持械殴打夺放,莫敢谁何。……此等地方已同化外。……近虽有军门保甲之设,初若稍就约束,寻复视如故纸矣。该日该县申称,苏天爵等聚殴公馆木匠,又透田氏将入官门扇径自拆去。知县李尚理亲诣拘查竟不能获。……未几典史陆鈇为拿获抢夺银两凶徒林大松,又被案恶林栖凤集党打夺,民快吴大谟被其凶打,即本官且被凌辱。"[①]在这种情况下,官方不得不在诏安沿海添设了安边馆来加强控制,而官方无法有效管理地方社会的情况也十分严重了。

在朱纨开始力图加强对沿海地方的控制之前,月港地方在成弘之间就

① (明)朱纨:《甓余杂集》卷五,《增设县治以安地方事》。

已经呈现“风回帆转，宝贿填舟，家家赛神，钟鼓响答，东北巨贾，竞鹜争驰，以舶主上中之产，转盼逢辰，容致巨万”[①]的繁荣景象，享有“天下小苏杭”的盛誉。同时月港地方在势家大族控制下的海外贸易的发展，使得当地社会“盖富家以财，贫人以躯，输中华之产，弛异域之邦，易其方物，利可十倍，故民乐轻生，鼓枻相续，谓生崖无逾此者”。[②] 贫富各阶层，大都突破海禁下海通番。同时由于月港在取代梅岭成为贸易中心港口之后，地方上走私贸易的情形愈加突出，朱纨在嘉靖二十七年（1548 年）提出在月港设县的构想。朱纨在《增设县治以安地方事》的上疏中说：“漳州府龙溪县月港地方，距府城四十里，负山枕海，民居数万家。方物之珍，家贮户峙，而东连日本，西接暹、球，南通佛郎、彭亨诸国。其民无不曳绣躡珠者，盖闽南一大都会也。其俗强狠而野，故居则尚斗，出则喜劫。……而月港海沧之民，以里长则不应役，以征科则不纳，以讦告则不对理，以接济则蒂结根连而不可解。府县病其难治而姑息，良善苦其刁顽而退避，积习成风，积弊成乱，是可不为之所哉。”[③]朱纨在该上疏中还详细说明了设县治所的选址、经费的解决、官员的选取、赋税的整理分割等。其中还说明先由巡海道柯乔建议在月港设立县治，加强对月港海商的控制，巡按御史金城也提出同样内容的奏议而朱纨作为巡抚则欲推动该处的设县。但正在此时，月港地方稍宁，知府卢壁议“停止”，所以建县的建议没有被采纳。[④] 现有的资料中没有阐述终止朱纨设县动议的详细原因，但是有大量资料证明朱纨与福建沿海支持海禁的士绅之间关系极为紧张。而设县这样的施政行为是必须要得到地方支持的。可见，朱纨在月港设县动议的失效与当地士绅害怕设县会进一步控制海外贸易存在一定关系。

支持海外贸易的闽南地方士绅开始起而反对朱纨的政策，主要由于朱纨力图对沿海支持海贸的士绅力量予以打击。他在奏疏中称：“大抵治海中之寇不难，而难于治窝引接济之寇；治窝引接济之寇不难，而难于治豪侠把持之寇。闻此地事未举而谤先行，效未见而肘先掣。盖山海渊薮，视为表里；衣冠剑戟，相为主宾：利于此必不利于彼，善于始必不善于终。此海道历

① （乾隆）《海澄县志》卷一五，《风俗》，上海：上海书店出版社，2000 年。

② （乾隆）《海澄县志》卷一五，《风俗》，上海：上海书店出版社，2000 年。

③ （明）朱纨：《甓余杂集》卷三，《添设县治以安地方事》。

④ （乾隆）《海澄县志》卷一，《建置》，上海：上海书店出版社，2000 年。

年养乱，所以至于此极也。”①“又如同安县养亲进士许福先被海贼虏去一妹，因与联姻往来，家遂大富。又如考察闲住佥事林希元负才放诞，见事风生；每遇上官行部，则将平素所撰诋毁前官传记等文一二册寄览，自谓独持清论，实则明示挟制。守土之官畏而恶之，无如之何。以此树威，门揭‘林府’二字；或擅受民词私行拷讯，或擅出告示侵夺有司。专造违式大船，假以‘渡船’为名，专运贼赃并违禁货物（林次崖有高才而不偶于时，便以自放，不为检束）。夫所谓乡官者，一乡之望也；乃今肆志狼藉如此，目中亦岂知有官府耶！盖漳、泉地方，本盗贼之渊薮；而乡官渡船，又盗贼之羽翼。臣反复思惟，不禁乡官之渡船，则海道不可清也；故不恤怨谤，行令禁革以清弊源。”②朱纨试图对地方势家大族予以打击的尝试，最终因自己受到福建籍官员的联名弹劾并下狱而死彻底失败。根据林仁川的研究，朱纨之后，由于浙江巡抚胡宗宪招降汪直后又加以诛杀，并剿除浙江沿海的私人海商集团，导致海商集团与政府间更加对立，东南沿海的大倭寇问题开始凸显。由于明中叶之后，漳泉沿海居民是整个中国东南海商集团中最主要的人员来源，所以在浙江开始剿除海商势力后，大量的海寇出现在福建沿海地方，福建的所谓倭患开始严重起来。

嘉靖年间，朱纨在汀漳沿海推行保甲厉行海禁政策失败还使明政府的威望降到了一个极低的水平。同时随着地方动乱的加剧，地方武装化程度也不断加深。由于漳泉沿海居民有着海上贸易的悠久传统，而官方在行政效率低下、行政腐败和军事衰微的情况下，其海上军事力量在技术上并不占绝对的优势，事实上不能制驭海商集团的倡乱。嘉靖三十至四十年（1551—1561 年），漳泉和潮州沿海参与走私贸易的民间力量开始形成强大的军事实力，政府控制地方的原有手段都无法应对海上力量的挑战。面对沿海“大倭寇”，通过戚继光等人大规模募兵组建新的正规军，首先从沿海地方着手并加强海上军事的建设，最终方才平乱。而嘉靖中期，沿海的民众开始极为藐视政府的权威而大规模倡乱。如漳州龙溪的洪迪珍“初止通贩，嘉靖三十四、五年（1555—1556 年）载日本富夷泊南澳得利，自是岁率一至，致富巨万，尚未有引倭为寇实迹；或中国人被倭掳掠，辄以物赎之，遣还其人，人颇德之。戊午（嘉靖三十七年，1558 年），复来浯屿，诸恶少群往接济，络绎不

① （明）陈子龙：《明经世文编》卷二〇五，《朱中丞甓余集》，北京：中华书局，1962 年。

② （明）陈子龙：《明经世文编》卷二〇五，《朱中丞甓余集》，北京：中华书局，1962 年。

绝，官府不能禁，设八桨船追捕，竟无一获。又妄获商船解官，于是迪珍始轻官府，官府又拘系其家属，迪珍始无反顾之期，与倭表里为乱”。[①] 再说到诏安大寇吴平，《天下郡国利病书》记载：“剧贼吴平，四都人。为人短小精悍有智略。为儿与群儿牧，即部署诸将，号令皆如法，群儿已畏服之。往往多奇异，已为人家奴，厌之去为盗。……平既为盗，不肯居人下。先后巨贼如许朝光、林道乾、曾一本等皆骁勇，胆力过人，然必推平。平亦俨然居群贼上。戚南塘号名将，犹惮平。平所设奇，皆与相当，号为劲敌。此其英雄必有大过人者。平败遁南澳，料大师且追之，与其徒百余人驾小舟遁去，舟用短桡，如今俗名鲎脚桡。百人齐荡，舟小力疾，虽淤泥浅水，其行如飞，平竟以此得脱。或言林道乾今王东南海岛中，平亦变姓名浪游江湖间，皆不可知。然往有人亲见平鲜衣怒马，在京浙间，为富商大贾。平已炙其面，面皆炙疮，人无有识者。后平又乘肩舆，过故友处，掘取金银诸宝物，后不知所之。”[②]从这一转摘自明代地方志中的关于吴平的资料，可以看出当时官方形象的低落，而吴平叛逆的形象和成为政府极大挑战的事实则跃然纸上。这样一则资料在清代重修的《海澄县志》《诏安县志》《漳州府志》中都不再收入，大概说明这则资料有点过于站在寇乱者的立场上了。

嘉靖三十年（1551年）以后，漳州沿海地方出现海寇商人大量倡乱的情形，沿海社会处于鼎沸的状态中。《粤闽巡视纪略》中记载了月港自嘉靖九年到嘉靖三十年间（1530—1551年）地方上动乱的情况：“海澄故为龙溪漳浦地。嘉靖九年，都御史胡琏以奸民多阑出通番者，请置安边馆于海沧，委通判一员驻理，而阑出者益不止。二十五年，都御史朱纨用副使柯乔议，欲以海沧月港等澳耆民充捕盗备倭，都指挥黎秀独以为不可。已复，上议曰：‘近署安边馆乃益知奸民曲折，其船皆造于外岛泊于外澳，或开驾以通番，或转售于贼党，而嵩屿、长屿、渐尾、海沧、石马、许林、白石等澳，在在皆贼之渊薮也。不亟穷治恐益滋蔓。’议上，忌者群毁之，秀坐免官。亡何，倭果大炽，遂改安边馆为靖海馆。二十九年，闽寇大起，多据地以拒捕，而月港亦为贼巢。官军于海沧、白石、镇海、野马、井尾分道逐击，贼始败遁。参将王麟追及于古浪，把总刘一桂追及于荆屿，斩获数百，擒贼首许西池等及倭众三千

① （乾隆）《海澄县志》卷二四，《业谈》，上海：上海书店出版社，2000年。

② （清）顾炎武：《天下郡国利病书》（不分卷），《续修四库全书》史部第597册，上海：上海古籍出版社，2003年，第310页。

余，海疆稍靖。”[①]朱纨初至漳州沿海时，还想依靠依民治盗的办法，结果由于沿海社会极深地涉入走私贸易中，官方在沿海难以找到可以结合的力量。黎秀因建言严格军事管理沿海社会，而被沿海士绅弹劾免官是为朱纨最终结局的先兆。嘉靖三十三年(1554年)，龙溪县张维串通二十四人造舟下海通倭，官府莫能禁。嘉靖三十七年(1558年)，巡海道邵梗派遣捕快林春领兵三百剿捕，张维等二十四将率众拒之，杀官兵三名，各据土堡为巢，抗击官兵。张维据九都城，吴川据八都草坂城，董隆据港口城，林云据九都草尾城，“旬月之间，附近效尤，连结营垒，八都又有谢仓城，六七都有槐浦九寨，四五都有丰田、溪头、浮宫、霞郭四寨，互相犄角，各有头目，号二十八宿，曰三十六猛”。[②] 是年春，邵梗再次发兵围剿，张维“榜示远近各寨，转相要结，同力以待官兵，月港之横益甚，各从谋主指挥迎敌”。张维海商集团乘轻舟入镇门，进攻东山、水头等处，攻破虎渡堡，杀苏族九十余人；又攻田尾、合浦、渐山、南溪等处，给官兵以沉重的打击。为了消灭张维海商集团，邵梗使用挑拨离间、各个击破的策略，用重金收买洪迪珍，由陆路经诏安、漳浦，取道渐山，进击八、九都，张维接战于草坂城外，“败死无数”。邵梗乘机派遣海防同知邓士元、龙溪县丞金壁前往招抚，“诸反侧稍安”。嘉靖四十三年(1564年)，张维等复叛，“巡海道周贤宣檄同知邓士元擒解军门，斩首枭示，自是地方安宁，设县之议起”。[③] 从张维的叛乱中可以看到，海寇集团往往占据地方上阖族共保的土堡来倡乱。

嘉靖三十九年(1560年)，广东饶平人张琏倡乱。闽广二地的海寇集团结合起来向沿海和山区侵扰。张琏初为库吏，史称其为良家子倡乱。《重修虔台志》中记载：“饶平故多盗，而张琏则为斗库，侵欺官法，始以失计良家子为诸巢。倡诸巢蚍结蚁附，相与称乱不已。琏遂伪署官职，设科置历，居服僭逾罔忌。已而闽贼饶表、广贼梁宁、林朝曦合党寇吉安，戕宪臣，杀裨将，其势甚炽，奸民恶少所在蜂起。于是巡按广东御史蔡公结疏言张琏事，请诏三省会兵剿之。”[④]最终张琏于嘉靖四十一年(1562年)在漳州平和被三省会剿的官兵剿除。嘉靖四十年(1561年)，“闽贼蔡表素等聚众肆劫，滋蔓一

① (清)杜臻：《粤闽巡视纪略》卷四，《漳州府》。

② (乾隆)《海澄县志》卷二四，上海：上海书店出版社，2000年。

③ 林仁川：《明末清初私人海上贸易》上海：华东师范大学出版社，1987年，第103～104页。

④ (天启)《重修虔台志》卷之七，《事纪四》。

方。始据犁壁高营，继扎枫林险寨，结连海寇郑钺等水陆交驰，龙溪、长泰、南靖地方受其屠戮甚惨。幸而天厌其恶，初发难于长泰之封头，则将卒长驱，随处接战，而献功四百七十有三。贼首蔡表素在俘中，已围聚于黄楫。木棉、莲浦等处则漳州卫龙溪县官兵争先拒敌，复擒斩三百一十有九。其他截路蒐山俘获又已盈百，共获功九百一十六名，投水火死者不计其数。”[①]汀漳沿海山海交讧的局面已经一发而不可收。根据《重修虔台志》的记载，嘉靖四十一年(1562 年)又有广东叛兵袁三欲劫掠上杭。同年，上杭贼李占春叛乱被剿除。同年，剿除流劫闽粤赣三省的山寇集团。“上杭贼王子云膂力骁雄，机智敏慧，从卒伍中起而为盗，合党陈福宝、李山勾引程乡贼梁宁、宋宁、徐东洲、林朝曦等二千余人，自三十五年起流劫福建连城、武平、永安、归化、将乐、光泽、泰宁，江西会昌、瑞金、新城等处，放火杀人，横行无忌。子云于三省之界梅子畲据险为巢，聚众屯住，出入乘舆张盖，金鼓导前，号为都总。四十年五月，伙同梁宁等四千余人从会昌、瑞金直下泰和，拒敌官兵，将汪副使杀死，又由永丰、乐安、宁都、石城捆载回巢。八月，复攻破乐安县城。明年二月，复掠程乡近郊。时巡按御史蔡公巡方潮、惠，遣官抚谕，而子云益骄抗不伏。推官郑仕、知县徐宰甫与守备王诏乃召集石窟寨徐嘉悌等兵，杀贼百余，子云被枪急走林朝曦巢求救。朝曦方犹豫未决，而按台传谕保长至，令之献功赎罪。贼从仓皇中计，不旋踵而王子云就缚于松树坪矣。已又擒陈福宝等一十九人，并斩陈一峰等二十五级，梅子畲贼靡有孑遗焉。”同年，剿除流劫清流、归化的汀州土寇。嘉靖四十二年(1563 年)剿灭程乡贼温鉴、梁道辉，上杭贼葛鼎尧、葛鼎兴。同年剿灭流劫福建漳平、大田等腹地的饶贼陈绍禄。[②] 在这种情况下，俞大猷提出在上杭三图添设县治的设想，不果行。

嘉靖四十三年(1564 年)，龙岩贼苏阿普等倡乱被剿平。《重修虔台志》中记载苏阿普等山寇在山区劫掠还欲“往合兴化倭奴”。嘉靖四十二年(1563 年)倭寇陷兴化府治，号称倭寇的团伙中大部分的成员是漳泉沿海平民。嘉靖四十四年(1565 年)，漳州沿海的吴平贼党方被剿除。《重修虔台志》中说：“梅岭为南澳咽喉，原建三堡防寇。吴平席世恶而倚伙党，占据三堡四十余年，负山面海，巢穴固称密阻，而造船、买马，骄横尤属有名。去年，

---

① (天启)《重修虔台志》卷之七，《事纪四》。

② 以上俱见(天启)《重修虔台志》卷之七，《事纪四》。

在潮州杀倭报效，抚回梅岭，乃复出劫海丰之饭箩洲、燕洲寮、平海所之大星湾、蕉园、土围。俞总兵大猷、汤参将克宽、传都司应嘉各督哨船冲击，擒斩六十七名颗，夺获贼船三十六只。贼走屯聚大潭澳，汤参将、传都司分兵奇、正二哨，协力夹攻。广哨擒斩一百一十四功，福哨擒斩二十七功，铳伤及淹水者不下千余。贼望外洋，随风西遁回巢。已而擅用白牌朱票勒取民船，又令杨士芳等暗纠山贼苏阿普于岁暮袭攻漳州。海道得其党沈若霖告密，具闻两院，行总镇督官兵抵漳防守。已料贼巢临海，发必从舟，而我水备既空，陆兵不足，何以御之？姑寓剿于抚，且暂羁縻。时有倭江潮老、香公老领众千余突来诏安，欲与吴平合伙。镇道计遣人谕散其党，江潮老遵听而香公老林田抗招，还梅岭。复遣谕平执香公老林田，并擒斩流倭一百二十八名颗，解献辕门。镇道仍令遵奉勘合，缚献渠魁，散党赎罪。平惊疑不定，遂图走海。总镇侦其下海有期，亟发密令，催督都司传应嘉、把总邓铨赴玄钟口把截，而亲督陆兵直至云霄镇。平瞭见东北海洋兵船迅至，即驾大、小船三百余只乘浪冲出，扬帆欲走。总镇坐船当先，各船并力齐冲，沉贼船百余艘，溺死者二千余人，生擒一百三十五名，斩级二十五颗。文武有功，则戚总兵继光，俞总兵大猷，周副使贤宣，金副使浉，翁佥事梦鲤、徐佥事甫宰，汤参将克宽，王都司如龙，傅都司应嘉，詹知府九德，同知邓士元、胡廷顺，通判刘汉潮，知县梁士楚，守备丁介夫、张元勋，把总邓铨等间关海上，出没涛中，盖九死而一生者也。”[①]从材料中可以看出，山海寇盗团伙已经形成协同合作的流劫方式。嘉靖四十四年(1565 年)九月剿平曾东田、马元湘等杨益、苏阿普的余党。嘉靖四十四年(1565 年)底，官方终于走出了嘉靖末年剧烈的山海交讧问题的困境，暂时控制住了地方局势，在漳州沿海的月港重新考虑朱纨当年的建议而添设了海澄县，在龙岩地方添设了宁洋县。

官方不愿轻易在月港设县，除了极可能有当地支持海外贸易的士绅阶层反对的因素外，更主要是由于月港地方其实离漳州府治龙溪县距离较近，地方不愿意为设县而分担行政费用。朱纨当年提出在月港设县主要是考虑如何管理超出政府控制的海上贸易，并侧重于预防地方动乱。朱纨在《阅视海防事》中说：“臣反复思惟，不严海滨之保甲，则海防不可复也；遂自十月二十八等日督率有司行之。盖即古人比闾族党之制、孟子乡田同井之教，特后

① 以上俱见(天启)《重修虔台志》卷之七，《事纪四》。

世行之不善，故见其扰而不见其成耳。反复叮咛，示以臣先任已行之效，指以今日行之以不扰；守之以不纵不苛之法，申之以操纵在有司，不可在巨室之戒。尽削去繁密科条，宣扬圣明德意；遍给告示，先之以不追既往，继之以赏罚利害。旬月之间，虽月港、云霄、诏安、梅岭等处素称难制，俱就约束；府县各官，交口称便。虽知县林松先慢其令，亦称'今日躬行，大有所得'；泉州府申称'所示保甲牌格简易明白，永可遵守'。"[①]朱纨清楚认识到蓬勃发展的海上贸易使得汀漳沿海的地方社会发展远远突破政府所能管理的程度，但他却错误地认为诏安等地设县之后就控制住了私人海外贸易的发展，错误地认为厉行海禁严格保甲和打击地方上支持和参与海外贸易的势力就可以使地方恢复秩序井然的局面。其实，诏安设县之后海外贸易中心港口转移到月港恰恰证明了官方无法管理地方海外贸易。漳泉沿海社会已经深深卷入海外贸易之中，一地方被禁即有另一地方继续开展犯禁的海外贸易，官方不可能在沿海采取处处设县的方式对海贸予以严格的管理，点的管理不能顺应海洋治理对线上的要求。而月港地方的设县，是因为其处于海外贸易中心地的特殊地位。同时其中心地位造成漳泉潮惠沿海的海寇集团频繁洗劫该地，使得地方的治安问题严重，这成为设县的直接动因。根据乾隆《漳州府志》中的记载，嘉靖三十年(1551 年)以后月港和诏安两地几乎年年都遭到海寇和倭寇的侵袭。而诏安地处两省交界地方，潮州海贼进入福建必借道并顺路劫掠当地，因而嘉靖末年诏安地方治安极为不良。在嘉靖末年大规模的动乱中，无论官方、倡乱的海商集团、民间三方都受到严重的损伤。海禁可能只是导致地方动乱加剧的一个添加剂，而地方不靖的背后则是地方社会发展高度的不均衡性。杨国桢指出，"月港的开放，是官府与民间海上力量激烈较量后的妥协。倭乱中沿海卫所频频失陷，意味着明朝守土防御战略的失败，也意味着严厉海禁的失败；倭乱的剿平，意味着倭寇侵犯中国国土的失败，也意味着东南航海贸易势力谋求在本土港口和外国互市的失败"。[②] 这是一个深刻的分析，沿海地方社会在经济发展与政治格局处于矛盾的情景中不存在任何一个胜利者。地方社会在明代海外贸易高额利润的刺激下与官方政府原有的体制格局形成尖锐的对立，而福建西南的汀漳二府地方社会的历史则反映了这种矛盾之下蕴含的巨大能量和可怕的

---

① (明)陈子龙:《明经世文编》卷二〇五,《朱中丞甓余集》,北京:中华书局,1962 年。

② 杨国桢:《十六世纪东南中国与东亚贸易网络》,《江海学刊》2002 第 4 期,第 19 页。

破坏效果。

月港地方在嘉靖末年社会动荡稍稍平息之后，顺理成章地设立了新县。明代官方亦部分开放了海禁，试图将沿海社会自发产生的海外贸易纳入官方的管理体系之中。在海澄设县的背后更根本的推动因素则是巨大的经济潜力。海澄设县并在万历年间设立督饷馆之后，海澄洋税收入直线上升，达到最高每年二万九千两的巨额。同时其城市的建设也因有经济上的保障而远远超越汀漳二府其他新设的县治。如林仁川指出，由于月港海上贸易的急速发展，城内居民大量增加，原来兴建的城区已经容纳不下众多的工商人口。隆庆四年(1570 年)，郡守罗青霄扩建东边城区。万历十年(1582 年)，县令瞿寅又在县治东北跨城筑晏海楼。万历二十三年(1595 年)县令毛文鸣又“议再扩城”。月港经过数次的扩建，成为“商贾辐辏”“居民数万家”的商业城市，城内百工鳞集，商店如林，十分繁华。[①] 而《天下郡国利病书》中收录的《海澄县筑塞港口议》一文，则反映了官方在月港地方设县不得不因当地作为海贸中心港口的特殊情形而必须考虑设县的治安职能与经济职能的矛盾。现将全文摘录如下：“癸酉(1573 年，万历元年)志云，县治之设，业有成绩，且城垣壮固，亦似可守。但凡设城邑必以水泉为先，今城中卤地不可为井，惟汲淡潮城外，万一寇至，水门关闭，安所得水。又县治去海咫尺，贼舟无所防限，乘风顷刻直至月港。潮涨之时，舟高于城，深可危惧。所以议者辄有筑塞港口之说，但其间利害相半，众论不一。具载如左：一议云，今县治滨海，潮水由海门入，中流有泥仔、乌礁、许茂三洲，分为二派。一派迤东，从海沧而上；一派迤南而西约十里许至月港。咸水夕涨，沿边土田失收，且奸徒驾艇为非往来不测，贼舰乘潮瞬息可至。若从下流于泥仔、尾隘处设法填塞，海咸不通，淤泥数年可以成田。西溪并南溪淡水汇于八九都，灌溉永赖。且海船必由东北沿海沧、石美而上，横过福河，下至港口，水道迂曲，信宿方达月港。奸贼出入，势甚掣肘，况堪舆家谓此方闭塞可固内气。若此举可成，亦兴利扼险，为新县奠安之良策也。查得嘉靖十六年，乡民曾请乡官御史陈迁鸠工垒石兴筑，未及成工。今一带基址俱生泥泊，因而为之，其力为易。一议云，县治所以设于月港者，正以其地近海，潮汐吞吐，气象豪雄，舟楫流通，商贾辐辏。今若填塞，则商贾舟楫无所停住，或泊于坝外则有

① 林仁川：《明末清初私人海上贸易》，上海：华东师范大学出版社，1987 年，第 150 页。

风波冲击之虞，若由福河入月港，水道迂远，其势非在福河必在石马。而近县之处，泉货不通，生意萧条，深为未便。且江流泛涨，功恐难成。即幸而成，势必溃决，三洲地方先受其害；就使不决，北边石美一带不能免于崩颓。且旧有二港泻水，江东、南门二桥以里，尚有洪水之灾。若止留一港，则下流壅塞，水灾愈甚。今若欲兴水利，须另设法疏通。若欲为县防患，莫若查照当日原议，于港口再立一桥，筑垣其上，接连港口九都二堡，下设水闸以通小船，其大船止泊于闸外，仍于闸外多布石钉，不许大船近闸。如此则不惟城中居民无乏水之忧，贼船不得突至城下，而港口九都二堡亦可恃以无虞矣。查得近日修造浮桥，势难御贼，且滞商船，又有修补之费，恐非长策。按二说俱存之，以俟采择。”[①]明代政府在动乱地方设县作为平乱的善后措施，新县的治安功能自然摆在首位。月港设县则又把经济因素纳入了视野。官方对于私人贸易港口的控制常常采取填塞港口的方式，试图彻底根绝当地的海上贸易。如对潮州南澳港，嘉靖时，明朝官兵“尝用木石填塞澳口”。不久，海商“使善水者捞起木石，澳口复通”。[②] 这反映了沿海贸易的兴起迫使官方开始寻找一个妥协的方式对地方加以更合理的管理。

由于明代官方在海上并没有占据绝对优势的军事力量，且缺乏管理海上贸易所必需的技术手段，一旦将月港地方的海外贸易纳入正式管理，地方上参与海贸的势力仍然竭力试图规避。同时由于当时明政府仅仅是有限度地开放海禁，并将合法的海外贸易限制在月港一口，海禁政策还常常因为海盗问题和万历以后的“红夷”问题而有所摇摆，很快私人海上贸易的新港口安海就日益兴起而取代月港，成为政府鞭长莫及的地方了。[③] 月港在设县后因明末政治的动乱和荷兰殖民海盗的骚扰也渐渐没落，而以泉州安海为基地的郑氏海上集团在整合了沿海海盗力量后，泉州安海开始兴起并取代了月港的地位。地方社会的发展仍旧不断突破明代官方保守型的政治结构，而官方对海寇集团基本上是无法加以控制的。如胡宗宪认为在山海交

---

① （清）顾炎武：《天下郡国利病书》（不分卷），《续修四库全书》史部第597册，上海：上海古籍出版社，2003年，第301页。

② （清）顾祖禹撰，贺次君、施和金点校：《读史方舆纪要》卷一〇，“广东”条，北京：中华书局，2005年。

③ 李金明：《试论明代海外贸易港的兴衰》，《中国经济史研究》1997年第1期，第122～129页。

讧的情形下，海寇比山寇更难以剿除，“予按福建经略之术，有百年之长策，有一时之权宜。何谓长策，修复海防旧规，处置沿海贫民得所，使不为贼内应是也。何谓权宜，今日福建之患有二：曰山寇，曰海寇。海寇乃本地之民纠之而来，苦无兵以殄灭之耳。……先将沿海通番之人与贼尽行剿灭。兵威大振，则破竹之势，山寇不攻自平矣。由是而选练乡兵，由是而加赋充饷，由是而修复海防旧规，以为百年经久之计，岂有不可行者乎”。[①] 而官方对海上力量无法彻底消除，不得不依靠以盗治盗的方式，甚至采用投毒这样无奈的方法对付海上力量。如《明经世文编》中记载：“提督军门都御史涂，为盘获贼犯事。据参将张元勋呈称：‘盘获被虏逃回一名林文惠，系诏安山南村人。执称贼被梅岭五人将酒、米、盐鱼数船送去贼船，系曾一本阿舅、阿丈。发与五船头目领去，分与各贼食讫，每船死有百十余人；即将梅岭五人割肉杀死，止留一人未杀等情。为照前项用毒，系军门密计，令卑职用之(涂公令近澳民以接济为名，暗置毒于其中，贼食之而死，以多寡论赏)。因梅岭人傅茂英及田文景之子曾蒙总兵李差往贼船招抚，卑职密令把总钱助礼买米三十石、酒二十坛、盐鱼五百斤，假托傅茂英顺带往船换买被虏小厮；今用毒已有效验，傅茂英等缘此遇害可悯等因具呈到院，据此。案照先该本院刊刻密示，沿海良民但能于酒、米、鱼、肉中置毒毒死贼从一船者，赏银千两。今傅茂英等乃能仗义行计，虽毒贼不多，亦足致疑贼心，以疏接济；且各役因此丧身，诚可怜悯！相应查恤。”[②]隆庆年间福建巡抚涂泽民采用这种并不光明正大的手段对付海寇，离间地方小民与海寇集团的关系只能证明官方无力控制海上集团的力量。因而万历之后，地方不靖的情形又加剧起来，海上巨寇纵横，并在官方不得已的以盗治盗的政策下，逐渐统合成为一个强大的海上军事集团——郑芝龙的海上帝国。[③] 而明代官方仍想用在安海地方设县的固有模式来控制郑氏的海上贸易基地，结果根本无法挑战郑氏对安海的直接控制，而设县之议也决不会成功实现。[④]

---

① (明)郑若曾撰，李致忠点校：《筹海图编》卷四，《福建事宜》，北京：中华书局，2007年。

② (明)陈子龙：《明经世文编》卷三五五，《涂中丞军务集录》，北京：中华书局，1962年。

③ 聂德宁：《明末清初海寇商人》，台北：学林彩色印刷有限公司，2000年，第105～119页。

④ 陈自强：《明代的安海港》，《安海港史研究》，福州：福建人民出版社1989年，第73～80页。

结　语

明代添设新县的主要用意为:设立征税承办单位、科举选拔单位以及治安治理机构。[①] 而在汀漳二府明代设县的历史中,新县的治安作用是摆在第一位的。明正统至正德年间,在汀漳的山区所设的县份,往往由于原有旧县辖区过大,管理不便易于导致动乱而设。因此正德以前的新县设置往往都是在地方动乱之后的善后措施,并因其有可能恢复地方社会秩序而被地方乡族势力所支持。而嘉靖以后,由于沿海商品经济的强劲发展,漳州沿海在明代中国的经济地位上升,社会发展不均衡导致的社会动乱现象更加剧烈。沿海外向型的经济形态深深辐射内陆山区,汀漳地方社会呈现整体性的动荡局面,因而嘉靖以后的官方更加将恢复社会秩序的希望寄托在设置新县上。但是由于沿海地方原本政区设置较为集中,而新县的设置与不同利益集团的利益分歧,地方上出现推动设县和反对设县等不同的声音,因而嘉靖以后沿海和山区设县的过程要比正德以前来得复杂和曲折。同时,与地方经济形态发展相吻合,设县施政存在由单纯的军事治安功能转向重视税收的经济功能的趋向。施坚雅(G. Williams Skinner)指出明清时期绝大部分地方县一级政区具有的征税和防卫两种功能是不可兼得的,或者说一般的县份是侧重于其中某项功能,边缘地带的县份基本关注治安的功能。同时施坚雅又指出在中国东南沿海地区存在特殊的情况,往往是治安和经济的功能必须兼顾。施坚雅侧重于对清代的研究,而从本节研究的明代汀漳沿海的州县设置历程来看,施坚雅的结论仍可成立。沿海社会如诏安、海澄这样的新设县动乱特别明显,而海外贸易带来的经济提升也十分巨大,明代福建的沿海社会存在既繁荣又混乱的局面。新设的县治不得不适应这种现实,内陆腹地新县份的设立,如平和、永定、宁洋等县设县的背后其实是整个沿海经济高度发展突破旧有政治格局可以承受范围的结果。汀漳地区在明中叶之后存在经济一体化的强烈倾向,漳泉潮沿海与其腹地山区的经济

---

① 滨岛敦俊教授2004年来厦大讲学时,蒙其提示。

发展处于同一周期中，而社会动乱的周期也是一致的。这种一体化的倾向，在清代由于沿海海外贸易的衰退反而比明代倒退，山区经济与沿海经济逐渐走向不同的发展模式。

新县设置试图加强对地方征税的管理和整理地方赋税逋逃的初衷，往往因地方上某些既得利益集团强烈反对而不能实现。根据何炳棣的研究，明清地方土地数字往往是赋税单位；同时地方行政体系中存在强烈的"原额主义"的倾向，[①]由于各地方存在本位观念，各地的县官往往必须照顾本地士绅乡族的利益，因而新县设置之后整理赋税的举动往往成为一纸空文。地方史料中大量记载了新县与所分割出来的旧县之间在赋役分割上的争端，不同的县志、府志记载的角度都是从自身县本位出发的，在争端难以解决时，甚至达成的妥协意见将争端双方县份的赋税都予以削减，实际上导致地方利益侵蚀了中央的利益。[②] 从这个意义上说，官方想通过设县来整理赋税基本是失败的。

新县之科举选拔的功能，往往为官方所重视。设县同时新建县学成为设县施政的标准模式，而分割学额也成为固定的行为。当然新县所分割出的学额要从所分割的旧县中扣除，对于旧县也是一种利益损害，这也是明中叶后地方反对新县设置意见产生的一个缘由。而一旦新县设立，对当地的科举事业是有所裨益的。官方力图通过教化的方式可以在动乱地区培植与政府合作的中间力量。但县学名额所规定的是生员这样的低级功名，经济条件不好的山区县份在科举制度中仍然处于不利的地位，如漳平在设县八十年后才出现第一个进士，宁洋等地明清时期的进士也是寥寥无几。但是从地方的角度出发，地方社会对于新县的这个功能仍是极为看重的。

明代汀漳新设县的情形，我们将其分为沿省界的设县、沿九龙江流域的设县、沿海贸易中心港口的设县。在新设的七个县中，除了归化县由于远离漳州沿海，跟这一区域一体化的趋势不太合拍外，其余六个县都可以看作是

---

① (美)何炳棣著，葛剑雄译：《明初以降人口及其相关问题 1368—1958》，北京：三联书店，2000 年，第 117～159 页。

② 如万历《漳州府志》第 515 页，《长泰县平役记》记载了诏安、长泰二县的赋役争端；民国《永定县志》记载的嘉靖年间永定、上杭的赋役争端；光绪《汀州府志》第 576 页记载的上杭、永定赋役之争；康熙《平和县志》第 102 页记载的平和、南靖赋役之争；乾隆《海澄县志》第 273 页记载了龙溪、海澄的赋役争端；等等，不胜枚举。

汀漳地方社会经济一体化的最终产物。明代中叶以来，在商品经济发展的大背景下，这数个县的逐渐添设反映了明代福建沿海山区经济地位的上升和开发的深入。作为远离福建政治中心的后开发区域，汀漳二府在明代开发基本完成，政区的行政体系格局也最终确立。沿着省界设置的新县，使得元代实行行省制度以来，在福建和广东两个省级政区的模糊的边界划分得以清晰起来，[①]省一级政区的范围得以最终确立，影响至今。同时由于省际边界复杂的治安问题，沿着福建、广东边界的地方成为福建民间土堡建设最为集中的地区，这背后还有海贸所获利润支持的因素。省际边界社会担负着对行省内部地区安全保卫的功能，也反映了单纯设县在治安上不足以控遏地方。沿着九龙江流域的开发带设县，说明了福建地方社会在沿海商品经济的拉动下，形成由沿海上溯内河流域深入开发的模式，山区腹地与沿海社会在明代存在一个经济行政一体化整合的倾向。沿海中心港口的设县则反映了明代海外贸易发展远远突破官方原有的行政架构，而试图以设县行为来将福建沿海自发生成的海外贸易经济模式纳入当时内向型的体制是不可能成功的。

唐立宗将设县施政行为的过程归纳为：(1)陈情请愿新设县治；(2)审议会勘设县可能性；(3)兴土动工再定邑界；(4)筹措经费派任长官。同时新县设立之后往往通过编立保甲和推行乡约加以管理，地方自治的趋势明显，官方无法直接管理地方。[②] 这些论断基本适用于明代汀漳二府的设县过程。而设县之后，地方行政官员的人选极为重要。在县志的资料记载中，往往是首任的县官经过官方精心的挑选，因而能够取得较好的政绩，而随后的继任官员的素质难以保持较高的水平，地方行政效率往往低下。在汀漳山区地方所设的新县，还导致不在地主的出现，进一步激化了地方的租佃矛盾。山区新县往往在地理条件很好的交通方便处设立县治，便于当地地主积累财富，而在城市边缘地带往往出现严重的抗租斗争。这就使得地方的社会秩

① 如前引王士性的论断还认为潮州可以划给福建管理，但明中叶之后，两省边界上归属不明的政区已经区分清楚了。

② 唐立宗：《在“盗区”与“政区”之间——明代闽粤赣湘交界的秩序变动与地方行政演化》，台北：台湾大学出版委员会，2002 年，第 373～408 页。

序无法稳定下来，而流寇集团也必然会不断攻击财富较多的县城。[①] 此外新县的设立还推动了地方开路架桥的建设，进一步推动地方的经济联系。

明代社会在经济和社会发展不平衡的状态下，地方行政秩序日益混乱，地方军事化的倾向开始凸显。而中国东南沿海的贸易中心地区，由于海上贸易不断突破政府的管束，海上军事力量在整合中逐渐形成中国历史上非常特殊的足以挑战传统政权的军事集团。黄仁宇指出明代的财政构架存在其不足性："总的看来，明代财政管理具有消极性。在传统中国，最主要关心的问题是政府的稳定。明代的财政制度就很好贯彻了这一点。……这个制度值得注意的一个好处就是防止了某些地区因为财政实力的增强而与中央政府相对抗。在帝国的每一个财政部门的财政收入都有无数个来源。这就意味尽管地方官员可以去改进他们的管理，但他们也同样不能维护自己的独立性。这一制度，配之以官员的轮换制度和回避制度，取得了很好的效果。有明一代并无文武官员企图造反之情事。明代绝大多数的叛乱、起义是由藩王、不满的农民或者部族首领发动的。而失败原因多是因为他们不能建立起一个稳定的财政基地，以维持起义之初的消耗。"[②]而到了明代末年，福建的沿海地区，由于官方海上技术的不足不得不采取以盗制盗的措施对付海上力量，这反而使得海上力量整合成一个统一的力量——郑芝龙、郑成功的海上军事集团。这一海上军事集团倚靠海外贸易获得的巨额利润的财政支持，把持沿海地方社会，成为福建历史上唯一可以跟中央抗衡的地方军事集团。而郑氏海上力量的形成又与明代灭亡的历史结合在一起，同时又是明代福建地方自发生成的海外贸易经济发展的一个高峰。

---

① 刘永华：《17至18世纪闽西佃农的抗租、农村社会与乡民文化》，《中国经济史研究》1998年第3期，第139～150页。

② （美）黄仁宇著，阿风、许文继、倪玉平、徐卫东译：《十六世纪明代中国之财政与税收》，北京：三联书店，2001年，第426页。

第四节　明代月港“二十四将”叛乱与海澄设县

一、海澄地区行政治理的长期不到位

明代前期实行海禁与朝贡贸易相结合的海外贸易制度，严禁私人下海从事私贩贸易。在生计的压迫及利益的诱惑之下，海澄月港地区自明初就有走私活动，到了成化、弘治年间，月港已呈现出“风回帆转，宝贿填舟，家家赛神，钟鼓响答，东北巨贾，竞鹜争驰”[①]的繁荣景象，因而有“小苏杭”的称号，海澄成为当时最为著名的走私港之一。官府对于月港“通番倡乱，贻患地方者，已非一日矣”[②]的局面早有察觉，在月港“二十四将”叛乱发生之前相当长的一段时间里，官府沿用陆地思维，推行保甲等制度，但实施效果较差，社会动荡剧烈。

景泰年间，漳州府知府谢骞有鉴于月港、海沧等地，“民多货番为盗”，下令“随地编甲，随甲制总，每名明牌以联属其户，约五日赍牌赴府一点校，其近海违式船只皆令拆卸，以五六尺为度，官为印照，听其生理。每船朝出暮归，或暮不归，即令甲总赴府呈告，有不告者，事发连坐”。[③] 然而，这项“甚切滨海之俗”[④]的政策，施行的结果往往是有始无终，不了了之。对此，曾向朱纨建议推行保甲的月港士民严世显就说：“（保甲）鲜有效者，以阻于强梁，弊于里老，且无官府以督成之，宜乎效之不终也。”[⑤]即海澄地区保甲制度无法施行的原因在于豪强的抗拒、里老的敷衍以及官府督促的缺乏。我们知道，在设县之前，海澄地区属漳州府龙溪县，由于地处偏远，“龙邑鞭长不相

---

① （崇祯）《海澄县志》卷一一，《风土志·风俗考》，第435页。

② （崇祯）《海澄县志》卷一，《舆地志·建置》，第319页。

③ （万历）《漳州府志》卷四，《漳州府·秩官志·名宦》，《谢骞传》，第82～83页。

④ （明）朱纨：《甓余杂集》卷二，《阅视海防事》，第26页。

⑤ 朱纨：《甓余杂集》卷二，《阅视海防事》，第27页。

及也”；[1]而月港“距漳城四十里”，“请计台府，动经旬月”。[2] 这种地理上的偏远使得推行保甲制度在操作性上有很大难度。而设县之前，当地缺乏相应的行政建制，保甲制度的推行往往只能寄办里老。由于缺乏官府的督促，再加上执行保甲制度会得罪乡族，抵牾势家，因而里老对保甲一事采取了消极的态度，“以讦告则不对理，以接济则带结根连而不可解”。[3] 对此漳州府、龙溪县亦无可奈何，采取姑息的态度，“府县病其难治而姑息”。[4] 地方官员则“率以因循迁就为自全计”。[5] 而巡海道、巡按御史同样鞭长莫及，“在巡海道竟年不巡至漳，在察院按漳之日，目见其弊，则奋然欲为整顿之图，不过责人以旦夕之效”。[6] 最终，“巡历不过一年，交代则成故纸”。[7] 由于缺乏实际的操作性及必要的行政支持，保甲制度在海澄施行的效果很不理想。曾任汀漳守备的俞大猷就曾指出，“卑职屡见巡海道建议，亦屡见察院批行，数年以来，曾未有着实行此一法于一方者”。[8] 与官府的软弱形成鲜明对照的是当地强大的走私利益集团和猖獗的走私、通番势头。对于澄民来说，走私、通番乃其生路所系，推行保甲无异于断绝其生路，因而“内外合为一家”[9]抗拒保甲制度的施行，所谓“利孔所在，民以死力赴之，而卒不可禁。欲严卒伍，以限居民之出入，则小民相容为奸利，吏不得问也。问之，则匕首副其胸矣”。[10] 而当地势家大族出于操控走私的考虑，更是“煽动愚民，希图阻挠宪法”，[11]或者恃其强势，操弄保甲的施行。对此朱纨警惕地指出：“保甲之法，操纵在有司则可，操纵在巨室则不可。”[12]此外，势家大族为

---

① (清)柯挺：《周侯新开水门碑记》，(乾隆)《海澄县志》卷二二，《艺文志·记》，上海：上海书店出版社，2000年，第267页。

② (明)林魁：《安边馆记》，(崇祯)《海澄县志》卷一七，《艺文志》，第502页。

③ (明)朱纨：《甓余杂集》卷三，《增设县治以安地方事》，第57页。

④ (明)朱纨：《甓余杂集》卷三，《增设县治以安地方事》，第57页。

⑤ (明)朱纨：《甓余杂集》卷二，《阅视海防事》，第24页。

⑥ (明)俞大猷：《正气堂集》卷二，《呈福建军门秋崖朱公揭》，厦门博物馆据清道光木刻本重印，1991年，第93页。

⑦ (明)朱纨：《甓余杂集》卷二，《阅视海防事》，第24页。

⑧ (明)俞大猷：《正气堂集》卷二，《呈福建军门秋崖朱公揭》，厦门博物馆据清道光木刻本重印，1991年，第93页。

⑨ (明)朱纨：《甓余杂集》卷二，《阅视海防事》，第24页。

⑩ (明)张萱：《西园见闻录》卷五七，《兵部六·海防前》。

⑪ (明)朱纨：《甓余杂集》卷二，《阅视海防事》，第27页。

⑫ (明)朱纨：《甓余杂集》卷八，《公移二》，第196页。

确保其自身利益甚至不惜挟持官府，所谓“威福之柄移于乡评，是非之公乱于野史，久矣”。[①] 在地方强烈抵制又缺乏强有力的行政支持的情况下，保甲制度无法施行恐怕也是意料之内的事情。

除了推行保甲制度之外，明廷也在海澄及其周边设立官署，希望通过设官加强对地方的弹压。嘉靖九年(1530年)，巡抚都御史胡琏将巡海道由省城移置漳州以资弹压，并在月港附近的海沧设立安边馆，专司捕禁下海通番之人。安边馆设立的目的在于“弭盗贼，禁通夷，理狱讼，编舟楫，举乡约，兴礼俗，大要以安民为尚”。[②] 其设立初衷无疑是好的。然而，安边馆设立的效果恰恰事与愿违，造成“官贪吏墨，与贼为市，乱且倍于前日”[③]的局面。对于安边馆官员的贪渎行径，海道副使柯乔指出：“安边馆通判一员管理捕务。其始也，官设八捕以擒盗；其既也，八捕买盗以通。官本以御寇，反而以导寇；本以安民，反以戕民。”[④]安边馆出现这样的问题与其职官设置有着很大的关系。为了节省经费，安边馆不设专官，而是“于列郡佐贰之中摘委”[⑤]轮管馆务，且其任期很短，“旧例馆官半年一代”，[⑥]因而，“上下皆无固心”。[⑦]安边馆官不久任、职不专属的职官设置，为司职弹压的安边馆官员的贪渎创造了条件。对于这种频繁更迭的职官设置及其影响，朱纨批评道：“(安边馆官)更代不常，治滥数变，以致捕盗夤缘为奸。”[⑧]此外，安边馆设置于距月港二十里的海沧，并非设于月港当地，而“月港之乱，正坐官司隔远，威令不到”。[⑨] 这就使得安边馆对月港“先事防察，以遏乱萌”[⑩]的设立意图难以实现，更使其对月港的弹压效力大打折扣。对于安边馆出现的问题，明人谢彬就曾提出克服这些弊端的办法，建议将安边馆移置于月港，并将安边馆捕盗

---

① (明)朱纨：《甓余杂集》卷二，《阅视海防事》，第24页。

② (明)林魁：《安边馆记》，(崇祯)《海澄县志》卷一七，《艺文志》，第502页。

③ (崇祯)《海澄县志》卷一，《舆地志·建置》，第319页。

④ (明)朱纨：《甓余杂集》卷三，《增设县治以安地方事》，第57页。

⑤ (明)林魁：《安边馆记》，(崇祯)《海澄县志》卷一七，《艺文志》，第502页。

⑥ (明)谢彬：《剿抚事宜议》，(崇祯)《海澄县志》卷一九，《艺文志四》，第527页。

⑦ (明)郑若曾撰，李致忠点校：《筹海图编》卷四，《福建事宜》，北京：中华书局，2007年，第280～281页。

⑧ (明)朱纨：《甓余杂集》卷三，《增设县治以安地方事》，第58页。

⑨ (清)李英：《请设县治疏》，(乾隆)《海澄县志》卷二一，《艺文志》，上海：上海书店出版社，2000年，第242页。

⑩ (明)林魁：《安边馆记》，(崇祯)《海澄县志》卷一七，《艺文志》，第502页。

通判任期改为三年，取消轮管制度，代之以专官。“今须题请特设同知或通判一员专管。三年为满，久任自然化成。”[①]可见，安边馆的设置不仅没有改变海澄“积习成风，积弊成乱”[②]的局面，反而因馆官贪渎造成“乱且倍于前日”的局面。

综上所述，在叛乱发生之前相当长一段时间里，官府对月港地区所进行的治理并不成功。相反地，由于缺乏必要的规范和管理，在地方势力的操控下，地方社会呈现出混乱、无序的状态，地方社会的矛盾在不断地累积。而这种乱象在月港“二十四将”叛乱之时，达到了顶峰。海澄地区成为明代因走私、通番引发叛乱的典型案例。对于叛乱发生时的海澄，明人谢彬有这么一段描述：“衅萌于通贩，而遂致勾倭，祸始于募兵，而卒成为盗，重矣措置之失。宜加以凶荒之荐，至内则饶贼劫众以横行，外则倭奴破城而南下。奸雄乘机而糜起，狂狡思乱。”[③]指出了叛乱发生之际海澄地区饶贼、倭寇并扰，山贼、海寇交讧的混乱局面，同时也指出了明廷在措置过程中的种种失误。

二、月港“二十四将”叛乱与平叛过程

月港“二十四将”叛乱，看似由某种偶然因素所引发，实际上却包含着某种必然的因素。可以说，月港“二十四将”叛乱乃是官府治理长期不到位，地方社会长期无序运行的结果。按照叛乱的发生以及平叛的过程可以将叛乱划分为如下几个阶段：嘉靖三十六至四十年（1557—1561 年）为叛乱酝酿阶段；嘉靖四十年（1561 年）为叛乱集中爆发阶段；嘉靖四十至四十三年（1561—1564 年）为招抚阶段；嘉靖四十三年（1564 年）为再次叛乱和叛乱平定阶段。

有关月港“二十四将”叛乱的起因，《东西洋考》记载道：“先是张维等二十四人造船通倭，官府莫能禁。戊午冬，遣兵剿捕，维等率众拒敌，由是益横。”[④]对此乾隆《海澄县志》记载得更加详细：“先是，丁巳间，九都张维等二

---

① （明）谢彬：《剿抚事宜议》，（崇祯）《海澄县志》卷一九，《艺文志四》，第 527 页。

② （明）朱纨：《甓余杂集》卷三，《增设县治以安地方事》，第 57 页。

③ （明）谢彬：《邓公抚澄德政碑》，（崇祯）《海澄县志》卷一七，《艺文志二》，第 504 页。

④ （明）张燮著，谢方点校：《东西洋考》卷六，《外纪考 · 日本》，北京：中华书局，2000 年，第 116 页。

十四人，造舟接倭船，官莫能禁。戊午冬，巡海道邵梗发兵剿捕，维等拒敌，官兵败，由是益横。”[①]文中提到的“丁巳年”即嘉靖三十六年(1557年)，“戊午年”为嘉靖三十七年(1558年)，也就是说自嘉靖三十六年(1557年)开始，张维等人造船通倭。嘉靖三十七年(1557年)，海道副使邵梗“差捕盗林春领兵三百人剿捕，次于许坑，二十四将率众拒敌，杀死官兵三名”。[②] 由此引发张维等人占据土堡与官府对抗，开始了叛乱的酝酿阶段。随后，张维等人的做法为附近所效仿，叛众纷纷占据土堡与官府拒敌，除了“二十四将”外，还出现了“二十八宿”“三十六猛”等头目。“张维据九都城，吴川据八都草坂城，黄隆据港口城，林云据九都草尾城征头寨为最横。旬月之间，附近效尤，连络营垒，八都又有谢仓城，六七都有槐浦九寨，四五都有丰田、溪头、浮宫、霞郭四寨，互相犄角，别头目曰二十八宿，曰三十六猛。”[③]

无论是《东西洋考》所说的“通倭”还是《海澄县志》所提到的“通倭船”，抑或是《府志》所说的“接济番舶”，都不能不说是与月港长期走私、通番传统相关，即使是在倭患严重的时期，此地依然通番、接济如故，并未有收敛的迹象。官府反应仍然显得软弱无力，随后的剿捕也未见成效，反而引发了张维等的拒敌，并且迅速蔓延开来，“雄据海上久之”。[④] 由此可见，叛乱之前官府的保甲、设官等治理措施并未取到实质性的效果。

关于叛乱真正爆发的时间，各家史书均将之系于嘉靖四十年(1561年)，由此开始了叛乱集中爆发的阶段，而此时距张维等起事与官府拒敌已经过去了四年。由于当时正值倭、饶并乱期间，因而官府对起事者的几次招抚均未果，这与官府招抚政策的执行有很大的关系，“连年虽有招抚之名，不过告示空文，未有专官实干其事”。[⑤] 由于招抚效果不佳，嘉靖四十年(1561年)，官府再次讨论剿捕，“邵海道再议发兵扑灭，榜示远近”。官府意图通过榜示的办法来离散叛众，没想到此举反而促使叛众“同力以待官兵”，[⑥]由此激化了矛盾，触发了叛乱。随后，叛众派船把守镇门，以抵挡官军进攻。同

① (乾隆)《海澄县志》卷一八，《寇乱》，上海：上海书店出版社，2000年，第212页。

② (万历)《漳州府志》卷三〇，《兵乱》，第661页。

③ (乾隆)《海澄县志》卷一八，《寇乱》，上海：上海书店出版社，2000年，第212页。

④ (明)张燮著，谢方点校：《东西洋考》卷六，《外纪考·日本》，北京：中华书局，2000年，第116页。

⑤ (明)谢彬：《剿抚事宜议》，(崇祯)《海澄县志》卷一九，《艺文志四》，第526页。

⑥ (万历)《漳州府志》卷三〇，《兵乱》，第661页。

时，进兵东山、水头等处，攻破虎渡堡，并诛杀苏族九十余人。随后，又流劫田尾、合浦、渐山。在进攻不利的情况下，海道副使邵梗"用以贼攻贼之计"，[①]不惜遣金币招抚海寇洪迪珍，引倭寇由陆路经诏安、漳浦取道渐山进攻八九都叛众。双方战于草坂城外，倭众被击败、逃走，漳州府城由此戒严。军事剿捕不成，甚至"以贼攻贼"都未见成效，官府不得不又转剿为抚。福建巡抚谭纶"下令招抚，为羁縻之术"，[②]海道副使邵梗再令海防同知邓士元、龙溪丞金璧往抚，才暂时缓和了局势，由此开始了叛乱的招抚阶段。而就在同年，"海沧并龙溪之石尾、乌礁等处土民俱反"。[③]

海防同知邓士元等人的招抚措施，除了安抚叛众外，还有保甲、编船、清田等。[④] 对于双方而言，官府是在剿捕不成的局面下转剿为抚，招抚之中难免有缓兵权宜的意味。而叛军虽称凶悍，实则为一群乌合之众，并无远略。因此，暂时促成了双方相安的局面。然而，叛众在抚局之下并没有得到什么切实的许诺或保障，相反却受到了诸多限制。因而，这种局面并没有持续多久。果然，招抚不到两年，"四十三年，张维等复叛，巡海道周贤宣檄同知邓士元，擒解军门，斩首枭示，自是地方告宁"。[⑤]

事实上，在嘉靖四十三年(1564 年)月港再叛之时，官府根据当时的情势做出了剿抚两套方案。官府之所以采用"招抚"方案是有其道理的。首先，月港再叛之时，响应者就没有之前那么多了。"今四方已息，惟八九都蟠结城堡互为唇齿，纵恶愈甚，而方田九寨则实为八都草坂声援。"[⑥]这不能不说与邓士元等利用抚局先行分化、瓦解政策有着直接的关系。其次，官府也清楚地看到，叛乱者乃乌合之众，不少人是为叛众所裹挟而去。"中间贫民不能远避，劫令胁从，不从者杀之。"[⑦]同时，叛众虽逞一时之勇，并无远略，只要争取到叛乱头目就可以离散叛众。"彼中之人虽恶，尚有一点惧怕官府之意。矧各头领俱以不义致富，闻兵将至，各颇自顾身家，特其伙党倚贫为

---

① (明)张燮著，谢方点校：《东西洋考》卷六，《外纪考・日本》，北京：中华书局，2000 年，第 116 页。

② (崇祯)《海澄县志》卷一，《舆地志・建置》，第 319 页。

③ (乾隆)《海澄县志》卷一八，《寇乱》，上海：上海书店出版社，2000 年，第 212 页。

④ (明)谢彬：《邓公抚澄德政碑》，(崇祯)《海澄县志》卷一七，《艺文志二》，第 504 页。

⑤ (万历)《漳州府志》卷三〇，《兵乱》，第 661 页。

⑥ (明)谢彬：《剿抚事宜议》，(崇祯)《海澄县志》卷一九，《艺文志四》，第 526～527 页。

⑦ (万历)《漳州府志》卷三〇，《兵乱》，第 661 页。

恶，而头领无有以制之耳。若有官以任之，则为头领者有所倚仗，而去之易矣。"[1]有意思的是，嘉靖四十一年(1562年)正月，饶贼侵扰漳州府城，巡海道邵梗调月港兵与战，月港人不仅奉调出战，而且还打了胜仗。也许正因为如此，官府才更坚定了"招抚"的决心。最后，官府也担心月港叛乱者逃逸下海沦为海寇。当时传言"月港私造双桅大船不啻一二百艘，鼓泛洪波巨浪之中，远者倭国，近者暹罗、彭亨诸夷，无所不至，甚者沿边越境劫掠商民，非一日矣。今闻大兵将至，辄谋整船只，挈载妻子，欲往海岛澎湖等处避居。不者则屯聚外澳，俟兵退复回，又不者如去岁横溃四出，流劫乡村，以摇动漳城，此虽风闻，然势所必至"。[2] 一旦剿捕方案有所闪失，叛众散出海上，再想追剿便不是那么容易的了。鉴于"山魈易扑，海寇难靖"[3]的局面，官府再次议剿时采取了审慎的态度。

此外，对于官府来说，即使抚局不成再行剿捕也为时未晚，另外也可以借"招抚"之名麻痹叛众，为剿捕争取时间、创造战机。事实上，与其说是"招抚"还不如说是"诱杀"，即在大兵压境的背景下，借招抚之名，诱至叛乱首领，将之诛杀，随后遣散叛众。

关于月港"二十四将"叛乱及平叛过程还有一点需要提及。月港叛众所占据的土堡是因嘉靖三十五年(1556年)，海寇谢老引倭突犯海澄，"都御史阮鹗诫谕居民筑土堡为防御计"。[4] "土堡之置，多因嘉靖季，民罹饶贼、倭寇之苦，于是有力者率里人依险筑堡以防贼害。"[5]土堡的兴筑虽称防饶、防倭，但其中不免有乱民据堡为乱的意味。自嘉靖四十年(1561年)始，漳州沿海土堡修筑突然多了起来。"漳属土堡，旧时尚少。嘉靖辛酉以来，民间围筑土城、土楼日众，沿海地方尤多。"[6]嘉靖辛酉即为嘉靖四十年(1561年)，这一年恰好是月港叛乱集中爆发的时期。官府劝筑土堡，本以为防御海寇、倭寇，没想到却成为叛众盘踞的巢穴，而叛乱又加速了当地土堡的修

---

① (明)谢彬：《剿抚事宜议》，(崇祯)《海澄县志》卷一九，《艺文志四》，第527页。

② (明)谢彬：《剿抚事宜议》，(崇祯)《海澄县志》卷一九，《艺文志四》，第526页。

③ (清)蓝鼎元：《鹿洲全集·鹿洲初集》卷一一，《兵事志总论》，厦门：厦门大学出版社，1995年，第225页。

④ (崇祯)《海澄县志》卷一，《舆地志·建置》，第318页。

⑤ 黄剑岚主编：《镇海卫志校注·土堡》，郑州：中州古籍出版社，第24页。

⑥ (明)顾炎武：《天下郡国利病书》卷九三，《福建三·漳州府》，光绪二十七年仲秋二林斋藏版图书集成局铅印。

筑速度，这点恐怕是官府始料未及的。从嘉靖年间海澄地区土堡的修筑，我们不难发现地方动乱加速了乡村军事化进程，而这一过程对当地社会的发展有着重要影响。仅就月港叛乱而言，首先，海澄地区由动乱走向叛乱不能不说是与当地乡村军事化进程有着重要的关系，而土堡的修筑无疑又为叛众起事对抗官府创造了条件。其次，土堡的修筑在某种程度上影响到了叛众行为方式，叛众未选择扬帆出奔同样是与当地有土堡为恃有着重要的关系。最后，地方的军事化在某种程度上也影响到官府处置叛乱的方式。对于官府来说，在叛众占据土堡的局面下，如强行进行军事剿捕的话，势必将付出巨大的代价，这可能也是官府采取“招抚”策略的原因之一。

月港“二十四将”叛乱危害甚大，“二十四将之徒、二十八宿之党蔓延接踵，充斥于闽广之交”。[①] 明人评价其“害甚于倭，南溪荆棘”，[②]“结巢盘踞，殆同化外”。[③] 月港“二十四将”叛乱使得月港由一个长期走私、通番“素号难治”之地，一下子沦为一个“形同化外”之地。而叛乱反过来又影响到了此后地方社会的发展轨迹，其中最直接的影响就是促成了海澄的设县。对此，史载：“自是地方长宁，而设县之议起。”[④]

三、海澄设县及设县意图

嘉靖四十四年（1565 年），漳州府知府唐九德议析龙溪一至九都、二十八都第五图，合漳浦二十三都第九图置为一县。都御史汪道昆、御史王宗载上疏具奏，报可，赐名“海澄”。隆庆元年（1567 年），海澄县设立。[⑤]

事实上，海澄设县动议并非始于月港“二十四将”叛乱之后。在叛乱之前，历任抚按、巡按御史就曾多次提请设县，均因设县“事体重大”，多方利益纠葛，而一直未果。早在嘉靖二十七年（1548 年），巡海道柯乔就建言于月港九都设立县治，并经巡抚都御史朱纨、巡按御史金城分别上疏奏请，然“格

---

① （清）李英：《请设县治疏》，（乾隆）《海澄县志》卷二一，《艺文志》，上海：上海书店出版社，2000 年，第 242 页。

② （乾隆）《海澄县志》卷一八，《寇乱》，上海：上海书店出版社，2000 年，第 212 页。

③ （崇祯）《海澄县志》卷一，《舆地志・建置》，第 318 页。

④ （乾隆）《海澄县志》卷一八，《寇乱》，上海：上海书店出版社，2000 年，第 212 页。

⑤ （崇祯）《海澄县志》卷一，《舆地志・建置》，第 318 页。

持议者，弗果”。[①] 嘉靖三十六年（1557 年），月港遭受海寇谢老的洗劫，杀戮甚惨，都御史王询再次请求设县，同样未果。[②] 嘉靖四十三年（1564 年），回籍守制的福建巡抚谭纶上陈《善后六事》，再次提出设县的请求，“行抚按官再议”。[③]

海澄增设新县的动议可以说牵涉地方治理中的方方面面，其中不仅有中央与地方的利益博弈、官府与地方的力量消长、地方势族与平民的长期积怨，而且包含了从政治到经济的广泛的利益纠葛，而月港叛乱在海澄设县进程中起到了关键性的作用。

对于明廷来说，增设新县最大的问题在于经费的筹集。增设新县意味着大量的经费支出，这其中不仅包括了设立各种官署、建筑城郭的开支，还包括了后续的官员俸禄等一连串经济支出。此时福建因平定倭寇之乱，地方财政早已入不敷出。[④] 即使较早前设立诏安、平和县时便动支漳州府库贮，不足之数更动用泉州府空闲盐课等项。[⑤] 国家在置县之时必定要支付许多经费，这就是国家在置县问题上采取消极态度的原因所在。[⑥] 此外，增设新县还牵涉到稳定秩序、官民关系以及新县与附近府县在土地、赋税、徭役、水利等一连串的利害关系。诚如李英在《海澄设县疏》所罗列的海澄设县过程中可能出现的“官多民扰”“县分则役重而龙溪附郭之邑单薄不支”“绳之以法，恐其诛官杀吏”“官乏帑藏，民乏储蓄”等问题。[⑦] 因此，只要是地方尚能够维持的情况下，明廷一般是不会主动支持增设新县的请求，除非是在危及其统治万不得已的情况之下。而月港“二十四将”叛乱使得海澄地

---

① （明）吕旻：《新建海澄县城碑记》，（崇祯）《海澄县志》卷一七，《艺文志二・碑记》，第 506 页。

② （崇祯）《海澄县志》卷一，《舆地志・建置》，第 318 页。

③ 《明世宗实录》卷五三八，“嘉靖四十三年九月丁未”条，上海：上海古籍出版社，1983 年。

④ 郑振满：《明后期福建地方行政的演变——兼论明中叶财政改革》，《乡族与国家：多元视野下的闽台传统社会》，北京：三联书店，2009 年，第 257～275 页。

⑤ （清）李英：《请设县治疏》，（乾隆）《海澄县志》卷二一，《艺文志》，上海：上海书店出版社，2000 年，第 242 页。

⑥ （韩）元廷植：《明代中期福建省建置新县的理想与现实》，《第九届明史国际学术讨论会暨傅衣凌教授诞辰九十周年纪念论文集》，厦门：厦门大学出版社，2003 年，第 185 页。

⑦ （清）李英：《请设县治疏》，（乾隆）《海澄县志》卷二一，《艺文志》，上海：上海书店出版社，2000 年，第 241～242 页。

区出现的山海交讧的“糜烂”局面，直接威胁到了明廷对当地的统治。因而，明廷无法再回避设县问题。事实上，相对于明代福建其他设县的情况，海澄与邻近旧县的利益纠葛算是比较小的。海澄设县主要割取龙溪县的版籍，而龙溪县在海澄设县问题上是比较支持的。首先，海澄“僻在山海，法令疏阔，民易为乱”。[①] 龙溪县长久以来对海澄鞭长莫及，海澄设县无疑为龙溪县甩掉了一个沉重的包袱。其次，月港叛乱开始之后，海澄地区已经不向龙溪县缴纳赋税。“月港之徒倡乱至今，八澳数十里，民不听役、赋不登输者亦已数年，而龙溪未闻有停输并役之苦。”[②]最后，嘉靖四十四年（1565 年）的设县方案较之嘉靖二十七年（1548 年）的设县方案（总计“五十六图”），在规模上大大地缩小了，“不过割龙溪、漳浦十分之一耳”，[③]从而减轻了设县过程中的阻力。因此，海澄设县与否更大程度上取决于明廷的态度，而月港“二十四将”叛乱成为最能触动明廷统治者神经的设县理由。

对于巡抚、巡按、巡海道等地方大员来说，他们是设县的主要倡导者，在设县未果的情况下他们采取了变通的权宜措施。由于地方大员总揽地方大局，因而对地方弊端比较了解，也深知设县的好处，尽管其中涉及利害关系错综复杂，并且很难为明廷所批准。但是出于稳定地方统治的考虑，他们往往牵头上疏奏请设县。例如，在嘉靖二十七年（1548 年）呈请设县过程中，除了巡海道柯乔建言设县，巡抚朱纨、巡按御史金城分别上疏奏请。而嘉靖三十六年（1557 年），都御史王询再次请求设县。嘉靖四十三年（1564 年），福建巡抚谭纶再次上奏设县。而对于道、府、县地方官来说，有鉴于海澄地区难治的局面，对上司设县动议往往都会给予支持。如，嘉靖二十七年（1548 年）呈请设县过程中，管带分守道右参政吴鹏、整饬兵备兼分巡漳南道佥事韩柱、漳州府知府卢璧、驻扎安边馆委官建宁府同知万炯、龙溪县知县林松等都表现得十分积极。[④] 然而，设县之权并不在这些官员手中，需要经过明廷的批准方可执行。在设县未果的情况下，各级官员只好采取相对

① 《明世宗实录》卷五三八，“嘉靖四十三年九月丁未”条，上海：上海古籍出版社，1983 年。

② （清）李英：《请设县治疏》，（乾隆）《海澄县志》卷二一，《艺文志》，上海：上海书店出版社，2000 年，第 242 页。

③ （清）李英：《请设县治疏》，（乾隆）《海澄县志》卷二一，《艺文志》，上海：上海书店出版社，2000 年，第 242 页。

④ （明）朱纨：《甓余杂集》卷三，《增设县治以安地方事》，第 58 页。

折中、简便易行的权宜之法，即尽量在不大费帑币、广设官署的前提之下，或移置原有官署，或设置小规模独立机构，以此填补县治未设所留下的行政空白。例如，上述嘉靖九年(1530 年)巡抚都御史胡琏移巡海道驻漳州。同时，在海澄设立安边馆。后来，嘉靖三十年(1551 年)月港所设立的靖海馆，及在平定月港叛乱之时取代靖海馆的海防馆，均属于此种权宜之计。诚如上文所述，这些因陋就简的机构设置虽称简便易行，但是，其规模制约着其职能的发挥。在力量上，它们不足以弹压当地的走私势力，反而为当地势力所挟持。在运行上，又受制于本身官不久任、职不专属等缺陷而弊端重重。设官的结果非但没能解决相应的问题，反而加剧了当地的混乱。可见，安边馆、靖海馆、海防馆等机构的设置并不能替代设县。而月港叛乱之后，各级官员由此拥有了一个令朝廷无法拒绝的理由，并最终促成了海澄的设县。

而对于以势家大族为代表的走私利益集团来说，[1]叛乱前后他们对设县的态度有着天壤之别。叛乱之前，当地势家大族与普通民众之间在走私贸易中形成一种相倚为利的关系。“龙溪、嵩屿等处，地险民犷，素以航海通番为生。其间豪右之家，往往藏匿无赖，私造巨舟，接济器食，相倚为利。”[2]除了私造大船，包庇走私，势家大族还借贷资本，坐享下海之利，“下海通番之人借其资本、借其人船，动称某府，出入无忌，船货回还，先除原借本利，相对其余赃物平分，盖不止一年，亦不止一家矣”。[3] 由于海澄当地的势家大族较深地介入走私贸易中去，甚至操控着当地的走私贸易，出于自身利益的考量，他们对于诸如保甲、设县等加强地方控制的措施是比较消极的，甚至是强烈反对的。如朱纨在闽浙沿海严海禁、行保甲、革渡船之时，就遭到了当地势家大族的强烈反对。“盖是时通番，浙江自宁波、定阳，闽自漳州月港，大率属诸贵官家，咸惴惴重足立，相与诋诬不休。”[4]而嘉靖二十七年

---

① 傅衣凌先生曾将明代福建海商的构成分子及其出身阶级，大体分为两个类型：一类是被传统的封建关系所排斥出来的地方贫民，一类是和地方传统关系有着亲密结托的人物。对于后者，傅先生又将其细化为三种：一为有政治力量的势豪，一为族大之家，一为以儒治贾者。参见傅衣凌：《明清时代商人及商业资本》，北京：中华书局，2007 年。

② 《明世宗实录》卷一八九，“嘉靖十五年七月壬午”条，上海：上海古籍出版社，1983 年。

③ (明)朱纨：《甓余杂集》卷二，《阅视海防事》，第 26 页。

④ (清)谷应泰：《明史纪事本末》卷五五，《沿海倭乱》。

(1548年)的设县动议“格持议者,弗果”,也与势家大族的反对有莫大的关系。[1] 而势家大族的这种态度在叛乱之后,发生了很大的改变。究其原因,在于叛乱过程中,当地势家大族势力受到了沉重的打击。虽然海澄地区势家大族与普通民众之间在走私贸易中形成一种相倚为利的关系,然而此种合作中又不免有势家对散商、小民的盘剥。“闽人通番,皆自漳州月港出洋。往往诸达官家为之,强截良贾货物,驱令入舟。”[2]势家大族不仅强截商民,还质押人口,勒索重息,激化了当地社会的矛盾。“奸民之阑出诚罪也,然非有形势之家为之羽翼,安得驾艨艟而不问?非有朱顿之富操其子母,安得制奇赢而不穷?此非独扞禁之首,而积贿焚身,倍息敛怨,亦足为盗之招。”[3] 因此,在叛乱过程中,叛众乘机对曾压榨他们的势家大族进行了报复。[4] “借交报仇者杀人而不忌,质人命赎卖攫赀以自封,富室挈家以麇奔。”[5]就是当地势家大族在叛乱中的真实写照。同样地,上文提到的叛众诛杀苏族九十余人,很可能也是叛众对掌控走私贸易的当地大族的一种报复。苏姓在当地就属于傅先生所说的“族大之家”,“一二三都颜、苏二大姓之宅在焉”。[6] 对此《苏氏族谱》记载道:“嘉靖辛酉,乡不轨之徒乘夷乱聚党以攻苏氏之堡,杀岳伦、岳镇等九十余命,遂火其居而剽其资,毁其宗庙而耕种其田亩,五百年一旦变为丘墟。时贼方獗,士奋诉父仇,竟以激乱屈死于械。”[7] 苏族不仅遭到叛众的诛杀,而且官府挟于叛乱势头,又治了苏族“激乱”之罪。可见,在叛乱过程中,当地势家大族同样尝到了地方社会动荡的苦果。

---

① 有关福建势族对海禁政策的因应,可参见王日根:《明清民间社会的秩序》,长沙:岳麓书社,2003年。

② 佚名:《嘉靖东南平倭通录》,《中国历史研究资料丛书·倭变事略》,上海:上海书店出版社,1982年,第3页。

③ (明)王在晋:《海防纂要》卷一,《福建事宜·福建备倭议》,《续修四库全书》第739册,上海:上海古籍出版社,1995年,第669页。

④ 日本学者片山诚二郎就认为月港“二十四将”叛乱实际上是地方中小商人力图挣脱官府和乡绅的盘剥,“自立”地进行海外贸易的一种反抗斗争。参见(日)片山诚二郎著,耿昇译:《明代私人海上贸易的发展与漳州月港——月港“二十四将”的叛乱》,《暨南史学》2003年第00期,第310页。

⑤ (明)谢彬:《邓公抚澄德政碑》,(崇祯)《海澄县志》卷一七,《艺文志二》,第504页。

⑥ (崇祯)《海澄县志》卷一,《舆地志》,“青礁”条,第325页。

⑦ 《苏氏族谱·赠苏君士奋两赴阙复仇概膺冠带序》笔者按:引文中虽未提及苏族操控走私、通番,但是鉴于走私、通番为明廷所明令禁止,而苏家正坐叛众屠杀,四处申告,族谱中不提操控走私一事并不难理解。

因此，在叛乱平定之后，当地势家大族在对官府加强地方控制的过程中采取了比较支持，起码不反对的态度，从而减少了设县过程的重要阻力。而走私集团中势力较小的普通商贩往往唯势家马首是瞻。由于失去势家大族的保护，他们的活动就更多地受到当地官府的制约，而设县就是对他们最好的制约措施之一。

对于普通民众来说，他们是地方动乱的直接受害者，因而对待设县一直是比较支持的。以士民、绅老、听选官为代表的地方居民，就曾多次呈请官府设立县治。如嘉靖二十六年(1547年)，漳州士民蔡震就曾催请朱纨设县事宜，绅老陈弘幹则积极参与踏勘。[①] 嘉靖四十四年(1565年)，在经历了月港叛乱之后，"百姓乃相率叩阙，复以立邑请诏"，[②]而其中的代表人物听选官李英、陈銮更是将月港"二十四将"叛乱归咎于县治之不设，"追维往昔，当年将事之臣，寝阁金城之奏，致使生民涂炭，良可痛哭流涕也"。[③] 并且共同上疏请设县治，希望通过设县来改变地方动荡的局面。

综上所述，月港"二十四将"叛乱在海澄设县中起到了至关重要的作用，可以说月港"二十四将"叛乱直接促成了海澄设县。对此，官修史书也毫不隐讳地指出，"设福建海澄、宁洋二县，以其地多盗故也"。[④] 至于海澄设县的意图，海道副使柯乔就认为，海澄设县"则上下控驭，而奸自屏，朝夕调抚，而良善自生"。[⑤] 而朱纨则认为："盖欲立官师以寝奸宄之谋，敷治教以挽其衰之俗。"[⑥]而李英也指出，"设县之计正所以治乱于未萌者也"。[⑦] 可见，明廷在海澄设县的意图就在于通过加强地方行政建制，改变当地无政府状态，以达稳定地方统治目的。然而，无论是"治乱于未萌"还是"敷治教以挽其衰之俗"，抑或是"朝夕调抚"都需要地方有完善的行政建制，有专任的官吏以任事，而海澄的设县为实现这样的目的提供了行政机构上的保障。

---

① (明)朱纨：《甓余杂集》卷三，《增设县治以安地方事》，第57页。

② (万历)《漳州府志》卷三〇，《海澄县》，第660页。

③ (清)李英：《请设县治疏》，(乾隆)《海澄县志》卷二一，《艺文志》，上海：上海书店出版社，2000年，第242页。

④ 《明世宗实录》卷五六六，"嘉靖四十五年十二月甲午"条，上海：上海古籍出版社，1983年。

⑤ (明)朱纨：《甓余杂集》卷三，《增设县治以安地方事》，第57页。

⑥ (明)朱纨：《甓余杂集》卷三，《增设县治以安地方事》，第58页。

⑦ (崇祯)《海澄县志》卷一，《舆地志·建置》，第319页。

海澄设县填补了海澄地区在行政建制上的空缺，改变了此前当地官府势力虚弱的局面。首先，海澄县治直接设立于月港，这较之设置于海沧的安边馆更有利于加强对月港的弹压。“先是八都、九都各有堡以自卫，而八都扼海口当贼之冲。唐公御史即八都之堡置县治，而建学宫于九都。”[①]到了隆庆四年(1570年)，土堡又被易为石城。由于官署直接深入海澄以及城郭等防御设施的兴建，增强了官府对海澄地区的控御能力。对此明人姜宝评价道：“漳之月港向为倭奴窟穴，今改设海澄县，于防御亦为得策矣。”[②]其次，健全、专任的职官设置为杜绝官吏轮输所造成的弊端创造了条件。为加强对海澄地区的弹压，早在嘉靖二十七年(1548年)朱纨在设县方案中就提出：“其官员必须全设，庶控驭不致乏人。”[③]海澄设县之后，设有海澄知县一员，县丞二员，典史一员，儒学教谕一员，训导一员，濠门、海门、岛尾各巡检司各巡检一员，医学训科一员，僧会司僧会一员，道会司道会一员。[④] 这样的官员配置是安边馆等独立机构所无法企及的。最后，设县除了具备安边馆的弹压职能外，还通过设置学校达到教化的职能。“置邑非久，而衣冠文物殷赈外区。”[⑤]这点无疑也是安边馆、靖海馆、海防馆等弹压机关所不具备的职能。对此，崇祯《漳州府志》指出，“自设县后，民渐向化”。[⑥] 应该指出的是，这种局面的出现是明廷在设县之后加强对地方控制的背景下所产生的效果。对此，郭造卿就指出：“历考闽属，自国朝来，每因倭乱，设县即定……及近日宁洋、海澄，而无不定者。”[⑦]肯定了海澄设县对于稳定地方统治的效果。

---

① (明)吕旻：《新建海澄县城碑记》，(崇祯)《海澄县志》卷一七，《艺文志二·碑记》，第506页。

② (明)姜宝：《议防倭》，(明)陈子龙：《明经世文编》卷三八三，北京：中华书局，1962年，第4153页。

③ (明)朱纨：《甓余杂集》卷三，《增设县治以安地方事》，第59页。

④ (崇祯)《海澄县志》卷六，《秩官志·职员》，第373页。

⑤ (崇祯)《海澄县志》卷一，《舆地志·建置沿革》，第318页。

⑥ (崇祯)《漳州府志》卷二六，《风土上·风俗考·海澄县》。

⑦ (明)郭造卿：《闽中分处郡县议》，(明)顾炎武：《天下郡国利病书·福建》，光绪二十七年(1901年)仲秋二林斋藏版，图书集成局铅印。

结　语

月港“二十四将”叛乱可以说是明代海洋区域治理的一个失败的案例。这与明代海洋政策的失误有着很大的关系。福建地区山多地少，迫于生计的需要，闽人有着强烈的下海需求。如福建巡抚谭纶就指出：“闽人滨海而居者不知其凡几也，大抵非为生于海则不得食……今岂惟外洋，即本处鱼虾之利与广东贩米之商，漳州白糖诸货，皆一切尽罢，则有无何所以相通，衣食何所从出，如之何不相率而勾引为盗也？”[①]同时，在重利的诱惑之下，澄民更是视渊若陵，蹈死不顾。海澄地方“富家以赀，贫人以佣，输中华之产，骋彼远国，易其方物以归，博利可十倍，故民乐之。虽有司密网，间成竭泽之渔，贼奴煽殃，每奋当车之臂，然鼓枻相续，吃苦仍甘亦既习惯，谓生涯无逾此耳”，[②]由此形成长期的走私、通番传统。而一味地禁绝无疑将激化矛盾，酿成祸乱。“一旦戒严不得下水，断其生路，若辈悉健有力，势不肯束手困穷。于是所在连结为乱，溃裂而出。”[③]这种传统在大倭患的背景之下仍然没有收敛的迹象，势必与官府平定倭乱的努力发生剧烈的冲突。笔者认为，对于官府来说，在大倭患爆发期间，通过对走私、通番、接济现象的禁止，由此尽快安定沿海局势，从这个角度来说，对走私的打击是有其合理性的。然而，这种做法得不到民众的支持，这不能不说是和长期不加区别、一概禁绝的海禁政策所造成的消极后果有着莫大的关系。

同时，月港由走私、通番“素号难治”之地，最终发展成为叛乱之地，这也与地方社会的无序发展以及明廷在当地治理不到位有着密切的关系。当地行政建制的不足，导致官府力量的薄弱。面对海澄地区长期的走私、通番现

① (明)谭纶：《谭襄敏公奏议》卷二，《条陈善后未尽事宜以备远略以图治安疏》。

② (崇祯)《海澄县志》卷一一，《风土志·风俗考》，第435页。

③ (明)张燮著，谢方点校：《东西洋考》卷七，《饷税考》，北京：中华书局，2000年，第131页。

象,“所司法绳不能止”[1]只能是一味地“畏难推避,因循废弛”,[2]最终反为地方势力所裹挟。而当地官员则“非病于因循,则夺于势力”,[3]相互因循避祸。由于长期缺乏必要的管理和规范,地方社会呈现出更加混乱和无序的状态。对此,闽县知县仇俊卿就指出,“(漳泉)边海之人贪利无厌,强暴弱,智吞愚,不免群聚为奸,势所必至”,[4]而这种乱象在海澄最终导致了叛乱的发生。此外,官员们所设计的权宜之计也因自身的缺陷而无法奏效,甚至适得其反,加剧了地方的动荡。由于长期的治理不到位,官府失去了规范海外贸易的机遇,“奸人阴开其利窦,而官人不得显收其利权”。[5] 最终,使得海外贸易的“利权归于下”,为地方势力所把持。月港叛乱之后明廷很快就批准了海澄设县的请求,通过官府的直接统治,改变当地在地方势力把持下,因缺乏必要管理和规范而出现的混乱状态。随后,明廷又在月港部分开放私人海外贸易,“易私贩为公贩”,将海外贸易的利权从地方势力手中收归官府,并“于通之之中,申禁之之法”,[6]对私人海外贸易进行规范,在某种程度上杜绝了地方势族操控海外贸易所造成的弊端;同时,也缓和了海禁与当地利益上的严重冲突。在设县和开禁的双重作用之下,海澄月港地区才逐渐恢复了正常的统治秩序。

---

① (崇祯)《海澄县志》卷一,《舆地志·建置沿革》,第318页。

② (明)朱纨:《甓余杂集》卷三,《增设县治以安地方事》,第58页。

③ (明)朱纨:《甓余杂集》卷二,《阅视海防事》,第22页。

④ (明)郑若曾撰,李致忠点校:《筹海图编》卷四,《福建事宜》,北京:中华书局,2007年,第280～281页。

⑤ (明)张燮著,谢方点校:《东西洋考》卷七,《饷税考》,北京:中华书局,2000年,第131页。

⑥ (明)许孚远:《疏通海禁疏》,(明)陈子龙:《明经世文编》卷四〇〇,北京:中华书局,1962年,第4332页。

第三章

地方官员对海洋治理的努力

第一节　福建官员对月港税制的贡献

隆庆六年(1572年)月港洋税的开征是地方先行先试的结果,经历了一个从地方试行再到朝廷批准的过程,在这一过程中福建官员的努力发挥了至关重要的作用。此后,福建官员又致力于月港税制的构建与完善,并探索和建立了一整套适合地方实际,且行之有效的督饷制度,对规范和促进明代后期私人海外贸易的发展,巩固隆庆开禁的成果都发挥了积极的作用。这些都是值得我们肯定的。

一、福建官员与月港洋税的开征

隆庆初年,明廷吸取此前厉行海禁的惨痛教训,在福建官员的推动下,部分地开放了海禁,准许私人从事海外贸易。"隆庆改元,福建巡抚涂泽民请开海禁,准贩东西二洋。"[1]对于明朝统治者而言,开放海禁显然不是为了发展海外贸易,或者征收饷税。明廷开禁的意图反映在了官员们的奏章和

① (明)张燮著,谢方点校:《东西洋考》卷七,《饷税考》,北京:中华书局,1981年,第131页。

文集当中，如漳州府海防同知王应乾就说："往者商舶之开，正以安反侧，杜乱萌也。"[1]同样，邓钟也认为，"故海澄之开禁，凡以除中国之害也"。[2] 而王在晋则更是直截了当地指出，"准其纳饷过洋，既裕足食之计，实寓弭盗之术"。[3] 而陈子贞亦认为，"要以弥其穷蹙易乱之心"[4]等等。可见，明廷开放海禁的出发点和落脚点都是平息盗寇。也就是说，明廷开禁的意图在于通过开放海禁以达到稳定沿海统治的目的。也正是因为如此，明廷对开禁之初的洋税征收并没有做太多制度化的规定。这一方面为福建方面探索洋税征收体制留下了很大的制度空间；另外一个方面也因开禁中隐含着太多的政治目的，而使得洋税开征隐含着很大政治风险。

月港洋税的开征经历了一个地方试行再由明廷批准的过程。隆庆六年(1572年)，漳州府知府罗青霄以"所部雕耗"为由，呈请抚按，并获得批准，开始征收洋税。对此，《东西洋考》记载："隆庆六年，郡守罗青霄以所部雕耗，一切官府所需倚办里(甲)，三老良苦。于是议征商税以及贾舶。"[5]可见，月港洋税的开征动议来源于地方而非明廷。万历《漳州府志》的记载更为详细：

> 商税原无额设，隆庆六年，本府知府罗青霄建议，方今百姓困苦，一应钱粮，取办里甲，欲复税课司，官设立巡栏，抽取商民船只货物及海船装载番货，一体抽盘。呈详抚按，行分守道参政阴覆议：官与巡栏俱不必设，但于南门桥柳营江设立公馆，轮委府佐一员，督率盘抽。仍添委柳营江巡检及府卫首领、县佐更替巡守，及各备哨船、兵役往来盘诘。又于濠门、嵩屿置立哨船，听海防同知督委海澄县官兵抽盘海船装载胡椒、苏木、象牙等货。及商人买货回桥，俱照赣州桥税事例，酌量抽取，其民间日用盐米鱼菜之类，不必概抽。候一二年税课有余，奏请定夺。

---

[1] (明)许孚远：《疏通海禁疏》，(明)陈子龙：《明经世文编》卷四〇〇，北京：中华书局，1962年，第4332页。

[2] (明)谢杰：《虔台倭纂》卷上，《倭利》，郑振铎辑：《玄览堂丛书续集》第17册，南京：国立中央图书馆影印本，1947年，第21页。

[3] (明)王在晋：《海防纂要》卷一，《福建事宜·海禁》，《续修四库全书》史部第740册，上海：上海古籍出版社，1995年，第663页。

[4] 《明神宗实录》卷四七六，"万历三十八年冬十月丙戌"条，第8987页。

[5] (明)张燮著，谢方点校：《东西洋考》卷七，《饷税考》，北京：中华书局，1981年，第132页。

转呈详允，定立税银则例，刊刻告示，各处张挂，一体遵照施行。[①]

上述史料所透露出的几个重要问题值得我们注意：

首先，月港洋税的开征是福建地方“先行先试”的结果。从上述记载看，开征洋税的决策范围仅限于福建官员内部，并未获得明廷的批准。具体地说，就是由漳州府知府罗青霄以恢复税课司、征收商税为由，向抚按提出建议；抚按出于谨慎起见，将其建议转给分守道；分守道覆议，在赞同知府意见的基础上，对开征洋税方案进行了修正，并获得抚按的批准，施行于地方。在官员们的规划中，须待洋税具备一定规模后，再奏请明廷定夺。可见开征洋税一事显然没有获得明廷批准，月港洋税开征处于一种地方试行的阶段。

其次，为规避试行洋税的政治风险，福建方面做了精心的安排。例如，漳州府提出“恢复税课司”的动议在很大程度上就是一个幌子。因为漳州府税课司创设于洪武初年，主要负责对商人买卖及田土交易征税。到了正统之后税课司便出现“税课不敷，惟取办见年里甲”的局面，并最终于嘉靖四年(1525年)被正式裁革，税课司业务由漳州府兼领。换句话说，在漳州，税课司早就已被证明是不能满足税赋征收需求的，更何况是经历了“嘉靖倭患”，府县行政、军事开支庞大之时。税课司如果仍像过去那样仅对商人交易和田土交易征税显然是无济于事的。所谓“恢复税课司”动议的实际指向就是月港洋税，对此福建官员们可谓是心知肚明。而从公馆设置地点南门桥柳营江，也可看出征税的目标是商船，这其中最主要的就是从事海外贸易的洋船。此外，从福建巡抚殷从俭订立的《商税则例》看，[②]其中绝大部分征税商品都是洋货，征税的实际目的就是征收洋税。可见，所谓“恢复税课司”“征收商税”只不过是个幌子。同时，福建官员对“税额必漳澄之贾舶为巨”[③]显然是有所预期的，但同样心照不宣。福建官员如此“避重就轻”的目的就在于规避开征洋税所可能出现的政治风险。为此，福建官员亦极力避免建署设官等大张旗鼓的做法，尽量降低开征洋税的调子。如分守道官员驳回漳州府“设立巡栏”的提议，而改设公馆。同时，驳回设置专官的请求，而以府佐轮署。此外，所谓的“候一二年”再奏请定夺，也不一定是为了等“税课有

---

① (明)罗青霄：《漳州府志》卷五，《漳州府·赋役志》，第101页。

② (明)罗青霄：《漳州府志》卷五，《漳州府·赋役志》，第100～101页。

③ (明)张燮著，谢方点校：《东西洋考》卷八，《税珰考》，北京：中华书局，1981年，第155页。

余”,更重要的还在于试探开征洋税是否会出什么乱子。同时,福建方面也确实担心征税会出现什么乱子。因此,以主管军事的海防同知统领督饷事务,并相应地加强了对商船的监管,“仍委柳营江巡检及府卫首领、县佐更替巡守,及各备哨船、兵役往来盘诘。又于濠门、嵩屿置立哨船”。可见,福建地方官员为月港洋税的开征确实担了一定的政治风险,而为了规避这些风险,福建官员进行了巧妙的安排。

最后,试行阶段的洋税出于草创期间,很可能仅对进口货物征税。试行阶段的洋税征收由海防同知兼领,即史料上所说的“于濠门、嵩屿置立哨船,听海防同知督委海澄县官兵抽盘海船装载胡椒、苏木、象牙等货”。其征税的内容实际上就是后来的陆饷。而史料中提到的“及商人买货回桥,俱照赣州桥税事例,酌量抽取”,很可能是指柳营江公馆对国内贸易征税的情况。“赣州桥税事例”显然不能适用于海外贸易,为此福建方面另行制定了《商税则例》作为征税标准。月港《东西洋船水饷等第规则》颁行于万历三年(1575年),《商税则则例》由海防同知沈植详拟,经福建巡抚刘尧诲批准执行,水饷的征收亦始于该年,而并非隆庆六年(1572年)。而月港的引税实际上是一种许可税,此时月港洋税征收处于地方试行阶段,并未获得明廷批准,因此,没有征收引税,确也在情理之中。由此笔者推测,试行阶段的洋税明确开征的只有后来的陆饷,“引税”和“水饷”很可能并没有开征。

月港洋税正式获得明廷批准是在万历三年(1575年)。《东西洋考》记载:“万历三年,中丞刘尧诲请税舶以充兵饷,岁额六千。同知沈植条陈《海禁便宜十七事》着为令。”[①]也就是说,万历三年(1575年),福建巡抚刘尧诲奏请明廷,开征洋税以充兵饷,获得明廷批准。事实上,引文中所提到的“税舶”,即开征洋税,福建方面早在隆庆六年(1572年)就已开始,并经历了将近三年的试行,试行阶段的洋税征收不仅没有出什么乱子,而且已经具备一定的规模。因而,福建方面提出的充饷额“六千”,显然是洋税所能负担的范围。此时,福建方面以“税舶以充兵饷”为由奏请明廷批准,只是将地方试行

① (明)张燮著,谢方点校:《东西洋考》卷七,《饷税考》,北京:中华书局,1981年,第132页。

洋税的实践正式化；而征税充饷这一理由也显得冠冕堂皇，易于为明廷所接受。[①] 同时，海防同知沈植条陈《海禁便宜十七事》禁压冬以防通倭，[②]进一步消除明廷对开征洋税的顾虑。至此，月港洋税征收结束了地方试行阶段，正式被纳入明王朝税收体系当中。随着月港试行洋税获得明廷批准，福建方面开始紧锣密鼓地构建月港税制。就在洋税获得明廷批准的万历三年（1575年），福建方面刊布了《东西洋船水饷等第规则》作为水饷征收的统一标准。同年，福建方面又修订了此前公布的《商税则例》，刊行新的《陆饷货物抽税则例》，作为陆饷征收的统一标准。[③] 月港税制迅速被构建起来。

隆庆六年（1572年）福建试行洋税并取得成功有着重要的意义，其影响远不局限于月港税制本身。可以说，洋税的开征标志着私人海外贸易管理权收归官方，"国收其利权自操之"，[④]摆脱了沿海势家对海外贸易的长期操控，以及由此产生的种种弊端。这种"易私贩而为公贩"[⑤]的做法为官府规范私人海外贸易创造了条件。此外，福建官员通过精心安排避免开征洋税过程可能出现的意外，确保了贸易管理权的平稳过渡及私人海外贸易的平稳发展，从而避免了明代海洋政策的反复，巩固了隆庆开禁的成果。

二、福建官员完善督饷官制的努力

万历三年（1575年）后，福建官员继续致力于月港税制的构建与完善，这其中一个重要方面就是月港督饷官制的完善，而这其中轮署制度发挥了重要的作用。我们知道，自隆庆六年（1572年）开始，月港督饷事务长期由

---

① 按：由于福建方面奏请朝廷批准是以充饷为名征收洋税，而洋税中确有一部分始终是用充军饷，因此，此后月港洋税一直被称为"饷税"。这与上述隆庆六年至万历三年（1572—1575年）之间漳州府试行的商税不完全是一个概念。

② （明）顾炎武：《天下郡国利病书》，《福建·漳州府·洋税考》，《四库全书存目丛书》史部第172册，济南：齐鲁书社，1996年，第467页。

③ （明）张燮著，谢方点校：《东西洋考》卷七，《饷税考》，北京：中华书局，1981年，第141页。

④ （明）郑若曾撰，李致忠点校：《筹海图编》卷一二，《经略四》，北京：中华书局，2007年，第850页。

⑤ （明）许孚远：《疏通海禁疏》，（明）陈子龙：《明经世文编》卷四〇〇，北京：中华书局，1962年，第4332页。

海防同知兼领，至万历二十一年(1593年)福建方面才结束了"贾舶以防海大夫为政"[①]的局面。事情的起因是万历二十一年(1593年)海防同知舒九思贪腐被劾。"舒九思，浙江奉化人，举人，万历二十一年任，久之，论劾罢去。当路始疑舶政为海防大夫私物，而轮管之议起矣。"[②]对此，《东西洋考》亦载："当事疑税饷赢缩，防海大夫在事久，操纵自如，所报不尽实录。"因此，决定在督饷官制上实行轮署制度。"岁择全闽府佐官一人主之。及瓜往还，示清核，毋专利薮。"[③]可见，轮署制度的施行是为了避免有人长期操控饷税征收，由此引发贪腐行为。为此，福建方面特地将海防馆改为督饷馆，专门负责督饷事务。有关督饷馆的设立时间，据《东西洋考》载："万历间，舶饷轮管，因改(海防馆)为督饷馆。"[④]另据崇祯《海澄县志》的记载，首任轮署的督饷馆官为何其大，其督饷年份为万历二十五年(1597年)。[⑤] 由于督饷馆的设立是为了实行轮署制，而首任轮署督饷馆官何其大所督为万历二十五年(1597年)饷。因此，督饷馆正式成立(或说正式运行)的时间是在万历二十五年(1597年)。[⑥] 此外，自万历二十一至二十五年间(1593—1597年)，有三年时间没有设置督饷官。此时恰逢漳泉分贩之争，此次争议最终由明廷裁决，督饷馆亦是在争论结束后设立的。"于是漳泉分贩议罢不行，而上章请改设饷馆，给关防。"[⑦]考虑到漳泉争论及来往公文奏递，督饷馆设置时间

① (明)张燮著，谢方点校：《东西洋考》卷七，《饷税考》，北京：中华书局，1981年，第132页。

② (明)蔡国祯、张燮等纂：(崇祯)《海澄县志》卷六，《秩官志》，《日本藏中国罕见地方志丛刊》，北京：书目文献出版社，1992年，第381页；(明)张燮著，谢方点校：《东西洋考》卷七，《饷税考·督饷职官》，北京：中华书局，1981年，第147页。

③ (明)张燮著，谢方点校：《东西洋考》卷七，《饷税考》，北京：中华书局，1981年，第133页。

④ (明)张燮著，谢方点校：《东西洋考》卷七，《饷税考》，北京：中华书局，1981年，第153页。

⑤ (明)蔡国祯、张燮等纂：(崇祯)《海澄县志》卷六，《秩官志》，第381页。

⑥ 按：(崇祯)《海澄县志》的纂者为蔡国祯、张燮等，张燮即为《东西洋考》的作者。《东西洋考》成书于万历四十五年(1617年)，该书卷七《饷税考·督饷职官》脱漏了万历二十五年(1597年)的轮署饷官何其大，张氏在崇祯年间修撰《海澄县志》时加以增补。有学者据《东西洋考》的记载误将督万历二十六年(1598年)饷的赵贤意作为首任轮署督饷官，因此认为督饷馆成立于万历二十六年(1598年)，误。

⑦ (明)张燮著，谢方点校：《东西洋考》卷七，《饷税考》，北京：中华书局，1981年，第134页。

不可能是万历二十一年(1593年),而更有可能是争议结束的万历二十五年(1597年)。最后,督饷官制改变的奏文由福建抚按官金学曾条拟,明廷批复时间为万历二十五年(1597年)十一月。对此,史载:“议委官,岁委府佐一员,驻扎海澄,专管榷税,海防同知不必兼摄……部复允行。”据此,笔者认为明代月港督饷馆成立的时间为万历二十五年(1597年)。督饷馆的设立结束了海防同知对月港饷税的长期操控,使得督饷事务分工更加明确。督饷馆成立后,由其负责具体的饷税征收,海防同知仅负责越贩及违禁品查缉,而道府则专门负责核查与监管。“置印薄则有道府,督查私通则责之海防,抽税盘验则属之委官。”[①]而轮署制度的实行则避免了督饷主官长期把持督饷事务,容易滋生腐败的问题。

督饷馆设立后,万历二十五至二十六年(1597—1598年),由福建各府遴选佐刺轮署。随着万历二十七年(1599年)税珰高寀入闽,“各府佐遂罢遣”,“舶税归内监委官征收矣”,[②]轮署制度遭到破坏。至万历三十四年(1606年)督饷权回归地方有司,轮署制度才得以恢复。此时,漳州方面以“外府官远来,住扎非便;而增设供应人役,所费倍繁”为由,“不复借才他郡”,[③]开始了由漳州府佐刺轮署、包揽饷税征收的阶段。漳州府佐官包揽督饷馆业务有其一定合理性,并非完全出于独占饷税的私心。“饷馆吏书旧从府拨,吏二书四,而中间帮附,不知其几矣。”督饷馆衙役、吏书之间错综复杂的帮派关系使得他们本来就难以约束。“夫衙役之横,无如饷馆之甚。”他们亦成为结党蠹商的重要力量。而外来流官对当地情况不甚了解,对督饷事务亦不甚熟悉,对漳州府衙役更是难以矜束,以致出现欺下瞒上、尾大难掉的情况。“此皆朘商之膏,而蔽上之窠也,且府役权难约束,不无掣肘之形。”甚至“官坏而吏仍肥,饷亏而书(吏)悉饱,皂快人役,同类分至,惨焰异常”。而使用漳官督饷,一方面有利于加强对衙役、吏书的管束,预防其在饷税征收过程中的贪渎行为;另一方面,也避免了外来流官对督饷事务不甚熟悉的问题,有利于督饷官业务的专业化。而督饷官在漳州府五名佐刺之间

---

① 《明神宗实录》卷三一六,“万历二十五年十一月庚戌”条,第5899页。

② (明)张燮著,谢方点校:《东西洋考》卷七,《饷税考》,北京:中华书局,1981年,第134、138页。

③ (明)蔡国祯、张燮等纂:(崇祯)《海澄县志》卷六,《秩官志·本府佐刺轮署饷务历官》,第381页。

轮替，则有利于避免有人长期把持的贪渎现象的出现。即如漳州地方所说的，"事无专属，既于原议不悖，且于事体为宜"。[①]

除了完善月港督饷职官设置外，福建官员还建立了一整套的监察制度，用以监督督饷官员，这集中体现在月港商引及印信官单的审查与复核之上。以商引为例，月港商引由督饷馆负责发放，商引上详细登记器械、货物、姓名、年貌、户籍、住址、向往处、所回销限期。福建方面通过商引的发放与核销对商船实施监控与调剂。同时，为防止督饷官贪腐，福建方面还建立了商引审查和复核制度，对引税和水饷征收情况进行监督。"贩番者，每岁给引，回还赍道查复，送院复查。"[②]我们知道，引税的征收以发放商引的数量为凭，商引的核查除了审查商船去向，也包括了对引税征收情况的核查。同时，商引上登载着船只的大小，以此作为验船及缴纳水饷的依据。"水饷以梁头尺寸为定……给引时，商船量报梁头登引。"因而，商引呈交道院核查时，也就一并将水饷征收的信息递至道院。可见，通过商引的核查制度，月港引税、水饷的征收被纳入制度化的核查机制当中。

而月港的陆饷则是通过印信官单制度纳入道院的监察轨道。有关月港"印信官单"制度，此前学界鲜有人给予充分的关注。实际上，印信官单制度是一项最能够体现月港税制中分权制衡及上下监督的税收监管制度。所谓的印信官单，是指一种由海道发放，盖有海道监司印章，用以刊载商人所载货物种类及数量的货单。"原给(商)引时，商船量报梁头登引。而海道发印信官单一本，发给商人，以备登报各舱货物，递送掣验。"也就是说，在督饷馆发放商引的同时，海道会发放印信官单，用以填写货物种类和数量；而且官单直接发给商人，由其自行填写，督饷馆不得涂改，以此作为验货及上司核查的依据。如上文所述，用于登载商人、商船等信息的商引由督饷馆发放，而登载商货信息的印信官单则由海道发放，这本身就体现了月港督饷官制中分权制衡的制度设计。以海道正式印发之官单登记货物，作为验货依据，"此厉禁也，重以道印之册，至严崇也，谁敢犯之"，由此避免了督饷馆专权舞弊。不仅如此，印信官单与商引一样是道院监察的重要凭证。"旧规，将道

① (明)张燮著，谢方点校：《东西洋考》卷七，《饷税考》，北京：中华书局，1981年，第135～139页。

② (明)许孚远：《海禁条约行分守漳南道》，张海鹏主编：《中葡关系资料集》，成都：四川人民出版社，1999年，第293页。

印官单于请引时发下商人，令诸在船散商亲填货物多寡，如不能书者，即写代笔某人，与主商梁头阔窄，备造官册，随送随验。”[1]这些包括官单在内的“官册”是递送道院审查的重要文件，由此也将月港陆饷的征收纳入制度化的监察体制当中。

综上所述，福建官员设计与建立的一整套督饷职官及监察制度，为月港税制的建立和发展提供了制度化的组织保障。这些制度对于规范月港督饷事务，完善饷税监督，确保私人海外贸易的健康发展有着重要的意义。

三、福建官员与月港税制的完善

福建官员建立与完善月港税制的努力还不仅限于督饷职官和监察制度的建设。在完善饷税则例，优化征税办法，以及排除王朝弊政的干扰等方面福建官员都进行了有益的探索和不懈的努力。

首先，完善征税则例。隆庆六年(1572 年)后，福建官员先后开征陆饷、引税、水饷、加增饷等主要税种，建立起包括进口商品税、许可税、船舶吨位税、附加税在内的税种构架，为月港税制的建立奠定了基础。同时，福建方面先后制定了包括《商税则例》《东西洋船水饷等第规则》《陆饷货物抽税则例》等在内的饷税征收章程。这些章程的编订，对于明确征税对象、征税范围、税收额度，防范督饷官员舞弊都有着重要的意义。同时，福建官员完善月港税制的努力也集中体现在这些则例的修订当中。

以月港《陆饷货物抽税则例》(以下简称《陆饷则例》)的修订为例。在隆庆六年(1572 年)试行洋税之时，福建方面编订了《商税则例》作为进口商品的征税标准。此后的万历三年(1575 年)、万历十七年(1589 年)和万历四十三年(1615 年)《陆饷则例》先后三次修订。由于修订的背景不同，修订结果有着很大的区别。如学界关注的万历四十三年(1615 年)《陆饷则例》修订的背景是“万历四十三年，恩诏量减各处税银”，[2]因此普遍降低税额显然是意料之内的事情。由于月港税制经历了地方试行，再经明廷批准的过程，因

---

[1] (明)张燮著，谢方点校:《东西洋考》卷七，《饷税考》，北京:中华书局，1981 年，第 136～137 页。

[2] (明)张燮著，谢方点校:《东西洋考》卷七，《饷税考》，北京:中华书局，1981 年，第 143 页。

此，《陆饷则例》前两次修订的意义显然要比万历四十三年（1615 年）这次修订大得多。

万历十七年（1589 年）《陆饷则例》的修订考虑到了进口货物品级差别，以及市场价格变动的影响。《东西洋考》记载："万历三年，陆饷先有则例，因货物高下，时价不等，海防同知叶世德呈详改正。"[①]所谓的"货物高下"，指的就是同种商品因其产地、器型、品质不同，所造成的货物品级差别。例如，檀香根据器形可分为成器者与不成器者；苏木根据产地可分为东洋苏木和西洋苏木；犀角根据质地可分为花白成器者与乌黑不成器者；燕窝根据品质可分为白者、中者、下者。而修订后的《陆饷则例》细化了对这些商品的征税标准，同种商品根据其不同品级，适用不同的税额。这较之前笼统地以商品种类作为征税标准显得更加合理。除了征税标准的细化外，商品税额的调整还参考了市场供求和价格变动。如万历十七年（1589 年）《陆饷则例》修订中，有 11 种商品税额提高，17 种商品税额降低，而有 7 种商品的税额持平。而税额的升降在很大程度上取决于"时价不等"，调整的结果也并非一味地降低。同时，从总体上看，每次则例的修订都增加不少新的商品作为征税对象，这显然是为了适应进口商品种类和数量不断增加的发展趋势。如万历四十三年（1615 年）《陆饷则例》修订中，在税额普遍降低的情况下，又有 33 种新增商品被纳入陆饷的征税范围，明确了征税标准。[②] 此外，税额的调整也不仅限于陆饷，而且包括了加增饷税额的调整。由于最初制定的加增饷 150 两税额过高，因而"诸商苦难"。[③] 万历十八年（1590 年），福建方面将加增饷税额减至 120 两。

综上所述，《陆饷则例》制定之后并非一成不变，相反能够根据市场供给与价格变动等贸易形势的变化，对征税范围及税额做出及时的调整。《陆饷则例》在短短的不到五十年时间里，经历了三次大的修订，其更新速度是比较快的，以此适应不断变化的贸易形势，对进一步完善月港税制具有积极的

---

① （明）张燮著，谢方点校：《东西洋考》卷七，《饷税考》，北京：中华书局，1981 年，第 141 页。

② （明）张燮著，谢方点校：《东西洋考》卷七，《饷税考》，北京：中华书局，1981 年，第 141～146 页。

③ （明）张燮著，谢方点校：《东西洋考》卷七，《饷税考》，北京：中华书局，1981 年，第 132 页。

意义。

其次，优化征税办法。除了修订《陆饷则例》以适应贸易形势发展的需要，福建官员还对一些存在争议的税收办法进行了调整，从而进一步规范月港饷税的征收。例如上文所提及的水饷征收办法，由于月港水饷的征收标准是以船只大小为依据，以丈量船只的梁头为准。然而，最初的丈量办法没有规定具体操作规范，这种模糊的规定为官役与商人之间的争执埋下了伏笔。“商人往往克减尺寸，官亦利其加增而重科之。吏书、人役百般诈索，奸弊莫清。”此外，最初也没有实行编定船号的制度，而是以各船每次测量的尺寸为据。我们知道，月港每年出港船只多达百余艘，少亦不下几十艘，督饷官一人根本无力亲自测量，由此为官吏的舞弊创造了机会。“夫饷船动载数千担，旬日盘量，不能殚其数，即贤者亦不克胜，而况鼷鼠之腹，止计充囊者乎！”为规范水饷的征收，在推官萧基的建议下，商船梁头的丈量方法明确以船只腹阔处计算，并且实行船号制度。规定每年十月修船时，由督饷馆税官亲自丈量商船，编定天地玄黄字号，“其同澳即照字号规则，依纳水饷，不必复量梁头”。[①] 这一做法的施行，一方面进一步明确了商船梁头的丈量办法，为丈量商船提供了统一的执行标准；另一方面，通过编订船号作为同等商船征税的统一标准，大大地提高了验船的效率。此外，船号制度亦是商人之间及督饷官员之间相互监督的依据，具有很强的操作性，对于规范水饷的征收有着重要的意义。

最后，排除王朝弊政的干扰。除了完善月港税制，福建官员还致力于排除王朝弊政对月港税制的影响，这集中体现在福建官员反对与肃清税珰弊政的努力当中。福建税珰高寀于万历二十七年(1599 年)入闽，在闽时间前后长达十六年之久。为聚敛财富，税珰蓄意破坏月港督饷职官设置、变乱饷税征收程序、破坏饷税监察制度、驱使吏书贪腐舞弊，其对月港饷税体制的破坏可以说是制度性的，流毒甚深。税珰高寀的倒行逆施也激起了福建官员的反抗。如税珰在闽期间，海澄县令龙国禄严令部下不为高寀所用，并严

---

① (明)张燮著，谢方点校：《东西洋考》卷七，《饷税考》，北京：中华书局，1981 年，第 132～136 页。

惩了高寀手下。[1] 万历三十四年(1606 年),"上命封闭矿洞,诸税咸归有司,珰势稍杀"。[2] 福建官员便积极地开展肃清税珰弊政的工作。如万历三十四年(1606 年)督饷官杜献璠就着力排斥税珰弊政,"单车诣船,城社塞渔猎之窦;诸饷投柜,豪猾绝干没之阶……貂珰为之夺气"。[3] 又如,万历三十八年(1610 年)的督饷官吕继梗,"蒿目焦思,条其款十,上于两台藩臬,皆报可",[4]对税珰弊政进行了揭露和整改。又如,万历四十一年(1613 年)的督饷官邵圭,"侯甫视事,详询商民便苦:有虎翼狐假,借上供而恣鱼肉者乎?有积猾作奸,干没不可诘者乎?有诬越禁以恐吓,而借力为吞舟者乎?尽得某利某害状,条请两台,诸蠹病商者悉屏绝,永勿令蹂躏"。[5] 而在税珰离闽之后的第二年,即万历四十四年(1616 年),漳州府推官萧基条陈《恤商厘弊十三事》,对高寀一伙在月港的弊政集中进行揭露,并提出了整改措施,得到了分守道等福建官员的大力支持。而到了万历四十五年(1617 年)督饷主官王起宗推行"便商六事",[6]万历四十八年(1620 年)的督饷官林栋隆取消了有司相沿取办方物的恶例。[7] 可见,以历任督饷官为代表的福建官员一直致力于消除税珰弊政对月港税制的消极影响。

除了税珰弊政之外,受到明代海疆形势的变化,明廷曾几次关闭月港,对月港海外贸易产生了严重的影响。福建方面官员在几次短暂海禁中,都能立足本地实际,据理力争,为重开海禁做出了贡献。如万历二十一年(1593 年)因日本侵略朝鲜,明廷关闭了月港,当时的福建巡抚许孚远在了解当地实际的基础上,认真听取了福建方面的意见及建议,写下了著名的

---

① (明)蔡国祯、张燮等纂:(崇祯)《海澄县志》卷六,《秩官志·澄令名宦》,第 379~380 页。

② (明)张燮著,谢方点校:《东西洋考》卷八,《税珰考》,北京:中华书局,1981 年,第 157 页。

③ (明)张燮著,谢方点校:《东西洋考》卷七,《饷税考》,北京:中华书局,1981 年,第 148 页。

④ (明)戴燿:《别驾吕公督饷惠政碑》,(明)蔡国祯、张燮等纂:(崇祯)《海澄县志》卷一七,《艺文志二》,第 507 页。

⑤ (明)林秉汉:《邵郡丞督饷惠政碑》,(明)蔡国祯、张燮等纂:(崇祯)《海澄县志》卷一八,《艺文志三》,第 514 页。

⑥ (明)张燮著,谢方点校:《东西洋考》卷七,《饷税考》,北京:中华书局,1981 年,第 152 页。

⑦ (明)张燮著,谢方点校:《林司理惠商记》,(明)蔡国祯、张燮等纂:(崇祯)《海澄县志》卷一八,《艺文志三》,第 518 页。

《疏通海禁疏》，并以之上奏朝廷，呼吁开放海禁，在各方的努力下，此次海禁只执行了一年。[1] 此后崇祯元年(1628年)、四年(1631年)，福建巡按御史赵荫昌、福建巡抚熊文灿等亦曾分别提请开放海禁。

结　语

长期以来，学界因万历四十四年(1616年)漳州府推官萧基所陈的《恤商厘弊十三事》而对月港饷税体制存在着一种错误认识，认为其弊端重重、乏善可陈，从而无视月港饷税体制中诸多独具特色且行之有效的督饷制度，进而忽视了福建官员在构建与完善月港税制中的诸多善政。事实上，萧基条陈“十三事”中有很大一部分与税珰流毒直接相关。萧基所陈可以说是税珰离闽后，福建方面肃清税珰弊政的一种努力。而此种努力并非始于萧基上陈“十三事”，亦不因萧基上陈而结束。因此，我们有必要重新审视月港饷税体制，以及福建官员对月港税制所做的贡献。自隆庆六年(1572年)开始，福建官员以月港开禁为契机，甘冒风险、顺势而为，以恢复税课司的名义试行洋税，充分体现了福建官员的眼界与胆识。随后福建官员通过精心的安排保证了月港贸易的平稳进行，从而确保了试行洋税获得明廷批准，避免了明代后期海洋政策的反复，巩固了隆庆开禁的成果。此后，福建官员致力于构建和完善月港饷税体制，在职官设置、税种设计、税务监管等方面都进行了有益探索和尝试，逐渐完善了月港饷税体制。这些制度设计对于官方掌握贸易管理权，规范饷税征收，促进私人海外贸易的健康发展起到了重要的作用。月港经验对于清代海外贸易管理制度的建立，产生了积极的影响。作为中国海外贸易管理制度演变、发展过程中一个极为重要的阶段，月港饷税体制做出了应有的贡献，而福建官员亦以其高度的历史使命感完成了时代赋予的历史重托，这些无疑是值得肯定的。

---

① (明)许孚远：《疏通海禁疏》，(明)陈子龙：《明经世文编》卷四〇〇，北京：中华书局，1962年，第4332页。

第二节 明末至清代诏安地方防御体系的设置及其变迁

明代中后期，为了维护国家安全与王朝统治，明朝政府实行了“寸板不许下海，寸货不许入番”的海禁政策，坚决禁止私人海上贸易活动，阻断了日本倭人由中国沿海贸易中获利的道路，嘉靖年间的“争贡事件”(指嘉靖二年日本大内氏贡使与细川氏贡使为争夺海上贸易实权而发生内讧，祸及浙江沿海居民的事件)后，嘉靖皇帝实行了更加严厉的海禁政策。一时间，倭寇并起，劫掠沿海。闽、浙、粤等处居民在海禁政策下亦纷纷铤而走险，借“海盗”“海寇”之名进行各种海上活动，或劫掠附近，或通番勾结，从而引发了东南沿海激烈的社会动荡。关于这一时期东南沿海动乱的研究，有学者从王朝体制与地方社会之间的互动关系入手进行探讨，[①]体现了在此领域中研究视角的转换。笔者选择闽东南沿海的诏安县作为个案，探讨诏安这一海疆镇所从明末到太平天国后期地方动荡与地方防御设置的变迁过程。

一、诏安的设县及其海防地位

诏安县，处于闽粤交界，位居锁漳控粤的交通要冲上，明嘉靖前本属漳州府漳浦县南诏乡，嘉靖九年(1530年)析漳浦县二、三、四都为县，名曰诏安县，设县之初由于政府的权威还未达到这个地方，此地的社会风气较为混乱。邑人许仲远在其《奏设县治疏》中提道：

> 漳浦县三都南诏城，当闽广交界之冲。山林盘郁，土地平衍，人烟稠密，舟车辐辏。二、四、五等都环抱东北，粮逾万石，户满三千，实海滨之一巨镇也。地离本县二百余里，中隔半沙、余甘、盘陀等处，山林险恶，道路崎岖，官司难于约束。民俗相习顽梗，租粮逋负，累及懦弱之包赔，词讼烦兴。勾掠经年而不出，殴公差而一方骚扰，赖人命而合乡抢

① 陈春声：《从“倭乱”到“迁海”》，《明清论丛》第二辑，北京：紫禁城出版社，2001年。

夺，强凌众暴，视如饮食，是以永当。里甲之家，跋险而且忧危，杯水不救薪火，额外办无名之钱，岁费百金接济不敷，俱供息于市井之富民，惟避不前。甘重搅于积年之光棍，倾家荡产，十户九同。穷及思乱，勾引连境山獞海艘，啸聚百千，白昼剽掠乎乡村，据险截劫乎商宦。岁无宁日，驰报府县，逡巡不进。[①]

戴冠在《代请匀接夫役书》从存在增设新治的必要性来论及诏安在连闽联广的重要性：

(诏安)为兵冲，答应络绎兼站马力堪虞。仰祈谟断节宣画一事切照；力役，民命攸关，力均则民逸……诏安旧驿上至云霄驿八十里，下至黄冈司四十里。交代所以然者，云霄又七十里方至漳浦，若兼站则必穷一百五十里之力。黄冈又一百里方至潮城，若兼站则必穷一百四十里之力，非两日不至。故旧志最为得宜。[②]

其实早在元朝即有人注意到南诏在军事上的重要地位了，如《南诏拓城记》：

元至正年间，右丞罗良据漳州。以汀漳盗起，南诏乃必经之地，命屯官陈君用于溪山险处砌石为城凿土为濠，所以浚立界之防也。[③]

到明代，诏安作为东南沿海联系闽广的重要一环更加凸显出来，正是这一特殊地理位置，使得该地的建设紧紧围绕着这一中心而展开。

二、诏安在明代东南沿海防御体系中的位置

明代中后期倭寇兴起，海疆告急，特别是浙、闽、广三省地区，成为地方动乱的渊薮，明代的整个御外体系的重心开始出现转移，由明初仰仗九边重镇的边兵开始将军力经营的重心放到了明代的外卫。明代的外卫分布起初依卫所建置，主要职能是提供兵员，守护城池，更重要的是负责江防与海防。

---

① 陈荫祖修，吴世名纂：(民国)《诏安县志》卷一六，《艺文》，诏安：诏安青年印务公司铅印本，1942年。

② 陈荫祖修，吴世名纂：(民国)《诏安县志》卷一六，《艺文》，诏安：诏安青年印务公司铅印本，1942年。

③ 陈荫祖修，吴世名纂：(民国)《诏安县志》卷一六，《艺文》，诏安：诏安青年印务公司铅印本，1942年。

到明代中后期，东南沿海的重要性日益凸显出来；相应地，政府也加强了东南沿海海防体系的营建。嘉靖间，明政府加强了对海防的建设，在沿海纷纷建立了卫所、巡检司、城堡、墩台等，形成了辽东—北直隶—山东—南直隶—浙江—福建—广东等七个划区防守体系。其中福建海防区分为三路五寨，以福宁州、兴化府为一路，置参将一员（驻福宁），防守范围自流江（今福鼎）至南日岛；漳州府、泉州府为一路，置参将一员（驻诏安），防守范围自南日岛至走马溪、安边馆；南、北两路间，以福州为一路，设参将。到隆庆、万历年间恢复烽火门、小埕、南日山、铜山等五水寨，每寨以把总领之。每一水寨都有自己的防区，相互配合，防守整个福建海域。[①]

在这三路五寨中，南路参将、铜山寨都设在诏安：

南路参将　《明史》嘉靖三十七年，郡御史王询请分福建之福兴为一路漳泉为一路。□领以参将，漳泉参将驻诏安，自南日□浯屿铜山悬钟走马溪安边馆水陆皆听节制。

铜山寨　旧在井尾澳。洪武间江夏侯周德兴所置，以卫官领兵守之。《方舆纪略》景泰三年移铜山两门澳。嘉靖四十二年军门谭纶题设钦依把总一员，建署□城外，所辖北自金石以接浯屿，南自梅岭以达广东。为漳郡海滨重镇……原福船、哨船、冬船、快船共四十六只，官兵一千一百四十一员。□遇汛贴驾□操军五百五十五名。

南澳副总兵　南澳在闽广之交，去悬钟水口约三十余里。洪武间居民负险作乱，遂为贼薮。□澳周围百余里有青澳，后泽裔船多泊□□而深澳尤险，小舟须鱼贯而入，官兵攻剿甚掣肘。嘉靖间，潮州府用木石填塞海口。未几，倭人用善水者捞起木石，澳口复通。四十年间剧贼许朝光、曾一本、林道乾、吴平等聚巢出没，荼毒生灵。至合两省会剿始平。然余党虽散，尚有贼窝。万历四年，漳州海防同知罗拱辰相视其地，议设参将一员统兵屯扎。筑城三处：一在深澳；一在云盖寺；一在龙眼沙，互相联络，立墩台瞭望，调兵哨守。有田之处，约五万亩。召军民给牛耕种，可以扼寇盗之险，而免输□之劳，计划甚周。自□□设协守漳潮副总兵，专驻此地，无事坐镇弹压，有警督兵穷追，兼制两省事，权归一海上重镇也。所辖有澳游兵柘林守备二寨，防倭中哨二游，福广二

① 王日根：《明清海疆政策与中国社会发展》，福州：福建人民出版社，2006年，第133页。

营，陆兵标下额设中军把总，旗牌掌号哨探□，目兵丁塘□共一百四十一名。[①]

以上所建与明洪武二十年(1387年)所置的悬钟千户所、铜山千户所和明嘉靖年间的南诏千户所，共同构成了一个海防体系。悬钟位于县治南端，铜山位于县治东部，南澳副总兵在诏安县南部，与悬钟所隔水相望，与柘林形成一个约略为四边形的防御体系。英国人金约翰的《海道图说》中对于清末南澳—柘林湾—诏安湾—铜山湾的考察也证实了以诏安为中心的这一地区的防御体系的实用性和重要性。

南澳湾　浅澳东面为南澳湾，湾首有南澳城垣，船体入水不及十八尺者可入此澳。追视塔岛为东偏北之向，即不能再向前进。到东北恒风时，湾内波浪最大，不便泊船。唯南澳北面柘林澳内尚为稳便，凡于此间泊船者，乘晓日北风出海可得多益。

柘林澳　南澳北面曰柘林澳，于此间比东北恒风较胜于南澳湾。

诏安湾　距南澳北角东北又东三分之一约十里为诏安湾口。湾口西角为浅澳，东角因南面有小岛，故浅澳内可避南风，若值东北恒风时，则湾内浪大不便泊船……诏安湾口东面有四方岛……四方岛西北面水深六拓，便于泊船。其北面高岛南角与诏安湾口东南成直线之处，水深三拓，亦便泊船。

铜山湾　铜山港为沿海最稳便者……凡遇风遭险断折船桅者，尚易寻入。且近铜山营，可得大木更换新桅……铜山内澳西面有小船水道可达诏安湾，自此水道口视福尔峰为正东之向。铜山内澳西北面有一带高山形势错杂。[②]

通过对民国《诏安县志》中大事记的分析，我们可以看到吴平、许朝光、曾一本等明末巨寇肆虐于此，更有郑成功据铜山为营，诏安作为巨寇冲击之地必然以其重要的地理位置进入了中央的视野。

以诏安湾为中心的海防体系自嘉靖以来受到了不断的冲击，其中尤以铜山千户所及附近受到冲击为最。1558—1805年间有载的海寇冲击达到

---

① 陈荫祖修，吴世名纂：(民国)《诏安县志》卷八，《武备》，诏安：诏安青年印务公司铅印本，1942年。

② (英)金约翰辑，傅兰雅口译，王德均笔述：《海道图说》，清同治、光绪间刻本，第43页。

了 9 次。

表 3-1 以诏安为中心的防御体系表

时间	卫所			
	铜山	悬钟	南澳	柘林
1558 年	贼			
1562 年		海贼吴平、海寇许朝光		
1563 年	海寇许朝光			
1565 年			吴平	
1569 年				曾一本
1571 年			广贼杨老	
1619 年			袁八老	袁八老
1626 年		海寇杨六、杨七		
1628 年	郑芝龙	海贼周三老		
1633 年			海贼刘香	
1634 年	红毛贼			
1646—1647 年			郑成功	
1649 年	郑成功部将			
1660 年	郑成功			
1661 年	郑成功部将			
1663 年	郑经			
1677 年				郑经
1805 年	阿七嫂		阿七嫂	
共计	9 次	5 次	6 次	2 次

资料来源：陈荫祖修，吴世名纂：(民国)《诏安县志》卷五，《大事志》，诏安：诏安青年印务公司铅印本，1942 年。

诚如俞大猷所言：

漳州诏安县五都走马溪(铜山附近，临诏安湾)两山如门，四时风不为患。去县及各水寨颇远，接济者夕旦往来，无所忌避。诚天与猾贼一逋薮也。诸番自彭亨而上者，可数十日程，水米俱竭，必泊此储备而后敢去日本；自宁波而下者，亦可数十日程，其须泊而取备亦如之。故此澳乃海寇必经之地，非如他澳，则患风水，防追捕，不得久住。[①]

船只不管是由闽入潮，还是由潮入闽，诏安县作为福广两省海岸线的要冲，通广连闽的独特优势使其成为兵家必争之地。明代以来直至清代，政府出于对东南沿海的控制，在营建诏安时，海防是其考虑的首要因素，以"九层高台，起于垒土"之功将诏安的营建来作为整个东南海防体系的组成要素。无怪乎在俞大猷的视野中，诏安可不用陆路设兵，但必定要海防设制：

诏安县与潮州相连，潮之山贼少有由诏安入犯。昔年张琏诸贼盘结于饶平县山中，往往由平和县路入犯。自张琏剿灭之后，无是矣。故陆路不用设兵以防之。或谓陆兵之设为海贼登岸者，非为陆路之贼。曰海洋广阔到处皆入寇之路，海岸辽远，何地非受敌之村？贼忽然而来忽然而去，陆兵奔救则无贼矣。故水寨之巡哨宜密，且可追之于外洋陆兵之设，以待登岸流走无船之贼耳。[②]

俞大猷的观点，主要基于国家海防安全的大局来考虑诏安的防御构建，这也是历明清两代政府营建诏安防御的着眼点：只要御敌于外就可以了。而陆上防御可以放在次要位置，这体现了当时政府治理地方存在一定的侧重点，陆防的虚弱无疑也不利于地方的安定：

（嘉靖）三十七年三月，有倭寇数百人自潮州突至三都径尾村屯聚，杀伤男妇二十一人。五月，倭劫五都东坑口土楼，杀掠五十余口。十月，贼突至铜山攻水寨东坑畲一带，焚掠尤惨。十二月，倭由四都至县治四关外，烧毁房屋二百余间，杀死男妇一百余口。又速劫港西土楼杀掠五十余口。本年百户邓继忠督兵与倭遇于深田隘，擒其从陈来成等四人，斩真倭首级二颗。

三十七年九月内，饶平寇张琏陷二都赤岭寨，烧屋杀人不计。本月又攻布寨。[③]

显然，诏安地方的防御体系并不健全，当御敌于外的方针并不能有效地

---

① （明）俞大猷：《正气堂集》卷二，《条议汀漳山海事宜》，厦门博物馆据清道光木刻本重印，1991年。

② （明）俞大猷：《正气堂集》近稿《镇闽议稿》，厦门博物馆据清道光木刻本重印，1991年。

③ 陈荫祖修，吴世名纂：（民国）《诏安县志》卷五，《大事》，诏安：诏安青年印务公司铅印本，1942年。

发挥作用时，倭寇、海贼正是在冲破海上防线后登陆的，给诏安地方社会带来了巨大的威胁。

三、官方防御体制的缺失

诏安兵制自唐始，当时诏即南诏保。唐时陈元光建立州治，立行台于漳泉郡间，“分戍四时躬巡南诏保，其一也”。宋时设沿海寨，元置万户村，明时设悬钟、铜山千户所，南澳游营，并土兵、乡兵、客兵、弓兵、机兵、强兵、游兵、卫兵。其中尤以卫兵最重，其后卫所废弛，清代革明之弊，专置绿旗，以重镇守，协镇分营标分部领，《诏安县志》中记录了关于明代武备的相关资料，可见是相当完备的：

兵：土兵、客兵、乡兵、弓兵、机兵、强兵、游兵、卫兵；

将：南路参将、南澳副总兵、南诏守御千户所副千户，铜山守御千户所正千户、铜山守御千户所副千户、悬钟守御千户所副千户、铜山寨钦依把总；

卫所：铜山卫所、悬钟卫所、南诏卫所；

关隘：多派营所官兵把守于诏安饶平、诏安平和交界；

墩台：汾水关炮台、龟山炮台、大寨口炮台、洋尾河岸炮台……

“明初沿海地方，度地里之远近，置墩台，拨军守望，贼至烽火为号，以便防御。”可见，明代诏邑以海防力量为中心的武备建置，是从沿海一带兵力密布到关隘各处零星分布的格局，但明嘉靖以后也遭到了严重冲击，先有许朝光、吴平、林道乾、曾一本之流肆掠于沿海，后又有刘香老之徒流窜于诏安湾，对诏安居民的安危、财产造成严重冲击：

> 嘉靖十年，设诏安县治。从县治而东三十里至悬钟千户所，洪武二十年江夏侯周德兴为备倭而建也。所之城外又有南澳游营，专治水兵。距南澳总戎镇一苇航之，与柘林铜山诸营所鼎峙相望。百里之内，札以二所，兼连营镇不可谓无兵。而统兵诸大将大则开府建节，小亦分符列较，不可谓无将。此何论弹丸之安堵，以之保障，遐荒折冲，瀚海而有余矣。而频年以来鲸氛屡煽，兽莽时伏，吴平、曾一本诸贼构乱东南二十余年，军兵莫敢谁何。俞大猷、戚继光两将军以客兵入援，而后海净山宁。崇祯初年，海寇周三老、刘香复发沿海等处地方。窜逃则山谷皆满，屠僇则城堡俱空，十里内外营所诸军兵环列也。立视其毒而莫之救，毋论民不得而请之，官亦不得而责之。盖所则借口于锁城而不肯援

乎野，营亦驾言于汛海而不肯援乎陆！迨各逼其围司锁者，或逃城而之野，守汛者多弃舟而奔陆。征拨则交有所委，战守又两无所效。[①]

负责官员玩忽职守，利令智昏，消极懈怠，不但不用心营建，反以借机捞利为能事，使明代建立的海防体系名实不符，缺乏必要的武备来保证沿海的安全，将地方安全交于此类，百姓如何心安？

海上防守，莫急于船。而所造战船，大号者，官给五六百金，其次亦三四百金。每岁修葺一船且数十金。然皆侵欺隐匿，苟且答应。防海使者岁一阅视只坏船而饰以新灰，望之若新整，即之实破溃。故其船只可泊港不堪征战。贼人目官舰为草棚，谓其冲之即立散，燎之则速烬也。诸将领亦利船之速坏，冀其新造可以滥支。崇祯元年以来，海氛屡煽，焚烬殆尽。当事者不敢建议更造，只饰议裁减并其所谓草棚者而尽去之矣。原额四十只，后只八只。猝有叵测，如杨六刘香之猖獗，不知能以桴筏击海否也。东南半壁，未得高枕而卧也！[②]

由于各种深刻原因，明末作为军队重要给养的屯田制崩坏，“于后名是实非，卫所之军既不能战，并不能守，法久滋弊矣”。军队给养问题开始显现，朱纨在嘉靖二十六年(1547年)兼管福建沿海诸府海道事务时，对福建的海防情况做过一些普查，发现海防废弛的事实普遍存在。粮饷方面：漳州卫军月粮少发三个月，铜山等所缺支二十个月，泉州高浦等所缺支十个月，其余卫所缺支月份多寡不等，无一卫所开称不缺。器械方面：战船，铜山寨原有二十只，现只剩下一只；悬钟澳原有二十只，现只剩四只……[③]“官无养兵之费”的结果之一就是军籍减耗，据《诏安县志》载，万历三十三年(1605年)诏邑裁革强兵与民兵：

嘉靖四十三年，本县设有强兵一营五百九十六名，给以月粮以备战守。后因粮饷不敷，汰革老弱，留存四百五十五名。只春冬二汛犒赏银五百两，地方以宁。缘升平日久，万历卅三年裁革。尝考强兵民兵乡兵

---

① 陈荫祖修，吴世名纂：(民国)《诏安县志》卷八，《武备》，诏安：诏安青年印务公司铅印本，1942年。

② 陈荫祖修，吴世名纂：(民国)《诏安县志》卷八，《武备》，诏安：诏安青年印务公司铅印本，1942年。

③ 王日根：《明清海疆政策与中国社会发展》，福州：福建人民出版社，2006年，第92页。

俱就里中，拣选佃民兵则月粮支给，乃县募防卫之兵也。[①]

“官无养兵之费”与“民有备兵之用”的矛盾导致民户的大量起用，这些民户战时为兵，闲时为民，既要出赋养兵，又必须出身为兵。如此矛盾，也绝非长久之计，于是官府开始考虑行招募之事，使“军尽有用无待于兵，军尽无用亦无庸于军”。募兵开始于正统年间，《明史·兵志》载：“正统二年，始募所在军余民壮愿自效者，陕西得四千二百人。”嘉靖间，随着军备废弛，卫所空虚，军事斗争激烈，募兵在南北更加普遍地推行开来，在浙江沿海募兵已经近 70%。募兵由应募而来，薪饷来源于国家财政，而非屯田，且招募之兵素质低下，也使明代整个军队的战斗力开始下降：

更觅亡命之恶少以为兵，抱石以试之，纷呼以阅之。其揭旗而奔驰者仅同儿戏，不知养之者何需，而练之者何为也！[②]

虽然官员已多次呼吁要严保甲之法，罚通倭之豪右，寄希望于内肃严明来控制沿海居民不得通倭，立足点在于加强对地方的控制，服从于岸防的根本目的，但其必与当地豪右势力的利益造成冲突：

立保甲以为久安之谋也。夫闽海之盗，沿海居民为之尔。固非至他省外国。为今之计，必缓治盗而急治民，略于外而严于内，而绝之于此。徒救之于彼，夫焉能有济……必责巡海道来驻漳州，令能干府官一员亲诣沿海乡村，挨门报丁。十家为甲，甲有甲长；十甲为乡，乡有乡长。一家为非，罪连一甲；一甲为非，罪连一乡。一甲有难，一乡救之；一乡有难，邻乡救之。承委之官经年累月往来巡视，五申三令务至成俗。则一切通番接济坐地之徒，皆可渐除。一二年后，盗贼自然屏息矣！[③]

俞大猷后，沿海仍然不靖，“沿海之民以保甲为故事，以小逞为习惯”，以豪右大族为代表的地方势力已发展出一股自主的独立性较强的力量。军门都御史朱纨的遭遇也说明了当地方社会势力利益与国家安全矛盾时，地方力量如何抗拒国家政策：

① 陈荫祖修，吴世名纂：(民国)《诏安县志》卷八，《武备》，诏安：诏安青年印务公司铅印本，1942 年。

② 陈荫祖修，吴世名纂：(民国)《诏安县志》卷八，《武备》，诏安：诏安青年印务公司铅印本，1942 年。

③ (明)俞大猷：《正气堂集》卷二，《条议汀漳山海事宜》，厦门博物馆据清道光木刻本重印，1991 年。

纨自巡海以来革渡船，严保甲，搜捕奸民，获交通诸番者，不俟命辄斩。浙闽势家，素为诸番内主，骤失重利，多怨纨。纨又数胜疏于朝，显言大姓通倭事，且曰去外国盗易，去中国盗难。去中国濒海之盗尤易，去中国衣冠之盗尤难，浙闽人皆恶之，而闽尤甚。主客司林懋和浙江巡按御史周亮皆闽人，亮上疏诋纨，请改巡视为巡抚，以杀其权。懋和与浙中士大夫在朝者左右之竟如所请。至是纨以佛朗机事具状闻。御史陈九德遂劾纨擅杀……纨愤自杀……自纨死后，罢巡视大臣不设，中外摇手不敢言海禁事。浙中卫所战船尺籍尽耗……纨招福清捕盗船四十余，分布海道。副使丁湛尽散遣之，撤备弛禁。未几，海寇大作，毒东南者十余年。①

之后，“沿海之民以保甲为故事，以小逞为习惯。啸而往，挈而还，设财自卫，官不能问。坊里之间，祀神结会者动数十人，计数十方，一人忿奎，一会哄起。礼让不能化，法令不能戢。缓急有变化为异类也不难。是不可为寒心乎”。②

清代在矫明之弊基础上营建诏安陆海防御，陆师军制改诏安营原属的中路拨防为驻防，设游击一员，守备一员，千总二员，把总四员，康熙二十一年(1682 年)拨铜山营站守兵五十名，三十三年拨台湾站守兵一百名，各官自备马共二十匹，马站兵官给马八十五匹，盔甲器械俱官给。雍正十一年(1733 年)增设把总一员。乾隆八年(1743 年)添设守备一员，驻红花岭；把总一员，驻白叶汛。水师营制上主要为铜山营、南澳营，并广设水师防汛于各要冲，沿海添设游巡瞭望等：

陆师营制：教场：悬钟教场、铜山教场、南澳教场

军局：铜山火药局、南澳火药局

各处防汛安兵把守(白叶汛与梅州汛派把总守之)

各处巡哨、分水关、悬钟、梅岭等

水师营制：铜山营、南澳水师营

水师防汛：各处主要汛处

---

① (清)孙尔准等修，(清)陈寿祺纂：(道光)《重纂福建通志》卷二六七，清同治十年(1871 年)正谊书院刻本。

② 陈荫祖修，吴世名纂：(民国)《诏安县志》卷八，《武备》，诏安：诏安青年印务公司铅印本，1942 年。

瞭望：铜山城内山顶、悬钟果老山等

兵制之密，前明未有。但自明末至清代，海防并未因密集的兵制设防而有所加强：

> 光天化日之下，而使幺麽丑类公然掳劫。中途游弋洋面，致令行旅销魂，商船敛迹，亦官斯土者之责也。方今营房在陆者借口于防贼，在水者驾言于哨海。一处有警，彼此秦越。失事之地，处分是患，推移容隐，苟免一时。贼匪益有所挟以行其奸，则畛域之宜忘也。滨海奸民，行踪诡异，下海为匪，族邻岂有不知？所以不敢举首者，诚恐举首到官差，役先索解费，且贼未必死。一旦生还，族邻先受其殃。况罪不及孥，法免连坐。得利则家享其赃，发觉则众卸其责。乡里庆幸，相率为匪，遂致蔓延。则保甲之宜行也。前明倭祸多由将领与倭勾连，倭之去来动静，未有不通于将领者。今日兵弃汛哨，保无有与贼通者乎？则选补之宜慎也。山贼所赖、海贼所恃者接济。海滨贫民，贪十倍之利，时以盐米火药相交易，出洋奸民或因被掳时与接手。故虽屡被勒赎，仍赢得之过当，则接济之宜禁也。[①]

这段话至少说明了以下问题：第一，官方对地方缺乏有效的控制，沿海居民为盗做猖，邻村人不能呈报，导致官府不知，若能真严"保甲"之法，也可使"一家为非，罪连一甲；一甲为非，罪连一乡。一甲有难，一乡救之；一乡有难，邻乡救之"。官府不仅对地方讯息预知无力，在对待盗民的处罚上也是不力的，"况罪不及孥，法免连坐"。第二，官方的腐败贪枉是造成保甲不行、盗贼肆虐的主要原因。清代地方政府多为"单人政府"，由地方官员来进行一系列的行政运作，胥吏对于人民极尽敲诈勒索之能事，导致民不敢举，"诚恐举首到官差，役先索解费，且贼未必死。一旦生还，族邻先受其殃"。信息渠道的不通畅主要归咎于官吏衙役的"索解费"。而官府保护民众的不力，使乡民害怕因为举报而遭到贼匪的报复，牵连到族邻。这也从另外一方面反映了乡民对官府的抵触、不信任心理。第三，官方非但不作为，反而互相推脱责任，面临"幺麽丑类公然掳劫。中途游弋洋面，致令行旅销魂，商船敛迹"时，想到的不是有力的防御，而是"营房在陆者借口于防贼，在水者驾言于哨海。一处有警，彼此秦越。失事之地，处分是患，推移容隐，苟免一时"。

① 陈荫祖修，吴世名纂：(民国)《诏安县志》卷八，《武备》，诏安：诏安青年印务公司铅印本，1942年。

明末到清代，官方在构建地方防御体系时，经历了由以海防为急到陆水并重的变化，兵制不可不谓完备也。但明代对海防的偏重经营，各种流弊以及清代以来的举报不行等，都充分说明了王朝对地方控制的不力，到了清代这种情况更是如此。“事实上，保甲制度总的来讲是没有效率的……地方官员们态度消极，懒得贯彻……‘自康熙四十七年(1708年)整顿保甲之后，奉行既久，往往有名无实……乃地方官畏其烦难，视为故套，奉行不实，稽查不严。’”[1]人民开始诉求于官方以外的自身力量，这时地方势力的自主成长也就势成必然了。

四、乡民自保的兴起

官方对于国家海防安全大局的考虑，在与当地居民安全或是利益发生冲突时，往往会以牺牲地方安全为代价。“明末对于海贼的招抚，就是不再追究为首者的罪恶和法律责任，甚至在沿海地区为其设安插点使其成为抚民，这就使得大部分海寇没有解除武装就进入到了当地社会，势必与当地人民激烈地争夺有限的自然资源与社会资源。这一过程相当复杂、曲折，充满矛盾，安插者希望通过这个过程来使被安插者顺服，但无足够的政治、军事和经济资源使他们心甘情愿这样做。”[2]于是这些所谓的抚民就继续为盗：

(嘉靖四十三年)五月贼吴平假以招抚为名，入据梅岭堡劫掠各村。折毁房屋数百间，载回梅岭构成贼巢。

(嘉靖)四十四年吴平谋入梅州土堡，劫掠一空。五月攻破厚广土堡。六月又统贼数千围攻县城，烧毁木栅及西关外房屋。[3]

面临安全遭到威胁的局势，安插地居民纷纷依附盗贼，相继为盗也就不足为怪了：

漳州之梅岭，在诏安县地方。此地方之人，相尚为贼。或在海，或在山，为漳潮二府之害已数十年。一向议征未有决策，近日贼首吴平回

---

① 瞿同祖：《清代地方政府》，北京：法律出版社，2003年，第254页。

② 陈春声：《从“倭乱”到“迁海”》，《明清论丛》第2辑，北京：紫禁城出版社，2001年，第78页。

③ 陈荫祖修，吴世名纂：(民国)《诏安县志》卷五，《大事》，诏安：诏安青年印务公司铅印本，1942年。

居其乡，其众益逞。此地不征，则闽广之患终不能息。[1]

梅岭半岛在诏安的南端，朱纨曾载梅岭地区“如田，如林，如何，如傅，如苏等姓延聚数里许，人户不下千余，凶顽积习，险狼成冈。或除本贩番，或造船下海，或勾引贼党，或接济贼船”。可见其对外的联系是以宗族势力为基础的，“据光绪《漳州府志》载，梅岭从事海上贸易民众多，‘从倭者’‘且万家’‘其在浙直为倭，还梅岭则民’”。[2] 梅岭居民在面对海禁、招抚等政策影响到他们的既得利益时，从地方宗族利益出发，或通番接济，或贩货洋面。终明一朝，梅岭居民“通倭接济”之嫌都主导着官方论及梅岭的话语，始终没能有效解决。

诏安形势唯山与海，海上悬钟、铜山、南澳等处军备较全。但山隘白叶洞、六洞等处却是流窜于汀潮漳山贼的主要经过之地，形势险要。明代在此山隘防御诚如上述，较为薄弱，在饶诏交界的二都白叶洞仅“置营房拨军轮守”，显然对此认识不足。清人陈盛韶在其《问俗录》中曾对二都（主要与饶平、平和接壤地）给予了充分的认识：“二都去县治远，民强蛮，被控不至，就一县论，二都治，则诏安治矣。”明嘉靖二十九年（1550 年），陈荣玉、刘文养等流窜据白叶洞为乱一方，扰诏安、平和两地后，被平和知县谢德明率典史黄瑜以象湖小篆乡兵平之，查民国《诏安县志》对于乡兵的记载：

> （嘉靖）三十四年，倭寇为患。给事中袁世荣奏令海滨府县佐贰巡捕官择廉干者一人给团练札付以督其事。各乡择材干一人为团长，授之冠带，优免二丁，仍量免差役。专一纠集乡民，肄习武艺，有警候调。万历六年，军门庞尚鹏复申明十家甲法，每乡社家为一牌，牌十为甲，甲有总，总十为保。保有长，各具器械坚利。保长联乎总，总联乎家。[3]

平常练习于“闾井之间”的乡兵成为军制的一个重要组成部分，兵源来自于地方，以补充国家兵制之不足，乡兵是州官县员的重要依赖。一方面，乡兵对地方有着深刻的了解，他们出自闾井之间，可以克服客兵容易劫掠四方的弊病；但另一方面，乡兵的大量存在，却是地方势力开始增长的重要契机。但是对于统帅而言，乡兵的起用存在这样的问题：“若邻近贼巢之乡兵，

---

① 陈荫祖修，吴世名纂：（民国）《诏安县志》卷一五，《奉报兵部尚书克斋李公书三首》，诏安：诏安青年印务公司铅印本，1942 年。

② 杨国桢、陈支平：《明清时期福建的土堡》，《中国社会经济史研究》1985 年第 2 期。

③ 陈荫祖修，吴世名纂：（民国）《诏安县志》卷八，《武备》，诏安：诏安青年印务公司铅印本，1942 年。

持一餐之饭，一升之米，与贼从事。纪律不知，老弱并出，彼此观望，朝出战而暮思归，谁肯步步为立营，志专在战？如战得利，即将贼物搬回，来来往往，半在营而半在家，头目亦不能禁之。其或失利，更无再聚再战之志也。”①

官方对地方控制的相对无力，势必促使地方乡族开始寻求地方安全的保障方法，于是筑堡以自保的情形就纷纷出现。通过对民国《诏安县志》的资料整理，可以看出明末清初土堡设置的情况，如表 3-2。

表 3-2　土堡设置情况表

土堡名称	性质	时间	位置
悬钟城	官建	明洪武二十年（1387 年）	三都
铜山镇城	官建	明洪武二十年（1387 年）	五都
南澳镇城	官建	—	县海门西出半日程
川陵土堡	官建	明隆庆年间	五都
岑头土堡	民建	明正德年间	三都
甲洲土堡	民建	明嘉靖二十五年（1546 年）	三都
象鼻土堡	民建	明嘉靖年间	三都
上湖土堡	民建	明嘉靖二十四年（1545 年）	四都
梅州土堡	民建	明嘉靖二十四年（1545 年）	四都
厚广土堡	民建	明代	四都
畲安土堡	民建	明代	五都
张塘土堡	民建	明嘉靖年间	五都
南陂土堡	民建	清初	二都
溪南土堡	民建	清顺治十一年（1654 年）	三都

① 陈荫祖修，吴世名纂：(民国)《诏安县志》卷一五，《论乡兵不可用》，诏安：诏安青年印务公司铅印本，1942 年。

续表

土堡名称	性质	时间	位置
仕渡土堡	民建	清乾隆七年（1742年）	三都
仙塘土堡	民建	—	三都
含英土堡	民建	—	三都
尾营沈姓土堡	民建	—	三都
宝桥土堡	民建	—	三都
马厝城土堡	民建	—	四都

民国《诏安县志》载，二都统图：西葛、太平、官陂、秀篆四区，三都统图：怀恩、遵化、思正、东湖、维新四区，四都统图：奇湖、梅岭、梅港。比照诏安地图、地名录可以看到，二都即县治北部，大部分与饶平、平和接壤；三都即县治南部，南到玄钟；四都即县治东部，与东山县相连；五都即东山县。表3-2中的20个土堡，明末清初所见为多，这显然与明末清初王朝改制导致的激烈的社会动荡，影响到人民的生命财产有着莫大关系。这些土堡多处于交通要冲，是地方自主防御的重要保障。其土堡多为乡族合建，亦有单姓独建：

> **南陂土堡** 清初贼万礼以数万众攻堡重围，里人林□修率族众死守以全其宗。
>
> **象鼻土堡** 在三都距县治五里，乃水口咽喉之处。明嘉靖间海寇吴平犯诏堡。民阮仕笃等率其族拒守。与贼持三日夜，贼不能取胜乃解去。[①]

从其防御力量都是单姓族众我们可以推知，这两个土堡至少是单姓主导的本族的主要防御屏障。地方势力的不断成长，使得明末清初建立的土堡的御敌卫家功能逐渐弱化，土堡逐渐成为“乡族分疆割据、宗族械斗的坚固城堡”：[②]

① 陈荫祖修，吴世名纂：(民国)《诏安县志》卷八，《武备》，诏安：诏安青年印务公司铅印本，1942年。

② 杨国桢、陈支平：《明清时期福建的土堡》，《中国社会经济史研究》1985年第2期。

四都之民，筑土为堡。雉堞四门如城制，聚族于斯，其中器械俱备。二都无城，广筑围楼，墙高数仞，直上数层，四面留空，可以望远。合族比栉而居，由一门出入，门坚如铁石，器械毕具，一夫疾呼，持械蜂拥，彼众我寡，则忽入闭门，乞求别村，集弱为强。其始有倭寇为害，民间自制藤牌、短刀、尖挑、竹串自固；后缘海盗不靖，听民御侮，官不为禁。至今遂成械斗张本矣。[①]

筑堡之风，始于明末清初，而到陈盛韶成其书稿的道光年间，已逾数百年，但仍能"聚族于斯"使得"官不为禁"。土堡功能的显著变化清楚地说明了一个本质问题：地方势力一直在成长，不仅能与官府分庭抗礼，更使官府莫之奈何。地方宗族势力的成长是地方血缘关系得到巩固发展的必然结果，而在明末清初的社会大动荡中，地缘关系的成长，即数姓或数村人聚合在一起，以求自保更是地方势力不断发展的重要方面。明末清初，在诏安二都即现今诏安、平和、云霄三县交界处，存在一个以万为姓的"万姓集团"。"崇祯间，乡绅肆虐，百姓苦之。众谋同心，以万为姓"，参与者都放弃了本姓，以结盟形式组成一个集团，这与后来的天地会有较大关系。从表 3-2 中，可以发现，二都土堡仅南陂土堡一个，聚众结盟成为乡民保卫自己安全的重要方式。"顺治五年十一月九日，万礼率领义军，同反清义士，曾任南明巡抚的卢若藤和监军邱建会合，进攻漳浦县城……一时震动闽南。"[②]又可知，在崇祯到顺治年间，聚众规模已经颇大。据《诏安县志》载，顺治三年(1646 年)时，诏安还没有归顺清朝，从顺治三年(1646 年)郑成功入据南澳，顺治四年(1647 年)又据厦门、金门。顺治六年(1649 年)，入据铜山募兵措饷，再到康熙元年(1662 年)的郑成功去世，诏安一直处于两个政权的摇摆之中。前期，清军为被防御对象；后期，郑氏集团为主要防范对象。在这一过程中，聚众自保为当时人民的主要手段。

地方势力开始涉入地方防御体系，担当起保卫一方的职责，既得不到官方的承认，甚至以起义的"反叛"形式来确保他们眼中地方的安全。地方势力从地方安全出发，一切滋扰力量都是其防御的对象；而官方主要从维护王朝统治出发，不被官府认可的都是"反贼"。从这个意义上讲，两股力量在相

① (清)邓传安、陈盛韶：《蠡测汇钞·问俗录》，北京：书目文献出版社，1983 年，第 85 页。

② 谢继东：《诏安——天地会发源地》，《诏安文史资料》第 16 辑，诏安：政协诏安县委员会文史资料研究委员会编印，1996 年，第 48 页。

对各自独立的情况下对地方安全都做出了自己的贡献：

> （顺治）五年春大饥，借名起义者。杀防将马守惠，知县林蔚亦被挟见杀。二月贼首江警庸黄调围南陂堡，林朝翊率族人固守，贼解围去。
>
> （顺治）六年同柯宸枢联络铜山等处募兵措饷。五都人林日灼鼓众拒之。[①]

清代中后期以来绿营军制逐渐出现流弊，清代地方政治控制力也不断减弱：

> 清代绿营之制鉴于前代而损益之，立法初非不善，积久其弊渐生。往往有兵之名，无兵之实。乾嘉以后，营弁半由捐充补入，坐拥高厚，徒事因循。[②]

地方势力不自觉参与地方政治控制，随着清中后期以来的官方控制力削弱，地方势力的自主性得到了不断的加强而开始转变为对地方防御事务的积极自觉参与，成为辅助官方体系运行的重要力量。

这一点可以从《诏安县志》记载的规模最大的一次地方性动乱——同治乙丑年（1865年）动乱中窥见一斑。

同治三年（1864年），太平天国余波影响到福建地区时虽说已是强弩之末，但仍对当地官民抵抗力量造成了巨大的冲击，“诏安以弹丸之地当闽粤要冲，劫数难逃，其势所必然”。太平天国侍王李世贤、康王汪海洋率残部由江西省入闽，汪海洋攻取龙岩，李世贤攻取漳州。诏安县知府赵人成率领诏安人民奋勇抵抗，先是御于诏安、平和交界，后因官饷不足，乡绅筹措无门，且太平军丁太阳利用东沈村人作为内应，城陷，三千居民流血浮橹。从这个守城保卫战中可以看到，民间乡绅、绅衿的力量始终是官方依仗的重要力量：

> （赵人成）连夜遣心腹带投往探，一面知会文武官员绅衿于（同治三年九月）十九日到署内计议开会，时汛官对曰：“今平和已失，二都区官陂之龙过岗、秀篆之青龙山均属平诏交界之要隘，急宜派兵前去堵截为是。”众善其言，徐天成即举李仲为首，带乡勇二百名赴龙过岗……公局

---

① 陈荫祖修，吴世名纂：（民国）《诏安县志》卷五，《大事》，诏安：诏安青年印务公司铅印本，1942年。

② 陈荫祖修，吴世名纂：（民国）《诏安县志》卷八，《武备》，诏安：诏安青年印务公司铅印本，1942年。

诸绅衿亦举武生沈某带乡勇三百名往青龙山堵截。

赵公仍谕杨许二人招募乡勇三百，营兵设法守城，四关分派绅士督勇盘查出入以防奸细……饶平县接得警报，亦即委员带领五百壮勇，前来饶诏平三处之米家山扎营防堵。

面对军队军饷的问题，赵人成只能“催促义安局局董分别向殷户筹捐……就地筹饷”。而当地地方绅衿的能力直接也影响到了这次保卫战的胜败。

诏安公局局董在面对赵人成关于军费及弹药屡过期限的责问时就回答道：

军费浩繁，独特捐输，迄今经半载之久。费银七万两有奇，殷户力竭。董事法穷，因无款可支，故将守城练勇之粮饷裁去，设法向殷户捐米，分给守勇作口粮。但现在米谷亦将告罄，以此思之渎捐不已。殷户无力，呼庚不灵，而救援又不至，恐难支持矣！[①]

由于内奸的出卖、军力的不足等原因，这场保卫战最终以失败而告终。由上述三条材料可知，地方绅衿在地方防御决策中扮演了重要的角色，这显然与绅衿名望不断扩大有着莫大的关联。按照瞿同祖的说法，士绅在地方社会的两个圈子内发生影响。“一个是在普通老百姓的圈子中，在这里他们赢得了尊重和追从。作为社群或公众的首领，他们解决纠纷，组织募捐活动，主导地方防备，也发挥其他种类的作用。”另外一个圈子就是地方官员的圈子。一个士绅“对官员的决策过程施加影响——也就是说，促使官员创制、修改或撤销某个决定或行动”。[②] 士绅们的学识、名望、实际能力使得他们能从当地的实际出发，以当地有限的力量来组织防御。乡勇的大量起用、乡勇与当地社会密切的联系使守将勇士均能誓死卫战。这一场保卫战是明清以来变化的地方防御体系的巨大试验场。它检测着诏安自明代以来陆上防御能力的强弱。以官方力量为主导将各类兵勇调拨于筹握之中，同时积极向外寻求（潮州道台）帮助，将各类资源统备于御敌工程之中。而以乡绅为主导的地方乡族势力，主要在参与决策、筹措薪饷以补充不足上发挥较大作用，这种功能上的整合让地方势力自觉主动积极地参与地方防御体系的特点凸显出来。

---

① （清）吴梦沂：《乙丑诏安屠城记》，抄本。

② 瞿同祖：《清代地方政府》，北京：法律出版社，2003年，第298页。

结　语

诏安作为闽广交界的边陲重地，陆路由二都平饶诏交接处可下抵潮汕地区，上至平和、龙岩等。海路上与台湾隔海相望，处东南沿海海岸线的重要一点。其地理位置之重要自不待言。嘉靖九年（1530年），诏安设置县级区划将南诏乡提升到诏安县，除了教化地方的考虑外，中央想加强这一海防要区的控制也是其重要的因素。明嘉靖以后以倭寇、海盗为主的地方性动乱，将诏安对于整个王朝东南海防的重要性凸显了出来，明将俞大猷也多次论及营建好诏安防御在取得对倭寇、对海寇胜利方面的巨大意义，认为“此地不征，则闽广之患终不能息”。官方政府对诏安地方防御体系的营建基本上是服从于整个海防大局的，明代时期对福建海防区的营建中，三路五寨中的南路参将就设置在诏安，铜山水寨的营建对此海防区亦有着重要的意义。而在陆地要冲上，多只是以“派营所官兵把守”塞责过去。营建力量分布的不均，明代兵制的不断腐朽以及明末清初王朝改制带来的激烈社会动乱无不暴露了官方对地方缺乏有效的控制，沿海居民相继为盗，“得利则家享其赃，发觉则众卸其责”。呈报不举，保甲不行，官方在诏安未能建立有效的保甲体系。“保甲制度背后的深层理念是，每个人的行动都难以逃过邻里乡亲之耳目；若将邻里居民组织起来，官方掌握所有民户登记资料，则陌生人及违法者必定难以在居民中隐藏。”[①]从保甲制度背后的深层理念未能得到贯彻可以反观官府在组织邻里居民、掌握所有民户登记资料上的不力。总的来说，这里的保甲制度是“没有效率”的。于是地方开始寻求自保的方式，在筑堡自卫与聚众自保中，民间土堡的存在使得附近居民一遇祸事就避居土堡，形成一个比较牢固的防御体系，不同于在官方指挥下的松散个体。正是基于土堡的这个归属认同感，让地方通过血缘、地缘联系得更加紧密，在对外防御上不再以官府的政令马首是瞻，而是较为主动地联合防御，地方势力的自我主体意识开始萌生。在率族众抵抗过程中，以乡族为主要力量的地

① 瞿同祖：《清代地方政府》，北京：法律出版社，2003年，第252页。

方势力不断地积累力量，以乡绅名望、实力为依托的乡族势力开始不自觉地负责整个地方安全。到清代中后期，乡族势力已发展成为地方社会一股重要的领导力，他们对于地方安全的参与则是从不自觉到自觉的过程，这股势力最终成为地方防御体系的重要组成。乡族势力主要在纠合地方民间势力，以民间资源支持官方上起着较大的作用；而官方兵制在维护正统防御、统筹军备、宣化王朝影响上有较大作为，它们成为地方防御体系中的两股重要力量。诏安同治之乱中乡绅们所扮演的角色，很好地说明了这一点。

第三节　明清海洋政策与台州海门镇历史变迁

台州海门“三面依山，一面阻海”，“出椒江，东通大海，西达黄岩、天台、仙居”，现为台州市主城区，在明清时隶属于台州府临海县。由于地处濒海，为四隅要地，深受明清海洋政策的影响，经历了从小渔村的蜕变、迁界的痛楚、城镇职能的转型等，最后形成商埠的沿海城镇成长的历程。

一、由渔村到卫城

明初倭患肆虐，遍及沿海各地，台州也难以幸免于难。洪武二年（1369年），“日本掠台州旁海民”。虽然明太祖“遣莱州同知赵秩责让之”，让日本“送还明、台二郡被掠人口七十余”，[①]但倭寇侵扰依然频繁。洪武十七年（1384年），洪武帝“命信国公汤和巡视海上，筑山东、江南北、浙东西沿海诸城”。汤和至浙后，“置卫所，并海筑城，五十有九，选丁壮五万八千余人戍之”。海门卫即为其中一卫城。当时，信国公汤和为筑海门卫城，“城高二丈五尺，周回五里三十步，长一千三百一十丈，垛口八百三十个”。洪武二十七年（1394年），又筑海门北岸城，使“两城对峙，形同唇齿”，“设水师七千防守，最为重地”。[②] 自此，海门由于海防的需要，由不知名的小渔村蜕变为海防重镇的卫城。

---

① 张廷玉等：《明史》卷三二二，《日本传》，北京：中华书局，1974年，第8342页。

② 陈仁锡：《皇明世法录》卷七五，《禁令》，台北：学生书局，1965年。

为对付倭寇，明廷一面“筑城堡”，一面“严海禁”。洪武帝曾下诏“禁濒海民不得私出海”，私自贸易，而且对下海船只有严格的规定：“沿海去处，下海船只，除有号票文引，许令出洋外，若奸豪势要及军民人等，擅造二桅以上违式大船，将带违禁货物下海，前往番国买卖，潜通海贼，同谋结聚，及为向导劫掠良民者，正犯比照谋叛已行律处斩，仍枭首示众，全家发兵卫充军。其打造前项海船，卖与夷人图利者，比照私将应禁军器下海因而走泄军情律，为首者处斩，为从者发边卫充军。若止将大船雇与下海之人，分取番货，及虽不曾造有大船，但纠通下海之人接买番货，与探听下海之人番货到来，私买贩卖苏木、胡椒至一千斤以上者，俱发边卫充军，番货并入官。”严厉的海禁使沿海渔业、渔民大受影响。“宁、绍、台、温等府，沿海居民以渔为生。先因出入无稽，引倭为导。永乐年间，禁例片帆寸板不许下海。继因小民衣食所赖，遂宽其禁。”但事实上，永乐年间对待海禁，“一遵洪武事例禁治”，有些方面甚至较于洪武时期有过之而无不及。取消出海引票，“禁民间海船，原有海船者悉改为平头船，所在有司防其出入”。[①] 嘉靖三十五年（1556年），由于“海禁太严，渔樵不通生理日促”，渔民“转而从盗”。于是，放宽捕鱼禁令，令渔民“编成排甲互相保结，验放出入无事照旧，采捕有警，听总兵等官，调取与同兵船相兼，分布防守通行，遵照讫先伟申旧例，宽海禁，以便渔樵以裕”。终明一代，海禁对沿海渔业发展有着较大的阻碍。

明代严厉的海禁还使海商转为海寇，走私贸易盛行，有些守城卫兵也参与其中以牟利。成化年间，海门卫指挥李昇，“先以罪充边军，遇赦来归与军舍贾三等八人常以兵众泛海为奸利”。指挥使李定安为了不让事情暴露，贿赂浙江都指挥佥事刘源案发后，“李昇、贾三依律处绞，余六人徙充边军，刘源、李定安等十二人逮治如律”。

增强海防、严行海禁是整个明朝海洋政策的主调。明代大量修筑卫所城池，增强海防，使浙江沿海很多无名之地转而成为军事要地。海门即为其中之一，而且因其地理位置，曾一度成为台金严总兵的驻扎之地。严厉的海禁虽然在明代一些时期有些许松弛改变，但依然受限很多，如前往日本经商一直在禁止之列，市舶司更是限制海外贸易的工具。

① 《明成祖实录》卷二七，永乐二年正月辛未。

二、迁界时的没落与展界后的复苏

清初，由于郑成功盘踞台湾，清沿袭明的严格的海防、海禁政策。顺治八年(1651年)，清政府令“宁波、温州、台州三府沿海居民内徙，以绝海盗之踪”。但是，海防的增强却没有让海门免受兵灾的侵扰。“十三年，福藩耿精忠乱，遣曾养性、杨大绰、吕胡长髯统数百海艘入关，陷黄岩县，进攻台郡，被大炮轰击，退海门，从西门毁垣而入，屠之。”至康熙二十二年(1683年)八月，台湾郑克塽降清，清已无外患，于是下令“尽复沿海迁界民业，许民出海网鱼”。百姓纷纷回迁，海门城复苏。时任台州杜渎盐场大使的刘廷玑在《检田至杜下桥》一诗中写道：“喜从迁弃后，农业渐知还。木满高低路，烟生远近山。”

自康熙二十二年(1683年)，清廷下回迁令，开始对海洋政策有所调整。二十三年，清廷允许出海贸易，但对出海贸易的规格依然有着较为严密的规定，只允许五百石以下的单桅船通行，“如有打造双桅五百石以上违式船只出海者，无论官兵民人，俱发边充军。该文武官员及地方甲长同谋打造者，徒三年；明知打造不行举首者，官革职，兵民杖一百”。二十四年，在家子(海门区域内地名)设海关，管辖金清、白峤、健跳、江厦埠四个旁口。

展界初的海门，由于迁界近乎毁灭式的打击，以及多次兵灾的摧残，几近空城，复苏举步维艰。县丞衙门，在康熙十三年(1674年)遭到兵灾尽毁，回迁后，一直租用民房，直至乾隆年间才得以重建。据金商父子记载：回迁后，“海门居民稀少，市井萧条，加以瘟疫流行，夕阳初没，相率闭户而卧，合城如是，相沿百余年”。

但相对松弛的海禁、较为承平的局面，使处于海口的海门开始发挥其地域优势。航运与走私贸易悄然兴起。由于“浙江台州府属之海门，原系卫所，从前驻扎总兵，控扼海口”，与“台协前所对峙，皆系陆路汛地，中隔椒江，宽广十里。自黄岩至台郡，必由此横渡，府城食米，向仰给于黄太二县”，“然，由江入海，片帆如飞，以十里江面之宽，又系急流捷径，瞭望稍有不及，即被偷越出口”。因此，清廷“于西岸设立照票，兼用营汛戳记挨号稽查”，并在“海门、前所两岸陆汛江面添设快哨船数只，就近实力巡察偷运米食，夹带私盐等弊。又海门至黄岩、前所至台郡，南北两岸相隔数里，每岸各设炮台一处，再隔数里，亦设一处，安兵防守，建造营房，永远居住”。从清廷设照票，加强巡察力度等严禁走私贸易措施可以发现，当时的海门走私贸易已然复苏到一定程度，引起了清廷的注意，清廷不得不采取一些措施进行管制。在嘉庆年间举人牟浚曾描写过家子渔民的生活状况："结网家家课女红，弄舟个个逞英雄。潮生蛤晕时时验，市满鱼腥岁岁同。面面屏山云灭没，村村篰屋水西东。我生惯作非非想，昔昔思乘破浪风。"从此诗中可见，海门渔业开始复苏，已然没有了迁界时的萧条。

在鸦片战争之前的百年里，清廷的海洋政策从康熙时期的逐渐松弛到乾隆时期的重新加紧，自始至终并未实现真正的开海贸易。

三、晚清海门镇的兴盛

在鸦片战争前，海门城职能较为单一，主要以军事防护为主，城内除了衙署、寺庙、少数的街道以外，鲜有其他的设施。鸦片战争后，商品贸易转而成为这些海防城镇的首要功能。首先，街巷的增加。光绪二十八年（1902年），"法教士李思聪买地造屋立街市，东曰东新街，西曰西新街。街西有河，河之南曰南新街，河之北曰北新街。"这些街巷构成了民国，乃至现在海门的主要街市。其次，水利的兴起。为了防止商民庐舍被海潮淹没，光绪年间，陈守璠、张丞毓麟筹款筑堤，总共计四百数十丈。这是海门自筑城以来，首次水利兴建的记录，而究其原因主要是为了保护商民的利益。再次，书院的涌现。在鸦片战争前，海门并未有书院等教育机构。自同治二年（1863年）里人将庵堂改建为印山书院，至清宣统年间，共建书院九所，为：印山书院（同治二年）、童蒙义塾（同治四年）、东山书院（同治九年）、椒江书院（同治九年）、文化小学（光绪二十九年）、尚德两等小学（光绪三十三年）、葭芷两等女子小学（光绪三十三年）、葭芷初等小学（光绪三十三年）、葭芷国民学校（宣统二年）。其中椒江书院曾一度因为海门"负山面海，利擅渔盐，居民半多务农服贾，因民所利，设立农工商实业学堂，洵为目前急务"等，要改为椒江实业学堂，但由于资金及条件的欠缺作罢。最后，经济职能机构的设立。同治二年（1863年），创设海门厘捐总卡，"初由台州府知府派委督办抽厘。光绪初年，卫方伯改归省委，均以候补知县充之"。主要分卡有三处，分别是金清，为抽厘卡；葭芷；东路，为查验卡。至光绪初年，废司营为渔团局，管理渔业。

在此期间，除了城镇设施的增加或改变，逐渐完善城镇功能外，内外贸易的兴盛，使海门成为当时浙江商品流通的集散中心，为现今的海门港奠定了良好的基础。光绪年间，因“禁网阔疏”、海陆交通便利等，海门港口成为“船埠所在，蚁聚蜂屯，行旅辐辏，下达黄太，四望平夷，诚合郡之咽喉，为海隅之隘塞”。同治年间，已有小轮往来运输。至光绪二十年(1894 年)，“宁波商人创办海门轮船，往来宁台，建设码头，海门商业之芽始茁”。随后，海门绅士杨晨等人集股购“永宁”轮船，往来甬椒，继又添购“永利”轮船，来往椒申，“每次出入，货物填溢，旅客拥挤”。“外郡富商知有利可图，复续添‘可贵’‘宝华’‘平安’‘普济’各商轮，排日往返上海、宁波、温州各埠。”此外，内港还有小轮往来临海黄岩各县，络绎不绝。航运呈现一片繁荣之景。为了便于商品运输，海门大兴水利工程。清光绪二十四年(1898 年)，绅商王梦兰、蔡霖等，“禀请郭守式昌、翁令长森开新河，经府县亲勘兴工，海门镇余朝贵派兵助浚，刘中军捐银四百两为倡，乃相度地势，按亩捐钱，集银一万元充经费”，筑成新河，长五里，使轮船能直至海门新道头。“工竣后，商旅甚便，商务遂骎骎矣。”交通运输的便捷，使海门“海门埠头及市面，日新月异，商务之兴隆，有如潮涌”，有“小上海”之称。当然这只是畸形的繁荣，商品贸易的不对等使海门很难有真正的发展。当时即有人为此感到担忧：“地方之实业，未曾开办，货弃于地，无可养人，以故出口之货，岁计益形短绌，进口之货，岁计愈见增加，利权外溢，吾台人几何不潜剥暗削，病羸瘠而毙也。”

在晚清时期，海门镇由原来的以军事职能为主的海防要地，转变为军事与经济并重的城镇，而且还出现了军民合作服务经济发展的现象，如在疏浚新河工程上，海门驻军即为主要资金与劳力来源。

第四节　从《鹿洲公案》看清初海疆知县对地方的控制

一、清初县官制度内涵

(一)知县与乡村社会的关联

在王朝官僚系统中，知县位于整个国家官僚体系的底端；然而，正是由于这一位置，使其处在政治国家与民间社会的交汇点上，以国家代表的身份直接面对广大的乡村社会。“在清政府各级的无数司署中，县级衙门对当地人民生活影响最大，因为县级衙门是他们最直接、最经常碰到的皇权形式。县衙门也是地方政府与非正式的地方权力代表协商的主要中心。”[①]“全国的县官……进行征税、治安、教化等统治人民，其目的是为使朝廷的政令得以贯彻、执行，保证财源，灌输封建思想，稳定封建统治秩序。”[②]清人认为：“朝廷敷布政教，全赖州县奉行。”[③]因此，费孝通先生指出：“传统中国从县衙门到每家大门之间的一段情形，是最重要的，这是传统中央集权的专制政体和地方自治的民主体制打交涉的关键，如果不明白这个关键，中国传统政治是无法理解的。”[④]

知县位置的特殊性、地位的重要性决定了其对乡村社会必然会产生深刻的影响。因此，“谚有之：破家县令”，[⑤]“杀人的知府，灭门的知县”。[⑥]

（二）县官制度、县官职责、乡村社会的控制

清代“知县掌一县治理，决讼断辟，劝农赈贫，讨猾除奸，兴养立教。凡贡士、读法养老、祀神，靡所不综”。[⑦] 由此来看，其主要职责仍然是传统的三项内容：钱谷刑名、治安、教化。其中，教化与司法惩治是乡村控制中软硬两个不同的方面，而钱谷征收的实现、社会治安的有效维护，又是乡村控制的核心所在；乡村控制与县官职责的实现密切相关。

但清代对历代县官制度也有进一步完善的地方，其中之一就表现在“县官缺制”上。清制规定：“引见之员各省府州县，定为冲、繁、疲、难等缺，有四字相兼者，有三字者，有二字、一字者。”[⑧]其中，四字相兼者为“最要缺”，三字相兼者为“要缺”，二字相兼者为“中缺”，只占一字者为“简缺”；以县官的

---

① （美）施坚雅：《中华帝国晚期的城市》，北京：中华书局，2000年，第418页。

② 李林：《清代县官的执掌与作用》，《辽宁大学学报》1986年第6期，第50页。

③ （清）贺长龄、魏源：《清经世文编》，北京：中华书局，1992年，第581页。

④ 费孝通：《乡土重建》，上海：上海观察社，1948年，第46页。

⑤ （清）汪辉祖：《学治续说》，《学治臆说》，北京：中华书局，1985年，第13页。

⑥ 齐如山：《清代州县四种》，那思陆：《清代州县衙门审判制度》，台北：文史哲出版社，1982年，第72页。

⑦ 赵尔巽：《清史稿》，北京：中华书局，1977年，第3357页。

⑧ （清）刘锦藻：《清朝续文献通考》，杭州：浙江古籍出版社，2000年，第5367页。

资历、能力、经验等对应"缺"之难易、繁简，以利于最大限度地履行县官职责，实现对乡村社会的治理。

二、蓝鼎元与乡村社会控制

作为普、潮两县的知县，蓝鼎元面对的是具有鲜明地域特色又颇为难治的海疆乡村移民社会："普为邑……果陇、北山、狗眠，强悍所聚……穿窬攘夺，探囊拾芥，追之则越境乃免，捕之则法不愈域。"[①]潮阳县，"邑西与普宁连界……厚山……悍塘，皆强悍所宅，穿窬夺攘之患，普罹其殃。逋赋抗租，鱼肉田主，殴差拒捕，邑亦大受其困……潮邑时务，惟在版籍混淆，地亩不清。有田无粮之弊累靡终极……"[②]而且，当蓝鼎元步入这一地方社会时，"粤东普宁、潮阳、揭阳一带，连年灾荒……尤其是普宁、潮阳是恶性事件多发地区……且潮人好讼，奸宄讼师相互勾结……严重扰乱社会治安……每三日一放告收词状一二千楮"。[③] 据清代"县官缺制"的划分，普宁县为"难"一字简缺，潮阳县为"繁、疲、难"三字要缺。[④] 因此，潮阳更不易治理，尤其是作为大县的潮阳，地方势力十分强大："阖邑乡绅举贡，文武生员不下七八百人，捐纳贡生一千三四百人，院司道府书吏辕吏，势豪大棍，不知几千百人……"致使"持檄催粮之差……见之惴惴……亦遂与和同舞弊"，而且县官"稍示以严刑，则各役轰堂一声，溃然走散……"[⑤]

此种社会场景，客观上对蓝鼎元的施政提出了极大的挑战；同时，也为主观上富有抱负的蓝鼎元提供了难得的历史机遇。

（一）蓝鼎元开展的乡村社会控制实践及效果

1. 对吏役、保甲首领的驾驭

蓝鼎元所处的时代，国家设官治理仍然局限到县。因此，就蓝鼎元而言，能否成功地驾驭直接任事的吏役以及深入基层社会的保甲首领，就成为

---

① （清）蓝鼎元：《蓝鼎元论潮文集》，深圳：海天出版社，1993年，第29页。

② （清）蓝鼎元：《蓝鼎元论潮文集》，深圳：海天出版社，1993年，第21～22页。

③ 蒋炳钊：《蓝鼎元传》，南投：台湾省文献委员会，1998年，131～132页。

④ 刘子扬：《清代地方官制考》，北京：紫禁城出版社，1988，第506页。

⑤ （清）蓝鼎元：《鹿洲公案》，北京：群众出版社，1985年，第2页。

其能否控制海疆乡村社会的关键。

(1)对书吏、差役的管制

县官制度中回避制的推行,固然可以在很大程度上解决亲近关系的干扰问题,但是,在客观上,外任县官由于对地方政情不熟悉,不得不在施政上较多地依靠吏役,这就出现了明清时期普遍存在的"吏为害"的现象。为此,一代名吏汪辉祖指出:"宽以待百姓,严以驭吏役,治体之大凡也。"[①]精明的蓝鼎元亦是如此:

> 猝闻亭外人众中哄然一声,差役拥挤向东角门走出,书吏禀请退堂曰:"图差散矣!"……余曰:"恐城门已闭不得出,待我遣人赴营中请启钥大开城门,纵之去。"众差闻余语怪异,皆伫立耸听,其去者亦稍稍潜集。三班头役二十余人跪下禀曰:"我等愿往擒之。"……升平世界,而差役敢于散堂,是叛也……是众差之叛,非叛县令,叛朝廷也。既为朝廷之叛民,则县令明日耀武扬威率营兵民壮捣东山,一鼓擒之……汝等高声传令堂下差役:"愿走着速走,不走着静听点名。"……各图各甲,依次唱名。完多者记赏,完少者重杖,至四鼓鸡鸣而毕,无敢有一名不到者。[②]

蓝鼎元以欲擒故纵之术、反叛的罪名、赏罚严明的纪律将散堂衙役彻底制服,可谓心术高明。而"改甲册"一案,则将擅自篡改"甲册"谋取钱财的"兵书"林集贤"痛责四十板,革退兵书,荷校于市者两月",[③]有力地震慑了不法胥吏,净化了施政环境。

(2)对保甲首领的驾驭

虽然保甲首领在执行官方政策、履行乡村行政职责的过程中,必然地要照顾到本土保、甲的利益,甚至许多人从中作奸犯科而被称为"蠹保""猾保";但是,如果驾驭得当,他们完全可以成为知县控制分散的乡村社会的一支重要的力量。蓝鼎元依靠强有力的手腕、精明的计谋,对这一群体进行掌控。"度乡民为命案入邑,必有约保左右其间……果有保正许元贵在焉。元贵大惊……诿卸讼师李阿柳……因呼许元贵谓曰:'人命至重……曹阿左不到,必系真凶。汝星夜拘出赴讯,如贿纵不出,则汝代抵偿焉。'……越两日,

① 汪辉祖:《学治续说》,《学治臆说》,北京:中华书局,1985年,第29页。

② (清)蓝鼎元:《鹿洲公案》,北京:群众出版社,1985年,第6~7页。

③ (清)蓝鼎元:《鹿洲公案》,北京:群众出版社,1985年,第143页。

许元贵果获曹阿左以来。”[①]“先呼保正郑茂纪责之，曰：“汝职在地方稽查奸匪，今纵攘客而不以实告，既是汝做作也，汝乡中出为匪者几人？……不实言先夹汝。’茂纪乃言：‘姚绍聪、王阿协、范阿义，此三人抢劫是实……我畏其族大强凶，是以不敢言也。’”[②]以上是“转正”后的保长为蓝鼎元效力的实例。不仅如此，在蓝鼎元的号召之下，他们也组织起一支相当大的地方武装力量：“今遣峡山……各保正……方东升等，共率乡兵三百人……环而守之，不许寨内一人逃出他村。”[③]

2. 粮食的安全接收与民间稳定

民以食为天，粮食安全事关民间稳定，这为任何一个清醒的县官所熟知。蓝鼎元主政的潮阳一县，“三岁洊饥，民生艰食”。于是“雍正五年，制府大吏请于朝，议发西谷十万石，均贮潮属各县仓，备赈恤平粜之用”。然而，粮食的安全接收谈何容易：“则见船上高飘黄旗，大书奉旨押运。宪役高光等十人……作上司差员行径，舵梢水手如虎如狼……先以水浸烂谷，搀和量交，群吏以不堪贮廒为请。船户厉声曰：‘大老爷发下之谷，虽粗糠沙泥，谁敢不受……船户黄兆大怒……将黄辉楚挞破额……追至小船扑击之……群吏硠跄归来，莫敢再往……余不得已，即于十八日清晨躬率小船出海接运，而西谷愈出愈丑，有水注烂者，有发热如水者……惟秕扁太多……疑道宪所买未必至于此极。”经过艰辛的努力、侦破：“统计潮阳一邑，均应赔补三千二百石。县令为道宪属员自分代赔二千二百石，其掺和盗卖缺额一千余石之谷，应于各船户名下追补。”不仅如此，因秉公办事导致道台心腹——巡检范仕化被解职，蓝鼎元又得罪了自己的顶头上司。虽然受到处分，但这位知县的属官却扬言道：“潮阳县亦在旦夕，且祸烈于我百倍。”使蓝鼎元想不到的是“越数月其言果验”。[④] 为此，蓝鼎元无限感慨：“朝廷远而上司近，信乎，邑令之不可为也！”[⑤]

3. 乡村社会“豪猾”势力的压制与钱粮征收

知县虽有钱谷刑名、治安、教化三大主要职责，然最为核心者，乃是钱谷一项，以致有的学者认定：“州县官职责十之九在理财，财政问题既关系到州

---

① (清)蓝鼎元:《鹿洲公案》,北京:群众出版社,1985年,第70～73页。
② (清)蓝鼎元:《鹿洲公案》,北京:群众出版社,1985年,第132页。
③ (清)蓝鼎元:《鹿洲公案》,北京:群众出版社,1985年,第256页。
④ (清)蓝鼎元:《鹿洲公案》,北京:群众出版社,1985年,第176～185页。
⑤ (清)蓝鼎元:《鹿洲公案》,北京:群众出版社,1985年,第186页。

县官的考成，也关系到民间疾苦。”[①]

普、潮两地，为典型的海疆乡村社会，皇朝统治力量薄弱；其地又为移民居住的区域，家族势力强大，内聚性强；再加上居民自古就有海洋发展的传统，以及乡绅众多、国家政策与地方特殊利益相冲突等等一系列因素，这块所谓的“海滨邹鲁”之地的内部就异化出了一股颇为难治的社会力量，外化为强悍的民风。

然而，为保证县衙财政的收入，打击海疆移民社会中的反叛势力，作为当地最高行政长官的蓝鼎元，果断地对以马仕镇、赵佳璧为代表的地方“豪猾”势力进行了镇压：“马氏故巨族，其丁男两千有奇，分三寨鼎足而立……仕镇豪雄犷悍，尤为马氏之冠……捐赀作太学生，自是俨然士林……前后任潮邑摄潮篆者十令，拘之三十有四年不能获……支令君赫然振怒……亲诣仙村擒捕之……而上官左右皆马氏腹心，且反于支令君督过……自是仕镇威震惠潮。”[②]在此种情况之下，精明的蓝鼎元对马仕镇采用智取的方式：先秘密地将其外甥林承唤至内室，“余曰：‘汝舅马仕镇也，汝能招之来则生，不来则死，囚汝妻子，灭汝门户。’……乘间言曰：‘舅专制一方……今新官莅任，得毋往谒见乎？’……仕镇曰：‘然。’即令人操舟诣县……命林光款之。须臾堂事毕……乃置仕镇于狱……仕镇犹不服，命拷之三十……曰：‘汝不实言，吾今毙汝！’仕镇度不能免……直言不讳。”[③]对另一“豪猾”——山门城的赵氏，在以武力相迫的情况之下，又耐心地贴出榜文进行宣教：“普天之下，莫非王土，有田有赋，乃古今不易之常……果敢敌杀官兵，公然自居叛逆乎？……本县不过欲汝完粮，原非有所苛求于汝，汝等舍命抗粮，诚不知是何意见……汝士民以本县为父母，本县视汝士民为子……此理甚明，汝等何所惧惮……三日不决，乃汝自误尚慎旃哉。”结果，“赵姓有识者皆惧，累密为缚献之谋。于是佳璧等知不能免，乃偕赵宣侯……等十七人诣县”。[④]

4.盗贼、械斗、讼师的究治与定乡安民

地处海疆又为移民社会的普宁、潮阳两县，在清代号称难治之地，其突出的表现之一，就是盗贼、械斗、讼师气焰的嚣张。为控制乡村社会、履行县

① 柏桦：《明清州县官群体》，天津：天津人民出版社，2003年，第157页。

② （清）蓝鼎元：《鹿洲公案》，北京：群众出版社，1985年，第213～214页。

③ （清）蓝鼎元：《鹿洲公案》，北京：群众出版社，1985年，第216～217页。

④ （清）蓝鼎元：《鹿洲公案》，北京：群众出版社，1985年，第257～258页。

官职责，勇于任事的蓝鼎元大刀阔斧地对此进行了整治。

(1)盗贼的捕捉与乡村社会的稳定

普、潮两县的盗贼主要有两类：一类是海盗。海盗自古有之。然而到明清时期，商品经济的冲击和沿海居民"海的意识"的形成与提升，"下海"成为不可逆转的时代潮流。遗憾的是，当时中国的最高统治者仍然以陆地大国自居，陶醉于所谓的天国朝贡体制，满足于来自四方之邻的朝拜，对海洋则颇为冷淡，视出海之人为"化外之民"。"海盗"便是他们对违反法令、私自从事海洋活动的人们的称呼之一。这种历史背景，客观上就使得民间向海洋发展的努力成为"非法"之举，也使得民间的海洋活动发展为畸形的状态，从而扩大了官府的对立面，增加了治理的难度。但蓝鼎元也表现出顽强的毅力和杰出的作为。"洋盗，故惠、潮特产也。其为之若儿戏，然三五成群，片言投合，夺出小舟，驾出易大，习为固然也……因遣役密访……唯李阿才、李阿皆出海为匪是实……计此案盗伙……实贼四十三人，今缉获三十四人……官兵杀死六人……跌死一人，则四十有一人矣。未获者萧旭友……炮伤深重……必死在大鹏山中。止黄阿德一人，未知去向……从兹闽粤海疆二三千里，波涛不动，商贾晏然，亦官斯土者之一快也。"[①]"果有侦者来报，云匪类潜谋，纠众集械，将出海……又于园中起出大炮四位、神威炮一位……据供党羽多人，就其确然有据者……按律惩治……"结果"潮普两邑肃然矣"。[②]

另一类为陆盗。明清时期，由于受到落后的交通、通信条件的制约，陆地上复杂的地理环境在客观上严重地限制了官府对盗贼的稽查和缉捕，反而使其获得生存的空间而得以滋生和发展。"普为邑……果陇、北山、狗眠，强悍所聚……穿窬攘夺，探囊拾芥，追之则越境乃免，捕之则法不愈域"；[③]"余闻大骇……乃言洋乌、黄龙与惠邑交界之区，恶贼十数辈，横行无惮。此月二十日要行嫁者于途，拉新人出自舆中，摩顶放踵皆剥夺以去……余飞差星夜往缉……因设法购缉……马克道俟获日，按法惩治。余皆痛杖大枷，发四城门示众"。此举不仅严惩了盗贼，而且对乡村社会产生了良好的警示、

① (清)蓝鼎元:《鹿洲公案》,北京:群众出版社,1985年,第100～109页。
② (清)蓝鼎元:《鹿洲公案》,北京:群众出版社,1985年,第54～55页。
③ (清)蓝鼎元:《蓝鼎元论潮文集》,深圳:海天出版社,1993年,第29页。

教化作用,“果然数月之后,匪类绝迹,地方欢乐,感召天和,年谷丰登”。[①]然总体而言,“贼在山者十之七,在海者十之三,而海之为祸较烈焉”。[②]在衡量了山海区域的盗匪力量之后,尽管山里聚集的盗匪更多,蓝鼎元却对“海患”表示出更大的关注,这其中无疑亦包含了他对治理海盗政策之不合理的担忧。

(2)宗族械斗的审理与用水秩序的保护

在潮阳这一乡村移民社会里,各种宗族势力不仅表现出浓烈的内聚性,而且还张扬着强烈的排外意识,他们视各种捍卫本族利益的行为举止为荣。对于这种历史上形成的心理认同和民风,蓝鼎元描述说:“潮郡依山附海,民有杂霸之气……负气喜争,好勇尚斗,睚眦小嫌,即率所亲而哄,至以兵刀相格,如临大敌。强者凌弱,众者暴寡……”[③]尤其是在颇为紧张的人口与资源问题上。“延长、埔上、塘子等乡,共筑陂障水,轮流以灌溉其田。八九月之间旱,江、罗两家恃强众,紊规约,不顾朔日为杨家水期,恣意桔槔,奄所有而踞之。杨仙友不服,操刀向阻……众寡不敌,仙友歼焉。”此案颇为棘手,在“刑法用尽,总以‘不知’二字抵塞”的情况下,蓝鼎元选择在一个“凄风惨淡”的夜间,在阴森的城隍庙里,巧用杨仙友的“幽魂”对质,终于撬开了被告的嘴巴:“拱山叩头曰:‘杀人者,江子千、罗明珠;主令者,江立清。’”于是“即将江子千、江立清诸人,按律定拟,解赴大吏”。[④]一场命案最终告破,民间用水的“规约”也在官威的震慑之下得以继续遵守。

(3)治讼师,平息民间争斗

蓝鼎元施政的普、潮两县,乡绅众多,尤其是潮阳一地:“阖邑乡绅举贡,文武生员,不下七八百人,捐纳贡生一千三四百人……”[⑤]士子们如此之多,政府机构当然容纳不下,他们也只好自寻出路;而明清时期县乡一体的情况之下,国家和乡村社会之间存在着很大的权力真空。这一切就使得各类乡绅自谋职业成为可能。其中,获利颇丰的“讼师”一职,颇为他们当中部分人看好。当然,这助长了乡村社会中的“刁讼”之风,也增加了县官施政的难

① (清)蓝鼎元:《鹿洲公案》,北京:群众出版社,1985年,第88～92页。

② (清)蓝鼎元:《蓝鼎元论潮文集》,深圳:海天出版社,1993年,第68页。

③ (清)蓝鼎元:《蓝鼎元论潮文集》,深圳:海天出版社,1993年,第84页。

④ (清)蓝鼎元:《鹿洲公案》,北京:群众出版社,1985年,第44～46页。

⑤ (清)蓝鼎元:《鹿洲公案》,北京:群众出版社,1985年,第2页。

度，影响了其做官的名声。[①] 因此，讼师必然成为地方官整治的对象：

有潮民王士毅者，以毒杀弟命来告……诘潮诣验，空圹无尸……度王士毅所偷……夹讯之，果服……再诘其移匿何处，及指使讼师姓名，皆支吾，不以实告……密呼壮役林才……果擒获讼师王爵亭……真情毕吐。供称系老讼师陈伟度指画奇计……弋获陈伟度前来，则老奸巨猾，较爵亭深沉十倍，一至则切切鸣冤……则伟度、爵亭在渠家同宿三夜，丝毫不差，其为同谋主使无疑。爰行夹讯，伟度始供……因将王士毅、王爵亭、陈伟度，各予满杖……枷号四乡，周游示众。普人快之。[②]

如此，新、老讼师都受到了严惩。

5. 乡村信仰的应对与民众的掌控

蓝鼎元治理海疆乡村社会，经常坚持这一原则："乃知大事化小，亦整顿地方之要着，不可以文法拘之也。"[③]他将"不可以文法拘之也"的策略灵活变通地运用于处理乡村信仰的实践中。

(1)兴"正学"，息"异端"，灭"妖风"

这是作为朝廷命官、理学名士的蓝鼎元必然要实施的社会行为。在他眼里，"正学"与所谓的"邪教"水火不容，只有消除邪风妖雨，才能保证"正学"的兴盛，最终实现"大治"的施政理想。为此，他不遗余力，雷厉风行："后天一教，不知其所自来……妙贵仙姑即詹与参妻林氏也……胡阿秋辅之，自号笔峰仙公……则已建广厦于邑之北关，大开教堂，会众数百……余追捕仙公益力，势豪知不可解，因出胡阿秋赴讯……余体恤民情……将林妙贵、胡阿秋满杖大枷……余党一概不问……籍其屋于官……为绵阳书院，崇祀濂洛关闽五先生……"于是"正学盛，异端息，人心风俗蒸然一变"。[④] 然而，不久，"潮阳西郊附城村落之侧，白菅一丛，萧然两柩焉……忽一旦香火盛行……谓古柩能言……能为人敛福消灾，有求必应……继而谓之郭仙公、郭仙婆……邻邑愚氓，亦有不远百十里而至者"。这种情况下，蓝鼎元"即日大张文告，禁绝人踪，号召约保甲长，立查二柩有无子孙，限三日之内……三日不遵，则约保甲长……数其借丛作孽，惑世诬民，败坏风俗之罪，将二柩各鞭

① 唐力行：《国家、地方、民众的互动与社会变迁》，北京：商务印书馆，2004年，第491页。

② （清）蓝鼎元：《鹿洲公案》，北京：群众出版社，1985年，第22～26页。

③ （清）蓝鼎元：《鹿洲公案》，北京：群众出版社，1985年，第134页。

④ 冷东：《蓝鼎元视野下的清初潮汕社会》，《中国边疆史地研究》1999年第4期，第35～37页。

一百，烈火焚之，投其灰于练江中流，为邑民除一妖害可也”。其住在南关的子孙“闻之惊惧，连夜移葬”，“自是妖风遂息”。①

(2)“请”鬼神，断案狱，正人伦

针对“潮俗尚鬼，好言神言佛”②的风气，蓝鼎元因势而处之。例如“三山王多口”一案，在“阿功刁悍，阿居幼小，皆难于刑讯”的情况之下，“越次日，直呼阿功上堂，拍案骂曰：‘汝大非人类，匿女改嫁…… 人可欺，天不可欺。举头三尺有神明，三山国王告我矣……汝不赎还，今夹汝矣。’”于是“阿功惧不能答，伏地叩头求宽”。③ 这样，一场自犯自告、匿女再嫁案便成功告破，在士子们看来，维护了当时婚嫁上所谓的人伦秩序。面对刑后拒不吐实的“悍妇”，蓝鼎元亦用此术：“我前言已尽矣。汝必欲固执无伤，彼死者安能瞑目？且我已细加亲验，比对伤痕、凶杖处处相符，汝尚卖弄口给，自招刑罚，此乃郭氏冤魂在旁教导，不使妒妇漏网。我观汝十指，甚是不善，凶气逼人，非得一番痛楚，无以惩世间狮吼之辈…… 乡长、左右邻…… 皆劝之曰：‘娘子，举头三尺有神明，恐不由人抵赖。’……于是林氏乃据实直言……断令杜宗诚将郭氏厚葬……”④这样，一方面予滥发淫威的“正妇”以教训，同时又安慰了受辱而死的婢妾的“冤魂”，起到了扶正“妻妾关系”的作用。

(二)蓝氏社会调控取得成效的原因分析

在“边海难治，闽粤为最。闽粤之难治，漳泉、惠潮为最”⑤的历史背景之下，蓝鼎元在任期内，经过艰辛的努力，实现了对潮、普两县地方社会的有效控制：“未两月而普邑大治。当道以先生为才，俾兼潮篆……潮邑已臻大治……民有仁让之俗。”⑥究其原因所在，有以下三点：

1. 宏大的抱负、大无畏的精神，尤其是端正的为官态度

蓝鼎元不因自己是位老秀才而自卑，而是积极入世，入台充当幕僚。在此期间，一方面处理繁重的文秘工作，另一方面主动地献言献策：“蓝鼎元未

① (清)蓝鼎元：《鹿洲公案》，北京：群众出版社，1985年，第282～284页。

② (清)蓝鼎元：《鹿洲公案》，北京：群众出版社，1985年，第35页。

③ (清)蓝鼎元：《鹿洲公案》，北京：群众出版社，1985年，第169页。

④ (清)蓝鼎元：《鹿洲公案》，北京：群众出版社，1985年，第231～232页。

⑤ (清)邓传安、陈盛韶：《蠡测汇钞·问俗录》，北京：书目文献出版社，1983年，第1341页。

⑥ (清)蓝鼎元：《鹿洲公案》，北京：群众出版社，1985年，第2页。

曾执事台地……但他对台湾的历史和现状进行的考察、对历来治台得失进行思索和探讨……”当然，“蓝鼎元在这样的时代环境下，他要干一番事业，报效国家，势必要维护清王朝的封建统治”。[①] 这充分显示出蓝鼎元忠君报国的个人抱负，也成为他治理地方社会的精神动力。

在任事上，他具有一种大无畏的精神，一种超人的气魄。在潮阳，面对“世家大族横行乡曲，抗拒交粮，历来官吏又都畏之，不敢摧科”的困境，蓝鼎元却说：“不然，绅衿独不畏详革乎？上司吏役不畏上司惩治乎？势豪大棍，吾自有三尺，此无难也。衙役散堂登山，则系不轨乱民，吾能擒而尽杀之……天下岂有不可化之人哉？吾自有良法处置，非汝等所知也。”[②]为保证完成钱粮征收这一知县最为重要的行政事务，蓝鼎元果断地对“威震惠潮”“捣之三十有四年不能获”的潮阳大盗马仕镇进行镇压，并取得了成功。

在为官态度上，蓝鼎元有强烈的忠君报国、爱民守岗的意念。蓝鼎元认为：“为我君抚字斯民，则敬民乃所以敬君。”[③]“天下之官，最难为者莫如守令，最可为者，亦莫如守令……守令之可为，以其与民最亲……故为守令者，当知有民之父母四字，民既以我为父母，我可以不以民为子乎？”[④]如此之官，岂能不尽心效力，施惠于民吗？

2.杰出的个人才能

蓝鼎元富有才华、学识，这是一般官僚所不具备的。短暂的军中幕僚生涯也为他以后成为一名知县、施政于乡村社会，积累了宝贵的经验。其经历与做了三十年幕僚，后成为清代著名知县的汪辉祖颇为相似。[⑤]

在治理谋略上，他看到了乡村治理的根本所在：“虽以圣人治天下，亦不外教养两端，是教养者，守令之实政也。诚于教，诚于养者，以实心行实政也。人不实心皆私欲，问之私则不公，欲则不法，而教养之政为虚文。是以上官掣其肘，僚属挠其权，胥吏穿其鼻，豪强拊其背。若公而无私，洁己而无欲，则数者皆无之矣。”[⑥]

---

① 林奕斌：《蓝鼎元研究》，厦门：厦门大学出版社，1994 年，第 55 页。

② （清）蓝鼎元：《鹿洲公案》，北京：群众出版社，1985 年，第 2 页。

③ （清）蓝鼎元：《鹿洲全集》，厦门：厦门大学出版社，1995 年，第 497～498 页。

④ （清）蓝鼎元：《鹿洲全集》，厦门：厦门大学出版社，1995 年，第 506 页。

⑤ 唐宇辉：《浅谈汪辉祖的州县吏治思想》，《湘潭师范学院学报》1992 年第 5 期，第 25 页。

⑥ （清）蓝鼎元：《鹿洲全集》，厦门：厦门大学出版社，1995 年，第 506～507 页。

为此，蓝鼎元除“劝课农桑”之外，还积极而坚定地履行钱粮之责。如在潮阳县果断地就地解决钱粮问题：“设法催征，未必不较便捷也。”[①]坚定不移地处理“西谷船户”一事，又对拒交钱粮的乡村“豪猾”进行镇压，相继取得了一系列成果。

在教化一事上，蓝鼎元注意到：“千古治化，全在风俗。”[②]“官斯土者，可不百倍留心，以训民型俗、久安长治为己任。”[③]否则“法之不行，教之不振，降灾于令足矣”。[④] 蓝鼎元不遗余力地履行自己的这一重要职责，除“兴正学”、灭“妖风”以及镇压“豪猾”势力之外，在钱粮征收、司法惩罚上也巧妙地运用教化手段，以达到“治世”的目的。例如，面对“潮人素有健逋之癖”的困境，蓝鼎元贴出榜文加以劝谕：“潮阳之在岭东，固巍然大县也……人物蔚兴，世家大族，甲于潮郡。士大夫明礼仪而重廉耻，古以海滨邹鲁目之……五营军士，自五月至今，未沾升斗之粮，汝等同乡共井，非亲即故，宁不相知相恤，况设兵为民，输赋养兵，古今通义……汝以潮阳大邦，而乞食于小邑，不亦可耻甚乎？况镇、程之粟虽来，汝士民粮米终须完纳。何苦自居顽户抗欠之名，使堂堂大县黯然失色？其羞其否……尚汝等不知情理……则本县减耗无益，自当照旧加以征收。唯有严刑峻法，以与汝顽民为难。汝等自度能抗本县，能抗朝廷之法乎？……”[⑤]之后，“而一二顽梗衿绅……余密遣差役捕至之……但粮米全完即出汝矣……逋则开列欠单，置之狱，俟完乃出……至腊月二十八日而告厥成功”。[⑥] 蓝鼎元教、法兼施，解决了钱粮征收这一难题，使处于饥饿中的五营军士腾欢感激。蓝鼎元每次结案，总是最大限度地发挥司法与教化的功用，以警示民众，达到刑法所无法达到的效果：“因将王士毅、王爵亭、陈伟度，各予满杖，制木牌一方，大书其事，命乡民传擎偕行，枷号四乡，周游示众。”“……阿讼、阿载、阿惜，为邑人所痛恨尤深，环观者千百，皆嚼齿指骂，或击以沙泥，燔以草火……潮人相举手加额称大快。”[⑦]

---

① (清)蓝鼎元：《鹿洲公案》，北京：群众出版社，1985年，第1页。
② (清)蓝鼎元：《鹿洲全集》，厦门：厦门大学出版社，1995年，第119页。
③ (清)蓝鼎元：《鹿洲全集》，厦门：厦门大学出版社，1995年，第46页。
④ (清)蓝鼎元：《鹿洲全集》，厦门：厦门大学出版社，1995年，第334～335页。
⑤ (清)蓝鼎元：《鹿洲公案》，北京：群众出版社，1985年，第4页。
⑥ (清)蓝鼎元：《鹿洲公案》，北京：群众出版社，1985年，第4～5页。
⑦ (清)蓝鼎元：《鹿洲公案》，北京：群众出版社，1985年，第91页。

3. 雍正年间政治较为清明

这种政治大气候之下，县官制度推行良好。依据这一制度中的官缺对应原则，蓝鼎元被委任到普宁，后兼任潮阳知县。如此任命，有以下两个原因：一方面，虽然两地难治，但蓝鼎元本人却富有治理才能和经验。另一方面，普、潮两地在地理、风情上，与蓝鼎元的家乡——漳浦县颇为相近："潮汕地区的文化地缘，历来是亲闽疏粤的"，[①]"故曰潮隶闽为是"。[②] 再加上蓝鼎元年轻时对沿海地区的游历，以及在台期间对海疆地区的深入关注与研究，这些经历为蓝鼎元治理普、潮两县，扫除了地理、风情上的障碍。在"县官缺"不足的情况下，蓝氏的这一优势，无疑成为其能够获得这次任官机会的原因之所在。

三、蓝鼎元在乡村社会控制上的局限性

作为知县，蓝鼎元虽是一个个案，但也有一定的代表性。蓝鼎元对乡村社会的控制，虽然暂时达到了预期"大治"的目的，但细加分析，一方面，他本人仍有诸多失望和不尽意之处；另一方面，就地方治理而言，亦显然不乏局限性，具体表现如下：

（一）外来的掣肘影响了地方治理的成效

知县虽为"实政实治"之官，但在现实生活中，受到了来自各方的限制。就地方社会而言，当蓝鼎元提讯地方"豪猾"姚绍聪时："而姚族生监多人林立阶下，请释善良，以安本业……复有惠潮道差员李姓者……则言：'贫民乏食相攘窃，亦属细故，不可以大盗通详，恐于道宪考成有碍。'"[③]就上司而言，在"西谷船户"一案中，蓝鼎元虽然依法严惩了道宪的心腹范巡检，却因此"获戾，遭意外不测之变，奉参去位"，导致讼师"林军师遂洋洋出狱"。[④]

---

① 冷东：《蓝鼎元视野下的清初潮汕社会》，《中国边疆史地研究》1999年第4期，第105页。

② 王士性：《广志绎》，北京：中华书局，1981年，第102页。

③ （清）蓝鼎元：《鹿洲公案》，北京：群众出版社，1985年，第131～132页。

④ （清）蓝鼎元：《鹿洲公案》，北京：群众出版社，1985年，第243页。

也未能及时地惩治大盗马仕镇："而余以奉参离任，其网漏吞舟与否，则俟后之君子矣。"[①]而另一奸猾讼师——陈兴泰，则由于"掣肘迁延，竟至吞舟漏网哉"。这一切使得蓝鼎元感叹不已："凡是粘着上司……不得了局……盖有以知受人掣肘之难也。"[②]

沿海乡村社会往往还存在着练总、夫头、大哥、仙姑、丐首等各种乡村首领人物，他们在不同的领域，相当程度上制约并影响着当地的社会秩序。如练总一方面与联首、保正共同维持着当地的治安，另一方面又主宰着当地妇女再嫁时的礼仪；[③]夫头不仅影响着当地的驿政，而且左右着当地婚嫁时的花轿仪式；[④]而大哥、仙姑等，有各自的秘密组织和活动方式。有区别地加以对待，从而有效地调动这部分社会群体的积极性，可以壮大自己的阵营，但作为知县的地方官却经常对他们一味地加以打击，树立了更多的对立面，增加了治理的难度。

（二）对民众信仰习俗的极端压抑造成了民心的游离

蓝鼎元经历过严格的官方教育，受到了占正统地位的儒家文化的熏陶："在院时，他用心研读……得'濂洛真传'，很有成就……鼎元幸以贡入京师……入太和殿，进入全国最高学府。"[⑤]然而，民间社会的信仰则以实用为特点，以满足自身的精神生活为目的，至于儒家的经典是什么，对他们来说，就不太重要，也谈不上去信仰何种真理。如他们信仰的"后天教"能够"治病救嗣"，敬仰的"古柩"能为人"敛福消灾""有求必应"。因此，在乡村社会，这两种信仰都有广泛的群众基础，前者"澄海、揭阳……之人，无不自远跋涉……称弟子者如市"，"则已建广厦于邑之北关，大开教堂，会众数百……余追捕仙公益力，势豪知不可解，因出胡阿秋赴讯"；[⑥]后者"亦有不远百十里而至者……男子拥挤不堪，妇人半老者百十辈搀杂其中"。[⑦]

---

① （清）蓝鼎元：《鹿洲公案》，北京：群众出版社，1985年，第218页。

② （清）蓝鼎元：《鹿洲公案》，北京：群众出版社，1985年，第274页。

③ （清）邓传安、陈盛韶：《蠡测汇钞·问俗录》，北京：书目文献出版社，1983年，第61页。

④ （清）邓传安、陈盛韶：《蠡测汇钞·问俗录》，北京：书目文献出版社，1983年，第84页。

⑤ 唐宇辉：《浅谈汪辉祖的州县吏治思想》，《湘潭师范学院学报》1992年第5期，第2～3页。

⑥ （清）蓝鼎元：《鹿洲公案》，北京：群众出版社，1985年，第35页。

⑦ （清）蓝鼎元：《鹿洲公案》，北京：群众出版社，1985年，第283页。

这种情境之下，就必然地形成官民意识上的对立，进而导致现实中的剧烈冲突。蓝鼎元息“异端”、灭“妖风”也就屡屡受阻，因为这种民间信仰已经形成：“潮人大有仙癖，活仙既死，死仙复炽。”[①]凭借强力去铲除是达不到目的的，何况蓝鼎元此后仅一年多的时间，就离任而去。

“因民而治”不失为乡村社会治理中的一项策略，儒家思想固然可对乡村社会产生一定的规范作用，但是乡村广大而又分散的各类社会群体，除了“完粮服役”之外，似乎就和“上边”没有多大的关联，他们遵循着传统的意识形态，重复着自己重实用的生活方式。当地方信仰习俗没有得到应有的尊重时，便很容易导致官民间的冲突，甚至引发全局性的动荡。

（三）知县社会控制本身存在极大的局限性

这主要表现在：(1)县官任期的短暂、监察制的不完善、回避制的弊端等。就县官任期而言，社会问题的“长治”才能“久安”，与县官任期短暂之间，存在着难以克服的历史矛盾。清朝知县汪辉祖认为：“欲尽吏职非久任不可。”[②]清代知县平均任期约为两年半，[③]因此，要想达到实际需要的“久任”，制度上并不允许。况且，蓝鼎元在政绩显著之下因得罪“惠潮道台”，而被诬告为贪污，落得免官入狱的下场。[④] 纵然有大小官员为其说情，尤其是百姓为其鸣冤，却始终未能翻案，由此可见监察制度在现实运作中，在“人治”的历史背景之下，表现得多么渺小和可笑。(2)县官在资格、能力、经验等方面千差万别。例如，清代巡抚程含章在《八条察吏》的文告中，将这一群体细分为八类：儒吏、循吏、能吏、特长之吏、昏庸之吏、荒淫之吏、恶劣之吏、贪酷之吏。[⑤] 这种情况，必然要影响到乡村社会的控制程度和效果。蓝鼎元当属于典型的能吏，乃至循吏，而地方上出现能吏、循吏或出现昏吏、恶吏则直接影响到地方治理的好坏。

总之，普宁、潮阳两县虽然为明清时号称“难治”的地区之一，可也有“大

---

① (清)蓝鼎元：《鹿洲公案》，北京：群众出版社，1985年，第284页。

② 冷东：《蓝鼎元视野下的清初潮汕社会》，《中国边疆史地研究》1999年第4期，第9页。

③ 刘鹏九：《中国古代县官制度初探》，《史学月刊》1992年第6期，第8页。

④ 蒋炳钊：《蓝鼎元传》，南投：台湾省文献委员会，1998年，第146页。

⑤ 徐栋、丁日昌：《牧令书辑要》，《续修四库全书》，上海：上海古籍出版社，2002年，第666页。

治”的时候，只是并非历史的常态而已。因此，本节的目的并非要夸大知县对于乡村社会的作用，而是意在提醒人们：“我们在看到南宋以降，以缙绅为代表的地方势力，在乡里各种事务中发挥作用的同时，不要忽视地方行政长官——知县的重要性。即使由于他们个人的贤愚、贪廉之别，对地方吏治造成极大的差异而有截然不同的评价。”[①]而且，通过上面的实证分析，我们也不由地深思：就社会中介而言，只谈士绅而将县官群体排除在外，是否符合历史的实际？

① 黄宽重：《从中央与地方关系互动看宋代基层社会演变》，《历史研究》2005年第4期，第117页。

第四章

朝廷海洋政策变动下的民间呼应

第一节　明代月港开禁与漳州社会经济的发展

隆庆元年(1567年),“福建巡抚涂泽民请开海禁,准贩东西二洋”。明穆宗即位之初,即在福建漳州月港部分开放开禁,史称“隆庆开放”。这次开放是嘉靖年间海商集团反海禁的激烈抗争所促使的,更是吸取前期海禁政策失败惨痛教训的结果,体现了明王朝对时势的顺应,具有一定的历史进步性。

一、月港贸易的合法化及迅速兴盛

月港,位于今龙海市海澄镇西南部九龙江下游江海会合处,是福建对外贸易的“四大古港”之一,因“外通海潮,内接山涧,其形如月,故名”。[1] 其“港口有大泥诸险;又自圭屿以西,有紫泥洲,西接乌礁、许茂诸洲;又西北数里即柳营江合诸溪处也,谓之三叉河,河口谓之澳头,即福河北岸,东抵省会之通道,海舟登泊最易”。[2] 其港道,起自海澄港口,沿海港顺流往东,至海门岛。出海门岛后在担门分航驶向台湾、琉球、日本和东洋的吕宋、苏禄等地,以及西洋的交趾、占城、暹罗、柬埔寨等地。月港附近海岸曲折,港汊交

① (乾隆)《海澄县志》卷一,《建置》,上海:上海书店出版社,2000年。

② (清)顾祖禹撰,贺次君、施和金点校:《读史方舆纪要》卷九九,北京:中华书局,2005年。

错，港外又有浯屿、南澳、铜山、澎湖等岛屿，是明王朝难以驾驭的通番捷径，成为中外走私贸易天然的汇集地。成化年间，这一地区普遍“揽造违式海舶，私鬻诸番”；[①]嘉靖年间，至广州贸易的外商“欲避抽税，省陆运”，纷纷由“福建人导之改泊海沧、月港”；[②]加之海商、倭寇亦常于走马溪、浯屿泊船，月港出货，游弋于安海、崇武等处；[③]再者，月港远离省城福州市舶司所在地，不易与海外贡舶发生冲突，其交通和区位因素使月港成为“舟帆鳞栉，商贾云集”，“游业奇民捐生竞利”，[④]“诸岛夷所凑舶处”。[⑤] 而这么一个“地僻海隅，俗如化外”的港口，既无福州、泉州港口的历史悠久，又无厦门港的港阔水深，出海时尚需数条小船牵引始能行，一潮至圭屿，一潮半至厦门，[⑥]如何能在隆庆、万历年间兴起成为一个国际贸易的知名港口？除了其特殊的区位交通优势外，当时的社会历史条件也是重要因素。

明中叶以前的漳州，社会较为安定，漳州人民开垦荒地，围海造田，农业生产虽有长足的进步，但无以解决山多田少不足之问题。龙溪县“堰海以田，计三万亩有奇。地固斥卤，镃畚之下，与海争权”。[⑦] 史书中类似闽南地区人地矛盾的记载不绝于书。当农业不足养时，手工业和商业就成为民众谋生的另一途径。这样，发展海外贸易遂成为当地人民谋生的重要出路。明代到漳州的官员，每每惊异当地的“奇异”风俗，“澄，水国也，农贾杂半，走洋如适市。朝夕之皆海供，酬酢之皆夷产……殊足异也”，[⑧]其地“饶心计者，视波涛为阡陌，倚帆樯为耒耜。盖富家以财，贫人以躯，输中华之产，驰

---

① （光绪）《漳州府志》卷四五。

② （明）郑若曾撰，李致忠点校：《筹海图编》卷一二，《经略二·开互市》，北京：中华书局，2007年。

③ （明）谢杰：《虔台倭纂》下卷《倭议二》，北京图书馆古籍珍本丛刊，北京：书目文献出版社，1990年。

④ （光绪）《漳州府志》卷四四。

⑤ （明）顾炎武：《天下郡国利病书》卷八一，四部丛刊三编史部，上海：上海书店出版社，1935年。

⑥ （明）张燮著，谢方点校：《东西洋考》卷九，《舟师考》，北京：中华书局，1981年。

⑦ （光绪）《漳州府志》卷四五，《艺文》。

⑧ （明）萧基：《东西洋考小引》，（明）张燮著，谢方点校：《东西洋考》，北京：中华书局，1981年。

异域之邦，易其方物，利可十倍。故民乐轻生，鼓枻相续，亦既习惯，谓生涯无逾此耳”。[1] 海澄县的海商李福等人亦呈报：“本县僻处海滨，田受咸水，多荒少熟。民业全在舟贩，赋役俯仰是资。往年海禁严绝，人民倡乱。”[2]这里的海商“嗜利通番，今虽重以充军、处死之条尚犹结党成风，造船出海，私相贸易”。[3] 这样的经济和社会背景，加上政治上严厉的海禁打压，月港的走私贸易则日渐兴盛起来。

为了镇压和管理月港猖獗的走私贸易，明政府开始在这偏僻的海隅设立防海机构。嘉靖九年（1530 年），福建巡抚都御史胡琏把巡海道移驻漳州，在海沧置安边馆，每年由各府派通判一员，这就是月港防海机构的首次设置；嘉靖三十年（1551 年），再置靖海馆，由通判往来巡缉，专事缉捕走私海商；至嘉靖四十二年（1563 年），福建巡抚谭纶更靖海馆为海防馆，设海防同知以“颛理海上事”。尽管海防机构不断升级，但是月港的走私活动依然如故。嘉靖四十四年（1565 年），知府唐九德建议将龙溪、漳浦各割一部分成立海澄县，经福建巡抚汪道昆、巡按王宗载报请批准后，新设海澄一县。第二年，明朝政府宣布于月港部分开放海禁，准许私人申请文引，缴纳税饷出海贸易。尽管开禁，但却是部分，明政府仍旧对海外贸易商实行种种限制，“凡走东西二洋者，制其船只之多寡，严其往来之程限，定其贸易之货物，峻其夹带之典型，重官兵之督责，行保甲之连坐，慎出海之盘诘，禁番夷之留止，厚举首之赏格，蠲反诬之罪累”，[4]开放只是为了“于通之之中，寓禁之之法”。但毕竟月港由违禁的走私贸易港口转变为合法的民间私商海外贸易商港，标志着月港的发展进入一个崭新阶段。

隆庆和万历时期是月港贸易的全盛时期。漳籍御史周起元在《东西洋考·序》中描述道：“我穆庙时除贩夷之律，于是五方之贾，熙熙水国，刳艅艎，分市东西路。其捆载珍奇，故异物不足述，而所贸金钱，岁无虑数十万。公私并赖，其殆天子之南库也。贩儿视浮天巨浪，如立高阜；视异域风景，如

---

① （清）陈锳：《海澄县志》卷一五，《风土志·风俗考》，中国方志丛书第九十二号，台北：成文出版社，1968 年。

② （明）许孚远：《疏通海禁疏》，（明）陈子龙：《明经世文编》卷四〇〇，北京：中华书局，1962 年。

③ （明）冯璋：《通番舶议》，（明）陈子龙：《明经世文编》卷二八〇，北京：中华书局，1962 年。

④ （明）许孚远：《疏通海禁疏》，（明）陈子龙：《明经世文编》卷四〇〇，北京：中华书局，1962 年。

履户外;视首长戎王,如挹幕府。"月港俨然成为进出口贸易的集散地和国内商品的批发中心。"澄商引船百余只,货物亿万计。"[①]万历十七年(1589年),明朝规定月港出海船只为:东洋44艘,西洋44艘,共88艘,后增至110艘。[②]从贸易范围上来看,他们的足迹遍及东西洋40多个国家和地区。西班牙、葡萄牙、荷兰也各自通过其贸易转运港马尼拉、澳门和西爪哇的万丹与月港间接贸易。虽日本不在东西洋的范围内,然因中日贸易的利润很高,故"潜通日本"的海商亦不在少数。当地从事海外贸易的"富商巨贾,捐亿万,驾艨艟,植参天之高桅,悬迷日之大篷,约千寻之修缆",[③]与东西洋各国进行贸易活动,多达116种外国商品及更大量的中国商品在月港进出口。[④]17世纪初,以月港为中心的贸易网络北起日本,包括各主要的中国港口,南至印尼诸岛。"由于月港商业异常发达,沿岸码头星罗棋布,在溪口溪尾不到1公里的海岸,至今尚留有7个古码头……从现在的许多遗物遗迹中,仍然可以窥见当时船桅如林、人烟稠密的盛况。"[⑤]正如《海澄县志·癸酉志旧序》中所描述的:"汪洋巨浸之区,商舶百货之所丛集……水犀火烷之珍,琥珀龙涎之异,香尘载道,玉屑盈衢。画鹢迷江,炙星不夜,风流轶于晋室,俗尚砾乎吴越。"这种奢靡之风从另一侧面反映出月港贸易的繁盛。

二、月港兴盛与漳州市镇商品生产的相互促进

月港对外贸易的繁荣兴旺,对我国东南地区,特别是漳州地区经济的繁荣和发展起了巨大的促进作用,江、浙、赣、闽各地大宗商品多由月港装舶外销,直接地促成了漳州地区的商品经济繁荣。

农作物商品化的特性更强,一批新的经济作物和粮食作物的引进对漳州农业生产产生深远的影响。漳州的经济作物主要是甘蔗、烟草、柑橘、荔枝。这些经济作物的种植与加工,比起其他农产品,可赚取数倍的利润。王

① (明)许孚远:《疏通海禁疏》,(明)陈子龙:《明经世文编》卷四〇〇,北京:中华书局,1962年。

② 《明神宗实录》卷二一〇,上海:上海古籍出版社,1983年。

③ (乾隆)《龙溪县志》卷二二,《艺文》。

④ (明)张燮著,谢方点校:《东西洋考》卷七,《饷税考》,北京:中华书局,1981年。

⑤ 林仁川:《明末清初私人海上贸易》,上海:华东师范大学出版社,1987年。

应山说“糖产诸郡，泉漳为盛。有红白及冰糖商贩四方货卖”，[1]当时的月港农村“处处园栽橘，家家蔗煮糖”，何乔远说：“近时天下之柑，以浙之衢州、闽之漳州为最。”[2]漳州芦柑在明前期已是贡品，后被发展为商品生产而畅销天下。“果贵荔枝，红柑次之，俗多种，家比千户侯。”[3]烟草从吕宋传到漳州后，传播很快，天启年间已传到西北、西南各地，清初成为我国的主要经济作物之一。[4] 崇祯年间姚旅说：“吕宋出一种曰淡巴菰……有人携漳州种之，今反多于吕宋。载入其国售之。”[5]王士祯说：“今世公卿士大夫，下逮舆隶妇女，无不嗜烟草者，田家种之连畦，颇获厚利。”[6]甘薯、花生等耐旱性较好的新作物的引进对漳州农作物结构的变化具有积极作用。《万历仙居县志》“落花生原出福建，近得其种植之”，云霄在嘉靖年间就“随地皆种”，其中“出自陈埭为多”。[7] 甘薯，清初人认为“初种于漳郡，渐及漳州，渐及莆，近则长乐、福清皆种之”，多数史籍记载，大约是万历年间漳人初得，从吕宋经月港传入，很大程度上解决了贫瘠土地上民众的饥荒问题。

外贸经济作物的种植，漳州粮食结构发生了变化，粮食产量的下降使漳州渐成缺粮区。明代中叶，广东输往福建的粮食主要来自毗邻福建的潮州、惠州二府，如漳州“民皆航潮米而食，不专恃本土”。[8] 明代后期周之夔概述福建粮食市场时说：“夫闽三面距海，山多田少，虽丰岁尚资邻粟。故漳、泉贩之惠、潮”，[9]“往时兴泉漳三郡不足，则仰广米，凡米自广来者，半系广贩运，半即系漳泉驾南船往籴。资本多者千金，米船多者数百艘，每艘多者千余石”。[10] 粮食是人类赖以生存的大宗消费品，而由于海外贸易的兴盛，从事下海贩洋者众，从事粮食生产者寡，漳州粮食供应仰赖外地，经济结构日渐呈现出小商品经济的特征，而不再以纯粹自给自足的自然经济为主。

月港外贸的兴盛，海外市场的开辟，大大刺激了漳州工商业的发展，主

---

① (明)王应山：《闽大记》卷一一，《食货志》。

② (明)何乔远：《闽书》卷一五〇，《南产志》，福州：福建人民出版社，1994 年。

③ 《漳州府志》卷二六，《物产》。

④ 林仁川：《福建对外贸易与海关史》，鹭江：鹭江出版社，1991 年，第 118 页。

⑤ (明)姚旅：《露书》卷一〇，厦门大学图书馆藏抄本。

⑥ (清)王士祯：《香祖笔记》卷三，上海：上海古籍出版社，1982 年。

⑦ (嘉庆)《云霄厅志》卷六，《物产》。

⑧ (明)王世懋：《闽部疏》，第 12 页。

⑨ (明)周之夔：《弃草集・文集》卷三，《海寇策》。

⑩ (明)周之夔：《弃草集・文集》卷五。

要有丝织业、冶铸业、造船业和制瓷业等。丝织业方面，漳州本不产蚕丝，却是明代国内著名的丝绸产地之一，形成自己善仿巧织的特色。万历《龙溪县志》载当地丝绸“皆用湖丝织成者，非土丝。漳人善巧织，故名于天下”；[①]“漳纱旧为海内所推，今俱学吴中机杼织成者，工巧足，复相当，且更耐久”；“土潞绸，漳织者迫真潞州产，骤按之下，不甚可辨，但差薄耳”。[②] 漳人还利用与海外经济往来的优势，学习外国的纺织技术，以为己用，如著名的“天鹅绒”，“本出倭国，今漳人以绒织之，置铁线其中，织成割出，机制云蒸，殆夺天巧”，[③]被称为“漳绒”。“纱绒之利，不胫而走，机杼轧轧之声相闻”。[④] 明清以来，漳州天鹅绒仍是畅销海外的产品。当然，纺织品中的原料也需依赖外省输入，龙岩商人“其至自江浙者布帛居多，杂物次之，磁器又次之；至自广东者则布帛器用兼半云”。[⑤]“漳纱、漳绢、漳绒，漳之物产也；而丝则取诸浙西；棉、苎等布，木机所织，不让他郡；而苎则取之江右，棉则取之上海。”[⑥]一个缺丝少棉的地方却能出口丝缎布帛，这无不说明了漳州商品经济之发达。事实上，漳泉商人正是通过这一方法将来自海外的白银输往国内市场的。

嘉靖年间，漳州的冶铁业已有更大发展，龙溪县有炉冶户 48 户，[⑦]实有炼铁高炉 24 所。[⑧] 除龙溪外，龙岩县的冶铁业分布于“万安、集贤、龙门、表政、节惠，在在有之，迁移无定。每炉岁课银五钱”。[⑨] 漳平县，“铁，先因得利，诸客商据之”，[⑩]可见当时漳州冶铁业的发达。当时炼银“入炉烁时，银结于面，铜沉于下……漳郡人得之，有以炉再炼，取出零银，然后泻成薄饼，

---

① (万历)《龙溪县志》卷一，《物产》。

② (万历)《漳州府志》卷二七，《风土・物产》。

③ (康熙)《漳州府志》卷二七。至于此技术是否源自日本，尚待考证。日本科技史专家认为，日本从来不生产天鹅绒。有国内学者提出“起源于欧洲的天鹅绒织造技术，途经日本传入中国的可能性甚微”的新说，但漳州天鹅绒仿效外国技术则确定无疑。参见沈定平：《明清之际几种欧洲仿制品的输出》，《中国经济史研究》1988 年第 3 期。

④ (乾隆)《龙溪县志》卷一〇，《风俗》。

⑤ (嘉靖)《龙岩县志・食货》，转引自厦门大学历史研究所、中国社会经济史研究室编著：《福建经济发展简史》，厦门：厦门大学出版社，1989 年，第 260 页。

⑥ (乾隆)《漳州府志》卷四五，《纪遗》。

⑦ (嘉靖)《龙溪县志》卷四，《田赋》。

⑧ (嘉靖)《龙溪县志》，《地理・物产》。

⑨ (嘉靖)《龙岩县志》卷上，《铁冶》。

⑩ (嘉靖)《漳平县志》卷四，《物产》。

如川铜一样货卖者”。[1] 漳州铸钱还流通至日本，“日本惟用中国古钱，每钱一文价银四厘，向者福建龙溪地区私自铸钱市之，彼重中国之钱，不计龙溪之伪”。[2] 同时，为了满足市场的需求，金属制品也极尽精致奢华，如铜器，“漳近有铸铜者，铜炉、铜佛、铜仙人属，炉锤颇工，不在泉州苏铜之下”。[3]

海外贸易的繁荣直接带动造船业的发展。明代的漳州是福建的主要造船基地之一，官方主要造战舰与封舟两种。战舰主要供水师使用，如“福船”，是远洋大船，船体狭长，吃水深，适于破浪远航，安全性较高。封舟是供出使的使节用的，船体大，长达十五、二十丈，要求有高超的造船技术。万历年间，出任琉球使团正使的萧崇业说：“漳泉之匠，善择木料，虽舵牙、檀、楅之类，必务强壮厚实。”所以封舟一般都“执造漳人过洋船式”，副使谢杰亦言：“漳匠善制造，凡船之坚致赖之。”[4]沿海一带还出现了许多民间的造船厂，“私造巨舶，扬视外国，交易射利”；[5]“龙溪、嵩屿等处，地险民犷，素以航海通番为生，其间豪右之家，往往藏匿无赖，私造巨舟”。[6] 当时从月港出洋的商船，“大者，广可三丈五六尺，长十余丈；小者，广二丈，长约七八丈”，[7]小的船阔一丈六尺以上，大的船阔二丈六尺以上。[8] 据估计，较小的洋船当可容载一百至二百多吨；最大的洋船约可容载四百吨。这种船舶除了“且高且深”，利于泛洋之外，由于船上“弓矢刀楯战具都备，猝迁盗至，人自为卫，依然长城。未易卒拔”，对保证海上贸易的安全大为有利。这样的船舶，每艘造价“可千余金，每还往，岁一修辑，亦不下五六百金”，[9]造船和维修兼具，足见当时漳州造船业的发达。

明代漳州的制瓷业是典型的外向型手工业。明代中后期，漳州月港的开禁、西方东印度公司的东来和直接贸易以及当时景德镇窑业的一度衰退，促使漳州沿海地区窑业迅速崛起。自 20 世纪 80 年代以来的多次考古调

---

① (明)宋应星：《天工开物》卷下，《五金》，北京：中华书局，1978 年。

② (明)宋应星：《天工开物》卷下，《五金》，北京：中华书局，1978 年。

③ (乾隆)《龙溪县志》卷一〇，《风俗》。

④ (明)谢杰：《琉球录撮要补遗・用人》，《台湾文献丛刊》第 287 种，台北：台湾银行经济研究室，1970 年。

⑤ (乾隆)《海澄县志》卷一，《建置》，上海：上海书店出版社，2000 年。

⑥ 《明世宗实录》卷一八九，上海：上海古籍出版社，1983 年。

⑦ (明)张燮著，谢方点校：《东西洋考》卷九，《舟师考》，北京：中华书局，1981 年。

⑧ (明)张燮著，谢方点校：《东西洋考》卷七，《饷税考》，北京：中华书局，1981 年。

⑨ (明)张燮著，谢方点校：《东西洋考》卷九，《舟师考》，北京：中华书局，1981 年。

查，已发掘有平和的南胜、五寨窑，漳浦坪水窑，南靖梅林窑，云霄火田窑，诏安朱厝窑等窑址。自晚明至清初，漳州窑大规模烧造仿景德镇窑、德化窑的瓷器。采集和发掘出土的标本以青花瓷为主，其他还有青瓷、白瓷、五彩（又称红绿彩）、素三彩及一些单色釉瓷（有酱釉、黑釉、黄釉、蓝釉等）；器形主要是日用瓷，有盘、大盘、碗、碟、杯、盅、盒、罐、钵、瓶、炉、盖、灯、砚等。这么大量的日用瓷生产必然与当时海外贸易的发展、变化，乃至与时代背景密切相联，在日本和东南亚许多国家，甚至非洲东部地区都出土过成批漳州窑的瓷器。①

此外，漳州其他的手工业也相当发达。"城门之内，百工鳞集，机杼炉锤，心手俱应"；②"漳浦之水墨二晶、器皿、眼镜，龙溪之冰糖、橘饼、闽姜"。③总之，只要海外市场需要，能赚钱，漳州人就会尽块地生产、仿制出来。菲律乔治说："中国商人运售某货，今年若得利，明年必续办，有某一位失了鼻子的西班牙人，他叫一个中国木工，替他做好一个假的鼻子套上……他十分满意，给了这位中国木工二十元西班牙币……隔年华人竟运来大批木制的鼻子。"④自鸣钟于明末传入中国，漳州人不久也就能制造了，"不须夷中物矣"。⑤ 其他的诸如牙雕、犀角、漆器、锡器、纱灯等亦是五花八门，精巧细致。时人评价漳州："舆服伎巧，山珍海错之利布天下。"⑥纵观漳州小商品生产的情况，这一评价并不为过。国内外市场需求的扩大，直接促进漳州许多行业的进步，漳纱、漳绒、漳州窑、造船等以及琳琅满目的手工艺品，都适应了外向型生产的需要。当时换取粮食和纺织原料所需要的资金很大部分是靠手工业品通过月港在国内外市场上进行交换，"外向型"是明末清初漳州手工业生产的主要特点之一。这不仅体现了漳州工商业发展到一个新的历史高度，而且直接促进漳州，乃至东南沿海商品货币经济的发展与社会经济的变迁。

---

① 福建省博物馆编：《漳州窑》，福州：福建人民出版社，1997年，第110页。

② （万历）《漳州府志》卷二六，《风俗志》。

③ （清）德福：《闽政领要》卷二，《各属特产》，《台湾文献汇刊》第4辑第15册，厦门：厦门大学出版社，2004年。

④ （美）菲律乔治著，薛澄清译：《西班牙与漳州之初期通商》，《南洋问题资料译从》1957年第4期。

⑤ （崇祯）《海澄县志》卷一一，《物产》。

⑥ （万历）《漳州府志》卷一，《形胜》。

三、白银内流对漳州社会经济的带动

月港开禁之日恰值马尼拉帆船贸易发端之时。隆庆开放始至明末的流入中国的外国白银中，以西班牙、葡萄牙和日本为主，其中，西班牙白银的流入最为著名。西班牙是当时占据殖民地最多的国家，为了开拓国际市场，西班牙开辟了塞尔维(西班牙)—阿卡普尔科(墨西哥)—马尼拉(菲律宾)—月港(中国)的大帆船贸易航线，这也是中国与美洲之间联系的主航线。西班牙把墨西哥、秘鲁的银圆载运至马尼拉，换取中国的手工业品。在美洲银圆的利诱下，中国的丝绸、瓷器、糖等大量商品经月港载运至马尼拉，然后由西班牙大帆船转运到拉美和欧洲各地。“万历十四年(1586年)顷，每年从菲岛流入中国的银有三十万比索，特别在这一年中达五十万比索之多。”[①]据万明的研究，自1571年马尼拉大帆船贸易兴起之时，到1644年明朝灭亡，通过马尼拉一线输入中国的白银总计约7620吨。[②] 1493—1600年世界银产量2.3万吨，美洲产量就达1.7万吨，约占世界银产量的74%，弗兰克认为至少有一半甚至更多的美洲白银流入了中国，[③]总数极为庞大。漳州月港也是在中菲贸易，实际是中西贸易的高涨中进入它的黄金时代的。

此外，当时日本的石见、秋田、佐渡等矿山都生产白银，其主要流向是中国，荷兰人和葡萄牙人在其间起了非常重要的中介作用。日本对中国商品的依赖性很大，“大抵日本所需皆产自中国，如室必布席，杭之长安织也；妇女须脂粉，扇、漆诸工需金银箔，悉武林造也。他如饶之瓷器，湖之丝棉，漳之纱绢，松之棉布，尤为彼国所重”。[④] 明廷虽然禁止商人去日本交易，但由于“贩日本之利倍于吕宋，夤缘所在官司，擅给票引，任意开洋。高桅巨舶，

---

① (日)岩生成一：《南洋日本町的盛衰》，转引自傅衣凌：《明清时代商人及商业资本/明代江南市民经济初探》，北京：中华书局，2007年，第116～117页。

② 万明：《明代白银货币化：中国与世界连接的新视角》，《河北学刊》2004年第3期。

③ (德)贡德·弗兰克：《白银资本——重视经济全球化中的东方》，北京：中央编译出版社，2000年，第204页。

④ (明)姚士麟：《见只编》卷上，转引自谢国祯：《明代社会经济史料选编》中册，福州：福建人民出版社，1980年，第147页。

络绎倭国”，[①]所以违禁去日的商人依然很多。当时漳州商人又是走私日本的主力军，所以这些白银应有很大部分是流入漳州的。1601—1647 年间，从日本输出的白银约 7480 万两，绝大部分流向中国大陆。[②] 据梁方仲先生估计，自万历元年至崇祯十七年（1573—1644 年），各国由于贸易关系输入中国的银圆至少有 1 亿银圆，[③]相当于万历时近 25 年的白银赋入。这可能还是较为保守的估计。

中国银矿不足，白银的大量流入，使白银成为漳州通行的货币。《天下郡国利病书》载：西班牙“钱用银铸造，字用番文，九六成色，漳人今多用之”。王沄在《闽游纪略》中也说：“番钱者，则银也，来自海舶。上有文如城堞，或有若鸟兽人物形者，泉、漳通用之。”[④]1982 年还在漳州东山出土了这种铸有城堡、狮子图案的西班牙银圆。白银的广泛流通，大大增强了交换能力，这和当时生产力的提高、国内外贸易的繁荣是分不开的。

白银的大量内流，对漳州社会发展产生了巨大的促进作用：

第一，活跃了商业资本，促进了漳州社会经济的繁荣。林枫在其《明代中后期的市舶税》中分析道：“月港开放有限，走私普遍存在，政府课税对象狭隘，且税率极低，巨额财富滞留海商手中，并未被‘横征暴敛’。”[⑤]这些巨商可以进行全国性的商业活动，其中必有一些转向生产领域。只有积极从事海外贸易且拥有雄厚资金的大海商和豪门巨室足以合股巨款建造商船。这些人才是舶主，而“每舶舶主为政，诸商人附之”，[⑥]一般的海商只是搭附他们的船只出海贸易。船主雇用工人出海贸易，招募财副、总管、直库、问班、头碇、二碇、大缭、二缭、舵工、火长和一般的水手等。大量破产的农民为图生计不得不出卖自己的劳动力。所谓“富家征资固得捆载归来，贫者为佣，亦博升米自供”，[⑦]正是这种雇佣关系的写照。白银作为稳定的支付手

① （明）陈子贞：《海防条议·七事》，《明神宗实录》卷四七六，上海：上海古籍出版社，1983 年。

② 侯镜如：《明清两代外银流入中国考》，《中行月刊》第 7 卷第 6 号，1933 年。

③ 梁方仲：《明代国际贸易与银的输出入》，《梁方仲经济史论文集》，北京：中华书局，1989 年，第 178～179 页。

④ （清）王沄：《闽游纪略》卷一，转引自谢国祯：《明代社会经济史料选编》下册，福州：福建人民出版社，1980 年，第 71 页。

⑤ 林枫：《明代中后期的市舶税》，《中国社会经济史研究》2001 年第 2 期。

⑥ （明）张燮著，谢方点校：《东西洋考》卷九，《舟师考》，北京：中华书局，1981 年。

⑦ （明）张燮著，谢方点校：《东西洋考》卷七，《饷税考》，北京：中华书局，1981 年。

段，为发展雇佣劳动、实行货币工资提供了条件，这也是资本主义萌芽的体现。漳纱、漳绒等稍大规模手工工场的生产，估计也应如此。再者，白银的大量内流是以商品的大量输出为前提的，这必然刺激商品生产的发展，与前文所述农产品的商品化，纺织、制瓷等行业的发展是相互促进的。随着海外贸易的繁荣发展，海澄逐渐由“昔为斗龙之渊，浴鸥之渚，结茅而居者，不过捕鱼纬萧，沿作生活”的海滨变成了“贾肆星列”“商贾辐辏”，“县既以舶殷，舶亦以县繁”的商业市镇。[①] 与月港近邻的漳州城，则成为“城闉之内，百工鳞集，机杼炉锤”[②]交响、手工业发达的城市。

第二，月港巨额银两入税，对明朝财政、漳州兵饷都产生重大影响。万历二十一年(1593 年)，因日本发兵侵略朝鲜，明廷再次申严海禁，漳州等地的海商马上陷入困境。时任福建巡抚的许孚远上疏复开禁的四条理由，第四条便是漳州海防兵士数千，兵饷近半数取足于月港商税，“若奉禁无征，军需缺乏，势必重敛于民，民穷财尽，势难取给”，[③]逼之则易倡乱。明廷遂于万历二十二年(1594 年)复开月港，这年征收的饷税创月港的最高纪录，“骤溢至二万九千有奇”。如此可观的税额使明廷正式开始在月港督饷，改海防馆为督饷馆。月港有巨额银两入税，而临近的泉州却兵饷匮乏，请与漳州分贩，漳州郡守极力反对：“今欲东西洋分属漳、泉，割漳饷以赡泉兵，不惟漳之兵食无从措给，从此私贩之徒，缘为奸利，不漳不泉，东影西射，公然四出，不可究诘者，又十百于昔日。”[④]万历四十五年(1617 年)，督饷通判王起宗说：“海澄洋税，上关国计盈虚，下切商民休戚。”[⑤]可见月港贸易的兴盛，白银内流，支撑着漳州兵饷和官府经费的开支，不愧为“天子南库”，亦使民众少受些兵敛之苦。

第三，白银大量内流，海外贸易的巨利对漳州人民生活和社会风尚的转变有着潜移默化的影响。白银内流刺激人民从事海外贸易，“泉、漳二郡，商

---

① (乾隆)《海澄县志》卷一，《建置》，上海：上海书店出版社，2000 年。

② (明)张燮：《清漳风俗考》，《漳州府志》卷四六。

③ (明)许孚远：《疏通海禁疏》，(明)陈子龙：《明经世文编》卷四〇〇，北京：中华书局，1962 年。

④ (明)张燮著，谢方点校：《东西洋考》卷七，《饷税考》，北京：中华书局，1981 年。

⑤ (明)张燮著，谢方点校：《东西洋考》卷七，《饷税考》，北京：中华书局，1981 年。

民贩东西两洋，代农贾之利，比比然也”，[1]“饶心计与健有力者，往往就海波为阡陌，倚帆樯为耒耜，凡捕鱼纬萧之徒，咸奔走焉”。[2] 漳州滨海“田尽斥卤”，乡民以出海贩洋为荣，《闽政领要》论述漳州府：“府人民原有三等，上等者以贩洋为事业，下等者以出海采捕驾船挑脚为生计，惟中等者力农度日。”白银内流提高了人民的生活水平，《闽书》载“海澄有番舶之饶……今世人其野而见屋有新瓦，身有具衣，不致呰窳偷生”，出现了“家殷户足”[3]的现象。白银的内流亦使漳州社会出现了一股逐利拜金、相竞奢侈之风，成为刺激整个社会风尚变化的无形导向。“风俗自淳而趋于薄也，犹江河之走下而不可返也，自古慨之矣！兼以嘉隆以来，豪门巨室，导奢导淫，博带儒冠，长奸长傲，日有奇闻叠出，岁多新事百端。”[4]万历《漳州府志》的作者竟然夸奖奢侈浪费的消费观，“然一家之繁费，十家取给焉。贫人得糊口其间，损有余补不足，安知非天道乎？有如老子素封，衣不拽地，食不重肉……若者竟日阿堵，贫民不得不名一钱，出孔甚悭，入孔甚溢，复何益于人世哉”。[5] 认为奢靡之人对社会做了贡献，积钱不用的财主对社会一点益处也没有。

月港贸易的兴盛，工商业的繁荣，白银的大量内流使漳州的经济结构发生了变化，不再以自给自足的小农经济为主，为市场而生产的小商品经济日渐兴盛。漳州城乡涌现出一批繁荣的市镇。

明中后期，漳州除原有的旧市镇外，在生产力发展和商品经济繁荣的带动下，各地的市镇如雨后春笋般涌现出来。明代中叶弘治年间漳州府有 6 个县，共 11 个市镇。随着月港私人海外贸易的兴盛，漳州成为中国的外贸中心，商品经济快速发展，出现了一批海港商贸市镇。“漳之诏安有梅岭、海沧、月港，泉之晋江有安海……”[6]朱纨曾说：“泉州之安海、漳州之月港乃闽南之大镇，人货萃聚。”[7]其中以月港最为繁华，嘉靖时已“居民万家，方物之

① （明）顾炎武：《广东》下，《天下郡国利病书》，四部丛刊三编史部，上海：上海书店出版社，1935 年。

② （崇祯）《海澄县志》卷一一，《风土》。

③ （明）何乔远：《闽书》卷三八，福州：福建人民出版社，1994 年。

④ （明）范濂：《云间据目抄》，转引自谢国祯著，姜纬堂选编：《瓜蒂庵小品》，北京：北京出版社，1998 年，第 296 页。

⑤ （万历）《漳州府志》卷二六，《风土》。

⑥ （乾隆）《福建通志》卷七四，《艺文》。

⑦ （明）朱纨：《阅视海防事》，（明）陈子龙：《明经世文编》卷二〇，北京：中华书局，1962 年。

珍，家贮户峙”。[①] 开禁以后，月港更是成为南方的贸易中心港，“漳郡之东，迤四十里，有地一区，是名月港，乃海陆之要冲，实东南之门户。当其盛，则云帆烟楫，辐辏于江皋；市肆街廛，星罗于岸畔。商贾来吴会之遥，货物萃华夏之美，珠玑象犀，家阗而户溢。鱼盐粟米，泉涌而川流”。[②] 崇祯《海澄县志》卷一五曾记述其“风回帆转，宝贿填舟，家家赛神，钟鼓响答，东北巨贾，竞骛争驰”，已享有“小苏杭”之称，可见当时月港商贸之繁盛。漳州沿海的卫所，在明代后期也涌现出一批墟市，如镇海卫的南门市、陆鳌所的北隘门市、铜山所的演武亭市、玄钟所的卸石湾市，其中玄钟所：“渔舟蚁附，军民贸易甚众。”[③]漳州山区也出现了一些诸如墟市的“店”，如嘉靖年间漳平县的溪南店、邓坂店、华口店等，多是沿溪商品货物集散中转的枢纽，因村人多在此买卖而被称为“店”，实际上也应是市镇。[④]

明代漳州市镇数量有了普遍性的增长。万历年间，海澄县已有月港、浮宫、丰田、海沧桥头、新安刘棣、卢沈港市、马口市，共计 7 市。至崇祯年间，海澄县又多出了旧桥头市、新桥头市、海沧镇 3 个市镇。海澄又是从龙溪、漳浦割划而建的，龙溪县在万历年间有东铺头市、西市、南市、北桥市、天宝市、石码镇石码市、福河市、下浒市、石美市、新棣市、翰林市、华封市、草市、乌屿桥市、京元市 15 个市，比弘治年间增加了 7 个。石码镇“为诸商货船之所往来，当事者以兵食不给，量榷其货”。[⑤] 此外，漳浦县在弘治年间仅有 1 个西街市，[⑥]到了万历年间已有 12 个市镇，从漳浦划出的平和县也有 9 个市镇。山区诸县如龙岩有 7 市，漳平 6 市，宁洋 3 市，长泰 7 市，南靖 5 市，加上诏安 5 市，[⑦]万历年间漳州府共有 76 个市，比明中叶增加了 65 个市，市镇数量增加了 5 倍多，沿海城镇扩展速度明显快于内陆。

农村市集的规模也日趋扩大。如海澄县月港桥市，明初仅有一些店屋，

---

① (明)朱纨：《增设县治以安地方疏》，转引自谢国祯：《明代社会经济史料选编》中册，福州：福建人民出版社，1980 年，第 144 页。

② (明)谢彬：《邓公抚澄德政碑》，(崇祯)《海澄县志》卷一七，《艺文》。

③ (万历)《漳州府志》卷二九，《坊里》。

④ 徐晓望：《明末清初漳州区域市场的发展》，《中国社会经济史研究》2002 年第 4 期。

⑤ (万历)《漳州府志》卷九，《赋役・盐法》。

⑥ (明)黄仲昭修纂：《八闽通志》卷一四，《地理》，福州：福建人民出版社，1991 年。

⑦ (万历)《漳州府志》卷二九，《坊里》。

以便相互贸易，正德后发展为桥市，万历初桥上已有店屋100多间。[①] 又如诏安县溪雅村的通济市，原来不过为商旅往来的一个路口，村中沈、林二姓地主遂招待商贾，于桥头的空地上进行贸易。明万历三十四年(1606年)，县府正式在此设市，建造店屋30间出租；沈、林两姓遂亦建店屋110多间，使这里成为一个规模不小的市集。[②] 城市里，月港贸易的兴盛亦使漳州成为一个国际都会，漳州府驻地龙溪县城内有32条街，[③]万历年间，漳州府"甲第连云，朱甍画梁负妍争丽，海滨饶石，门柱庭砌，备极广长；雕摩之功，倍于攻木……人无贵贱，多衣绮绣，意气相诡，华采相鲜……冠盖相望于道"，[④]一派繁荣祥和的社会局面。

明代中后期，月港成为国际贸易的中心之一，国内外市场的拓宽，白银的大量内流进一步刺激着漳州小商品经济的发展。农产品逐渐商品化，城乡手工业在满足自身需求后朝着"外向型"经济发展，人们生产生活方式的转变促使经济结构逐渐转变：滨海城镇日渐以商品经济为主，而内陆山区仍是以小农经济为主，但小商品经济的发展亦有显著进步。商贸集镇墟市在漳州沿海和内地的城乡大量涌现，从城市到乡村的商贸市场网络不断扩展，推动了漳州市镇商品经济的异常繁荣。

第二节　隆庆开海与福建海洋区域贸易的国际化

一、关于隆庆开海

(一)关于隆庆开海的时间

张燮《东西洋考》说："(嘉靖)四十四年，奏设海澄县治。其明年，隆庆改

---

① (光绪)《漳州府志》卷四七，《灾祥》。

② (民国)《诏安县志》卷一六，《艺文》，转引自厦门大学历史研究所、中国社会经济史研究室编著：《福建经济发展简史》，厦门：厦门大学出版社，1989年，第255页。

③ (嘉靖)《龙溪县志》卷一，《地理》。

④ (光绪)《漳州府志》卷四六，《艺文》。

元，福建巡抚都御史涂泽民请开海禁，准贩东西二洋。"[①]嘉靖四十四年(1565年)，奏设海澄县治，其明年应该指嘉靖四十五年(1566年)。这一年，明世宗朱厚熜去世，其子裕王朱载垕继位，改元隆庆。所以，张燮说"其明年，隆庆改元"，但并没有明确指出开海禁的时间就是隆庆元年。再看万历二十年至二十二年(1592—1594年)在任的福建巡抚许孚远《疏通海禁疏》，其中有云：

> 迨隆庆年间，奉军门涂右佥都御史议开禁例，题准通行，许贩东西诸番，惟日本倭奴，素为中国患者，仍旧禁绝。二十余载，民生安乐，岁征税饷二万有奇，漳南兵食，借以克裕……于是隆庆初年，前任抚臣涂泽民，用鉴前辙，为因势利导之举，请开市舶，易私贩而为公贩，议止通东西洋，不得往日本倭国，亦禁不得以硝黄铜铁违禁之物，夹带出海，奉旨允行，几三十载，幸大盗不作，而海宇宴如。[②]

顾炎武在《天下郡国利病书》中说道："隆庆初年，巡抚福建涂泽民题请开海禁，准贩东西二洋。"[③]从上列材料看，开海禁的时间大致为隆庆初年，但是具体为哪一年，并不明确。

(二)关于隆庆开海的地点

隆庆初年，福建巡抚涂泽民请开海禁，其最开始选择的地点并不是海澄县的月港，而是在诏安县。《东西洋考》记载："先是发舶在南诏之梅岭，后以盗贼梗阻，改道海澄。"[④]可见，起初开放海禁的地点是在诏安县的梅岭，后来因为盗贼猖狂的原因才改道海澄。清人顾祖禹的《读史方舆纪要》一书中的记载亦可印证："(诏安)玄钟山：在县东南三十里，距玄钟所十里，滨海。漳船出洋，旧皆发于此，原设公馆，主簿镇焉，后设县，镇废，以其地屡为倭寇

---

① (明)张燮著，谢方点校：《东西洋考》卷七，《饷税考》，北京：中华书局，2000年，第131页。

② (明)许孚远：《疏通海禁疏》，(明)陈子龙：《明经世文编》卷四〇〇，北京：中华书局，1962年，第4332～4334页。

③ (明)顾炎武：《天下郡国利病书・福建篇》，四部丛刊三编本，上海：上海书店出版社，1985年，第98页。

④ (明)张燮著，谢方点校：《东西洋考》卷七，《饷税考》，北京：中华书局，2000年，第132页。

所凭，发船移于海澄。”[1]然而，诏安的梅岭与玄钟山之间又存在着什么样的关系呢？《读史方舆纪要》一书中紧接着有这样的叙述：“玄钟之北，又有梅岭，为戍守处。嘉靖四十四年，戚继光败贼吴平于此。”[2]顾炎武《天下郡国利病书·福建篇》记载：“梅岭安边馆：在海滨。嘉靖甲子，剧寇吴平巢于此，都督戚继光追逐遁去，收其余党尽歼之，筑京观于此。”[3]又称：

> 安边馆，在四都之梅岭，濒海有公馆，后废。漳之洋舶，其先实发于此，后以其地屡为倭寇所凭，发船移于海澄。旧设机兵二十四名、小甲一名，置捕盗主簿屯驻。明嘉靖甲子间，吴平结巢于此，都督戚继光追逐远遁，歼其余党，筑为京观，亦一方要害也，后因南澳设镇分游，乃撤。[4]

所以，诏安的梅岭作为隆庆开海讨论中最早议定的港口应属无疑。同时，其他文献资料的相关记载也提供了一些背景材料。如《天下郡国利病书·福建篇》记载：

> 隆庆二年，吴平伙党贼首曾一本犯诏安。九月，复寇饶平、诏安，副总兵张元勋领兵由陆路截杀于盐埕，又大败之于大牙澳。
>
> 三年五月，曾一本贼船数百屯于云盖寺、柘林等澳，闽广军门会兵，于六月内进兵剿灭之，边境始安。[5]

这些关于隆庆年间兵事情况的记载，为我们前文提到的“先是发舶在南诏之梅岭，后以盗贼梗阻，改道海澄”的政策调整提供了佐证。

其实，海澄设县是明朝政府基于倭乱平定后加强对地方社会实施控制的考虑所为。开海禁则成为明朝廷大致理顺地方海上贸易秩序的又一措施，当时具备条件的港口也不仅仅是海澄的月港，还有泉州的安平港、诏安的梅岭等，事实也正是如此。梅岭是沿海人民更习用的外贸港口，只是当时

---

① （清）顾祖禹：《读史方舆纪要》卷九九，《福建五》，《续修四库全书》史部地理类，上海：上海古籍出版社，1995年，第271页。

② （清）顾祖禹：《读史方舆纪要》卷九九，《福建五》，《续修四库全书》史部地理类，上海：上海古籍出版社，1995年，第271页。

③ （明）顾炎武：《天下郡国利病书·福建篇》，四部丛刊三编本，上海：上海书店出版社，1985年，第117页。

④ （民国）《诏安县志》上编卷八《武备志·关隘》，上海：上海书店出版社，2000年，第703页。

⑤ （明）顾炎武：《天下郡国利病书·福建篇》，四部丛刊三编本，上海：上海书店出版社，1985年，第8页。

官方势力还不足以对抗盗贼势力，才退而选择了反抗势力相对少的海澄月港。

就我们今天所能见到的材料而言，张燮完成于万历四十四年(1616年)的《东西洋考》一书是记载隆庆开海情况的第一手材料，后来《海澄县志》和《漳州府志》等各种地方志书显然参考了他的观点，顾炎武的《天下郡国利病书》中也可见其影子。而我们在官修《明实录》中没有找到隆庆开海的记载，更无从了解到具体开海地点，这或许是当时人认为开海违背了皇朝祖制，故意对这段实录做了删改。张燮体会到明王朝的这种主流意识，并在具有官方色彩的《海澄县志》中淡化了这一内容。

《福建通史》中说到，在当时人们并未真正认识到这一政策内涵的实质。在许多人看来，这只是一个新设县的"土政策"，没有多大意义。以故，不要说明代的史著，就连当地的《海澄县志》对此事发生的具体过程，亦是记载不详。[①] 其实，就张燮的《东西洋考》一书而言，前面已经提到，它是记载明末海澄舶商海外贸易情况的专著，应海澄和漳州的地方官之请而作是其重要的成书背景之一。可以说，至少在当时的漳州地方，官府和普通百姓均已认识到隆庆开海的重要意义。作者张燮出生于万历二年(1574年)，当时海澄舶税的征收已经制度化，对于半个世纪之前隆庆开海的情况虽不是亲身经历，但就当时条件而言，是可以调查清楚的。因此，笔者认为，张燮《东西洋考》一书的记载是比较可靠的，福建巡抚涂泽民请开海禁的时间应为隆庆初年。

海澄设县于隆庆元年(1567年)，其治所选择在月港。但隆庆开海并非一开始即确定为月港，而是因为当时首选的诏安县梅岭存在"盗贼充斥"的特殊形势才退而选择了月港。因此，后人以为隆庆元年(1567年)既设立海澄县治，同时又开海禁于月港的认识就存在简单化的偏颇。

二、海澄舶税征收的制度化

明朝政府于隆庆初年同意在漳州府诏安县的梅岭部分开放海禁，准贩东西二洋。但是刚开始的时候，明朝政府并没有马上就制定出一整套相应

---

① 徐晓望：《福建通史·明清》(第四卷)，福州：福建人民出版社，2006年，第164页。

的管理措施，只是在实践中才逐渐形成了一些规章，任职于当地的官员在海疆管理的制度化方面功不可没。“隆庆六年，郡守罗青霄以所部雕耗，一切官府所需，倚办里三老良苦，于是议征商税，以及贾舶。贾舶以防海大夫为政。”[①]由此可见，隆庆初年开放海禁之后，一开始明朝政府并没有对海商征税，一直到隆庆六年（1572 年），漳州知府罗青霄考虑到地方财政的收支情况，才提出对出海商民征税，并安排驻守在月港附近的海防同知实际进行征税。紧接着，万历初年，经福建巡抚刘尧诲的奏请，将督饷馆所征收的岁额六千的舶税用于漳州地方的兵饷上：

万历二年，巡抚刘尧诲题请舶税充饷，岁以六千两为额，委海防同知专督理之，刊海税禁约一十七事。[②]

万历三年，中丞刘尧诲请税舶以充兵饷，岁额六千。[③]

这一过程也告诉我们，通洋收利并非明朝统治者的初衷。明朝政府在海澄设县，开放海禁，一开始并不是为了要征收商税，而是想让当地混乱的社会秩序尽快地稳定下来，从此在中央政府的统一管治之下，不要再有其他的风波威胁到王朝的统治，也保东南沿海的一方平静。此时朝廷考虑的政治利益要大于经济利益。因此可以说，海澄设县、隆庆开海，使得月港海商私人贸易的合法地位得到了确认，更重要的是明朝政府对沿海地方社会的控制得到了进一步的加强，与此同时，海澄舶税的收入对于福建军事方面的财政支出起了很大的支持作用。

……东西洋每引纳税银三两，鸡笼、淡水及广东引纳税银一两，其后加增东西洋税银六两，鸡笼、淡水税银二两。万历十八年，革商渔文引归沿海州县给发，惟番引仍旧。每请引，百张为率，随告随给，尽即请继，原未定其地，而亦未限其船。十七年，巡抚周寀议将东西二洋番舶题定只数，岁限船八十八只，给引如之。后以引数有限，而私贩者多，增

① （明）张燮著，谢方点校：《东西洋考》卷七，《饷税考》，北京：中华书局，2000 年，第 132 页。

② （明）顾炎武：《天下郡国利病书・福建篇》，四部丛刊三编本，上海：上海书店出版社，1985 年，第 99 页。

③ （明）张燮著，谢方点校：《东西洋考》卷七，《饷税考》，北京：中华书局，2000 年，第 132 页。

至百一十引矣……[1]

明朝政府对出海商船首先征收的是引税，每艘商船必须向海防官员申请商引以获得出海的许可。刚开始时，往东西洋的船只需缴纳税银三两，往鸡笼、淡水及广东的船只需缴纳税银一两，后来各增加一倍。这时候的督饷馆不仅是专门管理海外贸易的机构，而且负责对沿海地区商船、渔船往来的管理。直到万历十八年（1590 年），朝廷才最终确定其对海外贸易进行管理的独特地位，所征收的商税也因此专称为洋税。另外，起初对于普通商民出海申请文引的数量、贸易的目的地和船只都没有明文规定，只以百张为率向上级申请，用完之后再补上即可。而到了万历十七年（1589 年），巡抚周寀才提出把东西二洋的番舶数以政策的形式规定下来，明确每年给引八十八引，后来又因为走私船只的增多，增加到一百一十一引。

除了引税之外，出海商民还须向政府缴纳其他的税种，如水饷、陆饷以及加增饷等：

> 水饷者，以船广狭为准，其饷出于船商。
>
> 万历三年，提督军门刘详允东西洋船水饷等第规则，时海防同知沈植议详。（沈植，湖广临湘人，万历元年任。三年，当路请舶税以充兵饷，公条海税禁约十七事，当路才之。后擢广东佥宪。）[2]

以船只宽度为标准征收的水饷，是向船商征收的一种税，是万历三年（1575 年）刘尧诲担任福建巡抚的时候，在当时漳州的海防同知沈植提出草案的基础上加以修订的，还包括了其他一些关于征税的细节。

> 陆饷者，以货多寡计值征输，其饷出于铺商。又虑间有藏匿，禁船商无先起货，以铺商接买货物，应税之数给号票，令就船完饷而后听其转运焉。
>
> 万历十七年，提督军门周详允陆饷货物抽税则例（万历三年，陆饷先有则例，因货物高下，时价不等，海防同知叶世德呈详改正。）[3]

可见，陆饷是以货物的多少为标准来征收的一种商税，由铺商方面来缴

---

[1] （明）顾炎武：《天下郡国利病书·福建篇》，四部丛刊三编本，上海：上海书店出版社，1985 年，第 100 页。

[2] （明）张燮著，谢方点校：《东西洋考》卷七，《饷税考》，北京：中华书局，2000 年，第 132、140、147 页。

[3] （明）张燮著，谢方点校：《东西洋考》卷七，《饷税考》，北京：中华书局，2000 年，第 132、141 页。

纳。而从史料上的记载，我们可以知道，早在万历三年(1575 年)，相关征税措施出台的时候，就已经制定了陆饷的征税规则，然而由于陆饷的征收是依货物的价格而规定的，但是货物的价格却会随着市场的变化而变化。因此，到万历十七年(1589 年)的时候，海防同知叶世德向上级官员做了汇报，要求就陆饷征收的标准做相应的调整，得到当时福建巡抚周寀的支持，出台了新的《陆饷则例》。货物陆饷的征收标准依市场价格而变动，体现了地方政府的灵活性和能动性。万历四十三年(1615 年)，督饷馆再次调整《陆饷则例》：

> 加增饷者，东洋吕宋，地无他产，夷人悉用银钱易货，故归船自银钱外，无他携来，即有货亦无几。故商人回澳，征水陆二饷外，属吕宋船者，每船更追银百五十两，谓之加征。后诸商苦难，万历十八年，量减至百二十两。[①]

我们知道，自隆庆开海之后，吕宋成为众商云集的一个贸易中心，通过西班牙人和中国的海商，漳州月港—马尼拉—阿卡普尔科之间形成了贸易链，长达百年之久，而美洲的白银源源不断地通过福建进入中国。在这种情况下，中国的海商们络绎不绝地把本土的货物运送到马尼拉贩卖，通过贸易把西班牙人从美洲运载回来的白银输送回月港。福建地方政府也注意到了这一现象，专门针对从吕宋运载白银回国的商船出台了政策，规定除了征收引税、水饷和陆饷之外，每艘船只还必须追加征收白银一百五十两，故称之为“加增饷”。后来，一些商人认为负担太重，于是，万历十八年(1590 年)，加增饷调整为每船一百二十两。

众所周知，由于粮食问题对于国计民生有着重要的意义，古往今来，由粮食引发的一系列连锁问题成为中外政府不可忽视的重要课题。自明代中叶以后，福建地方就有了缺粮问题，[②]特别是沿海地区的福、兴、泉、漳四府。值得注意的是，沿海四郡几个地近滨海的县地，“田多斥卤”的现实情况让当地的老百姓饱受耕种之难。

于是，自明中叶以后，特别是隆庆开海之后，福建地方依靠浙江、广东两省的米石海运至闽，以缓解民食之忧。在海氛较为平静的社会环境下，这样

① (明)张燮著，谢方点校：《东西洋考》卷七，《饷税考》，北京：中华书局，2000 年，第 132 页。

② 朱维幹：《福建史稿》(下册)，福州：福建教育出版社，1986 年，第 474 页。

的目标是比较容易实现的，老百姓的日常生计也能较好地维持下来。反之，如果碰到旱荒以及海氛混乱的年份，福建地方的粮食供给就会受到很大的影响，普通百姓泛海经商的活动也会受到制约，这样，社会不稳定因素也就会增多。于是，福建沿海社会的官府和民间各方也致力于各种保障工作的开发，如九龙江下游两岸各种农田水利工程的兴修，以及明末海澄知县梁兆阳在三都海沧地方设置了义仓等。[①] 到了万历年间，开始有较多的出海商民从海外运载大米回国，起先，明朝政府对于这类米粮的进口是采取不征陆饷的政策；后来，随着海外大米进口的不断增加，福建地方政府才逐渐出台相应的则例以规范其操作。因此，万历四十五年（1617 年），漳州府督饷通判王起宗请求对载米回月港的商船进行征税，略曰：

> 海澄洋税，上关国计盈虚，下切商民休戚，职日夜兢兢，惟缺额病商是惧。然变态多端，有未入港而私接济者，有接济后而匿报者，甚欲并其税而减之者。即今盘验数船，除物货外，每船载米或二三百石，或五六百石。又有麻里吕船商陈华，满船载米，不由盘验，竟自发卖。问其税，则曰："规则所不载也。"访其价，则又夷地之至贱也。夫陆饷照货科算，船盈则货多，货多则饷足，今不载货而载米，米不征饷，不费而获厚利，孰肯载货而输饷乎？诚恐贪夫徇利后，不载货而载米，国课日以亏也。查规则内番米每石税银一分二厘，今此米独非番地来者乎？今后各商船内有载米五十石者，准作食米免科。凡五十石外，或照番米规则，或量减科征，庶输纳惟均，而国饷亦少补也。[②]

由此可见，在福建缺乏粮食而海外又有便宜大米的情况下，福建海商中有人开始调整其贸易策略，从海外载回大米，如上文中提到的麻里吕船商陈华等。根据原先的政策，并没有针对这类的大米必须征税的规定，只是当督饷官员看到这样的事例慢慢多起来的时候，才意识到也必须对其进行征税，规定出海商船除了五十石食米之外的海外粮食都要依照番米规则纳税。从这一事件，我们看到了从月港出发贩洋的商人在万历年间贸易情况的细微变化，以及当时海外大米的输入对福建粮食紧张情况的缓解的一段历史往

---

① （清）梁兆阳：《三都建义仓奏记》，（乾隆）《海澄县志》卷二一，《记》，上海：上海书店出版社，2000 年，第 656 页。

② （明）张燮著，谢方点校：《东西洋考》卷七，《饷税考》，北京：中华书局，2000 年，第 146～147 页。

事。在督饷官王起宗看来，缺额和病商是他所不愿看到的两大问题，而缺额更是其中的关键点，尽管他认为"海澄洋税，上关国计盈虚，下切商民休戚"，但是，我们从上面的详文中，看到以王起宗为代表的福建地方官员对海澄饷税的重视。因此，从另一侧面上，我们也看到海澄舶税对于地方财政收入的重要性。

表 4-1　海澄舶税（洋税）征收表

时　　间	征收税银
隆庆六年(1572 年)	3000 两
万历三年(1575 年)	6000 两
万历四年(1576 年)	10000 多两
万历十一年(1583 年)	20000 多两
万历二十二年(1594 年)	29000 多两
万历四十三年(1615 年)	23400 两*

*　(明)张燮著，谢方点校:《东西洋考》卷七，《饷税考》有云:"(万历)四十一年，上采诸臣议，撤寀珰还，诏减关税三分之一，漳税应减万一千七百。当事悉罢五关杂税，独以洋商罗大海之重利。即不减犹可支持，仅三千六百八十八两，然不可谓非圣世洪洞之恩也。"又，"万历四十三年，恩诏量减各处税银。漳州府议东西二洋税额二万七千八十七两六钱三分三厘，今应减银三千六百八十七两六钱三分三厘，尚应征银二万三千四百两"。可见，万历四十一年(1613 年)，应减万一千七百的漳税，并不单指罗大海之重利的洋税，三千六百八十八两才是当年应减的海澄饷税的数额，这与四十三年应减银三千六百八十七两六钱三分三厘的情况比较吻合。万历四十三年(1615 年)，东西二洋的税额应征二万三千四百两，而万历四十一年(1613 年)的情况也应该相去不远。后来崇祯十二年(1639 年)，给事中傅元初上《请开洋禁疏》，其中谈道"万历年间，开洋市于漳州府海澄县之月港，一年得税二万有余两，以充闽中兵饷"，即是明证。因此，《明代漳州月港的兴衰与西方殖民者的东来》一文中，作者认为万历四十一年(1613 年)海澄饷税为三万五千一百两的观点有误。详见中共龙溪地委宣传部、福建省历史学会厦门分会编:《月港研究论文集》，1983 年，第 168 页。

资料来源:(明)张燮著，谢方点校:《东西洋考》卷七，《饷税考》，北京:中华书局，2000 年。

除此之外，万历四十四年(1616 年)，推官萧基眼看商困，条上《恤商厘弊凡十三事》，得到当时分守参知洪世俊的支持，并将此事上达中丞。[①] 因此，海澄舶税（洋税）的征收一步步走向制度化，每年二万多两的税银是政府一直以来比较稳定的收入。从表 4-1 中，我们可以看到，海澄饷税刚开始征收时，隆庆六年（1572 年）仅有三千两，到万历三年（1575 年）饷税就已经翻了一番为六千两，万历四年（1576 年）开始，海澄的饷税就突破万两，二十一年增加到二万多两，二十二年在相关政策的影响下更是一度达到二万九千多两，此后的数额一直保持在二万多两。可以说，洋税不断攀升的大好形势出乎明朝政府原先的意料。以海澄这一区区弹丸之地，而岁有二万多两的饷银收入，固然日益引起明朝政府从中央到地方的各方关注。随着时间的推移，朝堂上甚至出现"当事疑税饷赢缩，防海大夫在事久，操纵自如，所申报不尽实录"的言论，怀疑防海大夫是否利用手中的职权欺上瞒下，进而采取"岁择全闽府佐官一人主之"的办法，以流动性官员来督海澄的饷税，使其"及瓜往返，示清核，毋专利薮"。[②]

从海澄舶税征收的制度化过程来看，我们发现，刚开海禁的时候，朝廷并没有出台相应的措施对海外贸易进行有效的管理。尽管经朝廷允许开了海禁，但是嘉靖年间倭乱的往事还历历在目，是故福建各级官员，上至巡抚，下至督饷官，都小心谨慎地揣度着圣意——这个政策究竟是长期的呢，还是仅仅是朝廷的权宜之计而已？因此刚开始的时候，福建地方官员谁也不敢把事情往自己身上揽。而有着海外贸易传统的广东、浙江两省，其地方政府对于开海禁并不热衷的情况正好说明了官员的普遍态度——多一事不如少一事。其实，不只是福建地方官员，当时的中央朝廷起初也不想实施带有指向性的举措，而是在庙堂之上时刻关注着地方的一举一动，琢磨着开海的程度、力度应该如何，及其对统治秩序会产生什么样的影响。

随着时间的推移，慢慢地，福建地方官员发现开海贸易不会出什么乱子；相反地，还给地方带来了稳定的税收，对漳州的兵饷起了很大的支持作用。万历二十至二十九年（1592—1601 年）关于"泉漳分贩东西洋"的讨论就是海澄洋利日益重要的反映。而明朝廷方面也觉得有限制的开海并不会

---

① （明）张燮著，谢方点校：《东西洋考》卷七，《饷税考》，北京：中华书局，2000 年，第 135～140 页。

② （明）张燮著，谢方点校：《东西洋考》卷七，《饷税考》，北京：中华书局，2000 年，第 133 页。

对其全国的统治构成威胁；相反地，还减轻了漳南的兵饷负担。因此，普通百姓出洋贸易的相应措施得以提出，并得到中央朝廷的允许、颁布、施行。

综上所述，海澄舶税征收制度化的过程是中央与地方慢慢磨合的过程，是中央与地方双方努力的共同结果。

三、福建海洋区域贸易的国际化

隆庆初年，明朝政府开始实行有限制的部分开海贸易的政策，九龙江下游两岸区域的人民可以申请船引，以合法的形式出海贸易，其数量之多甚至大大超越之前走私贸易时代。在当时的海洋社会当中，伴随着商民们贩洋成风的势头，当地的经济模式、经济结构以及社会结构等社会生活的方方面面均发生着巨大的变迁。

（一）贩海经商，日益融入中西方贸易网络

早在隆庆开海之前，关于月港附近居民贩海经商的场景，地方志书有这样的记载：

> （月港）田多斥卤，筑堤障潮，寻源导润，有千门共举之绪，无百年不坏之程；岁虽再熟，获少满篝，霜洼夏畦，个中良苦。于是，饶心计者，视波涛为阡陌，倚帆樯为耒耜。盖富家以财，贫人以躯，输中华之产，驰异域之邦，易其方物，利可十倍。故民乐轻生，鼓枻相续，亦既习惯，谓生涯无逾此耳。方其风回帆转，宝贿填舟，家家赛神，钟鼓响答，东北巨贾，竞鹜争驰。以舶主上中之产，转盼逢辰容致巨万。若微遭倾覆，破产随之，亦循环之数也，成弘之际，称"小苏杭"者非月港乎？[1]

隆庆初年，月港开海之后，海澄一地的人民获得了合法从事海外贸易活动的权利，走洋之人日益增多：

> 澄，水国也。农贾杂半，走洋如适市。朝夕之皆海供，酬酢之皆夷产。闾左儿艰声切而惯译通，罢袯畚而善风占，殊足异也。[2]

① （乾隆）《海澄县志》卷一五，《风土志·风俗考》，上海：上海书店出版社，2000年，第580～581页。

② （明）萧基：《小引》，（明）张燮著，谢方点校：《东西洋考》卷首，北京：中华书局，2000年，第15页。

由此可见，在九龙江下游地带，“田多斥卤”的现实情况使得本区域的农业生产难以保障，人民饱受潮患之苦。而与从事农业生产相比，贩海经商可以带来丰厚的利润收入。因此，不论是富裕之家，还是贫寒之户，他们都积极投入海洋贸易的大潮中，富者出资，贫者出力，将中国的土特产转运至海外贩卖，往往可以赢得十倍的收入。不仅月港附近地方如此，在当时漳州沿海的许多地方，贩洋已经成为人们日常生计的重要模式：“盖漳，海国也。其民毕力汗邪，不足供数口。岁张艅艎，赴远夷为外市，而诸夷遂如漳窔奥间物云。”①

在这股海洋贸易的浪潮中，九龙江下游两岸区域迎来了社会经济发展的高峰时期，到处呈现出欣欣向荣的景象，正所谓“风回帆转，宝贿填舟，家家赛神，钟鼓响答，东北巨贾，竞鹜争驰”，地方海洋社会蓬勃发展之盛况由此可见一斑。自从隆庆初年月港开海之后，九龙江下游两岸区域的居民便可以通过申请船引的方式，以合法的手段走出国门，贩海经商，往来东西二洋。一时之间，月港周边地方到处充满着海洋贸易的冒险因子。根据《流传郭氏族谱》的记载，龙溪二十八都流传社郭氏：

> 十一世孙启祠公，应柏公次子也，卒于吧国，妣姓氏未详，生于万历二十六年戊戌二月廿五日戌时，卒于顺治四年戊子九月十二日卯时，寿五十一，坟墓无考。生男三：长曰仕英，次曰仕雄，三曰仕杰。②

又有龙溪翠林郑氏：

> 十一世忠房，鍌，号苍水，往番；五姐，往番。
>
> 十三世睦房民护、元炤、名瑞，往番，卒于番。
>
> 十三世睦房，宋朝，往吕宋。
>
> 十二世尔练，名一郎，往番，卒于番。莹，往番。继康，万历二十八年往暹罗。③

再有龙溪卿山高氏：

> 十七世仲镆，号次仰，振寰次子，生于万历丁酉年，卒于崇祯己卯年十二月十一日。次仰亡在番邦。

---

① （明）王起宗：《序》，（明）张燮著，谢方点校：《东西洋考》卷首，北京：中华书局，2000年，第13页。

② （嘉庆）《流传郭氏族谱》。

③ 《荥阳郑氏漳州谱·翠林郑氏》，2004年重编。

十七世褒，字孺衷，生于万历癸巳，卒在番邦。

十七世殿，字萃区，娶王氏，生子曰寅。萃区生于万历乙未年，往番邦吕宋国，王氏别配。[①]

九龙江下游两岸区域的人们出洋贩海经商，饶有成绩，有的人在海外甚至担任了中国商人与当地政府沟通往来的华人首领，如龙溪文苑郑氏十一世祖逸坡公：

长房逸坡公，十世孙思显之子启基，生于明隆庆元年，卒于万历四十五年，又名郑芳扬，是马六甲第一任甲必丹，爱国侨领。卒葬彼处三宝山南坡祀位中国式青云寺给后人凭吊。[②]

从上面相关族谱的记载内容来看，我们可以得知，当时国人海洋活动的范围遍及吧国、吕宋、暹罗等地以及一些被笼统地称为“番”“番邦”的国家和地区。值得注意的是，这些族谱涉及的地方大多数属于龙溪县管辖之地。

另外，我们从张燮《东西洋考》中关于《陆饷则例》的记载，可以看到月港开海之后，中外进出口贸易的商品多达上百种，[③]其中有月港附近的土特产，也有江南地区的丝绸物品等。以月港为主要代表的福建海商日渐活跃在南海，通过与西班牙人、葡萄牙人以及荷兰人等西方人的贸易往来，将中国的国内市场与世界联系了起来，而月港也成为当时中外贸易网络中的重要一环。

（二）白银大量进入福建，改变着社会生活

九龙江下游两岸广大区域的人民贩海经商，将国内的商品运至海外，返程之时又将海外的商品运回本国贩卖，长途转运之后，往往可以获得丰厚的利润。1571 年，西班牙人征服菲律宾，开始了其在菲岛的统治，而从中国到东洋吕宋的商人们也与西班牙人展开了贸易往来，换回西班牙人从美洲运来的白银。从吕宋不断进口的白银，使得明朝政府在万历年间专门出台政策，对其征收加增饷。有明一代，流入中国的白银主要来自西属美洲和日本，这两个地方是当时世界主要的白银产地。流入中国的白银主要用来购

① 《高氏族谱（卿山）》，清顺治十二年（1655 年）修，续至嘉庆。

② 《文苑郑氏（长房四世东坡公世系）族谱》，2002 年续编。

③ （明）张燮著，谢方点校：《东西洋考》卷七，《饷税考》，北京：中华书局，2000 年，第 141～146 页。

买中国丝绸，当时中国丝绸的海外市场以日本为首，其次是欧洲和美洲。根据金汉升先生研究，1586—1643年期间，西班牙人每年在菲律宾输入中国货物约在133万元，明季从菲输入中国的白银当在7500万元以上。[①] 而就海澄饷税来说，相对于海商的巨大贸易额、高额利润率，整个月港税制的税率极低，巨额财富滞留在海商手中，海商并未被"横征暴敛"。[②] 因此，通过月港进口的白银绝大部分留在了海商手中，他们一方面将一部分财富用于再次出海行动中；另一方面，开始丰富各自的生活内容，奢华气息一时充斥着海洋社会。这样的繁荣景象，引发了多少文人墨客的不绝赞叹，他们用诗赋的形式给予了记录。如当时闽县名士徐𤊹，在来到海澄之后，作诗描写了隆庆开海之后海澄社会的盛况。其诗有云：

海邑望茫茫，三隅筑女墙。旧曾名月港，今已隶清漳。
东接诸倭国，南连百粤疆。秋深全不雨，冬尽绝无霜。
货物通行旅，赀财聚富商。雕镂犀角巧，磨洗象牙光。
棕卖夷邦竹，檀烧异域香。燕窝如雪白，蜂蜡胜花黄。
处处园栽橘，家家蔗煮糖。利源归巨室，税务属权珰。
里语题联满，乡音度曲长。衣冠循礼让，巫蛊重祈禳。
田妇登机急，渔翁撒网忙。溺人洪水涨，摧屋飓风狂。
永日愁难遣，清宵病莫当。羁怀写不尽，期尔早还乡。[③]

上面的诗句内容，写尽了隆庆开海之后月港的繁华景象。月港从之前士人不关注的海滨之地，变成了连接海外市场的重要地点，大量的货物在这里被装载运走，而换回的钱财也汇聚到富商的手中。因此，富商们开始享受起雕梁画栋的奢华生活，夷地所产的商品处处可见，而犀角和象牙在这边简直是司空见惯。

与此同时，白银大量流入福建沿海地区并留存于商民手中，对地方海洋社会新一轮的建设给予了财力上的支持。在本时期内，商民们踊跃捐资，兴修了很多公共设施等，例如万历八年(1580年)，海澄知县周祚在其任上，主持新开县城西北隅水门：

---

① 庄国土：《16—18世纪白银流入中国数量估算》，《中国钱币》1995年第3期。

② 林枫：《明代中后期的市舶税》，《中国社会经济史研究》2001年第2期。

③ (清)徐𤊹：《海澄书事寄曹能始》，(乾隆)《海澄县志》卷二〇，《艺文志·诗》，上海：上海书店出版社，2000年，第635页。

令甫下，民争捐资，伐石鸠工，帑不及官。浃旬告成，言言将将，汲者欢呼于道，贾肆星列，商舟云达，手额交口称而城址靡所委渍，俨然金汤，称雄镇焉。[①]

（三）商人地位大幅度提升，成为一股不可忽视的社会力量

自汉唐以来，重农抑商日益成为中国传统社会发展过程的一个特色，历代统治者为了更好地管理帝国，相继出台了一系列的政策和措施，以鼓励百姓从事农业生产，甚至为了实践安土重迁的理念，统治者还制定了一些不利于商人的政策。此外，士农工商的排列顺序，也使我们对传统上商人的地位有了比较直观的把握。可以说，在中国的传统社会中，商人们的地位不高已经成为一种事实。然而，我们在对月港时代的商人们进行考察时，却发现了以下几个比较有意思的事例，从中，我们或可窥探当时商人的地位以及他们的社会影响力。

事例一：万历年间，有一部分从月港出发的海商前往东洋吕宋从事贸易活动，而与之交易的西班牙人将他们从美洲带来的白银用于支付。于是，商人返程之船除了少量的货物之外，均载银而归。明朝政府针对这一类商船征收加赠饷，每船一百五十两。但是，过了一段时间，有一些商人开始提出负担过重，经过他们的努力，万历十八年（1590 年），明朝政府同意将原来的标准下调至每艘船一百二十两。[②]

事例二：自万历二十七年（1599 年），税珰高寀南下，主政福建税收，看到海澄区区弹丸之地而每年有二万多两的舶税收入，于是，亲自来到实地，对商人们横征暴敛：

（万历）三十年，贾舶还港，寀下令一人不许上岸，必完饷毕，始听抵家。有私归者逮治之，系者相望于道。诸商嗷嗷，因鼓噪为变，声言欲杀寀，缚其参随，至海中沉之。寀为宵遁，盖自是不敢至澄。[③]

---

① （清）柯挺：《周侯新开水门碑记》，（乾隆）《海澄县志》卷二二，《艺文志·记》，上海：上海书店出版社，2000 年，第 673 页。

② （明）张燮著，谢方点校：《东西洋考》卷七，《饷税考》，北京：中华书局，2000 年，第 132 页。

③ （明）张燮著，谢方点校：《东西洋考》卷八，《税珰考》，北京：中华书局，2000 年，第 156 页。

通过对上述史料的分析，我们可以看到，高寀为了达到其收敛钱财的贪婪目的，竟然要求回港商船上的人不许上岸返回其家，而将私自偷跑回家的人们逮捕。在这样的情况下，当地商人愤懑不满，声言欲杀高寀而完事；同时，愤怒的商人们更是将高寀手下用绳子捆绑，扔至海中。通过张燮的描写，我们看到的不是唯唯诺诺、任人宰割的商人形象；相反，他们敢于向高寀发起冲击。尽管高寀残酷地欺压商人，但是他毕竟是明朝中央派遣的税珰专员。海澄当地商人对于高寀的挑战，从另一个侧面来说，实际上也反映出他们地位的提升。

事例三：万历四十二年(1614 年)，在省城福州，发生了一起因高寀拖欠钱款而引发的商人集体赶赴官署催讨事件："四月十一日，寀所未偿直商人数百辈，自金缯以逮米盐，所负金钱巨万，群赴阉署求领，辞气稍激。"[①]尽管后来这一事件的形势因高寀的无赖行为而急转直下，商人们处于劣势之中，但是，从一开始商人聚集前往官署的行为，我们可以判断：当时，商人们的社会地位并不低，他们俨然已经成为影响社会的一股重要力量了。

当然，隆庆至万历年间商人们社会地位的提升，与月港开海之后海洋贸易的繁荣有着密切的关系。一方面，在厉行海禁的时期中，就有势家大族积极参与通番活动，如同安人林希元等。势家大族一直是明代中叶以来海洋贸易大军中的重要一员，他们原本就具备士绅的身份，而通过海外贸易又积累了大量的财富，这些因素加到一起，使得他们在当地社会中拥有重要的发言权。特别是隆庆开海之后，海外贸易成为合法化的经济行为，因此，他们在贩海经商的同时不再有后顾之忧。另一方面，就普通百姓而言，他们贩海通商，往来东西洋，也有了一定的经济积累。在当时贩海成风的社会中，他们成为白手起家的典范，逐渐赢得世人的认可，其社会地位当然也是不可同日而语了。在这样的情形下，商人们表达相关看法并为政府所接受，甚至敢于挑战明朝政府中邪恶势力的具体行为也就不难理解了。

四、月港繁华背后潜藏的危机

可以说，自隆庆年间月港开海以来，九龙江下游两岸区域获得了长足的

---

① (明)张燮著，谢方点校：《东西洋考》卷八，《税珰考》，北京：中华书局，2000 年，第 158 页。

发展，“天子南库”的称誉可谓是当之无愧。然而，海洋社会繁荣的背后却也潜藏着危机。

(一)机易山事件与1603年马尼拉大屠杀

漳州地近菲律宾，当时很多出洋贸易的商人选择前往马尼拉，用中国商品换回西班牙人从美洲运来的白银，数量之多促使明朝政府出台专门措施以征收商税，即“加增饷”。而当时，马尼拉聚集了数量众多的华人，他们开始形成了早期的华人聚居区，如涧内等地。菲律宾华人数量的不断增加，使得西班牙人开始担心起他们的统治地位，而机易山事件的发生无疑是推动菲律宾西班牙人与华人关系紧张，乃至对华人实行大屠杀的催化剂。

机易山事件的经过是：有一男子名叫张嶷，向明朝政府做了汇报，说吕宋有一座机易山，山上出产金豆，前往采取的话可以获得黄金无数。而福建地方官府的官员们大多认为张嶷的说法极其荒谬，甚至有海澄籍士绅高克正专门撰写了《折吕宋采金议》三则，驳斥了张嶷的谬论：

> 辄云海上开采，岁输精金十万，白金三十万，将取之寄，抑输之神乎？夷德亡厌，好利更甚，安有瓦铄黄白，坐锢以待我者！取之，能必夷之不攘臂争乎？能必我之取不为大盗积乎？
>
> 要若曹亦未知澄事耳，采金海上，非艅艎十余艘，卒徒千余人不可行。而是十余艘、千余人者，非可空手而具，亡米而炊也。谁为备之？而谁为给之？至计穷而欲夺商船，以应上命，敛民财以应上供，则土崩之形成，而脱巾之势见。吾所虑者，不在风涛之外也。桑梓之地，疾痛与俱，惟台台为万姓请命，以杜乱萌，澄邑幸甚！[①]

高克正对于吕宋采金案一事的分析和理解是比较正确的，以高克正在当时地方社会的影响力而言，他的言论无疑是福建地方官府信息的重要参考来源之一，“郡邑每重其言为转焉”。[②]

无奈，明朝政府坚持己见，还是派出海澄县丞王时和、百户于一成前往吕宋进行勘查。吕宋方面听闻这个消息，非常紧张，后在当地华人的解释下稍微宽心，目睹了明朝方面官员进入吕宋的一切情形。其实，关于吕宋机易

---

① (明)高克正：《折吕宋采金议》，(明)张燮著，谢方点校：《东西洋考》卷一一，《艺文考》，北京：中华书局，2000年，第222页。

② (光绪)《漳州府志》卷三〇，《人物三》，上海：上海书店出版社，2000年，第635页。

山产金豆的说法应该是当时中国月港—吕宋马尼拉—墨西哥阿卡普尔科之间“大帆船贸易”情况的实际反映，中国商人可以在这边换回美洲白银。而海澄一地作为国人海外贸易的始发站，“澄民习夷，什家而七”是当时社会的真实写照，海澄人亦是吕宋华人群体中的重要组成部分。

机易山事件过后，西班牙人面对着吕宋数量众多的华人，担心他们的统治将受到威胁，双方之间的冲突一触即发。万历三十一年(1603年)，统治菲律宾的西班牙人开始对华人发起了攻击，在马尼拉的华人受到了极大的迫害。消息传回闽南，一时之间，整个闽南海洋社会到处充斥着痛失亲人的悲愤之情。

关于1603年马尼拉大屠杀对闽南社会的影响，张彬村先生曾经撰文，把美洲白银与闽南地区妇女贞节联系到了一起，认为这两个看似不相关的事情，却构成了1603年马尼拉大屠杀的前因与后果。马尼拉大屠杀是一个不必要的悲剧，由一个从马尼拉回来的木匠莫名其妙地生出的荒谬念头所启动引发。所有在马尼拉和吕宋岛上的华人都被西班牙人、日本人以及菲律宾的联合武装力量屠杀掉。受害者估计在15000～30000人之间，也给闽南地区制造了很多寡妇。她们跟她们的丈夫一样，是大屠杀里的无辜的牺牲品。[①]

1603年马尼拉大屠杀，给蓬勃发展中的闽南海洋社会蒙上了一层阴影，特别在“澄民习夷，什家而七”的月港及其周边地区。根据崇祯年间《海澄县志》的记载，“华人在吕宋者，为吕宋王所杀，计捐二万五千人，为澄产者十之八”。[②] 除了地方志书的相关记录之外，在今天所能看到的族谱中，我们仅在《福河李氏宗谱》中看到当年惨剧的一丝痕迹。福河，地处九龙江西溪与北溪交汇处南岸区域的一个村落，明代隶属于龙溪县十一都福河社：

> 十五世(大潭墘)，默，字志学，生万历五年，往吕宋，遭兵变，终万历三十一年(1577—1603)；松，字绍坚，生嘉靖二十七年(1548年)，终于吕宋(总图61页)。榆，字绍春，发船吕宋，破家亡身，贻累宗族，生嘉靖四十年(1561年)，终于吕宋，子崇鲁(总图62页)。

---

① 张彬村：《美洲白银与妇女贞节：1603年马尼拉大屠杀的前因与后果》，朱德兰主编：《中国海洋发展史论文集》第8辑，台北：“中央研究院”中山人文社会科学研究所，2002年，第295～326页。

② (崇祯)《海澄县志》卷一四，《灾祥志》。

十六世（大潭墘），思涵，号绍养，生万历六年，终万历三十一年（1578—1603），往吕宋，遭兵变以丧其驱（总图63页）。[①]

（二）月港舶税体制上的缺陷分析

明隆庆开海之后，伴随着海外贸易的蓬勃发展，月港（海澄）地方海洋社会到处呈现出欣欣向荣的景象。然而，在地方海洋社会经济日益攀升的同时，我们也注意到了繁荣背后存在的隐患。尽管从中央到地方各级政府积极地摸索有效治理地方社会的路径，努力适应新形势的发展，但是，明朝政府在海澄饷税的分配问题上，因为缺乏长远的规划，始终没有处理好各方关系在饷税利益分配上的冲突。因此，其因应也就显得有点措手不及，对海澄后来的发展有着不可忽视的影响。

首先，中央与地方的利益冲突。随着海外贸易形势的不断发展，海澄饷税开始进入明王朝的统治视野，日益受到关注。早在万历二十至二十九年（1592—1601年），朝廷就曾经"疑税饷赢缩，防海大夫在事久，操纵自如，所申报不尽实录，议仿所在榷关例，岁择全闽府佐官一人主之。及瓜往返，示清核，毋专利薮"。万历二十七年（1599年），"上大榷天下关税，中贵人高寀衔命入闽，山海之输，半蒐罗以进内府，而舶税归内监委员征收矣。正税外索辨方物，费复不赀。诸虎而冠者，生翼横噬"。从此，饷税之利收归中央。直到万历三十四年（1606年），"有旨封闭矿洞，各省直税课，有司照常征解"，饷税的征收权才又还给地方。但是，中央与地方在这方面的冲突，至万历四十一年（1613年），"上采诸臣议，撤寀珰还"才暂告一段落。

其次，漳泉二府在海外贸易带来经济利益的问题上存在争执。早在万历二十至二十九年（1592—1601年）的时候，漳泉二府就曾经为了海澄饷税的分配问题而发生争执，其具体过程如下：

> 其后当事疑税饷赢缩，防海大夫在事久，操纵自如，所申报不尽实录，议仿所在榷关例，岁择全闽府佐官一人主之。及瓜往返，示清核，毋专利薮。而泉人以兵饷匮乏，泉观察议分漳贩西洋，泉贩东洋，各画陇无相搀越，欲于中左所设官抽饷，如漳例。漳郡守持之，谓割漳饷以给泉兵，则漳饷当匮，且有不漳不泉，寅缘为奸者，将奈何？奏记力言其不

① 《福河李氏宗谱》，清康熙三十五年（1696年）续编，1995年复印。

可。独榷税不属海防，官听上裁。（详文略曰：本府军需往往告匮，即隆庆间开设舶税，仅数千金，万历间增至万两，以此佐之，犹且不敷。动请司饷济急，往牒具在也。迨十三年增税至二万余，兼以尺土寸田，凡属官者，靡不括以充饷。即铁炉、牛行、渡船、渔税，搜无遗利，始免仰给司牧。然亦必尽数追完，方克有济。见在十县饷额，共三万七千七百九十余，凑船税二万余，大都六万上下，而水陆官兵月粮、修船、直器、犒赏诸费，岁不下六万。如二十一年禁海饷诎，则括府县帑藏支用，岂有赢余积藏于库哉！饷在漳则漳利，饷在泉则泉利，其便均也。漳饷匮则请在漳，泉饷匮则请在泉，其不便均也。今欲东西洋分属漳泉，割漳饷以赡泉兵，不惟漳之兵食无从措给，从此私贩之徒，缘为奸利，不漳不泉，东影西射，公然四出，不可究诘者，又十百于昔日。本府筹之，未见善画，在彼府计，其无弊何如耳。）于是漳、泉分贩议罢不行，而上章请改设饷馆，给关防。[①]

虽然以上的争执最终以漳州府的独享饷税利益而告终，但是漳泉二府在关系地方财政利益上的冲突并没有因时间的推移而结束。如崇祯十二年（1639年），给事中傅元初上《请开洋禁疏》，其中谈道：

……倘以此言可采，则今日开洋之议，洋税给引，或仍于海澄县之月港，或开于同安县之中左所，出有定引，归有定澳，不许窜匿他泊。即使漳泉两府海防官监督稽查，而该道为之考核，岁报其饷于抚臣，有出二万余之外者，具册报部，以凭支用……[②]

通过上面的史料，可知漳泉二府在海澄饷税利益问题上的矛盾及争执，有明一代始终存在。另外还有，在后来17世纪福佬海盗商人（海商）内部不同籍贯之间势力此消彼长——在海贸史上占有重要一席的漳州系统为泉州系统所取代的历史背景下，[③]郑芝龙后来居上，终执东西洋海外贸易的牛耳。而此时，漳泉二府在对郑芝龙是剿还是抚的问题上产生了分歧。对此，

---

① （明）张燮著，谢方点校：《东西洋考》卷七，《饷税考》，北京：中华书局，2000年，第133～134页。

② 傅元初：《请开洋禁疏》，（明）顾炎武：《天下郡国利病书》原编第26册《福建》，济南：齐鲁书社，1996年，第45页。

③ 翁佳音：《十七世纪的福佬海商》，《中国海洋发展史论文集》第7辑（上），台北："中央研究院"中山人文社会科学研究所，1999年。

明人沈颐仙在《遗事琐谈》中所做的评论可谓是一语中的："芝龙泉人也，侵漳而不侵泉，故漳人议剿，泉人议抚，两郡相持久不决。"[①]可见，在海外贸易历史悠久的漳泉二府，海洋社会的逐利性表现得淋漓尽致，漳泉两地的官府时刻不忘海外贸易所带来的税收利益，其立场的选择皆源自于与海外贸易相伴随的经济利益。

正因为明朝政府在海澄饷税的分配问题上，缺乏长远的规划，使得各方利益冲突不断。在利益的驱使下，甚至有不法官吏、奸商以身试法，对正常的海外贸易活动构成威胁。如万历四十四年(1616 年)，推官萧基条上《恤商厘弊凡十三事》，认为官害、吏害和奸商之害等三害是商困的主要因素。[②]

关于月港衰落的原因，学术界已有比较多的研究，如李金明在《漳州港：明代海澄月港兴衰史》一书中，对目前学界的观点做了总结，认为大概有如下几个方面：(1)荷兰殖民者的劫掠；(2)海禁过于频繁；(3)明朝统治者横征暴敛；(4)当地人贩海通商日益增多，农耕渐弛，且多种甘蔗、烟草等经济作物，故养蚕业及丝织业逐渐凋零，使出口海外的丝织品逐渐减少，对漳州月港的衰落多少有些影响；(5)诸多港口并开，使月港失去了作为唯一私人海外贸易港的地位，必然暴露出其地理位置差、港口条件不好等弱点，从而在竞争中渐遭淘汰；(6)海寇活动的猖獗、明末的政治动乱等因素，也对漳州月港的衰落有着一定的影响。[③] 如前所提，笔者通过对史料的梳理，认为在月港衰落的原因问题上可以做这样的补充，即明朝政府未能妥善处理好各方关系在洋税分配问题上的冲突，特别是漳泉二府在这方面的利益争执，以及17 世纪以后福佬海盗商人(海商)内部不同籍贯之间势力此消彼长，漳州系统为泉州系统所取代等等多种因素都为日后历史发展的走向埋下了伏笔。后来，清朝政府于康熙二十三年(1684 年)开海禁、设海关，傅元初《请开洋禁疏》中提到的同安县之中左所(厦门)成为四海关之一，最终完成海外贸易管理机构从漳州府到泉州府的转移，月港亦从此失去了复兴的机会，下降为

① 张海鹏等主编：《中国十大商帮》，合肥：黄山书社，1993 年，第 96 页。

② (明)张燮著，谢方点校：《东西洋考》卷七，《饷税考》，北京：中华书局，2000 年，第135～140 页。

③ 李金明：《漳州港：明代海澄月港兴衰史》，福州：福建人民出版社，2001 年，第 124～128 页。

厦门的附属港继续运作。[1] 作为中国近代海关先声的月港，其督饷制度与后来的海关制度相比，更多的是留下了历史经验和教训。我们认为，尽管后来月港作为海外贸易港口的繁华不复存在，但是本区域内的人民还在继续书写着海洋人的动人篇章。时至今日，九龙江下游两岸区域的众多族谱、碑刻等民间文献资料中关于国人贩海经商、移民异域等内容的大量记载，即是月港人传统海洋生计的历史延续。

综上所述，隆庆至万历年间，明朝政府实行有限制的部分开放海禁的政策，福建沿海地区的可以通过申请船引的方式获得合法出海贸易的机会。本时期九龙江下游两岸区域以月港开海为依托，迎来了新一轮的发展契机，地方海洋社会到处呈现出一派蓬勃兴盛的景象。在明朝政府下令开海总方针的指导下，福建地方各级政府围绕着海澄舶税的征收，在实践过程中逐渐形成了一系列的规则，慢慢走上了制度化的道路。在这个过程中，福建各级官员，上至巡抚，下至督饷官，甚至是漳州府县官员，都在为福建沿海社会的发展积极出谋划策，并取得了不错的成效。当然，地方士绅和商民也是这一历史进程的重要参与者，甚至是在税珰高寀入闽横行期间，他们或斗智或斗勇，与官府互为表里，努力为地方社会营造一个相对安定、来之不易的政治环境。隆庆至万历年间，福建各级官府、地方士绅和普通商民一起共同推动了地方海洋社会的向前发展。九龙江下游两岸的广大区域是在比较平稳、和谐的社会环境中不断前进的，官民相得在本时期海洋社会中得到充分体现。

第三节　郑氏与明、清对汀漳泉海域社会控制权的争夺

郑氏海上集团采取由点到面的控制手法，对南澳、诏安、云霄、铜山、漳浦旧镇、石码、海澄、厦门岛、金门岛及安海等地实施军事控制，并以此作为与清廷斗争的基地。如果从崇祯初年郑芝龙崛起开始谋求对漳州沿海的控制到康熙二十二年（1683 年）清廷统一台湾，那么郑氏海上力量对汀漳泉三

---

① 杨国桢：《闽在海中：追寻福建海洋发展史》，南昌：江西高校出版社，1998 年，第 64 页。

府的影响达到五十余年之久。郑氏海洋事业的发展，支撑着它以一隅之地与两代王朝进行实力较量。

一、明末天启、崇祯年间郑芝龙对汀漳泉海域的控制

隆庆、万历时期，福建沿海迎来了比较安定的发展期，漳州沿海的海澄由于获得了官方认可的合法贸易港口的地位，成为万历时期福建沿海贸易的中心地域。随着万历、天启年间荷兰人进入福建沿海，及泉州私人海商郑芝龙的崛起，福建海上贸易的格局发生了新的变化。以海澄月港为中心的私人海外贸易快速发展，形成了福建—菲律宾（吕宋）—西班牙贸易路线和福建—日本贸易路线两大走向。

明政府的开海仍有种种限制，不时就有海禁的回潮。如万历二十一年（1593 年）因日朝战争实行一年的海禁；天启二年（1622 年）因荷兰殖民者侵占澎湖列岛，又实行了一次海禁，直至天启四年（1624 年）福建巡抚南居益打败荷兰殖民者，收复澎湖后才开禁；崇祯元年至崇祯四年（1628—1631 年）因漳泉沿海海盗猖獗，又实行海禁。[①] 在天启、崇祯年间，以郑芝龙为代表的泉州私人海寇集团与漳州海澄人为中心的海盗集团形成了既互相合作又互相兼并的局面。这时的海上私人贸易则形成了以占据台湾的荷兰人、占据吕宋的西班牙人和日本商人间的多角贸易体制。郑芝龙先是跟随海澄海商颜思齐（有学者认为颜思齐即李旦）的集团，在颜思齐死后，继承了该集团主要的军事力量。根据光绪《漳州府志》的记载，万历中后期至天启、崇祯年间漳州沿海的海寇问题如下：

> 万历三十二年（1604 年），海贼周四老作乱，诏安知县黎天祚擒其二魁，斩于城上；贼遁去。
>
> 万历四十六年（1618 年），海贼袁八老劫诏安沿海村落；既而就抚。
>
> 天启二年（1622 年），红毛据澎湖，由鹭门逼圭屿；海澄知县刘斯琜守计甚备。贼退，中丞南居益誓师海澄，直抵澎湖；与战，悉遁去。
>
> 天启四年（1624 年），诏安乌山贼麦有章、沈金目寇县城。百户易弥光率兵讨平之。

---

① 李金明：《明朝中叶漳州月港的兴起与福建的海外移民》，汤熙勇主编：《中国海洋发展史论文集》第 10 辑，台北："中央研究院"中山人文社会科学研究所，2008 年，第 82～90 页。

六年(1626年)春，海寇郑芝龙自龙井登岸，袭漳浦旧镇，杀守将；遂泊金门、厦门，树旗招兵。旬月之间，从者数千；所在勒富民助饷，谓之“报水”。四月，芝龙遣贼将曾五老泊海澄港。五月，遣贼将杨大孙大掠海澄芦坑。十二月，自溪尾登岸；把总蔡以藩力战死。哨官蔡春单骑先突其阵，诸军继之，贼退。既而寇九都，围学宫城；学博李华盛乌纱奉先师神牌登城，退之。时海澄村落无幸免者。

崇祯元年(1628年)，郑芝龙由厦门抵铜山。三月，攻杜浔堡，乡绅邱懋炜率众拒却之(未几，芝龙与李魁奇俱就抚。芝龙授游击，寻迁副总兵；盘踞海滨，上至台、温、吴淞，下至潮、广，近海州郡皆“报水”如故。同时，有萧香、白毛并横海上；后俱为芝龙所并)。五月，海贼周三老由卸石湾直抵悬钟城，坚守不下；遂流劫内港、象头等处，所过村落，屠戮无遗。是年，海寇杨六、杨七等百余艘散劫悬钟、胜澳、卸石湾等处，焚兵船、民舍，杀戮不计。

二年(1629年)六月，抚寇李魁奇复叛，寇海澄；知县余应桂遣兵击败之。九月，贼复寇青浦，壮士林瀚率众御之，擒其魁；转寇漳浦白沙。张天威与吴兆嫌往援，夜行枵腹数十里，猝遇贼，天威力战死。既而贼焚劫溪东西，吴兆嫌御之，斩首十四级，焚贼舰、器械甚伙。

五年(1632年)四月，海寇刘香寇海澄，乘夜抵浮宫；知县梁兆阳遣把总吴兆、袁德合兵大破之。

六年(1633年)七月，红毛入料罗，窥海澄境；知县梁兆阳率兵夜渡浯屿袭破之，焚其舟三，获舟九。既而巡抚邹维琏督兵再战，再捷；贼遂遁。是年，刘香沿劫诏安诸村落。十月，由卸石湾登岸，沿江焚杀，直至悬钟北城下。

七年(1632年)，有红毛番船泊铜山及诏安五都地方，焚劫甚惨；官兵纵火焚舟，悉斩其酋，无一人还者。

八年(1635年)，游击郑芝龙合澳兵攻刘香于田尾远洋，平之。香，漳浦人。自辛未以来，频年冲突，上犯长乐，下袭海丰、铜山、古雷、游澳之间，出没不常。至是势蹙，自刎而死。[1]

可见，万历年间漳州沿海的海盗问题还是集中在原本海商力量较强的

---

① (光绪)《漳州府志》卷四七，《寇乱》。

几个新县,如诏安及海澄。隆庆开海之后,海澄月港与厦门港形成了紧密的联系,月港为一内河港口,从月港出洋的海商需要经过九龙江中间的海门岛,再航行至九龙江口的圭屿,然后再经厦门岛出外海。因此,月港的管理官员必须在厦门设立验船处,对进出口商船进行监督。而当厦门出现海寇劫掠的警报时,月港可以提前得知消息,进而做出转移商船或加强防御的措施。万历以后的诏安和海澄仍旧是漳州地方财富集聚的中心,势必引起海寇的垂涎。但如果没有出生于本地的海盗做内引,海澄等处也是易守难攻的。因而在天启、崇祯时期,闽南海上的海寇集团往往联合了漳州、泉州、广东南澳,乃至潮州海商的海上力量,形成了郑芝龙、李魁奇、刘香等不同的首领。其中郑芝龙的策略最为灵活,眼光与众不同,善于跟海上贸易的各个利益方,如荷兰人、明政府及其他海盗合作及博弈。

天启、崇祯年间的漳州官方面对重新崛起的私人海商寇乱集团,采用的策略是不断加强陆地上重要商港的防御功能。如清初陈元麟撰写《海防志》中说道:

> 漳,山壤也,泊于水滨。厥防二:一在陆,一在海。海之防分内外:防在外者,以海为主;倭劫之,流寇困之。又船不通,则财用竭、米不足,民多菜色。故忧在外洋,防重于浦、诏。防在内者,以郡为主,以澄为门户;门户疏则内虞势危蹙,而浦、诏亦殆,故防在内地。世平则防外,世乱则防内。[①]

滨海的海澄之防守功能日益凸显。陈元麟回顾明朝的历史经验时指出:"胜朝,防在外者也;始于防倭,终于防盗。周观形胜,置寨于铜山、于浯屿城、于镇海、于悬钟、于六鳌、于云霄,汛于南澳以扼闽、广。"[②]到"明季为内防,海滨既集,月港通潮豪民射利诱寇内讧,倭奴、饶丑迭跳梁;乃设安边之馆,遂建澄邑为三城:曰县治,曰九都,曰港口(县治,旧为果板堡;九都、港口,旧亦民城)。既设县,乃设腰城而县之。后又设溪尾铳城以据上流,筑大泥铳城以障下流;又以大泥地低下,乃复筑天妃宫铳城。又,港口设中权关;一带沿江而下直至大泥铳城,筑腰城长二百七十丈、高六尺,俱砌以石"。[③]明末在加固海澄原有三城的基础上,再将海澄沿九龙江一面的县域修筑系

---

① (清)陈元麟:《海防志》,(光绪)《漳州府志》卷四六,《艺文志》。
② (清)陈元麟:《海防志》,(光绪)《漳州府志》卷四六,《艺文志》。
③ (清)陈元麟:《海防志》,(光绪)《漳州府志》卷四六,《艺文志》。

列铳城和腰城，使得整个城市的防御体系更趋严密，海澄成为明末整个漳州防御的中心所在。

尽管如此，海澄当地的私人海商集团仍层出不穷。崇祯五年（1632年）："（九月丁酉），福建海寇刘香老贼数千人、船一百七十艘乘风驾潮直犯闽安镇，焚劫抢杀，比舍一空；镇民逃散，省会震动。""（同年）（十一月）已亥，浙江巡按萧奕辅疏报，剧贼刘香老纠众近万、联艅二百余入犯宁、台、温一带，近海地方同时告警；温区内港被贼蹂躏，赖道臣杜乔林亲冒矢石、竭力堵御，地方得以稍安。"[①]可见刘香团伙的庞大势力及其骚扰范围之广。对于郑芝龙来说，刘香是一大劲敌。

不过，郑芝龙的势力壮大得更快。在天启六年（1626年）已由数十艘海船的势力快速膨胀到一百二十艘，至天启七年（1627年）达到七百余艘。他出生于海滨的海商世家，对闽南沿海的民情把握更准确，也更善于收买民心，他从不滥杀，并重赏接济他的民众。同时在与明朝官府水师作战时，亦留有余地，得胜也不穷追猛打，对俘获的明将加以优待，其政治意图就是寻求被政府招安。同时在地方和官府里广布眼线，《明史纪事本末》中《郑芝龙受抚》就提到泉州知府王猷认为"（郑芝龙）势如此，而不追，不杀，不焚掠，似有归罪之萌"，官军无力剿灭，"抚或可行"。[②] 郑芝龙在受抚前后，对海澄和厦门的军事行动非常重视，显示其极强的战略眼光，即将厦门直至海澄一线牢牢控制在手中，作为其事业生死存亡的关键。崇祯元年（1628年），郑芝龙击败试图夺回厦门的福建总兵俞咨皋的官军，并在同年受抚于福建巡抚熊文灿。明朝工科给事中颜继祖在上疏中对郑芝龙的海盗事业有如下描述：

> 郑芝龙生长泉州，凡我内地之虚实，了然于胸。加以岁月所招徕，金钱所诱饵，聚艇数百，聚徒数万。城社之鼠狐，甘为关键；郡县之胥役，尽属腹心；乡绅偶有条陈，事未行而机先泄；官府才一告示，甲造榜而乙讹言。复以小惠济其大奸，礼贤而下士，劫富而济贫。来者不拒，而去者不追。故官不忧盗而忧民，民不畏官而畏贼，贼不任怨而任德。一人做贼，一家自喜无恙；一姓从贼，一方可保无虞。……偶或上岸买

---

① 《明实录闽海关系史料》附录一"崇祯长编（残本六十六卷）选录"，《台湾文献丛刊》第296种，台北：台湾银行经济研究室，1971年。

② （清）谷应泰：《明史纪事本末》卷七六，《郑芝龙受抚》。

货讨水，则附近戚里牵羊载酒，束帛承筐，唯恐后也。真耳目未经之奇变，古今旷见之元凶也。[1]

从明中叶以来，漳泉沿海社会的私人海上贸易集团仍旧游离于明政府控制之外，而沿海社会民众因经济原因更愿意与海上集团合作。郑芝龙在受抚后立刻展开对其他海盗集团的打击和兼并，先是在崇祯四年(1613 年)消灭了原本跟他同时受降而复叛的李魁奇集团，进而又消灭了原属于李魁奇集团的钟斌海商集团。在崇祯五年至八年(1632—1635 年)期间与劲敌刘香大战七八场，最终在"田尾远洋"歼灭了刘香。在郑芝龙受抚后对李魁奇和刘香的战斗中，郑芝龙实现了对从厦门至海澄的战略重地的严格控制，对于海澄及附近区域的海外贸易基地，郑芝龙则片土不让。另外郑芝龙在受抚后还由海登陆，陆续参与了对侵扰汀州的广寇钟凌秀的剿灭战役。

乾隆《汀州府志》记载了郑芝龙于崇祯四年(1631 年)在上杭及广东三河坝征剿的经历：

(崇祯)四年二月，贼掠永平寨。千户祝禧、百户邱泰、守备吴奇勋、把总罗器死之。旋札黄峰隘，知府林联绶调兵御之。指挥严明被执，千户刘尧、百户张机不屈死。三月，贼掠高吴，总兵谢弘仪统兵御之。千总林应龙，指挥王应官、张大伦，把总赖思养、赖君迁、曹纬、王国佐咸败死。巡道顾元镜复遣指挥韦某、百户张耀接援，韦闻败先窜，张战死。九月，督抚熊文灿提兵入汀会剿(时贼舍杭、武，径出广东，袭始兴县破之，羽书告急。朝旨谕文灿同赣、广两院会剿，乃率郑芝龙亲兵驻上杭)。十月，参将郑芝龙师驻三河坝，督官兵捣贼巢，遇贼于丙村，斩馘三百余人。次日，贼迎战，又斩贼三百余级。陈二总乞降，不许，并斩之，焚其巢而还。五年，郑芝龙追贼至石窑都，钟凌秀受抚。二月，钟凌秀弟复秀叛，招余党三百余人焚掠蓝屋驿，复由绿水潭至回龙冈，劫毁甚酷。百户赖其勋等御之，战死(初，当道议以复秀之党属芝龙居海上。复秀疑畏，惟愿安插故处。于是当道以此辈叵测，遂执凌秀，断其右臂，禁狱，发兵围复秀。复秀溃围而出。时文灿已撤兵还闽。九月，巡道顾元镜同总兵陈廷对，各搜剿铜鼓嶂、莲子山、松源、蓝坊等处，乃罢兵)。四月，巡道顾元镜自上杭督率千总刘良机、材官郭之英、陈望正、把总黄

---

① (清)江日升:《台湾外纪》卷三,《笔记小说大观》第 17 册,扬州:江苏广陵古籍刻印社,1983 年。

基昌、蔡联芳等，往雩都、兴国，会郑芝龙兵大剿。八月，巡道顾元镜同总兵陈廷对，同知黄色中屯程乡，捣贼巢。[①]

郑芝龙通过带领军队参与汀州及相邻广东山区的剿匪活动，培养了军事才干，同时对汀州等山区地方的地理和社会情况有了更深的了解。这对明亡之后郑氏把持福建的军政大权是很有用处的经历。郑芝龙受抚后借由明政府的倚重，其军事力量其实深深辐射到了汀漳泉三府之中。而其重点经营的安海、海澄、厦门三个港口城市，可说是控制严密，固若金汤。厦门、安海在当时都没有县级政区及文官常驻，基本沦为郑氏的私人海商贸易基地。而郑芝龙依靠自身亦官亦商的身份特征，成为福建地方势力唯一能够挑战中央权威的特例。而明中叶以来明廷在漳州沿海不断设立县治，彻底控制海外贸易的企图实则落空了。漳州沿海地方也在明亡后成为明清易代各方争夺的焦点之一，而海澄至厦门一线，则是郑氏海上集团的生命线。

二、顺治年间郑成功对汀漳沿海的争夺与控制

清顺治三年(1646 年)郑芝龙降清之后，郑成功继续整合沿海的郑氏海商力量与清朝相抗衡。而在甲申明亡至顺治三年(1644—1646 年)这一阶段，郑芝龙曾拥立隆武帝在福州建立小朝廷。漳州沿海和汀州内陆地区的地方社会陷入群龙无首的混乱局面。光绪《漳州府志》记载了顺治三年(1646 年)前，漳州地方的动乱局面：

崇祯十六年四月，漳浦山贼陈鸾、邱缙等寇掠东山，与余五、番薯八相继出没；后俱为郑芝龙招抚。是年，诏安山寇余五姐犯四都，知县、所官督兵迎战，被获。武生沈致一、林悝南、许和公俱战死。黎明，县众合诸村精锐，径捣文家寨贼营，夺知县、所官以归。是冬，贼崔马武逼诏安城，札营西沈。守陴者夜擒逾堞奸细，枭之以示，贼解去。

顺治元年(自元年至三年，江南福王、福建唐王相继自立，漳尚未归顺)十月，山寇徐连陷云霄，遂攻漳浦县(时邑中乏令，漳南道陈起龙自郡移驻，登陴守御；自分必死，里衣皆用印符。血战累日，贼死无数，城赖以全；檄长泰知县郁文初来署县事，而自回漳。既而郑芝龙收其余

① (乾隆)《汀州府志》卷四五，《杂记》。

众，请降；起龙坚执不可，解所着里衣示之，悉斩于南教场）。是年，贼叶积掠诏安吉林、西潭等处，闻官兵急追，遁入广。

二年七月，北溪贼林拔顺谋袭漳城。八月，饶寇逼诏安，土寇应之。官兵御贼于章朗埔，歼之。

三年，大师入漳。是年四月，贼夜袭破诏安县，杀唐王所署官；有陈习山、胡仲慥者各带丁壮赴援，贼坠城遁。是月，郑芝龙降；子成功遁入南澳。郑彩、郑联据厦门；沿海铜山、古雷、游澳等处悉为寇穴。[①]

随着明王朝政权的崩溃，漳州沿海社会陷入严重动乱之中。而郑芝龙则已将福建沿海势力整合完成，所以漳州动乱不是来自海上，而是明中叶起闽粤边境地区山寇滋长的结果。郑芝龙借着剿匪对这些山寇进行招安，将之纳入自己的军事力量中。如崇祯十六年（1643 年）、顺治元年（1644 年）均有对漳浦、诏安山寇的招抚行动，至此福建的海陆军权全归郑芝龙所掌握。[②]

郑成功没有像他父亲那样降清，而是与清廷持续展开激烈的斗争。起初他对福建的把控远没有达到郑芝龙在崇祯末年山海兼顾的程度，但由于郑成功树立忠义大旗，能与浙江的鲁王政权相合作，并以南澳为基地努力控制潮州沿海，他对海洋的控制力则大大超越了郑芝龙时代。郑成功特别重视对漳泉沿海重要基地的建设，譬如《安海志》中记述：

成功延袭芝龙当年海贸旧规，编组东西洋船队，挂"石井郑记"牌照，航行于日本、台湾、吕宋及南洋各地以通贸，并按海山两路，设"五商十行"于各地；"五常商行"（仁义礼智信）设于厦门及附近诸港澳，集各地贸外货物运南洋各地；"五行商行"（金木水火土）于京都、苏、杭、津、鲁等地，购买各地土产货物，供"五常商行"货运出洋。故清廷虽欲困扼郑师，郑却凭海外通贸之积累，以供北伐东征之军需。安海为郑氏举义首发地，虽清兵几次骚扰，却仍为郑氏所控制；安海港亦成为集运各地土特货品及军需粮饷以济金厦义师之港口。直至丙申（1656 年）毁镇，辛丑（1661 年）迁界，安海夷为废墟，海港因之闭绝。[③]

---

① （光绪）《漳州府志》卷四七，《寇乱》。

② 陈遵统等编纂：《福建编年史》（中），福州：福建人民出版社，2009 年，第 661～662 页。

③ 新编《安海志》卷一二，《海港》。

郑成功与清政府对漳州的争夺以对海澄的攻守为核心。海澄因明末历任县官的修筑，成为当时陆海体系完善的一个重要战略据点，并且涉及漳州府城的安危。海澄县城共有三个城池，从设县开始逐步修建完善。主县城的修筑尤其坚固：

隆庆元年设县，将二都分为二堡，八都则东北一带仍旧垣而修葺之。西沿溪亦垣以灰土，连亘于旧南一带，为草坂堡附焉。四年，郡守罗公青霄议以南北相距丈数倍东西，有乖形势，且不便防御，乃撤草坂堡而缩之。又于东边扩地若干，支官帑砌以石。邑令王公谷派征丁苗佐之。始工于五年十一月，讫工于六年八月。城周围长五百二十二丈，高二丈一尺。辟门四，东曰清波，西曰环桥，南曰扬威，北曰拱极。月城三，窝铺二十有二，垛口二千四十有五。又于新亭辟一小东门，往来便之。万历十年修晏海楼，万历二十三年增旧城三尺。天启二年，邑令刘公斯琜于城东北隅筑一关连港口堡以为固。[①]

另有九都港口二城：

邑治旧属三堡，城其一为县，盖就草坂堡而裁之，九都港口二堡仍旧。承平既久，堡墙递倾，万历十四年，邑令周公炳谋于防海姚公应龙，节羡重修。天启二年，红夷入寇，堡墙复颓。邑令刘公斯琜锐意更使，太史公李世奇时为孝廉，竭力赞襄。以港口东北面海，最为敌冲，易灰为石，中为复壁，上周马道，高一丈数尺，周三百五十丈。九都则学宫在焉，其重与县城等，四面砌垣，覆石高一丈七尺，周三百三十丈，屹然有辅车相依之势。[②]

九都港口一城为重要海防堡垒，一为学宫城。这两个城池与主县城形成三足鼎立的姿态，军事防守体系严密。

海澄的城防体系除了三个主城池外，还有在沿海地带沿江修筑的面对九龙江的长条状腰城，即大泥铳城。这一腰城从天启二年(1622 年)起修筑，至崇祯年间不断增筑，对抵御崇祯初年李魁奇和刘香海寇集团的侵扰起了重大的作用。史载：

明天启二年，邑令刘公斯琜以红夷警至，乃于大泥海岸营筑土垣，置铳及警，怠垣日就圮。七年五月，海寇猖獗，刘令就港口饷馆，码累石

① (乾隆)《海澄县志》卷二，《规制志》，上海：上海书店出版社，2000 年。

② (乾隆)《海澄县志》卷二，《规制志》，上海：上海书店出版社，2000 年。

为垣，东西长四丈，南北七丈二尺，复于沧江码亦设石垣，东西长四丈，南北七丈二尺，皆有炮孔若干。崇祯元年，李魁奇复叛，龙溪令楚公烟摄澄篆，于大泥、天妃宫上垒石炮垣二十余丈，高丈有二尺，置炮防御贼舟。十月邑令余公应桂至，甫下车，相度地形于楚公。炮垣下更筑铳城，周围一百一十三丈有余。北临海砌石四十九丈余，三方仍用灰砾，计六十四丈有奇。北垣炮孔九，各置大神飞炮；东西亦九孔，各置中神飞炮佐之。东西南各开一门，门各有楼，北面海建大敌楼一所。南门正对教场，额曰"青霞锁钥"。中建把总衙，翼以哨官兵房各三十二间。八月，贼入中左所。余公命八、九二都，沿江垒土为垣，高厚各四尺，每丈设一炮口。初八日，贼舟入大泥，我师击之。贼惧不敢近，遂由中港转福河，无所利，扬帆去。垣内伏兵发炮击之，至炮城复齐发巨铳击之，贼舰煨尽，浮尸蔽江。(崇祯)二年九月，又以溪尾对中港之冲，再筑炮城，周六十丈八尺。北临海砌石二十五丈，炮孔一十有五，各置神飞大炮。余四十五丈，仍用灰土，旁各炮孔九，各置神飞中炮。……又撤八都沿江土垣(即腰城)易以石。……(崇祯)五年二月而工甫竣，而巨寇刘香警至，侦澄有备，不敢近。①

至此，海澄形成了外有大泥铳城，内有犄角相连三城辅助的完备防御体系，成为漳州府城最重要的海防保障。郑成功在重整海上军事力量之后，力图恢复原本控制于郑芝龙手上的厦门—海门岛—海澄贸易路线，所以海澄成为其与清廷交锋的核心所在。

《漳州府志》中就郑成功对这一地区的争夺做了详细的记载。如：

(顺治)四年二月，郑成功、郑彩寇海澄；贼将王来破九都学城，参将田爵御之，焚桥而守。知县吴治臣自漳回，贼要杀之漏仔洲。副将王进自郡赴援，夜开西门架栈飞渡，缒入学城；贼皆熟睡，尽歼之。既而击贼于南门附，杀其前锋将洪致；贼阻闸水，多溺死，成功遁去。②

同年，郑成功有攻泉州地方事，先入同安县后又失守：

顺治四年八月，郑成功先攻泉州，不下。……顺治五年春闰三月，成功取同安，以叶翼云知县事。成功引兵攻同安，守将廉郎、知县张效龄御之；战于店头山，败绩，廉郎等弃城遁。成功入据之，以叶翼云知县

① (乾隆)《海澄县志》卷二，《规制志》，上海：上海书店出版社，2000年。

② (光绪)《漳州府志》卷四七，《寇乱》。

事。翼云，厦门人，庚辰进士，由吴江知县擢吏部主事。秋八月，总督陈锦率师破同安，明知县叶翼云，教谕陈鼎，守将邱晋、林庄猷皆死之，屠其城。[①]

这时漳州的诏安、漳浦、平和数县遭遇灾害陷于混乱之中，恰好给郑成功以入据的时机：

五年春，诏安大饥，借名起义者杀防将马守惠。正月，陷诏安。二月，贼首江警庸、黄朝阳围南陂堡，民林朝翊率族人固守，贼解围去。三月，许祚昌围漳浦，游击唐钦明御之；援兵至，乃退（祚昌，浦人，明太仆卿）。四月，沈起津围漳浦，游击唐钦明御之。寻遁去，还据诏安（起津，诏安人，明池州推官）。六月，云霄镇守总兵王之纲为潮寇所逼，退归漳浦；盘陀岭以南悉为寇有。是月，平和防将曾庆寻引广寇伪称明永宁王，据二邑以叛。十一月，漳浦土寇卢若腾、邱建会合平和贼万礼等寇县城，参将陆大勋出战，被杀；总兵杨佐、参将魏标、守将冯应第再战，擒建会杀之。十二月，总督李率泰入平和，戮曾庆及谋叛者十三人。[②]

顺治六年（1649 年），郑成功谋求对漳浦的收复。《闽海纪要》中说："六年春正月，成功陷漳浦。自同安败后，成功往铜山募兵，命柯宸枢、黄廷等攻漳浦，守将王起俸降；遂由云霄抵诏安，移屯分水关，令黄廷、柯宸枢等守盘陀岭。四月，漳镇王邦俊、副将王之刚败中冲镇柯宸枢于盘陀岭，宸枢战死。"[③]"（顺治六年）十一月，郑成功陷云霄，守将张国柱死之，士卒死者无数。进攻漳浦，守备王起俸密约为内应谋洩，走降贼，贼退遁盘陀。总兵王邦俊追破之，遂复云霄。"[④]

漳浦攻而不下，而云霄得而复失。且郑成功得到降将王起俸的帮助，力量更加壮大了。

顺治七年（1650 年）三月，总兵王邦俊平诏安二都山贼。八月，郑成功杀郑联于厦门，并其军。郑成功至此重新取得了厦门基地，事业达到了一个新的高峰。

顺治八年（1651 年）开始，郑成功巩固厦门基地后，加强了对海澄的进

---

① （清）夏琳：《闽海纪要》卷上。

② （光绪）《漳州府志》卷四七，《寇乱》。

③ （清）夏琳：《闽海纪要》卷上。

④ （光绪）《漳州府志》卷四七，《寇乱》。

攻。六月,第一次尝试进攻海澄,失败。年底控制了漳浦,进而清海澄守将郝文兴秘密纳款,结为内应。顺治九年(1652年)初,郑成功攻占海澄。从该年三月至九月围攻漳州府城,府城中饿死数万人,最终没有攻下。同年九月郑成功毁海澄九都学城。乾隆《海澄县志》记载:“自三月围漳,至九月解围,遁毁学城。时诸村落逃散复归者,室家俱破,继以瘟疫,城内外几无烟火。”①

顺治十年(1653年),清军反攻海澄。府志记载:

五月,固山金砺攻海澄,填濠深入;贼发地炮,士卒多死,退还漳州。郑成功增筑海澄城,安大小炮三十余号;积粮草、储军器,以为持久之计。②

郑成功在获胜之后,加紧了对海澄的控制,并加强城防建设。不过两年后海澄因黄梧的降清而彻底失去:

顺治十一年正月,清廷有招抚郑成功的动议,郑成功遣其党散各邑,沿乡派饷,至十二月,郑成功入漳州。顺治十二年春,清世子王率大兵入闽;成功度势不支,六月,坠漳州及漳浦、南靖、长泰、平和、诏安各县城。而顺治十三年六月,黄梧、苏明以海澄降。成功将领甘辉等率军至,而清军已经进入海澄。城中郑军蓄积皆为清军所有。黄梧进爵海澄公,驻札漳州;苏明授哆李儿昂邦内大臣,召入京师。③

海澄控制权的失去,对于郑成功苦心经营的厦门—海澄防守核心来说,是致命的打击。“海澄系成功储蓄粮饷的大本营,而且是金、厦门户。黄梧献出海澄,敌势已孤。不回漳泉会师,合攻金、厦两岛,收复极为容易。”④而郑成功在海澄未复的情况下,进军江南,又遭败绩,最终只得采取收复台湾的策略。

从郑芝龙到郑成功对漳泉沿海长达二十年的控制历史来看,金门、厦门、海澄三个基地是郑氏海上力量尤加注重的地方。海澄从明代中叶设县以来,对漳州地方海防的军事意义和海上贸易的经济意义极为重大,成为明清易代闽南军事格局中最重要的一点。郑氏利用其海上的军事优势对于几

① (乾隆)《海澄县志》卷一八,《寇乱》,上海:上海书店出版社,2000年。

② (光绪)《漳州府志》卷四七,《寇乱》。

③ (光绪)《漳州府志》卷四七,《寇乱》。

④ 陈遵统等编纂:《福建编年史》(中),福州:福建人民出版社,2009年,第824页。

个沿海据点予以长期的保持，其经济来源仍是海外贸易，清廷在黄梧等人的建议下，对沿海实行迁界，逼使郑氏只得寻求以收复台湾的方式维持自己的势力存在。

第四节　“外患纷起”与明清福建家族组织的建设

一、政府政策、官员与家族建设

明政府的海禁政策是统治者较多地从政治考虑而制定的政策，也体现了传统农业思维的深刻影响。他们把维持传统的自给自足的生活方式作为保证国家长治久安的基础。

对于海禁政策，不同阶层不同人等都有自己的认识，即使是位尊九五的皇帝也不是同一个态度。正因为这样，我们看到历朝政策并不是铁板一块。除对国家长治久安的考虑外，有的人还考虑到帝国的财政经济状况，考虑到社会的稳定。对于不同时期、不同方面的重视程度不同，政策的宽严、范围都可能有所差异。也是因为存在这样的现实，各不同阶层可以分别以自己的方式影响或左右政策的走向。

就福建地区而言，我们看到各阶层都从自己的立场对政策提出了自己的认识。一般看来，为官者多从治理好地方着眼，从国家利益、地方利益及生民利益等多个角度考虑问题，他们所提出的濒海生民长期赖海为生，海禁无疑阻绝了沿海人民的生存之径，促使沿海人民由民转为盗等现象确是事实，因为他们怕承担地方不靖的责任。地方富绅则多从自己的利益着眼，他们多为海禁政策执行不严的实际获利者，因而并不反对海禁政策，他们所反对的是像朱纨那样的严格执行海禁政策的人，他们千方百计要除掉朱纨，是因为他们“骤失重利，虽士大夫亦不便也，欲沮坏之”。而作为小民，海禁不仅仅剥夺了他们诸多谋生的职业，而且使他们还必须面对纷乱的社会环境。他们无以为生，亦无法以言论来表达自己的意愿，下海为盗者是一部分，死于非命者更不知凡几。

海洋政策的时开时禁更促使福建地区社会不靖，商与盗身份难辨，也更易对社会造成危害。

豪门势家内外勾结，有的本人就是退职官员，有的是官员亲属、朋友，声势相倚，有财有势，所以违禁走私的海商大多依靠他们接济。闽浙巡抚朱纨说："盖漳泉地方，本盗贼之渊薮，而乡官渡船，又为贼之羽翼。""如今年正月，贼掳浯州良家之女，声言成亲，就于址里外高搭戏台，公然宴乐。又四月内，佛郎机夷通艘深入，发货将尽，就将船二只起火于断岐州，公然修理。此贼此夷，目中岂复知官府耶?""夷贼不足怪也。又如同安县养亲进士许福先，先被海贼掳去一妹，因与联姻往来，家遂大富。"而闲住佥事林希元更是"专造违式大船，假以渡蹿为名，专运贼赃并违禁货物"。朱纨感慨地说："夫所谓乡官者，乃一乡之望也。今乃肆志狼籍如此，目中亦岂知有官府耶?"[①]

因为福建沿海地区的人们多从事商业活动，在商业经营中，他们亦遇到诸多风险，凝聚家族的愿望更加强烈。"泉漳二郡商人贩东西两洋，代农贾之利，比比然也。自红夷肆掠，洋船不通，海禁日严，民生憔悴，一伙豪右奸民倚借官势，结纳游总官兵，或假给引东粤高州、闽省福州及苏杭买卖文引，不但米粮饮食也。禁愈急而豪右出没愈神，法愈严而衙役卖放更饱。"[②]郑若曾《筹海图编》卷四，《福建事宜》载："接济之人，在处皆有，但漳泉为甚……漳泉多倚著姓宦族主之。方其番船之泊近郊也，张挂旗号，人亦不可谁何……甚至有借其关文，明贴封条役官夫以送出境……间有一二官军，捕获寇盗人船，解送到官……著姓宦族之人，又出官明认之曰：是某月日某使家人某往某处出稻也，或买杉也，或置装买匹帛也，家人有银若干在身，捕者利之。今虽报官贼，尚有不尽，法合追给。或者有司惧祸，而误行追惩。但据赃证与所言之相对，不料所言与原情实不同，其官军之毙于狱而破其家者，不知其几也。……以致出海官军，不敢捕获，不若得货纵贼无后患也。"同安县令曹履泰说："职素知此接济之奸，半出乎奸民，半出武弁，奸民酷于射利，武弁但求免祸。"[③]

正因为政府有禁令，私人海上贸易才更有厚利可图，也更刺激了沿海人

① （明）陈子龙：《明经世文编》卷二〇五，北京：中华书局，1962年。

② （明）傅元初：《请开洋禁疏》，（明）顾炎武：《天下郡国利病书》卷九三，《福建》，四部丛刊三编史部，上海：上海书店出版社，1935年。

③ 《靖海纪略》卷二，《上徐道尊》。

们聚集更大家族"每以贼恶杂物，贸其银钱，满载而归，往往致富"。[①] 明沈德符《万历野获编》卷一二，《户部·海上市舶司条》说："闽广大家，正利官府之禁。如嘉靖间，闽浙遭倭祸，皆起于豪右之潜通岛夷，始不过贸易牟利耳，继而强夺其货，靳不与值，以故积愤称兵。抚臣朱纨谈之详矣。今广东市舶，公家尚收其羡以助饷。若闽中海禁日严，而滨海势豪全以通番致素封。"沿海地区的人们向与日本保持着密切的关系，豪右之家正好利用政府海禁谋求厚利。"闻闽越三吴之人，住于倭岛者，不知几千百家，与倭婚媾长子孙，名曰唐市，此数千百家之宗族姻识潜与之通者，踪迹姓名，实繁有徒，不可按核。其往来之船，名曰唐船，大都载汉物以市于倭，而结连萑苻出没泽中，官兵不得过而问焉。"[②]何乔远《闽书》卷四八，《文莅志》说："族大之家，多入海贸易。""湖海大姓，私造巨舰，岁出诸蕃市易。"张燮说："成、弘之际，豪门巨室间有乘巨舰贸易海外者。奸人阴开其利窦，而官人不得显收其利权，初亦渐享奇赢，久乃勾引为乱。"《海澄县志》卷七说：正德以后，"月港豪民多造巨舶向外洋交易，久之诱寇内讧，法不能止。"卷二八《风土》："富家以财，穷人以躯，输中华之产，驰异域之邦，易其方物，利可十倍。"又如明末郑芝龙乘米禁得以膨胀："米粟未禁之先，芝龙船仅百只，既禁之后，遂至千艘；未禁之先，仅有芝龙数贼，既禁之后，遂加林姐哥、梅宇六七种。"[③]到崇祯元年(1628 年)正月十八日，郑芝龙终于在中左所接受明朝统治者的招抚，[④]从此以后，他一面"募饥民数万，人给银三两，三人合给一牛，载至台湾，垦田芟舍，以其衣食之余，纳租郑氏"。[⑤] 另一方面，拼杀其他海寇商人李魁奇、钟斌、刘香老等，击败在沿海一带骚扰的荷兰殖民者，使东南海滨肃清一时。郑氏的势力再次得以壮大。

朱纨《甓余杂集》载："佥事林希元，负才放诞，见事风生，每遇上官行邸，则将平素所撰诋毁家官传记等文一二册寄览，自谓独持清论，实则明示挟制。守土之官，畏而恶之。无如之何，以此树威门。揭林府二字，或擅受民词，私行拷讯，或擅出告示，侵夺有司，专造违禁大船，假以渡船为名，专运贼

---

① (明)李廷机：《报徐石楼》，(明)陈子龙：《明经世文编》，北京：中华书局，1962 年。

② 《兵部题行条陈澎湖善后事宜残稿》，"天启五年五月初九日"条，"中央研究院"历史语言研究所编：《明清史料》乙编第 7 本，北京：中华书局，1987 年，第 605 页。

③ 《崇相集·致张蓬玄》。

④ (清)汪楫：《崇祯长编》卷一〇，"崇祯四年七月辛丑"条。

⑤ 连横：《台湾通史》卷八，《田赋志》，北京：商务印书馆，1983 年。

赃并违禁货物。今据查报，见在者月港八都地方二只，九都一只，高浦吴浦村一只，刘五店一只，地方畏势者又不知几何也。”他在《阅视海防事》中说：“泉州之安海，漳州之月港，闽南之大镇。人货萃聚，出入难辨，大有强宗富家之利。凡一乡防御之法，皆不得施。”他们通过金钱的力量腐蚀官员，使他们从包庇纵容到直接参与投资，由此，军政人员事实上分享到了相当可观的走私利润，海防警力实际上已经消失或被“催眠”。

同治《福建通志》卷二六七，《明外纪》记载了朱纨治闽的结局：“纨自巡海以来，革渡船，严保甲，搜捕奸民，获交通诸番者，不候命辄斩。闽势家素为诸番内主，骤失重利，多怨纨。纨又数腾疏于朝，显言大姓通倭事，且曰：去外国盗易，去中国盗难；去中国濒海之盗易，去中国衣冠之盗尤难。闽浙人皆恶之，而闽尤甚。主客司林懋和浙江按御史周亮皆闽人，亮上疏论纨，请改巡视为巡抚，以杀其权，懋和与浙中大夫在朝者左右之，竟如所请。至是，纨以佛郎机事具状闻，御史陈九德遂劾纨擅杀，纨落职，命兵部给事中杜汝桢按问，纨怒，自杀。”

海寇商人的势力之所以如此恶性膨胀，应该说也是明政府厉行海禁所造成的。倭寇骚扰是明政府严海禁的一个重要原因，但严海禁使沿海生民的谋生之径被切断，生民的生计无法维持，而另一些豪门大族却冒禁而享其利。禁的政策收获的是苦果，因而不得不行“开”之策。依隆庆年间涂泽民之议，诚所谓“海商原不为盗，然海盗从海商起”。[①]《云览堂丛书续集》说：“市通则寇转而为商，市禁则商转而为寇”，“食不继则民流为盗，抚有方则盗化为民”。[②] 由此看来，无论是为商，还是为盗，都需要具有强大的声势。

禁海迁界客观上削弱了沿海地区的聚居宗族，却也刺激了界内家族组织的发展。如晋江衙口施氏家族：“崇祯庚辰建大宗祠，甫二十余载值海寇为乱，顺治辛丑沿海村民尽移内地，祠因以毁焉。”但施琅却因政治上的发达毅然设“义学”，增义田，定族约，修族谱，使施氏家族重新得到恢复。[③] 晋江陈埭丁氏族绅丁日近（官至户部主事）于万历二十八年（1600 年）重建了嘉

① （明）谢杰：《虔台倭纂》上卷《倭原》，北京图书馆古籍珍本丛刊，北京：书目文献出版社，1990 年。

② 《皇清奏议》嘉庆四年，《议海口情形疏》。

③ 《浔海施氏族谱》。

靖年间被倭寇焚毁的祠堂，亦强化了丁氏宗族组织。[①]

官吏的贪渎是海禁政策的必然产物，许多为官者把为官于福建看作是肥缺，大肆索取。万历二十七年(1599年)，御马监监丞高寀任福建税监，他为搜刮民财，处处设关，分遣原奏官及所亲信为政，每于人货凑集置牌，书圣旨其上，舟车无遗，鸡豚悉算。[②] 巧立名目，横征暴敛，漳澄海商深受其害。他经常派爪牙去停泊之商船"广搜捕，稍不如意，并船货没之，得一异宝，则辄携去。曰：吾以上供"，或者"每值东西洋船，私寄数百金，归索十倍，稍不如意，则诬为漏税，一物相豚，动费千金，拷略之毒，怨尽骨髓"。[③] 万历三十年(1602年)，有一批商船驶回月港，高寀规定："一人不许上岸，必完饷毕，始听抵家。"还下令"有私紧者，逮治之"。有些商人上岸，立遭捕拷，结果"系者相望于道……遂致海商鼓噪为变"。当时，愤怒的海商包围了官署，声言要杀寀，并把他的爪牙参随投入海中，高寀因而恼羞成怒，益暴虐，他派遣税棍"诡名督催"，对行户进行私派。"金行取紫金七百余两，珠行取大珠五十余颗，宝石行取青红酒黄二十余块，盐商每引勒银二钱，岁银万两。其他绸缎铺户百家，编定轮日供应，日取数百计。"甚至"饮食珍奇及一应米菜酒果尽取商店，日用五十余金，各项物价分毫不给"。其党羽亦乘机搜刮民财，"各棍人人取足百金之产，编派无遗，擒拿拷逼"，使商民非投水即自缢，冤号动天。[④] 家族组织亦在对抗官府的贪渎中发展起来。

二、倭患与家族建设

据林仁川先生研究，倭患是明朝厉行海禁政策的结果，即"失其生理，于是转而为寇"。大的海商因蒙受重利的损失便先起发难。唐枢在《御倭杂著》中指出"嘉靖二十年，海禁愈严，贼伙愈盛。许栋、李光头辈然后声势蔓衍，祸与岁积"。[⑤] 如经营海上贸易而"致富巨万"的月港商人洪迪珍，"初止通贩"，并"未引倭为寇"。嘉靖三十八年(1559年)，明政府不仅派兵追捕，

---

① 郑振满：《明代陈江丁氏回族的宗族组织与汉化过程》，《厦门大学学报》1990年第4期。

② (明)张燮著，谢方点校：《东西洋考》卷八，《税珰考》，北京：中华书局，2000年。

③ 《明神宗实录》卷四，上海：上海古籍出版社，1983年。

④ 《明神宗实录》卷四，上海：上海古籍出版社，1983年。

⑤ (明)陈子龙：《明经世文编》卷二四〇，北京：中华书局，1962年。

还“系其家属”，完全断其生路，他“始无反顾之期”，不得不与“倭表里为乱”。[1] 另如张维、汪直亦被逼通倭。接着沿海小民中因生计不济而附倭者亦复不少。即如“其不死者，敝衣枵腹，横被苛敛，皆日与其守分而瘦死，孰若从寇而幸生”。[2] 兵部尚书王守仁亦洞见其奥，他说：“夫平民有怨苦无伸，而盗贼则无不遂；为民者困征输之剧，而为盗者获犒赏之勤，则亦何苦而不彼从乎？”故“叛而从贼者日益众”，“近贼者为之战守，远贼者为之响导，处城廓者为之支援，在官府者为之间谍”。[3] 倭患实际上包含了海禁与反海禁斗争的基本内容。[4]

无论如何，战争带给人民的大多是殃害。《晋江临濮堂施氏族谱》中施黎受《修谱·遭寇志》中说：“嘉靖庚戌，予主祀事，宗戚来与祭者繁衍难稽，子孙老幼计有八百多人，不意嘉靖戊午倭寇入闽，初犯泔江，人不安生，瞭望烟火警惧。已未、庚申岁，则屡侵吾地，然犹逃遁边城中，性命多获保全。至午酉岁，倭寇住寨海滨，蟠绍不散，九月零九破深沪司，而掳杀过半。壬戌二月初八日，攻陷永宁卫，而举族少遗。呼号挺刃之下，宛转刀剑之间，生者赎命，死者赎尸，尸骸遍野，房屋煨烬。惟祠堂幸留遗址。先世四像俱被毁碎。加以瘟疫并作，苟能幸脱于剧贼之手者，朝夕相继沦没……予陷在鳌城，家属十人仅余其二，亲弟四人仅余其一，童仆数人曾无遗类。长房只有六十余人，次房只有五十余人……今岁乙酉，年已六十二矣。窃见宗族生齿日繁，欲修谱牒而难稽，幸二房曾祖时雨、光表者有谱移在泉城，寻归示予，此亦天道不泯我祖宗相传之意也，亦示后世子孙知宗族一时艰苦之状云。”

永春县《清源留刘氏族谱》记载：“当明嘉靖年间，倭贼内侵，我族并力守鱼山寨，与贼拒战数昼夜，因水道被绝，外无救援，乃被攻陷，合村屋宇惨遭焚毁，只存三家男女老幼受祸最惨。”[5]

泉州《荀溪黄氏族谱》云：“倭寇之寇泉城也，荀江尤甚，攻围数次，焚毁再三，巨室凋零，委诸荒烟蔓草间，所在皆是。”[6]

---

① (乾隆)《海澄县志》卷一八，《灾祥》，上海：上海书店出版社，2000 年。

② (明)归有光：《震川文集》卷八，《上总制书》。

③ (明)郑若曾撰，李致忠点校：《筹海图编》卷一二，《慎招抚》，北京：中华书局，2007 年。

④ 林仁川：《明末清初私人海上贸易》，上海：华东师范大学出版社，1987 年。

⑤ 《清源留刘氏族谱》卷一〇，《五世祖均德公传》。

⑥ (泉州)《荀溪黄氏族谱》卷二，《祠堂记》。

仙游县朱氏《重修家庙序》云："至本朝嘉靖末，倭夷蠢起，闽粤鼎沸，肆行州里，草菅人命，积尸流血，宗社为墟，斯民曾不得聚庐而治处。迨万历元年癸酉升平，昔之父子流离者，今且生养繁息，颇知生民之乐。省乱离之后，居安思危，见利淡而慕义若渴。"

倭寇从外部推动着家族的建设，不少家族谋求筑堡自卫，从而强化了宗族的军事防卫功能，"自是而后，民乃知城堡之足恃，凡数十家聚为一堡，砦垒相望，雉堞相连。每一警报，辄鼓铎喧闻，刁斗不绝。贼虽拥数万众，屡过其地，竟不能仰一堡而攻，则土堡足恃之明效也"。[1]

顾炎武《天下郡国利病书》卷九三，《福建三・漳州府》中说："漳属土堡，旧时尚少，嘉靖辛酉以来，民间筑围土城、土楼日众，沿海地方尤多。"卷九五《福建五・泉州府》中说："泉郡东南濒海，接近岛夷，晋、南、同、惠诸邑筑寨，皆为备倭……嘉靖季年，倭寇充斥，村落之民多以寨坚人强得免。"这明显地揭示了强宗大族在御倭方面的有利形势。他们甚至组织起自己的武装，同安县后埔等地在嘉靖三十九年(1560 年)遇倭寇之警，"旬月之间，筑寨百三座，结社百六十，守望相助"。[2]

乾隆《福宁府志》卷三九，《艺文志・赤岸堡记》亦记述："嘉靖乙卯，倭自浙入闽，蹂躏遍州境……于是南若沙蛤、竹屿、南屏，西若后首、清皓，东若七都、三沙，北若柘洋之西林，凡沿海奥区，竟起而兴城堡者，无虑二十处。"至嘉靖三十八年(1559 年)，倭寇围柘洋堡不下，拔寨远遁，"而沿海五十七堡亦次第创筑"。[3]

社会环境的不靖亦直接驱使人们去建设土堡，以家族的力量抵御外界的纷乱。

三、以强凌弱与寨堡建设

倭寇之患被消除后，渐演成势的好斗之风使乡族间的械斗变得不可避免。海澄县《苏氏族谱》载："嘉靖辛酉，乡不轨之徒乘夷乱聚党，以攻苏氏之堡，杀岳伦、岳镇等九十余命，遂火其居而剽其资，毁其宗庙而耕种其田亩，

---

① (康熙)《漳浦县志》卷一一，《祠堂记》。

② (嘉靖)《同安县志》卷九，《征抚》。

③ (乾隆)《福宁府志》卷四三，《祥异》。

五百年(族居)一旦变为丘墟。时贼方蹶,士奋诉父仇,竟以激乱,屈死于械,自是冒死复仇,自相接踵,而卒莫能白也。"[①]

起初,下海经商一般都是"各船所认所主,装载而还,各自买卖未尝成群"。[②] 但后来因为海上贸易的"强弱相凌,自相劫夺",又由于禁海官兵时兴剿捕,海商"因各结宗,依附一雄者以为船头",逐渐形成了"或五只,或十只,或十数只成群分党,纷舶各港"[③]的私人海上贸易团体,涌现了如安海的李寓西、陈斗岩、沈孺人、曾友泉、史小楼等一批被誉为"上贾"的巨商,也涌现了许多像漳州人谢老、严山老、洪迪珍、许西地,龙溪人张雄,诏安人吴平、曾一本等的著名海商集团头目。郑芝龙是其中最著名者,"独有南洋之利,商舶出入诸国者,得芝龙符令乃行",[④]"海舶不得郑氏令旗,不能往来。每一舶例入三千金,岁入千万计,芝龙以此富敌国"。[⑤] 到了郑成功时,郑氏海商集团资本的积累更进一步发展,拥有巨船"千艘,战将数百员,雄兵二十万"。"饷粮虽就地设处,向有吕宋、日本、暹罗、咬留吧、东京、交趾等国洋船可以充继。"[⑥]

对于从事农业生产的人而言,"仕宦富有,相竞蓄田,贪势家,有畛隰遍于邻境者,至于连疆之产,罗而取之;无主之业,嘱而丐之;寺观香火之奉,强而寇之,黄云遍野,玉粒盈艘,十九皆大姓之物,故富者日富,而贫者日贫矣"。[⑦] 在漳州府,"豪强暗享无粮之业,贫弱苦赔无业之粮,他们无以糊其口,生齿繁而贫困剧,必无畏死而轻冒法"。[⑧]

嘉靖《龙溪县志》也说:"富者骄溢而日奢,官府催科而日蔽,一穷佃而田主二三人蚕食之,焉得不去为盗贼也?"社会环境较为不靖,这逼使人们为谋求生存的安宁而发展起大的家族。在海禁政策下,"其久潜踪在外者,既触网不敢归,又连结远夷,向导以入"。[⑨] 裘行简在《闽盐请改收税疏》中说:

---

① 明万历四年《赠苏君士奋两赴阙复仇概膺冠带序》。

② (明)万表:《玩鹿亭稿》卷五。

③ (明)万表:《玩鹿亭稿》卷五。

④ (清)邵廷采:《东南纪事》卷一一。

⑤ (明)林时对:《荷牐丛谈》卷四。

⑥ 《台湾外纪》卷一〇。

⑦ (明)谢肇淛:《五杂俎》卷二,上海:上海书店出版社,2001年。

⑧ (乾隆)《漳州府志》卷一四,《赋役上》。

⑨ (明)张燮著,谢方点校:《东西洋考》卷七,《饷税考》,北京:中华书局,2000年。

“沿海赤子既无资术，不能别作贸易，安得不入海为寇。法令日严，而洋盗愈炽，非愚民之甘心就戮也，亦谋生之念重而罹法之念轻耳。”[①]

我们固然可以把一部分异姓家族的合户行为看成是清政府“粮户归宗”政策的产物，但族际之间矛盾的激化往往是更直接的诱因。陈盛韶《问俗录》云：“仙游小姓畏大姓甚于畏官，其畏之者何？一朝之忿，呼者四应，直到剑及寝门，车及蒲胥之势。”[②]族姓丁多就可称雄，自然刺激了诸小姓的联合，刘师恕的一份奏折中也说：“其初大姓欺压小姓，小姓又连合众姓为一姓以抗之，从前以全为姓，以齐为姓，近日又有以同为姓，以海为姓，以万为姓者。”[③]在有些地区，就连大姓之间也有此类拟制的同姓组织。

四、商业风险与家族凝聚

一方面家族建设适应了外患纷起的形势，另一方面家族在抵御外患过程中会逐渐地壮大势力，发展起更大的家族，小贾、中贾、大贾大体依其走向外洋的远近而定，越大的家族就越易走向外洋，赚取更大的利润。李光缙《景璧集》卷三，《寓西兄伯寿序》中记载：“安平人多行贾，周流四方，兄伯年十二，遂从人入粤，其少有诚壹辐辏之术，粤人贾者附之，纤赢薄货，用是致资，时为下贾，已，徙南澳与夷人市，能夷言，受息倍于他氏，以致饶，为中贾。吕宋澳开，募中国人市，鲜应者，兄伯遂身之大海外而趋利，其后安平效之，为上贾。”万历年间，福州府属沿海奸民及省城内外奸徒出海行动，辇金归而人不敢问，浸成大患。安海颜氏家族有颜嘉色等十七人去吕宋，黄氏家族黄中和等十六人去吕宋，陈氏家族陈永泽等十四人去吕宋，柯氏家族柯占民等五人去吕宋，海沧石塘谢氏也有谢待銮三十人去吕宋。[④] 这是家族发展对海上贸易发展直接影响的结果。

事实上，有些家族并不是纯血缘的。螟蛉子的盛行、伙计制的盛行都可能从实际上壮大家族的声威。道光《厦门志》卷一五，《风俗志》记载：“闽人

---

① （清）贺长龄：《户政盐课上》，《皇朝经世文编》卷四九，北京：中华书局，1992 年。

② （清）邓传安、陈盛韶：《蠡测汇钞·问俗录》卷三，《仙游县·竹筏》，北京：书目文献出版社，1983 年。

③ 《宫中档雍正朝奏折》（刘师恕奏折），台北：台北故宫博物院，1977 年。

④ 林仁川：《福建对外贸易与海关史》，厦门：鹭江出版社，1991 年。

多养子，即有子者，亦必抱养数子，长则令其贩洋，赚钱者，则多置妻妾以羁縻之，与亲子无异。分析产业，虽胞侄不能争。亦不言其父母，既卖后即不相认，或籍多子以为强房，积习相沿，恬不为怪。”胡宗宪在《福洋要害记》云：“南澳云盖寺、走马溪，乃番船始发之处，惯徒交接之所也。”梅岭有“林、田、傅三大姓，共一千余家，男不耕作，而食必粱肉，女不蚕织，而衣皆锦绮，莫非自通番接济为盗行劫中得来”。[①] 在沿海“素以航海通商为生”的环境中，“豪右之家，往往藏匿无赖，私造巨舟，接济粮食，相倚为利”。[②]

万历年间福建晋江人李廷机的乡人族众多为海商，他们“冒禁阴通，为患滋大，而所通者乃吕宋诸番，每以贱恶什物，贸其银钱，满载而归，往往致富”。他们每年“夏去秋来，率以为常，所得不赀，什九起家，于是射利愚民，辐辏竞趋，以为奇货”。[③]

郑芝龙集团逐渐接纳、兼并了李旦、颜思齐两大集团，吞其资财，招其人马，声势立时大振。其后，又击溃刘香集团，“卷其资蓄”“并其众”，从此，郑芝龙集团“雄据海上”，“独有南海之利”。福建乃至东南沿海各省的海上贸易权为郑芝龙集团独揽，所有海舶船只，没有郑氏许可，不得私下往来，每一船规定纳金二十，每年收入达千万，郑氏家族的势力真可谓达到了炙手可热的地步。

国际贸易斗争形势亦十分激烈，郑氏集团凭借着自己强大的军事实力在与荷兰等国殖民势力的较量中一直处于主动地位。荷兰海盗占据台湾后，妄图控制我国与日本、南洋各地间的贸易航线，封锁我国的对外贸易，严重威胁到郑氏集团的利益。郑芝龙一方面继续维持与荷兰人的商务关系，另一方面又对荷兰海盗的挑衅行为展开了针锋相对的斗争。天启七年(1627年)，荷兰战舰攻击福建铜山岛的郑芝龙船队，郑氏海商奋起反击，把荷兰船队打得大败，狼狈而逃。此战捕获荷兰的一艘大帆船，连同船员八十五人。崇祯六年(1633年)七月，八艘荷兰海盗船突入厦门，不宣而战，“袭陷厦门城，大肆焚掠”。这时郑芝龙已受抚为明朝将领，他大集水师，发动反攻，大败荷兰海盗，“生擒夷酋一伪王，夷党数头目，烧沉夷众数千，计生擒夷众一百一十八名，斩夷级二十颗，焚夷夹板巨舰五只，夺夷夹板巨舰一只，击

① (明)俞大猷：《正气堂集》卷二，厦门博物馆据清道光木刻本重印，1991年。

② 《明世宗实录》卷一八九，上海：上海古籍出版社，1983年。

③ (明)谢肇淛：《五杂俎》卷四，《地部二》，上海：上海书店出版社，2001年。

破夷贼小舟五十余只”，[1]取得了自荷兰殖民者侵略我国东南沿海以来空前的胜利。从此以后相当长的时间内，荷兰殖民者再也不敢与郑氏集团进行正面的较量。在某种意义上说，军事强力是保证经济活动正常进行的坚固后盾。

① (明)邹维琏：《达观楼集》卷一八。

第五章

地方经济在宽松海洋政策下成长

第一节　明代以来的厦门军事与经济

厦门成长壮大的历史似乎离不开军事和海洋经济这两个关键词,军事设置基本可以体现厦门海防地位的重要意义,海洋经济的发展则直接决定了厦门经济的世界性。

一、厦门地位提升首先是从设置军事设施开始的

福建沿海地区大体都经历了从军事区域逐渐转化为行政区域的过程。此前厦门岛称“嘉禾屿”(唐大中元年,847 年),只是属于清源郡南安县大同场管辖的一个里。宋代泉州港兴起后,厦门居民有所增加,居民达 1000 余户,约 6000 人。元朝在厦门岛上设立了嘉禾千户所,明代厦门称中左所。千户所和中左所都是军事机构。民国《同安县志》卷一七《武备》记载:“元至元十九年调扬州合必军三千人镇泉州,戍列城,置嘉禾千户所。”道光《厦门志》卷三《兵制考》记载:洪武二十七年(1394 年)二月,在嘉禾屿建立了守御千户所,调永宁卫(位于水澳,锦属晋江县)管辖的中、左两个所的军队来戍守,称中左所。中左所设指挥正千户 1 名(正五品)、副千户 1 名(从五品)、指挥百户 1 名(正六品)、镇抚 1 名(从六品),隶属于福建都指挥使。军队有编制 1204 名,营房 987 间,在所城内。这表明,从元代到明代,朝廷日益认识到厦门岛的军事价值;设置军事治所也进一步提升了厦门的经济地位,海

洋经济初步启动，人口有所增加。

明代以来厦门海防地位的提升进一步加大了厦门作为一个军事性城市的意义。明初，正处于封建割据时代的日本，南北两个朝廷除互相争战之外，还常常支持和勾结武装海盗骚扰我国沿海地区。当时，北起山东、南至福建，倭寇四起，到处劫掠，给人民带来了巨大的痛苦和灾难。明太祖朱元璋即位后，连续派人出使东洋，但都无功而返。面对倭患日渐繁复的局面，明廷派周德兴在福建沿海修筑水寨。经过一番实地考察后，根据东南沿海岸线曲折、地形险要的特点，“一郡者设所，连郡者设卫”，在闽省设置了包括厦门城在内的18个卫所。明洪武二十年(1387年)，江夏侯周德兴在福建沿海督造了烽火门、南日、浯屿、铜山、小埕5座水寨，各水寨“各为分汛地，严会哨，贼寡则个自为战，贼众则合力以攻”。浯屿水寨建成后，周德兴拨永宁卫、福宁所兵丁2242人，加上来自漳州的兵丁，共计2898人戍守，由1名把总统领。浯屿寨位于大担南太武山外。戍守浯屿寨的是来自永宁卫、福全所的兵丁2342人，加上漳州卫的兵丁2898人，由1名指挥官统领，其称为“把总”。景泰三年(1452年)，巡抚焦宏认为该寨孤悬海中，不便操控，将其移至中左所。当时，浯屿、铜山二水寨，浯铜、澎湖二游营均属厦门中左所管辖。嘉靖九年(1530年)在海沧设立了安边馆，派缉私队巡海。嘉靖四十二年(1563年)又在厦门增设海防同知1员，改靖海馆为海防馆。隆庆四年(1570年)，增设浯铜水寨游兵，统以“名色把总”1人，领兵536人，驻中左所。另外，卫所贴驾军300名，哨船20只。万历二十五年(1597年)又设澎湖游兵，驻厦门。清康熙十九年(1680年)，同安石浔巡司移驻厦门港，改铸炮局为巡检署；二十五年，泉州海防同知移驻厦门，建厦门同知署，俗称海防厅。明天启元年(1621年)，设泉南游击1人，统辖浯屿寨军、浯铜游营，以防备“红夷”，不久又裁撤。清代，浯屿水寨又进行了大规模的整修，水寨城墙周长602米，南北长164米，东西长120米，基宽4米，墙高7米，窝铺11间，城堞413个，箭窗1032个。四面设城门，东西二门筑有月城，城墙上有烽火台、瞭望台，并安放了铳炮。城墙还有2～3层的跑马道，四城各有1个水潭，有涵沟通向城外。城内建有墩台、馆驿、军营、演武厅等，军事防御体系相当完备，可见厦门一直是作为军事要地而受到重视的。历史上的浯屿水寨饱经战火，几经修葺又几度荒废。现浯屿村村部附近还有一块清道光四年(1824年)立的石碑，题为《浯屿新筑营房墩台记》，叙述的是当时在浯屿水寨寨城内新筑营房炮台的史实。立碑者是当时提督福建全省水师军务，统辖台澎水陆官兵的许松年。碑文说道："前明尝置守御所，有土城，久废，惟颓墙数堵而已。"这是浯屿水寨军事功能最直接的历史证据。

朝廷军事设置的主要目的：一是防御倭寇、西方殖民者侵扰，二是禁绝走私。防御倭寇、西方殖民者侵扰符合沿海人民的利益，官方海防力量常常能得到民间海防力量的配合，抗击倭寇取得了一次又一次的胜利。明嘉靖二十六年(1547 年)，欧洲最早对海外进行血腥掠夺的殖民者葡萄牙贵族和商人，来到浯屿、大担一带，与当地不法之徒勾结，从事掠劫活动。巡海副使柯乔发兵攻之，葡人逃去。嘉靖二十七年(1548 年)，倭寇侵犯浯屿，都指挥卢镗率兵出击，大败倭寇于浯屿；六月，倭寇再次进入大担海面，遭巡海副使柯乔攻击，寇退去。嘉靖三十六年(1557 年)，一批倭船屯泊于厦门港外浯屿，分劫同安、南安、惠安诸县。次年五月，倭寇由沧泉至月港，焚掠九都后出海，转攻同安县城。知县率众抵御，经铳击伤倭酋后，倭众始退。十一月，盘踞舟山北部的倭寇三千余人，在海寇高策、洪迪珍的导引下移巢浯屿。自此，倭寇不断劫掠厦门南北沿海诸县。嘉靖三十七年(1558 年)，倭寇侵犯漳泉沿海，武装占据浯屿。四月初二日，倭寇攻同安官澳巡检司，纵火屠城。同日，海盗谢万贯率船引倭酋阿士机自浯屿陷浯州。同安知县谭维鼎率乡兵出战，追击倭寇于浯屿海面，连战皆胜，生俘倭酋阿士机、安尾达等，使倭寇为之胆寒。五月，参将王麟、把总邓一贵于鼓浪屿及刺屿尾，打沉倭船几十只，打死打伤倭寇数百人。天启三年(1623 年)，荷兰人进犯鼓浪屿、曾厝垵。浯铜把总王梦熊率兵出战，夺取三艘荷兰船，荷兰人败走。但入侵者不甘心，复率船直逼内地。王梦熊乃以小艇扮渔舟，藏火具，潜迫其旁，乘风纵火。此时，明军水师趁机进攻，焚毁荷船十余艘，生擒大酋牛文来、律钦。是年十月二十四日，福建总兵谢隆仪与巡抚南居益又大破荷兰人于浯屿。十一月十七日夜，出其不意进行攻击，焚荷船一艘，俘获六十余人。

防倭抗倭及反击西方殖民者斗争的胜利使朝廷加大了对厦门城市的建设力度，成为厦门经济发展的一个重要契机。

二、厦门海防成效的取得也与该地蓬勃发展的地方经济相互支持

厦门的军事设施被海寇破坏之后，许多海商积极捐助修复那些军事设施，如今仍立于厦门大学大礼堂附近的《建盖大小担山寨城记略》碑写道："厦门海口有大小担山二座，对峙海中，为全厦出入门户。向有两山腰建设炮台各一座，派拨弁兵防守。嘉庆壬戌夏，洋盗蔡牵驾船乘夜突至，数百人蜂拥上山，弁兵仓猝，致被戕伤，抢去炮位。查大小担二山四面环海，弁兵数十名，腹背无应，势难固守，必须建筑寨城二座，上设大炮，堆积滚木、垒石，以上临下，盗匪断不敢登岸，庶可以永资保障。当经奏明，饬委员兴泉永道庆徕、厦防同知裘增寿察勘地势情形，公捐廉俸，鸠工购料，建筑寨城二座，周围三十三丈，连城垛高一丈四尺六寸。寨内各盖兵房九间，以资弁兵栖止；药库一间，以贮药铅，上盖望楼一间，轮流瞭望。于是年九月二十八日落成。后之同事保斯城寨，勿至倾坏，庶全厦万家商民永无盗寇之警矣。嘉庆八年岁次癸亥，总督闽浙使者、长百玉德记。"碑阴记录为："闽浙总督堂玉捐廉三百两；福建巡抚部院李捐廉三百两；布政史司姜捐廉二百两；按察史司成捐廉一百两；粮储道赵捐廉一百两；盐法道陈捐廉二百两；兴泉永道庆捐廉四百两；厦防同知裘捐廉四百两；职员：吴自良捐番六百员，吴自强捐番六百员；洋行：合成捐番六百员，元德、和发共捐番六百员；商行：恒和、天德、庆兴、丰泰、景和、恒胜、源远、振隆、宁远、和顺、万隆；小行：同兴、承美、隆胜、益兴、万成、庆丰、联祥、源益、瑞安、坤元、振坤、振兴、鼎祥、聚兴、联成、丰美、万和、联德、捷兴；鹿郊、台郊、广郊，共捐番银四千八百三十员。"捐助来源包括了政府官员、职员和洋行、商行，乃至鹿郊、台郊和广郊商人，说明这项军事设施既是政府加强海防的需要，也符合商人开展商业活动的要求。郑垣奎说："方圣天子加意海疆，简舟师，严保用，将以肃清巨浸，奠安渔商。"可见海防与渔商发展相辅相成。

禁绝走私却往往是以牺牲沿海人民的生计为代价的，因而遭遇到日益强烈的反抗。尽管代表农业文明的明朝廷力图遏制海洋事业的发展，但事实上海洋经济能带来巨大的经济利益，限制的结果不但没有禁绝海洋经济活动，反而因限制利润更高，参与者从小打小闹，转为富家大户、官僚与富户

通同走私，卫所的军户逃亡参与走私现象也日益严重，军队的战斗力大大削弱。本来设于海岛的军事设施也被移到了陆上，海禁的缺口越来越大。隆庆部分开放海禁以后，厦门的出海贸易合法化，并与漳泉山海区域形成联动，厦门的海洋经济初步显现。冯璋《通番舶议》说道："泉漳风俗，嗜利通番，今虽重以充军处死之条，商犹结党成风，造船出海，私相贸易，恬不畏忌。"主事唐枢也说："市通则寇转而为商，市禁则商转而为盗。"明后期，开禁设县通商之后数十年来，饷足民安。

厦门军户转为民户无疑加快了厦门地区经济的发展，增加了海洋经济的成分。明王朝时常从外地调来一些军队，这些军队的军人退伍之后，往往在当地安居下来。外来的商人，包括徽州商人也加入了海外贸易的行列，以致有的成为"假倭"，消极地反抗着明王朝的海禁政策，给沿海人民的生命财产安全带来了严重的威胁。这是朝廷海防政策失当的重要表现。

三、郑成功把厦门作为抗清驱荷的基地，厦门的军事化商业化色彩更加浓厚

顺治十二年(1655 年)，郑成功将厦门、金门两岛设置为"思明州"(后改为思明县)。康熙十九年(1680 年)，清军攻占厦门岛，后进一步统一了台湾，清政府继而将厦门和台湾作为同一军事区域加以管理，设置"台湾厦门兵备道"，设道台一员，每年各驻台湾和厦门半年。厦门港位于月港的外侧，港阔水深。郑成功盘踞厦门后，使厦门成为东南抗清驱荷的基地，并在这里练兵，从这里渡海东征而收复台湾。在厦门期间，郑成功大力建造航海大船，通贩日本、吕宋、暹罗、交趾各国，就连西班牙人、荷兰人、英国人也接踵而至，英国东印度公司还在厦门设立商馆。厦门以弹丸之地，养下二十万人的军队，足见郑成功经营厦门海运的成效。

明末郑成功海上势力使厦门港一跃而为东西洋贸易的主要商港。明末清初，厦门港是福建的通洋正口，又是台运的专门口岸，对南洋和台湾的贸易盛极一时，尽管从行政上说，厦门只是同安县的辖地，却具有福建经济中心的经济实力。鸦片战争后，厦门是被迫开放的五个通商口岸之一，又是台湾商品进出的转运港。厦门海洋经济逐渐实现着从传统向近代的转型。此时厦门的军事地位依然明显，一方面多次抗击英、日等海军的进犯，另一方

面成为台湾反抗日本割让的后援基地。因此，厦门港军港、商港、渔港的结合特色显著。

厦门经济经历了从渔牧经济到海洋经济的转化，其海洋经济取得巨大的发展是各方面因素协调配合的结果。厦门的开放程度越高，也越能激发经济的更大发展。

第二节　清初治台政策演变与两岸贸易的互动

康熙二十二年（1683 年），清政府统一台湾，朝廷内外即展开了一场关于台湾弃留问题的讨论。同年十月初十日（1683 年 11 月 27 日），当大臣奏请康熙帝因台湾平定之喜上尊号之时，康熙帝曾经说道：

> ……台湾仅弹丸之地，得之无所加，不得无所损，若称尊号、颁赦诏，即入于矜张粉饰矣，不必行。[①]

可见，在清朝统治者的眼中，平定台湾最初的意义仅仅是解除了郑氏海上政权在东南沿海，特别是福建地区的威胁。

施琅的《请留台湾疏》对台湾在东南四省海疆安全上的重要性做了充分的阐述，坚定了清政府把台湾纳入版图的决心：

> 窃照台湾地方，北连吴会、南接粤峤，延袤数千里。山川峻峭，港道纡回，乃江、浙、闽、粤四省之左护。
>
> 盖筹天下之形势，必求万全，台湾一地虽属外岛，实关四省之要害。[②]

基于上述原因，是故领台初期，清政府采取了“为防台而治台”的消极政策，主要着眼点在于海防，但求东南沿海的安定，并没有积极开发台湾。[③]这种治台理念的产生和实践与当时清政府所处的历史背景有着密切的关

① 张本政主编：《〈清实录〉台湾史资料专辑》，福州：福建人民出版社，1993 年，第 60～61 页；《清实录》，《圣祖仁皇帝实录》卷一一二，北京：中华书局，1985 年，第 20～21 页。

② （清）高拱乾：《台湾府志》卷一〇，《艺文志》，《台湾文献史料丛刊》第 1 辑第 65 种，台北：大通书局，1984 年，第 231～233 页。

③ 黄福才：《台湾商业史》，南昌：江西人民出版社，1990 年，第 86 页。

系，可以说，清初的海疆政策为清廷以后全力经营西北赢得了时间，腾出了必要的兵力和财力。[①] 后来随着形势的发展，清政府在一定程度上对原有的政策进行了调整。可见，清政府治台理念并不是一成不变的，而是逐渐发展的。

连横《台湾通史》有这样的记载：

> （康熙）二十三年春，文武皆就任。……初，延平郡王成功克台之岁，清廷诏迁沿海居民，禁接济。至是许开海禁，设海防同知于鹿耳门，准通商，赴台者不许携眷。[②]

清政府之所以选择鹿耳门，首先是因为统一台湾之后，清政府面临的台湾，是郑氏子孙三代经营的结果，而鹿耳门自郑成功驱逐荷兰人之后，就是明郑政权进行贸易的重要港口。选择鹿耳门作为对渡港口可以说是清朝政府对明郑时期鹿耳门贸易传统的延续。其次，鹿耳门港的自然地理条件比较险要，港口的入口极其狭小，只要在港口的两边安置炮台，就能达到较好控制入港船只的目的，有利于对偷渡的稽查。这也是过去尽管偷渡现象严重，但较少在鹿耳门港登陆的原因所在。最后，自明郑时期以来，鹿耳门就有建筑炮台，派兵驻守。清政府接手之后，也有加强鹿耳门港军事防守的措施，而且派驻台湾的一万军队中，大部分驻防在台湾府城附近，对鹿耳门港口也可以起威慑作用。

一、闽台对渡贸易的相关政策

康熙二十二年（1683 年），清政府统一台湾，沿海各省的海禁令逐一解除。二十三年（1684 年），设海防同知于台湾的鹿耳门，准许两岸百姓往来通商。自此，闽台对渡贸易拉开了序幕。

关于商渔船只出海贸捕有相关政策规定：

> 康熙二十三年，准福建、广东载五百石以下之船出海贸易，地方官登记人数、船头烙号，给发印票，汛口验票放行。查台湾未入版图之时，

① 马汝珩、马大正主编：《清代的边疆政策》，北京：中国社会科学出版社，1994 年，第 210 页。

② 连横：《台湾通史》卷三，《经营纪》，《台湾文献史料丛刊》第 1 辑第 128 种，台北：大通书局，1984 年，第 61 页。

禁止不许片板下海；尔时海禁初开，尚未定商、渔之例也。计载五百石以下之船，梁头皆不过七八尺；即今之白底渔船、渡船皆是也。[①]

康熙四十二年，商贾船许用双桅。其梁头不得过一丈八尺，舵水人等不得过二十八名；其一丈六七尺梁头者，不得过二十四名；一丈四五尺梁头者，不得过十六名；一丈二三尺梁头者，不得过十四名。出洋渔船，止许单桅。梁头不得过一丈，舵水人等不得过二十名并揽载客货。小船均于未造船时，具呈该州、县，取供严查确系殷实良民亲身出洋船户，取具澳甲、里族各长并邻右当堂画押保结，然后准其成造。造完，该州、县亲验烙号刊名，仍将船甲字号、名姓于船大小桅及船旁大书深刻，并将船户年貌、姓名、籍贯及作何生业开填照内，然后给照，以备汛口查验。其有梁头过限并多带人数诡名顶替，汛口文武官员盘查不实，商船降三级调用，渔船、小船降二级调用。[②]

同时，鉴于台湾一府在东南四省海防安全上的重要性，清政府还专门针对普通百姓对渡厦门—鹿耳门港的海上活动做出了更为详细、具体的规定：

商船自厦来台，由泉防厅给发印单，开载舵工、水手年貌并所载货物，于厦之大嶝门会同武汛照单验放。其自台回厦，由台防厅查明舵水年貌及货物数目换给印单，于台之鹿耳门会同武汛点验出口。台、厦两厅各于船只入口时，照印单查验人货相符，准其进港。出入之时，船内如有夹带等弊，即行查究。其所给印单，台、厦二厅彼此汇移查销。如有一船未到及印单久不移销，即移行确查究处。[③]

由此可见，对于闽台百姓的对渡贸易活动，清政府采取了主要由海防同知衙门——泉防厅和台防厅负责办理对渡手续，文武官员会同查验的办法来加强管理。故自康熙二十三年(1684年)起，闽台对渡贸易日益呈现出欣欣向荣的景象，首任巡台御史黄叔璥在其所著的《台海使槎录》一书中，对康熙末年漳泉海商闽台对渡、贸易南北有这样一番描述：

海船多漳、泉商贾，贸易于漳州，则载丝线、漳纱、剪绒、纸料、烟、布、草席、砖瓦、小杉料、鼎铛、雨伞、柑、柚、青果、橘饼、柿饼，泉州则载

---

① (清)周凯：《厦门志》卷五，《船政略》，厦门：鹭江出版社，1996年，第174～175页。

② (清)周凯：《厦门志》卷五，《船政略》，厦门：鹭江出版社，1996年，第166～167页。

③ (清)余文仪：《续修台湾府志》，《台湾文献史料丛刊》第1辑第121种，台北：大通书局，1984年，第109页。

磁器、纸张，兴化……福州……建宁则载茶；回时载米、麦、菽、豆、黑白糖饧、番薯、鹿肉售于厦门诸海口，上海……姑苏……浙江则载绫罗、棉绌、绉纱、湖帕、绒线；宁波则载棉花、草席；至山东贩卖粗细碗、碟、杉枋、糖、纸、胡椒、苏木，回日则载白蜡、紫草、药材、茧绌、麦、豆、盐、肉、红枣、核桃、柿饼；关东贩卖乌茶、黄茶、绌緞、布匹、碗、纸、糖、面、胡椒、苏木，回日则载药材、瓜子、松子、榛子、海参、银鱼、蛏干。海壖弹丸，商旅辐辏，器物流通，实有资于内地。[①]

然而，闽台两岸对渡贸易经济的繁荣也为海贼的猖獗滋生了土壤。针对康熙末年台厦之间海域上的盗贼横行，当时福建官员陈瑸提出会哨、护送以及连环等办法来加以解决，得到了康熙帝的支持：

台厦海防与沿海不同；沿海之贼，在突犯内境；台厦海贼，乃剽掠海中。自厦门出港，同为商船，而劫商船者，则同出港之商船也。在港时，某船之货物银两，探听既真，本船又有引线之人，一至洋中，易如探囊取物。故台厦防海，必定会哨之期，申护送至令，取连环之保。[②]

从上面的分析可知，清政府在厦门与鹿耳门之间对渡贸易的管理政策的制定上是比较严格的，试图通过对厦门与鹿耳门两个港口的管理来达到控制闽台对渡贸易、稳定海洋社会的目的。

另外，在闽台对渡贸易的过程中，清政府为了解决内地的兵粮问题，制定了台运的相关政策。关于台运，道光年间编修的《厦门志》有这样的说明：

台湾，内地一大仓储也。当其初辟，地气滋厚，为从古未经开垦之土，三熟、四熟不齐，泉、漳、粤三地民人开垦之，赋其谷曰正供，备内地兵糈。然大海非船不载，商船赴台贸易者，照梁头分船之大小，配运内地各厅县兵谷、兵米，曰台运。[③]

乾隆十一年(1746年)，巡抚周学健做出规定：商船赴台贸易者，照梁头与船之大小，每船自一百至三百石而止，配运内地各厅县兵谷、兵米及采买平粜米谷。具体规定见表5-1：

---

① (清)黄叔璥：《台海使槎录》，《台湾文献史料丛刊》第2辑第4种，台北：大通书局，1984年，第47～48页。

② 《台湾通志·列传》，《台湾文献史料丛刊》第1辑第130种，台北：大通书局，1984年，第469～470页。

③ (清)周凯：《厦门志》卷六，《台运略》，厦门：鹭江出版社，1996年。

表 5-1　台运商船配载表

商船类别	梁头尺寸	配载数量
大船	一丈七尺六寸至一丈八尺	三百石
次大船	一丈七尺一寸至一丈七尺五寸	二百五十石
大中船	一丈六尺至一丈七尺	二百石
次中船	一丈五尺六寸至一丈六尺	一百五十石
下中船	一丈四尺五寸至一丈五尺五寸	一百石
小商船	一丈四尺五寸以下	例免配载

资料来源：(清)余文仪：《续修台湾府志》，《台湾文献史料丛刊》第 1 辑第 121 种，台北：大通书局，1984 年，第 110 页。

此外，对每石米谷的脚价、拈阄决定配运的方法以及根据水途远近给予相应优待等问题，都有详细的规定：

每石脚价，定银六分六厘六毫五丝；自厦载往他处，水程每百里加银三厘。遇奉文起运之时，将入口船只，计梁头之丈尺，配米谷之多寡。至交卸处所，水程有近远之不同；将交卸地方写入阄内，当堂令各船户公同拈阄。阄值何处，即照拈配运，若水途远，如至福州府属及南澳等处交卸者，给与免单二张；其余兴、漳、泉等属则水途较近，给与免单一张。俟该船下次入口，将免单呈缴，免其配运。至台湾小船往各港运载到府交卸者，每石脚价银三分，着船总雇拨小船运载。[①]

乾隆三十七年(1772 年)，详定糖船配谷一百六十石，横洋船配谷八十石。四十八年(1783 年)，又奉部议："如遇加运之年倍于年额者，每船加倍配谷：糖船应配三百二十石，横洋船配一百六十石。"[②]道光年间《厦门志》对从事两地贸易商船的种类有这样的补充说明：

商船，自厦门贩货往来内洋及南北通商者，有横洋船、贩艚船。横洋船者，由厦门对渡台湾鹿耳门，涉黑水洋。黑水南北流甚险，船则东西横渡，故谓之"横洋"；船身梁头二丈以上。往来贸易，配运台谷以充

---

① (清)余文仪：《续修台湾府志》，《台湾文献史料丛刊》第 1 辑第 121 种，台北：大通书局，1984 年，第 110～111 页。

② (清)周凯：《厦门志》卷六，《台运略》，厦门：鹭江出版社，1996 年，第 188 页。

内地兵糈；台防同知稽查运配厦门，厦防同知稽查收仓转运。横洋船亦有自台湾载糖至天津贸易者，其船较大，谓之糖船；统谓之透北船。以其违例，加倍配谷。贩艚船，又分南艚、北艚：南艚者，贩货至漳州、南澳、广东各处贸易之船；北艚者，至温州、宁波、上海、天津、登莱、锦州贸易之船。船身略小，梁头一丈八九尺至一丈余不等；不配台谷，统谓之贩艚船。[①]

除此之外，乾隆五十五年(1790 年)，准许厦门地区的白底渔船可以由厦门同知挂验，直接开赴鹿港，开启渔船经商的新时期。[②] 对渡条件的进一步放宽，促进了闽台两岸商贸的发展。

有清一代，《台湾府志》前后共经历五次修撰。最早是由高拱乾于康熙三十三年(1694 年)编修，此后康熙四十九年(1710 年)周元文[③]、乾隆五至六年间(1740—1741 年)刘良璧[④]、乾隆十一年(1746 年)范咸[⑤]都曾重修，乾隆二十五年(1760 年)余文仪再一次续修。康乾年间台湾官修地方志的频繁修撰是统一以后地区日益开发、政区变化的真实写照，亦是清政府在台湾统治一步步推进的历史反映。通过比较发现，余文仪的《续修台湾府志》中关于闽台对渡相关政策的内容已经是较早的记录，此前闽台两地的地方志书均未涉及。稍后乾隆十八年(1753 年)刊行的《台海见闻录》一书，就其内容与《续修台湾府志》的相似度而言，《台海见闻录》应为参考之作。[⑥] 这一情况，固然是康雍乾以来闽台对渡贸易日益发展的反映，亦可看作是闽台对渡贸易相关政策、法令逐步制度化、明朗化历史进程的缩影。

---

① (清)周凯：《厦门志》卷五，《船政略》，厦门：鹭江出版社，1996 年，第 166 页。

② 吕淑梅：《陆岛网络：台湾海港的兴起》，南昌：江西高校出版社，1999 年，第 114 页。

③ (清)周元文：《重修台湾府志》，《台湾文献史料丛刊》第 1 辑第 66 六种，台北：大通书局，1984 年。

④ (清)刘良璧：《重修福建台湾府志》，台湾文献史料丛刊第 2 辑第 74 种，台北：大通书局，1984 年。

⑤ (清)范咸：《重修台湾府志》，《台湾文献史料丛刊》第 2 辑第 105 种，台北：大通书局，1984 年。

⑥ (清)董天工：《台海见闻录》，《台湾文献史料丛刊》第 7 辑第 129 种，台北：大通书局，1984 年。

二、渡台政策的出台及实施

前文提及，康熙二十三年(1684年)，清政府开放海禁，在鹿耳门设置海防同知，准许闽台之间通商贸易往来，但也规定赴台者不许携眷。《台湾省通志》更是详细记录了大陆人民渡台的三条规定，具体如下：

> 其一为，欲渡船台湾者，先给原籍地方照单，经分巡台厦兵备道稽查，依台湾海防同知审验批准，潜渡者严处……其二为，渡台者，不准携带家眷。业经渡台者，亦不得招致。其三为，粤地屡为海盗渊薮，以积习未脱，禁其民渡台。①

根据《清会典台湾事例》的记载，康熙五十一年(1712年)，清政府覆准：

> 内地往台湾之人，该县给发照单。如地方官滥给往台湾照单，经该督、抚题参一次者，罚俸六月；二次者，罚俸一年；三次者，降一级留任；四次者，降一级调用。如良民情愿入台籍居住者，令台湾府、县查明，出具印文，移付内地府、县知照，该县申报该道稽查，仍令报明该督抚存案。若台湾府、厅、县官不行查明以致奸宄丛杂居住，经该督抚查出题参，照隐讳例议处。②

康熙五十六年(1717年)，台湾发生了朱一贵之乱。事后，漳浦人蔡世远在给总督觉罗满保的书信中，曾经提及安台难于平台，中央应慎选文武官员；与此同时，蔡世远还建议——不许有司擅给过台执照。③ 另外，同为漳浦人的蓝鼎元则认为：

> 鄙意以为宜移文内地，凡民人欲赴台耕种者，必带有眷口，方许给照载渡，编甲安插。台民有家属在内地，原搬取渡台完聚者，许具呈给照，赴内地搬取。文武汛口，不得留难。凡客民无家眷者，在内地则不许渡台，在台有犯务必革逐过水，递回原籍。有家属者，虽犯，勿轻易逐

---

① 《台湾省通志》卷二，《人民志·人口篇》，1980年，第11页。

② 《清会典台湾事例》，《台湾文献丛刊》第226种，台北：台湾银行经济研究室，1966年。

③ (清)蔡世远：《再与总督满公书》，《二希堂文集》，《影印文渊阁四库全书》集部二六四别集类，台北：台湾商务印书馆，1986年。

水，则数年之内，皆立室家，可消乱萌。[①]

后来，上述蓝鼎元的一番建议还通过奏疏的方式上达清朝中央，进而影响到清朝政府的相关政策。[②]

乾隆二十五年（1760年），巡抚吴士功建议开放台民携眷之禁，得到清政府的同意而实行过短暂的一段时间。吴士功这样说道：

> 台湾府属一府四县，今归隶版图将及百年，久成乐土，居其地者俱系闽粤滨海州县之民，俱于春时往耕，西成回籍，迨后海禁渐严，一归不能复往，其生业在台湾者，既不能弃其田园，又不能搬移眷属，别娶番女，恐滋扰害。[③]

吴士功奏准台民搬眷过台的时间定限仅一年，自乾隆二十五年（1760年）五月二十六日至二十六年（1761年）五月二十五日止。另外，从吴士功的奏折可知，在乾隆二十五年（1760年）之前，清政府在闽粤地方官员的建议之下，曾经还有两次开放大陆民人携眷入台的短暂政策。由此可见，在渡台政策上，清政府允许老百姓一定范围内的渡台，但禁止偷渡。直到乾隆五十三年（1788年），清政府才最终取消了禁止赴台民人携眷的政策。

三、闽台之间偷渡成风

厦门—鹿耳门的对渡规模远远不能满足普通百姓前往台湾的需要。早在康熙末年，时任巡台御史的黄叔璥在其所著的《台海使槎录》中就记载了当时的偷渡现象：

> 偷渡来台，厦门是其总路。又有自小港偷渡上者，如曾厝垵、白石头、大担、南山边、镇海、岐尾；或由刘武店至金门、料罗、金尾、安海、东石，每乘小渔船私上大船……[④]

① （清）蓝鼎元：《与吴观察论治台湾事宜书》，《鹿洲全集·鹿洲初集》，厦门：厦门大学出版社，1995年。

② （清）蓝鼎元：《经理台湾第二》，《鹿洲全集·鹿洲奏疏》，厦门：厦门大学出版社，1995年。

③ （清）陈寿祺：《福建通志》卷八七，《海防·疏议》，清同治十年（1871年）重刊本之影印本，台北：华文书局，1968年，第1754～1755页。

④ （清）黄敬璥：《台海使槎录》卷二，《赤嵌笔谈》，《台湾文献史料丛刊》第2辑第4种，台北：大通书局，1984年，第33页。

康熙五十七年(1718年)二月五日兵部等衙门议覆:"福建浙江总督觉罗满保疏言,海洋大弊,全在船只之混淆、米粮之接济,商贩行私偷越,奸民贪利窃留,海洋出入,商渔杂沓。应将客商责之保家,商船水手责之船户货主,渔船水手责之澳甲同宗,各取保结,限定人数,出入盘查,并严禁渔船不许装载货物,接渡人口。至于台湾、厦门各省本省往来之船,虽新例各用兵船护送,其贪时之迅速者,俱从各处直走外洋,不由厦门出入。应饬行本省并咨明各省,凡往台湾之船,必令到厦门盘验,一体护送,由澎而台;其从台湾回者,亦令盘验护送,由澎到厦。凡往来台湾之人,必令地方官给照,方许渡载;单身游民无照者,不许偷渡。如有犯者,官民兵人分别严加治罪,船只入官;如有哨船私载者,将该管官一体参奏处分。应如所请。从之。"①

另外,清人蓝鼎元曾经撰诗详细描写了闽台偷渡百姓所遭受的苦难:

累累何为者,西来偷渡人。银铛杂贯索,一队一酸辛。
嗟汝为饥驱,谓兹原隰畇。舟子任无咎,拮据买要津。
宁知是偷渡,登岸祸及身。可恨在舟子,殛死不足云。
汝道经鹭岛,稽查司马门。司马有印照,一纸为良民。
汝愚乃至斯,我欲泪沾巾。哀哉此厉禁,犯者乃频频。
奸徒畏盘诘,持照竟莫嗔。兹法果息奸,虽冤亦宜勤。
如其或未必,宁施法外仁。②

到了乾隆七年(1742年),闽台两岸之间的偷渡现象再次引起了清朝中央政府的高度注意,乾隆帝专门下了诏书传谕地方文武官员,命其留心清查,以整治海疆秩序:

……闻此项人等,俱从厦门所辖之曾厝垵、白石头、大担、南山边、刘武店,及金门之料罗、金龙尾、安海、东石等处小口下船。一经放洋,不由鹿耳门入口,任风所之,但得片土,即将人口登岸,其船远掉而去,愚民多受其害。况台湾惟借鹿耳门为门户,稽查出入。今任游匪潜行往来,海道便熟,将鹿耳门亦难恃其险要,殊非慎重海疆之意。朕所闻如此,着该督抚严饬所属文武官弁,将以上各弊一一留心清查。并于汛

① 张本政主编:《〈清实录〉台湾史资料专辑》,福州:福建人民出版社,1993年,第81~82页;《清圣祖实录》卷二七七,北京:中华书局,1985年,第19页。

② (清)蓝鼎元:《鹿洲诗选》,《鹿洲全集》,厦门:厦门大学出版社,1995年。

口防范周密,不使疏纵,庶民番不至缺食,港路亦可肃清。该部可传谕知之。[1]

乾隆十一年(1746年),福州将军新柱奏称:

台郡远隔重洋,民番杂处。近有小船私由小港偷运米谷至漳、泉、粤东等处;内地奸民乘其回棹,暗行过台。又厦门往台船只,名为横洋船;其舵、水人等额配过多,有分贿兵役,顶冒偷渡过台,通行徇庇。[2]

乾隆二十六年(1761年)冬十月,闽浙总督杨廷璋又奏:

查偷渡出洋,由厦门大担口正路者,多船主、舵工、顶冒水手,招无照之人私往;其由青、浯、槟榔等屿小路者,系客头先于海澄、龙溪等县招集小船,由石码潜出厦门搭载大船。[3]

乾隆三十五年(1770年)五月,福建官员温福上奏请严定偷渡台湾奸民治罪之例。乾隆帝就此下达谕令,曰:

闽省客头船户引诱民人偷渡台湾,最为地方之害。从前定例稍严,原欲使伊等畏法而不敢犯,乃自改未成减等之例,奸徒益无所顾忌,犯者愈多,是原办之督、抚、司、道等徒知博宽大之誉,而不顾事理之是非,姑息养奸,私改成例,使其人尚有存者,必当追论其罪。着传谕温福查明是年改办例案之督、抚、司、道俱系何人?即行据实覆奏。[4]

可见,虽然中央政府为限制闽台对渡贸易和移民出台了许多措施,严饬地方各级官员稽查海口,但是效果并不明显,闽台两岸之间的偷渡现象并没有消失,反而愈演愈烈。

四、清政府的政策调整

闽台两岸之间愈演愈烈的偷渡现象,迫使清政府不得不正视这一问题的严重性,开始对以往的相关政策进行反思和调整,并最终做出了一定的让步。例如,采取了开放其他港口的措施,以缓解一口对渡管理制度之下的压力。乾隆四十八年(1783年),福州将军永德奏请增设彰化县鹿港为闽台对

① 连横:《台湾通史》卷三,《经营纪》,《台湾文献史料丛刊》第1辑第128种,台北:大通书局,1984年,第68页。

② 《清高宗实录》卷二八一,北京:中华书局,1985年。

③ 《清高宗实录》卷六四七,北京:中华书局,1985年。

④ 《清高宗实录》卷八五九,北京:中华书局,1985年。

渡正口的奏疏充分表达了清政府的态度。其疏曰：

窃闽省泉、漳等府各属，民间产米无多，大约取给台湾。即一切食用所需，亦借台地商贩往来，以资接济。凡内地往台船只，由厦门查验出入；自台地渡回船只，鹿耳门查验出入。俱设有同知等官，管辖稽查，不准由别港私越偷渡：此向来之定例也。奴才于上年兼署福建陆路提督，极力踩缉偷渡人犯。其由厦门拿获者，虽不乏人；而由泉州之蚶江口偷渡盘获者，二十余犯。奴才体访台地往来海面，其南路台湾、凤山等属，系鹿耳门出洋，由厦门进口，是为正道。至北路诸罗、彰化等属，则由鹿港出洋，从蚶江一带进口，较为便易。若责令概由鹿耳门出海，其中尚隔旱路数站，不若蚶江一带进口较近。是以台地北路商贩，贪便取利，即多由此偷渡。以奴才愚见，莫若于鹿港、蚶江口一带，照厦门、鹿耳门之例，设立专员，管辖稽查，听民自便；则民不犯禁，而奸胥亦无能滋弊。[①]

此外，《清会典台湾事例》亦有相似的记载：

乾隆五十三年覆准：台湾每多偷渡，不如明设口岸以便商民。将八里坌对渡五虎门，一体开设；令淡水同知就近稽查船只出入，即行挂验。如有借端需索，将专管官照海关需索故意留难例，降二级调用，兼辖官降一级调用。[②]

综上所述，对于厦门与鹿耳门之间的对渡，虽然清政府制定的相关政策是十分严厉、苛刻的，但是乾隆年间赴台贸易商船配运米谷呈现逐年增加的现象。这一方面固然是解决台谷积压问题措施的反映，另一方面也说明了乾隆年间闽台对渡贸易呈现出较大规模的发展状态。同时，我们还可以做这样的理解：台、厦地区的相关地方官员并没有很好地落实闽台对渡贸易的相关政策，民间从事两岸贸易的商人也没有很好地遵守朝廷政令。最终，闽台对渡贸易日益发展的现实，使得清政府认识到海洋社会百姓的生计利益，乾隆年间台运有关规定的几次修改可以看作是对先前商船违例事实的默认，同时允许渔船经商也是对闽台对渡贸易政策的调整和修正。乾隆五十

---

① （清）周玺：《彰化县志》卷一二，《艺文志》，《台湾文献史料丛刊》第1辑第156种，台北：大通书局，1984年，第395～396页。

② 《清会典台湾事例》，《台湾文献史料丛刊》第4辑第226种，台北：大通书局，1984年，第31页。

三年(1788年),清政府最终取消禁止赴台民人携眷的政策,可看作是清政府对地方民意的顺应。

五、民间文献中百姓前往台湾的资料分析

九龙江下游两岸区域的族谱中大量记载了老百姓前往台湾生活的历史信息。入清之后,圭海许氏、莆山林氏、白石丁氏等几个家族的族人们大都延续了向台湾发展的生计模式。

例如,圭海许氏族谱中记载,港滨派十二世祖仕信、仕牛兄弟前往台湾,居住在台湾中路新园尾,其中仕牛生子许元、许升,而许升又生子许廷,派下子孙遂居台湾。除了港滨派,文山派和美江派许氏族人亦有迁移台湾的记录:

> 十一世(文山派)韬谅,住台湾南路。子孙现存。
>
> 十一世(文山派)启盛,住台湾。
>
> 十三世(文山派)学朝,生三子。俱居台湾。
>
> 十四世(文山派)文郡,派下住台湾。
>
> 十五世(文山派)承睿、承智、承建等派下俱住台湾。
>
> 十五世(美江派)耍,宋之子,住台湾。
>
> 十五世(美江派)传,豸之子,住台湾。
>
> 十六世(美江派)恭、信、敏、惠,俱盛之子。住台湾莲池头。①

可见,截至雍正七年(1729年),圭海许氏已有不少族人渡海到达台湾,族谱上"住""居"的字眼以及族人两三代人延续生活于台湾的记录,向我们透露了许氏族人已经开始于台湾定居的历史信息。总而言之,对于圭海许氏家族而言,除了陆上耕种从事农业生产之外,海洋也是他们生存和发展的重要空间。通过海洋这一流动空间,他们的足迹到达台湾,乃至南洋,寻求发展机遇。据载,1987年以来,港滨奕世堂衍派台湾宗亲曾经多次组团到港滨查对谱牒,寻根谒祖,捐资建小学等。

明朝末年莆山林氏家族开始出现前往台湾发展的记录,并且过台之人携家带口的现象普遍,夫妇二人去世之后均葬台地,家族中开始出现连续几

---

① 《高阳圭海许氏世谱》卷四、卷五、卷六。

代人在台湾生活的痕迹。入清之后，莆山林氏族人充分发挥之前的关系网络，族人继续前往台湾，但是由于清政府严禁携眷政策的执行，莆山林氏自明末以来夫妻父子一家人共同生活于台湾的历史延续被人为地打断，夫妇天各一方的场景在族谱的记载中得到体现，“招魂”成为莆山林氏族人为在台亲属寻求寄托的一种重要手段。[①] 另外，马岭李氏也有这样的情况：九世演，字易周，生康熙五十八年(1719 年)，卒乾隆二十八年(1763 年)，于台湾凤山县辞世，甲申年三月初二日接讣，初四日引魂。[②] 这一时期，莆山林氏前往台湾的族人主要集中在淡水一带活动。

除了移民之外，九龙江下游两岸区域的老百姓也投身商业贸易活动，往返于闽台两岸之间。以龙溪平宁谢氏家族为例，其族谱中不仅记载了族人迁居台湾的记录，而且还提到以下相关内容：

据谢氏宗亲所藏乾隆二十四年兄弟分家字据记载，十世次房长派建仲公在台有“协盛杉郊”生意。据老人言传，我村谢氏迁台后裔已聚族成社，亦名平林社。以前有十多艘番船来往于台湾与家乡，现有的宗亲也有部分是从台湾再迁回来的，只是年湮日久，说不清具体在什么地方，甚至有位宗亲存二份台湾厝契，可惜在六九年特大洪水中流失，而据族谱记载，部分宗亲葬在麻豆水屈头。[③]

可见，龙溪平宁谢氏族人于乾隆年间在台湾办有“协盛杉郊”生意，是当时闽台之间的郊商之一，其中建仲公之子谢启达在乾隆二十二至二十三年(1757—1758 年)曾经应督抚招商率船队前往台湾采购仓谷平粜。

白石丁氏延续着明末以来的海洋发展传统，从其族谱的相关记载可知丁氏族人基本上是以经营商业贸易活动为主的。例如：

二十六世节斋房，讳穹，字国芬，妻蔡氏宜娘，号贞淑，未婚而穹贾于外，氏来家侍姑疾，及穹归，夫妇成礼。越四载而夫复外，亡时年二十八岁，守节以终，卒年六十一。传载县志。[④]

此外，《白石丁氏古谱》还记载了二十五世祖至二十七世祖泛海前往台

---

① 《莆山家谱迁台部分集录》，清嘉庆编修。

② 《马岭李记族谱》，清光绪丁未重抄，2006 年续。

③ 《平宁谢氏迁台、南洋名录》，20 世纪 90 年代重修。

④ 《白石丁氏古谱》，陈支平主编：《闽台族谱汇刊》第 41 册，桂林：广西师范大学出版社，2009 年，第 556 页。

湾以商业贸易为营生的详细事迹。先是品石公经营于东宁，创造基业：

二十五世捐资光裕名仁，讳赐靖，字品石，秉性孝友，为琴和公长子。琴和公乐善好施，家事清淡，故公承其意，亦以乐善好善施为心，遂弃举子业，经营于东宁，克勤克俭，创造基业，以遗子侄，毫不为私。族人来投，皆善遇之，故族人皆称其德。归来，家置蒸尝，以供祭祀，乡有义举皆乐成之。族与邻社林姓械斗费用、名宦公祭业，于是，公之孙玉玑、曾孙献珍将公遗下之资遂买田充入大宗以为名宦公冬至祭费，族人称其义，将公崇祀大宗，冬至配享用光豆俎，以垂不朽。[①]

又有品石公之孙丁上林将先祖之事业发扬光大：

二十七世祖乡大宾，讳上林，字玉玑，乳名攀，清馥公长子、品石公孙也。自品石公往贩东宁，建基贻谟，至上林，少有壮志，经营辛苦而光大之。笃信待人，忠厚交易，四方远近皆乐交焉，而利泽遂广矣。族人有到东宁相投者，皆善遇之，有能者因材任之，归家建置，念清馥公、品石公创业维艰，建小宗一座，以祀，清馥公置祀田，春秋祭祀，又建书田以鼓励子孙读书，使子孙进泮者得有资焉，以为久远不拔之业。又谋诸期功买田充入大宗庙、名宦公蒸尝，族人称其义，共迎品石公崇祀祖庙，以为美报。并十八世乐水公，昔有配祭者、有崇祀者，亦皆崇祀祖庙焉。乡有义举，皆乐成之。族与邻社械斗，族人被控囚禁，公捐金贰百以惠之。本境福文殿，年久毁坏，众议修理而苦于无资，亦极力捐金六十元以重新之。龙溪县父母张公润察其行谊，举乡饮礼，赠匾曰：德尊梓里。族叔郡庠生书云匾其小宗曰：光裕堂，赠联云：……[②]

当然，《白石丁氏族谱》中不乏"外出台湾"的记载。从上面的史料，我们知道，白石丁氏家族在清朝前期有大批的族人离开故乡，前往台湾谋求生存与发展之道，其间亦出现了诸如品石公祖孙在内的许多成功个案。他们在个人取得成功之后，拿出了一部分的钱财以回馈家族的建设，甚至还共襄家乡地方社会的盛举。也正因为这样的原因，他们的个人事迹被详细地记录在家谱之中，既宣扬了个人的善举，也被家族作为教育子孙后代的鲜活范

① 《白石丁氏古谱》，陈支平主编：《闽台族谱汇刊》第41册，桂林：广西师范大学出版社，2009年，第549页。

② 《白石丁氏古谱》，陈支平主编：《闽台族谱汇刊》第41册，桂林：广西师范大学出版社，2009年，第552页。

本，同时也鼓励族中的其他成功人士更好地为家族和地方社会服务。

在取得个人成功之后选择回馈家乡的老百姓中，以从事商业贸易活动者为多，特别是经营闽台两岸对渡贸易的商民。除了前文所述的平宁谢氏、白石丁氏之外，九龙江下游两岸区域还有一些家族有着类似的经历。例如海澄屿头林氏：

登榜公于康熙三十二年携眷出祖台湾府岑后街，开张布店生理。乾隆三十四年以子贵赠中宪大夫。[①]

又如龙溪南园林氏：

乾隆初年，十三世祖济园公创办下路、丹六糖行，盈利丰厚。

乾隆四十四年，十四世祖迩荣公偕五弟世仰公往台经商，生意发达，回乡建造田底大屋，与四弟世位三兄弟共居。[②]

除此之外，龙溪县二十九都白石保吉上社林氏裔孙林应寅于乾隆四十六年（1781年）携子林平侯寓台湾新庄。后林应寅回乡，林平侯之子林国华迁居台北板桥，衍成"林本源家族"，是清末台湾重要的家族之一。[③]《林本源家传》记载了渡台祖林平侯一世至七世子孙的世谱。[④] 嘉庆二十四年（1819年），林氏族人在其家乡设置了林氏义庄，以助同宗族人贫乏之用。[⑤]

这些商民大多从事贸易活动，流动性相对从事垦殖的百姓较强，与祖籍地之间的联系较之密切。因此，在前往台湾寻求生存与发展的大军中，这一类取得成功的老百姓与祖籍地之间的互动就较为明显；而从其他如蔡苑张氏十二世张邦税往台湾，在彼有室有家，未锦旋的情况，[⑥]则可以看出他们与祖籍地之间的联系相对较弱。

从族谱资料上看，清代康雍乾时期，九龙江下游两岸区域老百姓前往台湾的人数和规模逐渐超过了下南洋的民人，漳州籍百姓自明代中后期以来贩海东西洋的生计模式正悄然地发生着变化。

---

① 《林氏屿头族谱》，1998年续编。

② 《南园林氏三修族谱》，2008年。

③ 《仰孟林氏族谱》，清咸丰十一年（1861）重修。

④ 《林本源家传》，1984年。

⑤ 《林氏义庄碑文》，《龙海文史资料》第13辑，1992年，第14～15页。

⑥ 《蔡苑张氏家乘》，清同治三年（1864年）修。

第三节　清前期海洋政策调整与江南城镇发展

一、清政府海上敌对势力的一度消弭

中国社会经济向海洋拓展，是不以统治阶级意志为转移的客观规律。即使在清初海禁最为严厉的时期，海上走私贸易仍在进行。康熙二十三年(1684年)七月十一日清帝谕曰："边疆大臣当以国计民生为念，今虽禁海，其私自贸易何尝断绝？今议海上贸易不行者，皆由总督、巡抚自图便利故也。"[①]这说明康熙帝已意识到，海上贸易是无法根绝的，只有变私贩为公贩，才既有利于统治者，亦有益于民生。

郑氏割据政权的瓦解是康熙帝实现版图统一的定局之举。清王朝要真正建立对全国的统治，弭乱与施恩均是必需的，对汉族传统文化的认同是清朝统治者的明智之举；但针对东南沿海区域，清廷还应尊重他们的海洋生计方式，给予该区域的人们生活下去甚至获得发展的舞台。

清初的敌对势力是多重的，三藩之乱乱及西南和东南，郑氏势力则时刻在东南海滨掀起对清廷的挑战之潮。

对于康熙帝而言，前期的东南战事恰好提供给他一个认识和了解海洋的机会。他急切地想解决东南海疆问题，也逐渐认识到东南海疆在区域贸易乃至世界贸易中的地位与意义，因此康熙帝的海洋政策经历了反复的摇摆，终于进入了一个积极、开放的阶段。这一政策调整也给予了江南城镇良好的发展机遇。

二、清朝官方对海洋政策的检讨和调整

早在康熙十八年(1679年)，甚至更早，就有开海贸易之呼声；但却不能

① 《康熙起居注》第2册，北京：中华书局，1984年，第1200页。

全面付诸实施，其关键原因之一，即是国内战争尚未完结，国家尚未统一。如康熙十九年(1680 年)二月二十六日，九卿、詹事、科道会题："得江南巡抚慕天颜疏称，海舶通商有利益于民生云云。臣等伏查海贼未靖，故广东、浙江奉旨特差部员严禁边界，况福建现在征剿海逆。其该抚题请江南开海贸易之处，目今且毋庸议，俟荡平海贼该抚具提之日再议可也。"[①]康熙十九年(1680 年)二月初七日，江南巡抚慕天颜疏称："银之出于外国者无穷，而以有易无，流通不竭。从古海洋商舶之利，于民者莫大焉。往时江、浙、闽、广之富饶倍于他省，岂地产之独厚乎？要皆资于海外者源源而来也。渔盐之利既为沿海地方所固有，而洋货出入经其地，每有一本而获十利者，或一舶所载，货盈百千万缗。试问直省中富商巨贾连樯贸易有此满载重货轻本大利者乎，民安得不富。……臣思海舶通商诚有利益于民生。盖地产所出丝布药材等货原属平常之物，一至外国得价数倍，使外国之金银岁入于我，百姓赖以充裕，赋饷赖以转输，岂非生财之大原？较之斤斤议节议捐不啻霄壤悬殊也。"[②]康熙二十三年(1684 年)九月初一日，康熙帝在谕旨中表达了类似的思想："前令开海贸易，于粤闽沿海一带民生有益，若两省民用充阜，财货流通，于各省俱有裨益……以此税银拨给粤闽兵饷，可免腹里省分解送远省协饷之劳，腹里省分钱粮有余，小民又得安养，故令开海贸易。"二十八年(1689 年)谕曰："国家设关榷税，原以通商裕课利益商民。"[③]"自康熙二十三年，台湾既入版图，海氛尽殄，乃差巡海大人弛各处海禁，通市贸易。"从此，"江海风情，梯航云集，从未有如斯之盛者也"。[④] 在中国出海商船中，闽粤商人多前往吕宋、暹罗、安南等东南亚国家，浙苏海船多以日本为主要贸易对象，上海、乍浦港的崛起，与此不无关联。清朝政府在平定三藩、统一台湾之后，曾竭力扩大海洋开发的范围，海禁政策也一度被废止，港口的发展逐渐呈现北移的趋势，王在晋《越镌》卷一一，《通番》中记载："夫漳泉之通番也，其素所有事也，而今乃及福清。闽人之下海也，其素所习闻也，而今乃及

---

① (清)金端表纂:《刘河镇纪略》第 3 卷,《中国地方志集成·乡镇志专辑》第 9 册,南京:江苏古籍出版社,1992 年。

② (清)金端表纂:《刘河镇纪略》第 3 卷,《中国地方志集成·乡镇志专辑》第 9 册,南京:江苏古籍出版社,1992 年。

③ 《清代历朝皇帝圣训》卷二七,《理财》,第 2 页。

④ (雍正)《浙江通志》卷八六,《榷税》。

宁波。宁波通番于今创见，又转而及于杭州。杭之置货便于福，而宁之下海便于漳，以数十金之货，得数百金而归，以百余金之船卖千金而返。此风一倡，闻腥逐膻，将通浙之人，弃农而学商，弃故都而入海。”[①]傅衣凌先生说：“这一段记载很重要，它说明了十七世纪初年海上贸易港口的转移，渐从漳泉到福清、宁波、杭州，这是一个很重要的关键。为什么呢？因为以前是离开商品生产地的远距离贸易，这有利于商人，而不利于生产者，现在的贸易港口逐渐从闽移浙的转化，正为着当时最大宗的输出商品，如丝纺织品之类，这商品又大半出于江浙两省所产，下海地和生产地靠近，则可使商人便于组织生产，这是从流通到生产过程转化的一种值得重视的倾向。”[②]这还可看成是封建政府对自我能力充分自信的表现。

其后，清朝统治者尝到了开海贸易的甜头，坚持开海贸易主张的官僚不乏其人。如雍正二年(1724 年)，蓝鼎元看到出口贸易所产生的裕民富国之效益，云：“内地贱菲无足重轻之物，载至番境，皆同珍贝。是以沿海居民，造作小巧技艺，以及女红针黹，皆于洋船行销，岁收诸岛银钱货物百十万入我中土。”[③]乾隆七年(1742 年)，署两广总督庆复认为：“自康熙二十三年开洋贸易，国课民生均有裨益”，“就粤而论，借外来洋船以资生计者约计数十万人”。[④]

嘉庆四年(1799 年)，针对“今有议论禁货船以靖盗贼者”，福建巡抚汪志伊在《议海口情形疏》中，力陈“海船固不可禁”：“殊不知船户多家，作何安置。却如闽海港澳共三百六十余处，每澳渔船数十只不等，合计舵水不下数万人，其眷属丁口又不下数十万人。沿海无地可耕，全赖捕鱼腌贩，以为仰事俯育之资。况商船更大，其舵水悉系雇用贫民，更不知其几千万亿众也。若一概令其舍舟登陆，谋生乏术，迫于饥寒，势必铤而走险。将恐海盗未靖而陆盗转炽矣！且船只小者需费数十金至数百金，大者必须数千金，变价无人承售，拆毁更非政体。他如米、豆、盐、茶、棉花、布帛暨一切物件，一省通交于数省，外番互通于内地者，何可胜数。一旦禁绝不通，所关亦非细故。

① (明)王在晋：《越镌》卷一一，《通番》。

② 傅衣凌：《明清社会经济史论文集》，北京：人民出版社，1992 年。

③ (清)蓝鼎元：《论南洋事宜书》，《鹿洲初集》卷三，厦门：厦门大学出版社，1995 年。

④ 《庆复折》，《史料旬刊》第 22 期，北京：北京图书馆出版社，2008 年，第 803 页。

正不特税课之短缺也。”[1]

以林则徐为代表的改革派，通过海关之窗，注意了解世界大势。道光二十年（1840 年）三月二十六日林则徐在奏折中批评了曾望颜“封关禁海”的主张。林则徐在禁烟的同时，仍然重视维护和促进正常贸易的发展；并认为：“若如原奏所云，大小民船概不准其出海，则又不能。缘广东民人，以海面为生者，尤倍于陆地，故有‘渔七耕三’之说，又有‘三山六海’之谣，若一概不准其出洋，其势即不可终日。”[2]

可见，清朝统治者在开关的认识上，比起明代确有进步。清政府一直允许江、浙二省商民赴日本贸易。在这一个半世纪中，除康熙五十六年至雍正五年（1717—1727 年）极少数年份外，清政府基本准许粤、闽、浙、江四省商民远赴南洋诸国从事贸易活动。至于这期间的国内沿海贸易，从来就没有被禁止过。清前期海关兼管船政和渔政。造船须先报明海关及地方官，海关对商、渔船均有各种管理规定。浙海关在鱼汛期间还专设“渔税厅”。[3]康熙五十五年（1716 年）十月清帝谕令：“沿海炮台足资防守，明代即有之，应令各地方设立。”[4]等等。海关的设置，意味着中国人的海防观念和门户意识进一步加强。

江南地区明朝末年人口已缓慢增长，清乾隆年间人口增长迅速，地少人稠，加之封建剥削苛重，农民为了生存，“需要依靠农村副业，发展商品生产”。[5] 开海贸易，即为江南地区的农副产品和手工业产品开辟了广阔的销售途径。

清前期，清政府开辟的八条航线中，与江南直接相关的有四条，分别是：其一，闽台与江浙二省间的航线。闽台往江浙货物为糖货、靛、橄榄、杂油、杉木等。江浙往闽台的货物主要有棉布、丝、绸缎、纱等。其二，广东与江浙二省间的航线。运往江浙货物有糖货、苏木等；载往广东有棉布、棉花、豆饼、土绸等。其三，奉天、山东与江浙二省间的航线。“奉天豆麦海运上海，

---

① （清）汪志伊：《议海口情形疏》，（清）陈寿祺总纂：《福建通志台湾府》，《中国方志丛书》台湾地区第 43 号，台北：成文出版社，第 424 页。

② （清）林则徐：《林则徐集：奏稿》（中），北京：中华书局，1985 年，第 795、742、640 页。

③ 《海关衙门须知事宜册》，《近代史资料》总 55 号，北京：中国社会科学出版社，1984 年，第 26 页。

④ 《清实录》第 6 册，《圣祖仁皇帝实录》（三）卷，北京：中华书局，1985 年，第 270 页。

⑤ 段本洛、单强：《近代江南农村》，南京：江苏人民出版社，1994 年，序第 2～3 页。

这是清代的一项大宗贸易，即北洋航线的沙船贸易。奉天来豆麦，据包世臣说，每年‘千余万石’。”[①]山东、关东所产黄豆、青饼、枣子、瓜子等货亦运往浙省宁波、镇海等口岸。江浙往北运货有茶、布、纸、棉花等。其四，江南与浙江间的航线。值得注意的是，清代前期沿海各省海商，普遍在数省之间经营长距离转口贸易。长距离沿海转口贸易的盛行，有力地促进了各区域间的物资交流，是清代前期沿海贸易发达的一种标志。江苏江海关辖“海口大小九处，坐落苏州、松江、太仓、常州、镇江、扬州、通州、淮安、海州所属沿海州县，一切商贩船只出入均由”各口。[②] 江海关设立之初规定：闽广鸟船收泊上海口，江南沙船收泊刘河口。至乾隆四至五年(1739—1740年)间，江南沙船不遵旧制，越收上海，只有赣榆县船仍收泊刘河口。[③] 浙江省较大海口有宁波、乍浦、温州等处。“乍浦为各洋要口，往来商贾颇多。”[④]可见沿海运输的规模之大超过以往。各港口为商船停泊提供了场所，同时也为运输业提供了各种服务设施，从而为沿海运输业的蓬勃发展，准备了物质条件。

东北地区与江浙地区之间，东北输往江浙的商品有粮食、瓜子、药材、茧绸、苏油，生产资料有豆饼。嘉庆二十一年(1816年)，天津陈百顺船到辽东“买得黄豆、苏油、豆饼等项”，“要到江南省上海发卖”。另有客商“带茧绸六十一匹，同往江南上海县交卸”。[⑤] “关东豆麦每年至上海者千余万石。”[⑥]从江浙返销东北的商品有茶叶、布匹、绸缎、杂货、纸张等，生产资料有棉花。乾隆二十七年(1762年)，浙江鄞县商人在上海“装载茶、布、杂货，往关东”。奉天商船“将彼省货物来江贸易，于回棹之时，装载棉花出口”。[⑦]

华北地区与江浙地区之间，华北运往江浙的商品有粮食、枣、梨、腌猪、

---

① 吴承明：《论清代前期我国国内市场》，《历史研究》1983年第1期。

② 乾隆四十六年八月二十一日江苏巡抚闵鹗元奏折，见《宫中档乾隆朝奏折》第48辑，台北：台北故宫博物院，1982年，第541页。

③ (清)金端表纂：《刘河镇纪略》第3卷，《中国地方志集成·乡镇志专辑》第9册，南京：江苏古籍出版社，1992年。

④ 雍正八年三月二十九日李卫奏折，见《宫中档雍正朝奏折》第16辑，台北：台北故宫博物院，1977年，第103页。

⑤ 《历代宝案》第9册，台北：台湾大学，1972年，第5510页；第10册，台北：台湾大学，1972年，第5532页。

⑥ (清)包世臣：《安吴四种》卷三，《中衢一勺》，《海运十宜》，“道光五年”条，光绪十四年(1888年)刊本。

⑦ (清)谢占壬：《防弊清源》，《皇朝经世文编》，北京：中华书局，1992年。

药材，生产资料有豆饼、铁钉。乾隆十八年(1753年)，通州船户崔长顺在胶州装载客货有铁钉八包、紫草九包、鱼翅一包、豆油五坛等，到苏州交卸。[①] 乾隆三十四年(1769年)，通州船户姚恒顺在胶州揽装腌猪等货，到刘河交卸。[②] 道光三年(1823年)，丹阳船至青口装豆饼往上海发卖。同年，张用和船至山东莱阳“置豆饼、羊皮、水梨等货而返”。[③] 道光五年(1825年)，鄞县船从山东载红枣、粉条回县。江浙返销华北的商品有茶叶、布匹、纸张、绸缎，生产资料有棉花、竹材。嘉庆五年(1800年)，通州船载芦竹运往山东。嘉庆十三年(1808年)，江南人“自上海县载篁竹”到胶州发卖。道光六年(1826年)，昆山船从上海装载客货，有各种纸张、扣布、麻布、锡箔、茶叶、板笋、糖果、药材、蜜饯等，到胶州交卸。[④]

闽广地区与江浙地区之间，据浙江巡抚奏报：闽广商船“所载进口货物不过糖、靛、果品、杂货；出口转置亦惟绸缎、布匹、药材等物”。携带棉花“赴粤货卖者，亦不过酌带十之一二”。[⑤] 闽省商民每岁从福州装运木材，“至江浙两省发卖”。[⑥] 广东商人运糖、薯粉到苏州。[⑦] 据山本进研究，粮禁放开时，福建向江浙输出砂糖、烟草，从江浙进口米谷、棉花。粮禁时，福建继续向江浙输出砂糖、烟草，从江浙进口棉花、丝织品，从台湾进口米谷，向台湾转输江浙的丝织品，由此形成以厦门为中心的，福建、江浙、台湾三角形的贸易关系。[⑧] 闽广运往江浙的商品有糖、薯粉、干笋、香菇、胡椒、苏木、药材，生产资料有“松、杉、楠、靛青”。[⑨] 江浙返销闽广的有丝织品、布匹，生产资料有棉花、豆饼。

---

① 《历代宝案》第5册，台北：台湾大学，1972年，第2712页。

② (清)谢占壬：《防弊清源》，《皇朝经世文编》，北京：中华书局，1992年。

③ (清)郑光祖：《一斑录杂述》卷一，道光二十三年(1843年)刊本。

④ 《历代宝案》第10册，台北：台湾大学，1972年，第5997页。

⑤ 乾隆四十二年六月二十日三宝奏折，见《宫中档乾隆朝奏折》第39辑，台北：台北故宫博物院，1982年，第109页。

⑥ 雍正十一年三月初二日御史觉罗柏修等奏折，见《宫中档雍正朝奏折》第21辑，台北：台北故宫博物院，1977年，第204页。

⑦ 乾隆四十八年七月初四日福建巡抚雅德奏折，见《宫中档乾隆朝奏折》第56辑，台北：台北故宫博物院，1982年，第669页。

⑧ (日)山本进：《海禁と米禁——清代闽浙沿海の米谷流通》，《社会经济史学》第55辑第5号，1989年。

⑨ (乾隆)《乍浦志》卷一，《城市》，乾隆五十七年(1792年)增刻本。

沿海运输促成东北、华北、江浙和闽广四个区域市场之间的商品流通。东北市场向华北、江浙、闽广市场输出粮食、药材、瓜子等农产品、农副产品，换取华北市场的布匹，江浙市场的布、茶，闽广市场的糖、粗细瓷器、纸张等手工业产品。东北市场出口肥料、山茧、木材等生产资料，换取华北、江浙市场的棉花。华北市场向江浙、闽广市场输出粮食、枣、药材等农产品、农副产品，换取江浙市场的布匹、绸缎、茶叶，闽广市场的糖、纸、粗细瓷器等手工业产品。华北市场出口肥料等生产资料，换取江浙市场的棉花、竹材，闽广市场的杉枋木材。闽广市场向江浙市场输出糖、烟草、薯粉、纸、木材、染料，换取江浙市场的米谷、丝绸、布匹。从而形成了四个区域市场之间，农产品、农副产品与手工业产品的交流，生产资料的交换和地区之间互为市场的格局，反映出各区域市场内的商品供应，不仅生活资料相互依赖，而且生产资料也是要相互依赖的。生活资料和生产资料贸易的开展为沿海地区民众提供了多种多样的生计。道光二十一年(1841 年)三月，江苏巡抚裕谦奏称："滨海之区，地多斥卤，民无恒产，而性习于海。有力者贸易于南北两洋，货物因之流通，小民借资生计。无力者以船为家，以渔为业，出没于惊涛骇浪之中，冀有所获，以易升合。即就江浙两省而论，此等仰食于海者，已不下数十万人。其因贸易以沾润泽者，竟难数计。"①

明末只允许集中于福建海澄一口进行海上贸易，清代前期，在江、浙、闽、粤四省数千里的漫长沿海地带上，大小口岸设有近二百处之多。清代各省海关税口的分布，恰似一条巨链，将沿海数省经济连为一体，并在沿海经济与内地经济、中国社会经济与外部世界之间担负了联络与中介的作用，形成东南沿海各区域紧密联系的完整口岸系统与网络。清代的海关口岸体系的形成和发展，是中国社会经济发展史上的一个重要里程碑。中国近现代东南沿海区域口岸的发展，几乎跳不出清代前期形成的基本格局。清政府设四省海关，不仅将经济发展重心由内地移往沿海，且置东南四省于优先发展之地位，客观上符合中国近现代经济的总体运行规律。道光十九年十二月二十四日(1840 年 1 月 28 日)，林则徐奏称："查本年夷船载运入口洋银，已经查验者有二百七十三万二千九百余元。其未验者尚不在此数之内。是此时外来洋银，实见旺盛。而广东省城市上纹银价值，每两较前少兑大钱百

① 《筹办夷务始末》(道光朝)，第 26 卷，第 23 页。

余文至二百文不等，似系禁止鸦片之成效。”[①]

从清代前期开海设关的状况来看，这时期中国社会内部显然蕴藏、孕育着新的活力和生机。尤其东南沿海区域，社会经济呈现向近代转型与过渡的特征，并一定程度上卷入新的世界经济体系运行之中。中国社会内部存在着向近代化演变的推动力。

乾隆二十四年（1759 年）以前，生丝及丝织品为出口大宗商品，每年各国商船到粤贩运湖丝并绸缎等货，自二十万余斤至三十二三万斤不等，统计一年所买丝货价值七八十万两或百余万两。面对这样繁荣的局面，也出现了部分反对的声音，如乾隆二十四年（1759 年），御史李兆鹏以江、浙等省丝价日昂和“内地日用之物，不能充内地之用”为由，奏准自二十五年起严禁丝斤贩出外洋。但这种错误政策很快得到了纠正。乾隆二十九年（1764 年），闽浙总督杨廷璋等上奏，指出丝禁的危害，不仅损害农民生计，而且严重影响了外贸的发展，“是中外均无裨益”；“而民间又乏银货流通之益，实属两无所便。伏读圣训，以天下之物供天下之用，尤为通商便民。大哉天言，诚中外一体之远模也。应请特颁谕旨，将贩洋丝斤照旧弛禁”。[②] 此奏切中丝禁之要害。清政府即于该年“弛丝斤出洋之禁”，规定了江、浙、闽、粤各省商船配丝数目：“其由江苏省往闽、粤、安南等处商船，每船携带糙丝，准以三百斤为限，不得逾额多带。闽、浙二省商船（浙江省内地商船，往东洋办铜及南洋等处贸易者，福建省海洋内外商船）每船准配土丝一千斤，二蚕粗丝一千斤；其绸缎纱罗及丝棉等项，照旧禁止。至粤省外洋商船，较他省为多，其配往各洋丝斤，亦较他省加广，每船于旧准带丝八千斤外，再准带粗丝二千斤，连尺头总以万斤为率。其头蚕湖丝缎匹等项，仍严行查禁。”丝斤的禁与弛，是清政府内部“内地之物，供内地之用”的传统闭关意识与“天下之物供天下之用，尤为通商便民”的开关思想不断摩擦的一种反映。但直到鸦片战争前夕，清政府仍严格限定华商载丝斤出口。“各省滨海地方各船准带丝斤俱照奏定额数，毋论官商客商，俱不准逾额多带。”“商民将内地头蚕湖丝及绸缎绵绢私贩出洋者，照米石洋例治罪，船只货物入官。”[③]

---

① （清）林则徐：《林则徐集：奏稿》（中），北京：中华书局，1985 年，第 795、742、640 页。

② 姚贤镐：《中国近代对外贸易史资料》第 1 册，北京：中华书局，1962 年，第 25～26 页。

③ 《清代福建省例》第 6 册，《船政・海防》，福建师范大学图书馆抄本。

对出口第一大宗项目茶叶也是这样。江海关曾以“茶叶为民间日用所需，或由海运或由内河悉听商贩自便，是以海关则例内载有茶税名目”。但“闽、皖商人贩运武彝、松萝茶叶，赴粤省销售，向由内河行走”。乾隆四十二年（1777年）四月，行商在“覆李抚台禀”中亦说道：“夷人出茶叶一项，向于福建武夷及江南徽州等处采买，经由江西运入粤省。”[①]自嘉庆十八年（1813年）起，茶叶渐由海道贩运，并日益增多。嘉庆二十二年（1817年），粤督蒋攸铦以洋面辽阔，漫无稽查，难保不夹带违禁货物私行售卖为由，奏请严禁茶叶海运。嘉庆帝随即谕令：“漏税事小，通夷事大”；“所有贩茶赴粤之商人，俱仍照旧例，令由内河过岭行走，永禁出洋贩运。傥有违禁私出海口者，一经拿获，将该商人治罪，并将茶叶入官”。康熙二十三年（1684年）开海贸易后，华商踊跃赴南洋各地经商，曾“获利数倍至数十倍不等”。可是到了嘉庆后期，禁华商由海路贩茶，“洋船贩夷止有碗、伞粗货，口务遂绌”。[②] 可见，在涉及华商如何发挥本国资源优势，通过直接贩运茶丝出洋，以利于获取商业利润的问题上，清政府宁可肥水外流，也要对华商加以抑制。道光十九年（1839年）四月，林则徐曾奏称：“且闻华民惯见夷商获利之厚，莫不歆羡垂涎，以为内地民人格于定例，不准赴各国贸易，以致利薮转归外夷。”[③]

三、江南市镇的蓬勃发展

洪焕椿先生列举明清时苏州府各县市镇数量，正德时期吴县有市镇6个，长洲、元和有市镇9个，昆山、新阳有市镇9个，常熟、昭文有市镇14个，吴江、震泽有市镇7个，嘉定没有市镇；而到了乾隆时期，吴县市镇为8个，长洲8个，元和9个，昆山11个，新阳4个，常熟14个，昭文28个，吴江11个，震泽5个；道光时期依然维持这个数字不变。可见，乾隆时是苏州府市镇发展的最辉煌时期，而且沿海县市镇发展呈更加快速的状态。[④]

“盛泽镇在二十都，去县南六十里，有把总驻防。居民蕃阜，以绵绫为业。商贾贩缯，远近辐集。同里镇在二十六都，去县东十六里。唐时名铜

① 许地山：《达衷集》卷下，北京：商务印书馆，1969年，第143页。
② （清）周凯：《厦门志》卷五，《船政略》，厦门：鹭江出版社，1996年，第31～32页。
③ （清）林则徐：《林则徐集：奏稿》（中），北京：中华书局，1985年，第795、742、640页。
④ 洪焕椿编：《明清苏州农村经济资料》，南京：江苏古籍出版社，1988年，第259页。

里，宋改今名。明有税课局，今废。有巡检司，有把总，为县东藩蔽。黎里镇在二十三都，去县东南二十里，有东西口二汛。平望镇在二十四都，去县东南四十里，为控扼嘉、湖之要道，列肆陈货，粮食尤饶。运河东南属吴江，运河西北属震泽。有巡检司，有千总驻防。芦墟镇在二十九都，去县东南五十里，与嘉善、青浦接境。有分湖巡检司，有把总。”[1]沿海市镇的发展与官府的海防保障相联系，具有重要意义。

沿海地区土质较差，但贸易发展却给它们带来生机。清人钦善《松问》一文中说：“冀北巨商，挟资千亿。岱陇东西，海关内外，券驴市马，日夜奔驰。驱车冻河，泛舸长江，风餐水宿，达于苏常，标号监庄，非松不对。断垄坦途，旁郡相间。吾闻之苏贾矣，松之为郡，售布于秋，日十五万焉，利矣。”[2]“至于货布，用之邑者有限，而捆载舟输，行贾于齐鲁之境常十六。彼氓之衣缕，往往为邑工也。”[3]“吾邑地处海滨，壤皆沙土，广种棉花，弹而为絮，弹而为绵，纺之成纱。经之上机，织之成布。常、昭两邑岁产布匹，计值五百万贯。通商贩鬻，北至淮扬，及于山东；南至浙江，及于福建。民生若此利赖，虽棉稻两丰，不济也。”[4]海内外贸易同样给依靠农业生产没有较多收益的江南沿海地区提供了新的发展机遇。

苏州“枫桥之米，间由上海、乍浦以往福建，故岁虽频侵，而米价不腾”。[5] 道光《浒墅关志》记载：“席出各乡村。吴中草席自昔著名天下。浒墅乡村妇女织席者十之八九。……席草之市，席机之匠，惟浒墅有之。南津、北津、通安等桥，席市每日千百成群。凡四方商贾，皆贩于此。而宾旅过（浒墅）关者，亦必买焉。”其他像竹器、白蜜、象生绒花等均成为专业经营，形成了巨大的市场。

平湖乍浦，贩米出洋很盛，都察院佥都御史劳之辨疏言：“江浙米价腾贵，皆由内地之米为奸商贩往外洋所致。请申海禁，暂撤海关，一概不许商船往来，庶私贩绝而米价平。”上谕大学士等曰：“闻内地之米，贩往外洋者甚

---

① （乾隆）《苏州府志》卷一九，《乡都》。

② （光绪）《松江府志》卷五。

③ （嘉庆）《常熟县志》卷四。

④ （清）郑光祖：《一斑录杂述》卷七，道光二十三年（1843 年）刊本。

⑤ （清）蔡世远：《与浙江黄抚军请开米禁书》，《皇朝经世文编》卷四四，北京：中华书局，1992 年。

多……洋船行走，俱有一定之路，当严守上海、乍浦及南通州等处海口，如查获私贩之米，姑免治罪，米俱入官，则贩米出洋者自少矣。"[①]《乍浦志》云："康熙甲子，台湾既入版图，大弛洋禁，嗣是五方辐辏，千骑云屯。积今七十余年，极炽而丰，严然东南一雄镇焉。"[②]乍浦镇位于平湖县治东南二十七里海边，"宋元时番舶凑集，居民互市"。[③] 康熙二十三年(1684 年)后，再度兴盛，"生齿日多，闽粤瓯越诸商贾，雁户云集。异时荒榛宿莽之墟，今皆高檐邃宇，鳞次栉比"。[④]《澉水新志》亦云：康熙"二十三年台湾既入版图，海氛尽殄，乃遣巡海天臣弛各处海禁，通市贸易"。[⑤] 位于海盐县治西南三十六里海边的澉浦镇在康熙二十三年(1684 年)海禁取消之后，迎来了新的发展机遇，次年准许五百石以下船只由澉浦港出海贸易，"虽不及宋元之盛，而海舶往来固已流通于内郡矣"。[⑥] 澉浦与乍浦吸引沿海及日本、南洋商人，内外贸易的商品在此中转，有闽粤的糖、木材、水果(龙眼、荔枝)等；日本、琉球、安南的金、银、铜、锡、铅、珊瑚、玛瑙、琥珀等。[⑦] 这些商品进入乍浦港后，由镇上牙行转手运往江南各地。由乍浦转口运往浙东南及福建、广东沿海的主要商品是棉布、稻米、肥料等。[⑧] 浏河镇在康熙二十三年(1684 年)之后也再度兴盛，乾隆、嘉庆时转口贸易尤为繁荣，"江阴、靖江、太仓、通州等沙船，在瓜州、镇江转载货物，契写苏州交卸，行至浏河港停泊；瓜州、江都、泰兴、丹徒、镇江、江阴、靖江等船装载货物，写至浏河交卸"，[⑨]"自海关至外口十有余里，商船相接，有回揽停泊者，直至口外四五里"。[⑩]

康熙《德清县志》卷二载："街衢市巷之整，人物屋居之繁，琳宫梵宇之壮，茧丝粟米货物之盛，视塘栖较胜。"光绪《仙潭后志》载："迄今烟爨日繁，竟成镇，与乌戍上下间。人物之盛，财货之繁，通苏杭之舟楫，为浙土之沃

① 《清圣祖实录》卷二三二，"康熙四十七年正月庚午"条，北京：中华书局，1985 年，第 4 页。

② (乾隆)《乍浦志》卷一，《城市》，乾隆五十七年(1792 年)增刻本，第 1 页。

③ (天启)《平湖县志》卷一，《舆地・都会》。

④ (道光)《乍浦备志》卷首，徐熊飞序。

⑤ (清)方溶纂修，万亚兰补遗：《澉水新志》卷五，《课税》，第 38 页。

⑥ (咸丰)《澉水新志》卷五，《课税・关榷》。

⑦ (乾隆)《乍浦志》卷一，《城市》，乾隆五十七年(1792 年)增刻本。

⑧ (道光)《乍浦备志》卷八，《关梁》；卷三，《城池》。

⑨ (道光)《浒墅关志》卷七，《管辖》。

⑩ (道光)《浏河镇志略》卷七，《管理》。

壤，又非昔比。”

沿海贸易与对外贸易带动了江南近海区域市镇的蓬勃发展，双林镇是凭借丝织业而迅速发展起来的。民国《双林镇志》描述清代前期该镇多人加入了海贸的行列：陈修来，字懋生，业贾，诚实无伪，名闻闽广间。蔡存信，字楚光，少习儒，后服贾。沈俊，乌镇人……年二十贾于吴闽。俞涵，乾隆乙亥岁饥，请于当事，自往江西运米归，平粜于西栅。姚洪，服丝绢旧业，往来京口吴门，精于会计，才识过人，与远商交有诚心，有大度，皆敬服之，由是业日进，资日裕，又尝建宗祠恤贫乏。沈青，且业贾……出游苏杭，又至闽广，与洋商贾易，持以信义，资渐饶。俞宥基，善贾，饶于财。梁友隆，服贾吴门……贸易起家。徐树金，习贾于苏。蔡本谦，服贾，尝客漳州，闽商重其信义，多与之交，懋迁有无，积资巨万。[①] 该书卷一五《风俗》中说：“吾镇出门贸易者，大半在苏杭及各近处，富商则走闽广湘樊松沪，其在本镇经纪者，以丝绵绸绢为盛，有资设官获利固易而精其业者，即空手入市亦可日有所获，以赡其家，俗所谓早晨没饭吃，晚上有马骑也。近年惟丝业生意甚盛，客商赍银来者，动以千万计，供应奢华，同行争胜，投客所好，以为迎合，无所不至。”菱湖至清朝时，“商贾蕃凑，丝业尤甲一邑，遂为归安雄镇”。[②] 南浔的丝业，“远人所争购者尤以浔纱为最……商贾填于市肆”。[③] 董蠡舟《卖丝》一诗中说道：“闾阎填咽驵侩忙，一榜大书丝经行。就中分列京广庄，毕集南粤金陵商。商多窃揣丝当贵，亟向丝行埭上卖。一车值不盈三千，牙郎吹毛恣狡狯。相逢南舍足谷翁，亦为贸丝来市中。”董恂《卖丝》诗说：“初过小满梅正黄，市头丝肆咸开张。临衢高揭纸一幅，大书京广丝经行。区区浔地虽偏小，客船大贾来行商。乡人卖丝别粗细，广庄不合还京庄。行家得丝转售客，蚕家得钱不入囊。”在一口通商期间，湖州丝经广州出口；五口通商之后，湖州丝可直接从上海出口，另外，湖州丝还运往国内各地，“商贾唯湖滨及南浔乌镇之人往楚豫间贸易”。[④]

嘉兴府秀水县的王江泾镇到乾隆时“日出万绸”，[⑤]“乡人抱丝诣行，交

---

① （民国）《双林镇志》卷二〇，《人物》。

② （同治）《湖州府志》卷二二，《村镇》。

③ （光绪）《乌程县志》，周序。

④ （同治）《湖州府志》卷二〇。

⑤ 《濮院志》卷一，《疆域》。

错道路，丝行中着人四路收揽，谓之接丝，日至晚始散，于是家布盈肩”。[1]“绸无花素，各直省客商熙熙攘攘，按期采买，而可以衣被海内矣。”[2]新塍镇丝业兴盛，质量上乘，或经盛泽外运，或径直到上海外销。

乌青镇地理位置优越，“盖由苏之杭有捷途，必过镇之西、北栅，其地乃吴江、震泽、秀水、桐乡、乌程、归安交界之处也”。交通的便利给乌青镇的发展插上了腾飞的翅膀。

许多在明朝还是小村落的地方，到清代前期发展壮大为市镇，如盛泽镇于明嘉靖间居民倍增，以绫绸为业，始称为市。清乾隆年间，居民百倍于昔，绫绸业规模增长十倍，四方富商大贾带巨资来此购买，舟楫塞港，街道摩肩，其繁华状况堪称全县诸镇之首。黎里镇到清乾隆时居民较明增加二三倍，米业、豆饼业、纺织业、水产业发达。平望镇自弘治至乾隆时期，居民日增，货物益备，而米及豆麦尤多。

综上而论，清前期，清政府海洋政策的调整为江南城镇的兴盛提供了新的机遇，直接导致了沿海地区城镇的蓬勃兴起；围绕上海、乍浦等新兴港口的勃兴，许多海陆交通便捷之处的城镇获得了巨大的动力，专业化程度更深，贸易的半径也进一步扩大，这直接为江南区域的近代化创造了良好的前提条件。

第四节　19世纪以来厦门白氏家族的海洋发展

厦门是闽南的海疆一隅之地，人口的进出向来频繁，时有波动。早在唐代就有不少外地移民迁至厦门，而最早有文字记载的出国华侨是元末同安明盛乡安仁里新安村的邱毛德。[3] 明清时期，移民流动更甚，厦门白氏可谓其中一个代表性的迁移性家族。白氏家族在元末居于同安，其中一支于明代迁居安溪，又一支于清末移居厦门，其后历经五代人辛勤耕耘，在厦门及海外开创出一片天地。白氏也成为闽南移民融入厦门地方社会并进行海外

---

① 《濮院琐志》卷六，《岁时》。

② 《濮院琐志》卷一，《地宇》。

③ 郭瑞明编著：《厦门侨乡》，厦门：鹭江出版社，1998年，第18页。

拓展的一个缩影。

一、白氏流移迁徙史

据《白氏尚贤堂家谱》[①]记载，厦门白氏先人移自北方，初居同安，后迁安溪。白氏十八世传至白嘉祥，其“生平亦官亦商，踪迹遍南北”，晚岁回厦虔修家谱。白氏自安溪迁厦，至修谱时入厦已历五世。自白嘉祥上溯，开厦第一世为高祖妣朱氏，“盖避强房之欺侮，甘弃家业而自食其力”。第二世为其曾祖天旺公，“克承母志，不与乡人争田产”。第三世为光明公，“以自谋生计为重”，年轻时渡台经商，晚年回厦门择营谷米生理。第四世为嘉祥之父知德公，曾“以其乡间田园契据当天焚香，付之一炬。盖以田园久被族亲耕占，若留字据，转使儿孙失其意志而事诉讼”，家谱大赞其雅量与远见。嘉祥母亲李氏早孀，“家贫，以十指自给”，其“教子理家之道，皆不让丈夫子”。凡此种种，造就了以后嘉祥辛勤经商，努力创建家业的精神。[②]

据家谱记载，白氏入闽始祖为白兴，逸宇为其第三子。至于白氏始自何支，“闻族本河南固始县，迁移江西乌衣巷。追兴公尚德，公兄弟官宦银同，此乃宇公之根也。惜清溪大谱上节未载，不敢深信，用志以待后代考续”。[③]与大部分闽南家谱相似，白氏家族也有迁自河南固始一说，不过因前代大谱未载，对此未加以肯定。该谱记录多着重入厦以后之事。

白氏入闽初居同安，“同安之从顺里三都二图，土名小窑头，有白氏旧第在真武宫之侧，至今遗址尚在。……初不解其出于何朝，传于何世。……洪武戊甲(申)元年起至戊寅三十一年(1368—1398年)止，乃有白讳兴者娶江安女谥慈懿，膺乡荐为同安开乡科之首，任南京国子助教”。谱载逸宇生于元朝顺帝至正甲辰年(1364年)，卒于明朝宣宗宣德戊申年(1428年)。

可见白氏元末居同安，后在明代有以白应顺(逸宇)为首的一支至安溪开基。与逸宇公同代者，共三男，长为应苟，“绍父业，怀土而居，苗裔盛流”。次为应和，“于永乐戊戌科登进士第，任广州琼州府安定县知县，既而旅寓京畿”。三即应顺公，字世厚，号逸宇，为银同洪武丙子科开科举人，“于永乐二

---

① 以下简称《白谱》，白贵琳(嘉祥)著，1939年。

② 《白谱·闽侯伯瑚为白氏尚贤堂家谱跋》。

③ 《白谱》序。

十二年甲辰(1424年)筚路蓝缕,挈二子以赴清溪,卜地依仁里之福海后林,披荆棘而居,辟草莱而田,建置基业……"由此逸宇开宗安溪,被永祀为厦门白氏鼻祖。其"入安溪时年三十九岁",生二子,"首长生,号温泉;次长逊,号华泉,从游清溪,居福海后林"。后"华泉迁居于南安二十八都黄岑,而温泉公终不欲远离梓里而弃父母坟茔也,乃徙宅于华封之上而居之"。因"前有汤池,不火而热,人咸浴之",故长生以温泉为号。[①]

温泉公以下"幸生五子……则曰月溪、柳溪、碧溪、雪溪、少溪也"。由此,白氏家中人丁有所增加。

白氏发展至十五世,有了一次决定性迁移。其十五世祖天旺公,为朱氏第三子。生于嘉庆十年乙丑(1805年),卒于同治六年丁卯(1867年),"葬在厦门风动花园,内附祖妣朱氏右侧"。从葬地来看,当时白氏已迁居厦门多年。其移厦原因在于"在乡被强房欺侮,放弃田园,随母朱氏移厦,遂以裁缝兼售衣服为业"。根据天旺公之生卒日,加之十四世祖妣朱氏亦葬在同一地点,距嘉祥修谱已有九十七年,由此可知白氏移居厦门在修谱一世纪前是可信的。若以朱氏为移厦一世祖,则天旺为移厦二世祖。这时厦门已经历了从传统渔村向近代通商口岸的转变,白氏当是随迁厦之大流而进入厦门的。

进入厦门的目的当然是经济性的,厦门的农业发展环境显然并不如意,因此多数人当怀有经商而富的心理期求。谱中又言天旺公娶曾氏,曾氏讳发娘,谥添恭,生于嘉庆二十二年丁丑(1817年),卒于道光二十七年丁未(1847年),"葬在厦门外清保小石泉山麓。因光明公渡台湾经营,归而寻之,沧海桑田,更认不出,殊为憾事也"。十六世光明公,号烛明,生于道光十六年丙申(1836年),卒于光绪十一年乙酉(1885年),为天旺公之单传。"金地在厦门外清小石泉……"谱载光明承父业,"有远志,早岁渡台湾经营茶业,稍有积蓄归厦经营谷类土产为业"。可见,白氏第十六世光明公于嘉道年间就已在台湾经商,后又回厦门继续经营。

至十七世祖,"讳知德,号圻廷,为光明公之子",亦单传。"生于清同治三年甲子(1864年),卒于光绪十九年癸巳(1893年),葬在厦门潘宅乡……娶李氏讳珠凤,号如意,谥慈俭。南安莲河郭任乡李千公长女也。生于清咸丰十一年辛酉(1861年),卒于民国四年乙卯(1915年)。"

① 《白谱·二世祖温泉公传》。

至十八世祖，“讳贵琳，字嘉祥，号锡璜”，知德公之长子，即修谱的嘉祥本人，生于光绪十三年丁亥(1887 年)，娶张氏，“讳昭治，号晓理，厦门曾厝垵张宽裕公之长女也。生于光绪十五年己丑(1889 年)，卒于中华民国二十三年甲戌(1934 年)”。除张氏外，嘉祥另娶有庶妣周氏及陈氏，并收养有一女，[①]且人丁有所增加。

二、形成重商的传统

以编撰家谱的白贵琳(字嘉祥)为例，其“少孤，露而能继书香，于事业亦有所发展，且执闽南商界学界之牛耳，于海外多所建树，创开后辈货殖之基。……计自其高祖妣迁厦以来，所积之德为四世。计时则为一百零年”。[②]

白氏虽然自其十六世祖光明公起就已渡台湾经营茶业，但真正达到小康殷实程度，还得从嘉祥算起。自嘉祥海外经商以来，家业渐渐发达。白氏前几代均无纳妾的记载，但自嘉祥起，除正妻张氏昭治外，还先后纳有周笑及陈素梅为妾。这也足见当时白氏家业日丰的景况。嘉祥晚年回厦，在安度之余编修家谱，同时也教育后辈经商，“幸长男昭生善能承志，妙年出洋，在菲(律宾)即有所建树。次男昭仁半商半读，皆能不越规矩”。[③] 而长子白昭生还娶了鼓浪屿岩仔脚的菲律宾侨商陈文良的四女儿为妻。

从厦门的社会经济发展状况来看，清末至民国时白氏海外经商的发展，依托的正是清末以来厦门地区对东南亚贸易的大背景。据统计，自厦门开埠至 1949 年的百余年中，经厦门出境的移民累计约 360 万人，入境回国约 110 万人，除少数死于途中的，留居国外的约为 150 万人。大部分侨民将其在侨居地辛勤积聚的钱财寄回国内，而这些钱财大部分由厦门中转，促进了以侨汇为支柱的厦门金融业的发展。据不完全统计，自光绪三十一年(1905

---

① 白嘉祥养女豆蒲，即长女碧华。《十八世祖妣张氏讳昭治谥晓理传》记载，张氏昭治归贵琳公后，“越年生男，三日而夭，产后得虚仲(肿?)疾，而贵琳公负笈在申”。张氏“自揣不复相见。嗣得良医投计温补，始渐告痊。因蓄养女豆蒲，借以慰寂(藉)”。

② 《白谱·闽侯如弟唐伯瑚谨跋》。

③ 《白谱·十八世祖妣张氏讳昭治谥晓理传》。

年)至1949年,厦门吸纳的侨汇总数约为5.8亿美元。[①]

辛亥革命以后,厦门的对外贸易仍保持良好势头。民国十五年至二十四年(1926—1935年),厦门进出口贸易均处于入超状态,每年入超数在29162000元至67257000元间不等。[②] 对于入超,只有通过大量的侨汇来加以解决。据统计,厦门每年由海外寄回的款额少则两三千万,多则六七千万。[③] 正是由于这些侨汇的支撑,才弥补了入超的不平衡,促进并繁荣了侨乡厦门的发展。自民国十八年至二十年(1929—1931年),厦门人口增加,经济繁荣,对外贸易达到空前兴盛。据雷麦(C. F. Remer)20世纪30年代在厦门乡村的调查,在约100户的一村中,除两户外均有家人侨居菲律宾。村中学校校董半数以上是菲侨,学校基金均由菲寄来。由此,雷麦断定厦门整个城市的经济命脉完全寄托于侨汇之上。[④] 白氏在台湾及菲律宾的经商,也正是闽南商人在外经商洪流中的一粟。

白氏自十五世祖天旺公随母朱氏移厦以来,就以裁缝兼售衣服为业;自十六世祖光明公渡台经商,则开始了漂洋过海的行商经历;但真正形成重商传统,恐怕还得由嘉祥算起。由于多年致力于海外经商,嘉祥决心将这一传统延续下去,为教儿孙不忘祖业,他详列了一份经商致富指南,即《指导后辈学业与工艺说》。

嘉祥认为,学业与工艺"实为人生生活竞存之要素"。由于嘉祥曾就读于上海铁路学堂工程科,他尤其强调科技,如陆军、海军、航空、政治、法政、航海、水产、船政、医药、农林、工业、矿务、工程、交通、税务、盐政、机械等学科,也列举了师范、美术等文科学校;但总体上更注重会计科、理化科、经济学等学问。

对于资质平庸的后辈,嘉祥反对让其游手好闲,力主在其高小或初中时

① 厦门市地方志编纂委员会:《厦门市志》,北京:方志出版社,2004年,第6页。

② 参见陆大年:《民国廿三廿四年两年来福建之对外贸易》,《福建经济研究》下册,1940年,第30页,转引自李金明:《厦门海外交通》,厦门:鹭江出版社,1996年,第114页。

③ 李金明:《厦门海外交通》,厦门:鹭江出版社,1996年,第115页。

④ (美)雷麦:《外人在华投资》,北京:商务印书馆,1959年,第132、140页。又据《厦门市志》记载,光绪六年(1880年),在厦洋行为24家,同期还有183家中国人经营的批发商行,其中"15家从事与菲律宾群岛的贸易……40家从事与台湾的贸易"。除此之外,还有大量商店从事零售业务。参见厦门市地方志编纂委员会:《厦门市志》,北京:方志出版社,2004年,第4~5页。

于工商农贾之中授以一艺，且未竟时不许其归家吃喝。力求子弟忠诚、勤劳、不贪、不欺，无论利益，但求艺术前途。同时要求父母加以督训，因溺爱非爱子。为此，嘉祥罗列了各类工艺以供参考。比如“酿酒，可望建立酒业；齿科，可望设立牙科；修理钟表，可望开设钟表店；打造首饰，可望开设金仔店；缝织，可望开设诸项缝织业；木器，可望开设木器业；账簿工，可望开设纸店；排铅字工，可望开设印刷所；做鞋工，可望开设鞋店；打铁工，可望开设铁工业；理发工，可望开设理发店；造酱工，可望开设酱油业；耕农，可望成为田主；讨渔，以海作田亦大有利；做土工，可望成为建筑家；玻璃工，可望建设玻璃业；纸盒工，可望设立纸盒业；西医学徒，可望开设西药房”。[①] 凡此种种，为在勉励后辈以维持生计。嘉祥从自身多年经商经验出发，将各行业一一详述，大至选取生计行业，小到如何记录账目、待人接物等，其爱护后代、渴望家族光大的拳拳之心可见一斑。

三、女性主导家庭权

从白氏的发展来看，自开厦之十五世祖天旺随母朱水娘至厦以来，其家中女性多吃苦耐劳，富有技能，能独当一面。十四世祖妣朱氏水娘生于乾隆四十年(1775 年)，卒于道光二十三年(1843 年)，因不堪强房欺侮而放弃田宅移居厦门。由今看来，朱氏当时不过是一妇道人家，却勇敢地带着第三子从清溪出走，并以裁剪为生。其移厦约在嘉庆初年。但长子天恩、次子天祠则留在安溪，后嗣均无记载。从此白氏从天旺起，则与清溪断了联系。

其后，又如十七世祖妣李氏珠凤，其夫知德公早逝，子女尚幼，故自“治理丧事之余，则以十指之所得，供一家之衣食。夜则课儿至更阑方就寝”。其子贵琳公(嘉祥)九岁之除夕，珠凤诏曰：“儿曹十岁前易蓄，十岁后难养，来年儿等当更励志。”由是，贵琳公每晚放学后，必帮助母亲敷纸箔。李氏肩挑养育三个子女的任务，后又教育两个儿媳，临终前“所有家谱皆由妣(珠凤)口述”。李氏珠凤虽为女性，仍继承了中国传统的香火命脉的观念，故而在临终前将白氏来由一一叙述，让子孙得以承继传扬。观其一生，对白氏家族可谓鞠躬尽瘁。

---

① 以上均参见《白谱·指导后辈学业与工艺说》。

至于白氏十八世妣张氏昭治，十八岁嫁贵琳公嘉祥。其"性慈祥，耐劳苦，精于刺绣"。由于"是时贵琳公学业未毕，家道素贫，一家生活所赖者，只女红耳"，正是张氏的女红手艺，家中生计得以维持。以后，张氏生儿养女，除长女豆蒲（碧华）为蓄养之外，先后生下女碧燕，男昭生、昭仁、昭赞。嘉祥毕业后先是在漳厦铁路公司当站长，后因家中人丁加增脱离路局，经营新民书社，家中又添男昭庆及女碧云。白氏在这一代人丁发展较为兴旺。

比之众多其他家谱多乏对女性的记载，《白谱》可谓一大突破。不仅有一般谱牒"娶某氏"之类的简单记载，更有不少家族女性传记，如《十七世祖妣讳珠凤谥慈俭传》《十八世祖妣张氏讳昭治谥晓理传》，这当然与白氏第一代移厦的李氏珠凤有关。同时，白氏历代媳妇多自立持家，这也充分显示出白家女性不亢不卑的性格。至近代以来，白氏家族的女性还受到新式的学校教育，如嘉祥长子昭生之妻陈掌珠就曾受过高中教育。这也与清末民初社会的发展，本地人民生活日渐富裕以及外来思潮的影响大有关系。

四、融合基督与儒学

嘉祥经商海外之时，也获得了思想的洗礼，接受了西来的基督信仰。不过，这种转变经历了一个曲折的过程。闽南一地，自古以来多以佛、道等信仰为盛。白氏开厦以来，家中也是以传统信仰为主。如前所述，嘉祥少时家贫，每晚放学后必助母亲"敷纸箔"，纸箔为闽南人常用之敬鬼神用品。对比谱中另一记载，即十九世昭生"年十九，与陈文良君女公子联婚。……订聘之日，妣焚香告庙，整衣祷祝，以重其事"。昭生生于民国三年（1914 年）六月，其十九岁联婚时则为 1933 年。由此可知，白氏在 1933 年时仍以传统的信仰礼俗为重，并未归向基督。不过六年之后，1939 年嘉祥已决心做出大的改变。尽管家谱没有明言，但考虑到他在 1934 年丧妻，加之多年的海外游历、世间风雨的冲刷、社会的变革，都有可能导致其思想变更。

嘉祥在《建庙祀祖说》中说："今海禁大开，思潮锐进，非可徒守习俗、不辨是非……"鉴于此，"惟有革神怪之旧习，迎耶教之新约为我子孙世世相崇之教，改造家庭新精神，进入和谐快乐之阶级，医治胆缩志萎，为国族文明之发扬。是故毅然决然由我开始崇奉上帝耶教新约。"可见嘉祥认为海禁的废弛有助于国家革新；而改信耶稣信仰，则有益于家族更新及改变国家的颓势。不仅如此，嘉祥还号召家族全体成员共信耶稣，强调一神观念，"此外别无他神，弃木偶、重家谱”。[①] 谱中虽未言明白氏是否举家信主，但从白嘉祥这段叙述来看，因一家之长的信主，整个家族信仰均可能改变。

饶有意味的是，嘉祥在“弃木偶”的同时也“重家谱”，在祖先忌辰时仍结集亲族进行纪念。家谱规定，“庙龛只挂血统系表、族众生婚大谱、劳绩记录等书类之物。庙堂大厅布置如讲厅，然或议会体式，绝不可设立木偶”。这与《圣经》中“不可拜偶像”的戒律相符合。而“举长贤有为之辈数人，主持该庙春秋祭礼”，既遵循《圣经》又符合中国传统的尊老习俗，“主席一人端衣服，捧读家谱，纪念祖先，勉励后进，祈祷上帝，吟诗读经，祝福族众”，“礼毕会餐，面食茶果足矣，万不可有筵席之设。踏青扫墓，仍照旧制。惟不设香纸之例。至于人生百年大事，一秉耶教礼仪，绝对除俗。凡我族派，务履余言，遵之勖之……”清明之际，香纸去除，但崇祖活动照旧；果茶之设，除去筵席靡费，体现了新传统的节俭与务实；在缅怀先人之时，进一步勉励后辈，祈祷上帝。这种对偶像的革除，对传统的改造，的确很大胆、很新锐，充分体现了作为家长的嘉祥的魄力与创新。此外，要求“发达之裔孙务须尽力，献与家庙……管理组织尤要严密，一年布告一次，改选一次”，[②]都充分体现了新风尚。因此，信仰的变更并不等于忘记祖宗，“建立家庙，继奉祖宗，自天子以迨官师莫不有庙礼之制也。……用特书此，留为有志儿孙之继起”。[③] 在嘉祥看来，尊祖敬宗仍不失为中国人的传统美德。从白氏对家族传统的改造中，可见基督教信仰自 1840 年传入厦门以来，在 20 世纪 30 年代末的影响已是非常深厚。

白氏信仰的发展变化，是与世易时移同步的。是否是嘉祥早年所受的同文书院及铁路学堂教育，以后历经公职、经营书社以及海外经商，加之亲人变故等经历，一步步将其导入基督的信仰？白氏在此虽未详言，但仍可看出些端倪。不过，白氏信仰之重点在于新约，并未提旧约。因此，其信仰转变过程中仍有不少待考之处。

---

① 《白谱・建庙祀祖说》。

② 《白谱・建庙祀祖说》。

③ 《白谱》。

五、重视新式的教育

嘉祥认为“小学教育为国民教育之基本”，故父母“切须注重儿孙小学教育，采择学校，约束简朴，粗食布衣，勤苦历励。切不可滥与滥用”。此外，还详细规定家中子弟“七岁至十岁早间六时背念早书或练写，晚间七时至九时温习课本；十岁以上早间四时或五时须使背念早书或练写，晚间七时至九时温习课本”。如此，“则教育基本奠定于磐石之上，然后进入较高教育，就易领悟也”。[①]

对于教育，嘉祥认为“在于培育儿童体格之健康，陶冶其良好之品性……启发科学思想，养成忠、孝、仁、恕、信、义、诚、毅之美德”。不难看出，嘉祥还是以传统儒家的忠孝仁义为本，由此出发去培养后代。他认为如儿孙聪明可造就，则父母无论任何困难，须设法使其达至高深教育；如果父母没有尽力造就良好读书环境，则不可取。一方面，他强调父母督责的重要性，认为“过于姑息不免容纵太甚，反使为子者放荡不羁”；另一方面，也认为“过于苛求不免督责太甚，反使为人子者恐惧不前”，[②]因而强调父严母慈，合乎中庸之道。

典型的例子如白氏十七世妣李珠凤。夜则课儿至更阑方就寝。嘉祥九岁之除夕受母亲教诲后越发努力，后“年十四岁即命入同文书院”。[③] 二十岁学业略成，即为娶室。后与弟弟“同入上海商办铁路学堂工程科。女花篮入女校。孤儿孤女书香有继，又皆妣之功也”。[④]

就厦门的新式教育而言，自 1842 年以来基督教教牧人员就在当地建立了不少新式学校，涵盖了从幼儿园至大学的教育，其中就包括毓德女子小学及中学、怀仁女中、怀德幼师、田尾妇女福音学院等女校。基督教进入厦门

---

① 《白谱·指导后辈学业与工艺说》。

② 《白谱·教子敬亲说》。

③ 厦门同文书院为美国领事倡办，办理 20 多年，但负责经费的董事都是华侨，如林尔嘉等人。厦门名儒周殿薰倡议收回书院，1925 年改称同文中学校。美国人校长被辞退，周殿薰被公举为校长，生数骤增。参见 http://www.xmdaily.com.cn/csnn0409/ca292549.htm.

④ 《白谱·十七世妣讳珠凤谥慈俭传》。

带来的教会学校新式教育，[1]造就了一批中国近现代进程中的精英，如林语堂、林巧稚、马约翰等人。白氏自嘉祥起深受其影响，对白氏子弟教育大有影响。如其子十九世昭生“年方十六，即听其任学天津南开大学附中。嗣因九一八变起，(妣)始佯言得疾，召昭生返。越年，昭生又得转学香港拔萃高中第五级”。[2]

至于嘉祥的亲家陈文良，同为在菲侨商，二人“交莫逆”，其女“娉婷，素娴礼教，曾受高中教育”。两家联姻，不仅因为经济地位相当，而且子女均受过新式教育。白氏族谱虽未言明其媳妇陈掌珠的就读学校，但相信其接受新式教育也是当时厦门社会开化风气及其父海外经商的经济条件所造就的。

结　　语

19 世纪初至 20 世纪，正是厦门整个城市由传统走向现代发展的关键时期。白氏移居厦门之初，正是受到清朝限制，厦门对台对渡优势减弱之时；而后，嘉庆二十二年(1817 年)，清朝禁止内地茶叶从厦门出口。即便在这种对外及对台贸易式微的情况下，白氏仍努力经营，至台经商。厦门开埠后，白氏更逐步向更远的菲律宾发展，时值厦门进行城市规划，实行各项公共事业建设。至民国初年，其子已在菲律宾继承经商事业，厦门的近代工业也有所发展。嘉祥晚年归向了基督信仰，落叶归根，回厦之时已是经济繁荣的 20 世纪 30 年代。

白氏家族的发展经历，也可以说是清末民初闽南家族由传统家庭向近

---

① 自道光二十四年(1844 年)在厦门创办英华男塾起至 1946 年止，教会人士在厦门创办了从幼儿园、小学、中学、幼师、职中至大学等各类教育事业；光绪十一年(1885 年)，周殿薰被推举为厦门玉屏书院大董，主管其行政事务。清末科举被废后，厦门一时没有学堂，周殿薰即向玉屏书院董事提议，将书院公款和院址用于兴学。获准后，又假华侨王霭堂捐款，建官立厦门中学堂，是为厦门倡办中学之始。参见厦门市地方志编纂委员会：《厦门市志》，北京：方志出版社，第 3604 页，以及 http://www.xmdaily.com.cn/csnn0409/ca292549.htm.

② 《白谱·十七世妣讳珠凤谥慈俭传》。

现代家庭过渡的一个案例。白氏经商传统从19世纪初的兴起发展到19世纪末的海外拓展和20世纪的承继；其家中数代女性均能独当一面，在家中具有举足轻重的地位；家族信仰由初期的佛教/民间多神信仰改信耶稣而又儒耶并重；由十八世起就重视后代教育，尤其注重让子弟接受新式教育，对子女严加督责；从19世纪初至台湾经商，以后又拓展至菲律宾，这一切都显示了白氏跟上了厦门新兴家族的发展潮流。在20世纪上半叶的厦门，白氏家族是众多新兴家族的代表之一。

我们看到，在20世纪之初政权交替、国家政体大幅转型之时，厦门港口经济得以迅速发展。这一时期社会思潮传播更新、群众运动风起云涌，许多大家族都如白氏一般参与了整个社会的进程，见证了整个厦门的发展。从迁移路线上看，他们从内地迁移而来，其中有些许反复，但总的趋势是由内地逐渐转向了沿海，进而向海外发展；从生计上看，他们从传统的耕读生活转向了商业贸易，尤其偏重海外贸易；从教育上看，其主要家庭成员在近代以后大都接受了新式学校教育；从精神领域上看，近代以来，他们或多或少地接受了西方文化及社会开化风气的影响，一些人甚至还转变了信仰，但在基本层面仍秉承了中国儒家传统文化。可以说，他们是承先启后、继往开来的一代人，不仅有着中国人对传统文化习俗的承继，而且顺应时代需要从故土走向异乡，由耕读转向经贸，由内陆转向海洋。

就这一意义上说，白氏一门的发展，从一个侧面反映了自明清以来，闽南社会的家族由传统形态向近现代转型的过程，这在当地社会经济及文化发展史上是具有典型意义的。

第五节　宁波宝顺轮与中国轮船业的开启

一、宝顺轮购进的过程

宝顺轮由英国建造于1851年，为三桅帆船，同时带有蒸汽机驱动，排水量为386吨，为宝顺洋行所注册，注册地为伦敦。据考证，宝顺轮应使用明轮，属于当时所称的“火轮船”，原为商船，为护航而进行改装，前后各设红衣大炮一门。

自清代以来，宁波便形成了海上运输的两大船帮："南号"和"北号"。当时由镇海出口，由定海而南下，则为南洋；由定海而北上，则为北洋。南号商船只走南洋，北号商船只走北洋。南号船帮最初主要由福建、广东在宁波的商人组成，采购福建木材，从事贸易。北号船帮最初则由江苏、山东在宁波的商人组成，采购山东特产枣、豆、油等。道光年间，宁波港出现了繁荣势头，商业船帮总数不下六七十家，约有大小海船400艘。五口通商后，外国航运势力大举入侵中国，轮船排挤帆船，到了1850年，南北号商行只剩下20多户，木帆船100余艘。正当宁波的船主们愁苦不已的时候，商机到了：浙江漕运改为海运了。商人们抓住机会，迅速修造船只，木帆船大量增加，呈现兴旺景象。1853年，浙东首次海运漕米入津。宁波300多艘沙船、卫船中的180艘被雇用来运送漕粮，其中北号一个商行能单独派出6艘船以上的就有11家。当年便由鄞县、镇海、慈溪三邑九户北号船商捐资10万，在宁波江东木行路建成了"辉煌煊赫，为一邑建筑之冠"的甬东天后宫和庆安会馆。这是北号船帮事业发达的象征。史料记载："北号商家自置海船，大商一家十余号，中商一家七八号，小商一家二三号。"应付官差的办法是："由商自派，以三股之二当差，以一股自留运货。"咸丰年间，宁波南北号商船达到了鼎盛时期，拥有海船不下六七百艘，加之其他商号的船只，当时宁波以北沿海航运的土著船只在3000艘以上。如此兴旺的形势，让宁波船商欣喜不已。

咸丰年间太平军攻占江宁作为都城，京杭运河南线是主要的战场。在19世纪50年代，据戴槃《两浙宦游记略》中说，浙江"正耗漕米为一百多万石"；而在当时，全国漕粮是四百多万石，浙江一省就占全国漕粮的四分之一。当时浙江省漕粮须通过大运河输入北京，但运河因战事而梗阻，浙江漕运只得改走海路。但是当时的南北洋面海盗横行，清军水师惧怕这些亡命之徒，不敢出洋缉剿，海运常遭劫掠。一方面，驻守宁波镇海口的清军水师难以应对海盗，就连宁绍台道出面，水师仍不出兵。另一方面，船帮也曾招安海盗或雇用西方水手使用洋枪洋炮抗击海盗，但这些人要价过高，乃至最后发展到占据甬江口收取巨额"保护捐"，使船商敢怒不敢言。

《定海厅志》记载：海盗"自咸丰初年，即游弈巨洋，行劫商旅，官兵莫能制"。段光清《镜湖自撰年谱》中记载，当时洋面海盗猖獗，上面命令水师护送商船出洋，驻在镇海口的清军水师畏惧不出。提军叶绍春赴镇海催促，水师仍不出口。段光清亲自前往催促，到了叶绍春的坐船上，厉声责问水师将官。当地官员早已看透了腐败无能的清军水师，他们根本不是骁勇善战的海盗的对手，于是就雇用招安的广东籍海盗来剿捕海盗，后又雇用葡萄牙人剿灭海盗。随后美国、荷兰、英国等国水手也相继受雇。福建巡抚徐继畬奏疏曾说，澳门葡萄牙人“制小夹板数十只，编列号数，每只配夷人五六名、广东水手十余人，安设夷炮数门，护送商船往来各省港口”，“从福建护送载松木赴浙各商船，每只索银二十五元，合二十五只为一邦，每邦共银六百二十五元。间有商船凑不成邦，要其护送，随时议价，多寡不等”。这些护航划艇以浙江舟山、宁波、镇海三角地带为中心，出入沿海各口，且不受中国法律约束，以致发展到进出甬江口的渔船，每年也要向他们缴纳达 5 万元的“护航费”，福州至宁波间木材运输每年要交 20 万元。1852 年一年，葡萄牙人以护航“保护捐”为名，从渔业、木业运输和其他船只中勒索所谓税银达 75 万元之巨。因而后来英国公使普鲁斯也说：“这些坏蛋经常凌辱那些毫无抵抗的居民还不够，终于在这几个口岸及临近水面当起土匪和强盗来了”，“镇海卫已成为各国坏蛋的渊薮”。当时海盗，多用广东、福建船。据《定海厅志》载，广东艇形如蚱蜢，所以海边人称蚱蜢艇。广艇船面涂着绿油，所以也叫“绿壳”，后来宁波人便将海盗、强盗、土匪这一类人称为“绿壳”。这些“绿壳”在宁波外海洋面横行无忌，一直漫延到宁波北号漕船的整条北洋航线上。他们劫船后，便索取巨额赎金，甚至派同党大摇大摆进宁波城，公然高坐大堂，和被劫商船船主或家人就赎金讨价还价。北号的漕船损失巨大，诱人的商机眼看就要被这些海盗给断送了；而海盗们的猖獗，也激起了宁波商人的义愤。在此背景下，购置轮船成为当时宁波船帮的一种选择。

宝顺轮的购置提议于咸丰四年(1854 年)冬。当时，慈溪人费纶鋕、盛植琯和镇海小港人李也亭在刚刚成立的庆安会馆提出购置轮船以抗击海盗。因三人在船帮中的巨大影响力，这一提议收到了各船商的积极响应。三人在北号船帮中都很有威信，尤其是李也亭(又名李容)。李也亭是小港李家人，15 岁时到上海学做生意，后经营沙船业，独资开设久大沙船号，是最早经营沙船业取得成就的宁波商人之一。1853 年改漕运为海运时，李也亭的船队率先北进，使浙江漕米首次海运至天津，开转漕于海之业。当时整个中国，还没有一艘用蒸汽机做动力的洋船。而洋船留给国人的印象，是一种被轰开了国门的耻辱，从皇帝到百姓，对洋船多是又畏又恨。可偏偏就有了这么一群宁波人，认为这坚船利炮的洋船可以拿来为我所用，想要自己拥有一艘。但轮船的购置仍面临一系列的问题：一方面，轮船的购置的费用巨大，商人们一时间难以筹集；另一方面，需要有精通洋务者操办轮船的购置事宜。对于资金问题，商人们与宁绍台道兼宁波知府段光清达成协议，商人向官府借贷一半的购船金，此后每年抽商船收入的一部分用于归还借款。而对于轮船的购置，商人们委托当时在上海与洋人生意来往颇多的鄞县人杨坊负责购置轮船。杨坊是宁波城里人，33 岁时才到上海一家棉布店当伙计。他到上海这年是 1843 年，这年正好是英国在上海开埠，美、法诸国接踵而来之时。三年后，杨坊便成了上海美商旗昌洋行的买办。他运用宁波钱业著名的过账制度，以期票做通货，丝茶贸易做得十分红火。杨坊的才能，很快就被当时上海最大的洋行——英国的怡和洋行看中，不久他就成了怡和洋行的买办。同治《上海县志》说杨坊“多智术，贾上海，与西方通市交易，不数年明习各国事”。到 19 世纪 50 年代初，他已经是上海巨商首领了。宁波北号的船商找到杨坊说起购船一事，杨坊马上就答应下来，由他牵线，向广东的英商购买大轮船一艘，定价 7 万银圆，取名“宝顺”。杨坊后来出钱组织洋枪队抗拒太平军，并把女儿嫁给了洋枪队队长美国人华尔，这使他在历史上名声不佳，但是在购买宝顺轮这件事上，还是可以看出他的开放思想和胆识。

咸丰五年(1855 年)七月，宝顺轮行驶至山东芝罘岛海口时，被岸上发现，由山东巡抚崇恩查明后上奏，认为西洋船只只应在通商的五口航行，而不应出现在北洋。咸丰帝命令浙江巡抚何桂清查实。[①] 知府段光清召集乡绅寻求应对之策，鄞县人董沛提出，商人购买西洋船只，则船只已经成为商船，官府依法给商船颁发执照并无问题。[②] 浙江巡抚何桂清依此回复，并提出将船只按照江海师船式样改造，以不与西洋船只混淆，咸丰帝此后不再过问。[③]

宝顺轮入驻宁波后，北号船帮成立了庆成局以管理宝顺轮的运营，聘请鄞县人卢以瑛负责庆成局事务。轮船由宁波府列入档册，知府段光清发给执照。轮船聘请外籍船长，同时由慈溪人张斯桂负责监督船勇，镇海人贝锦泉管理炮舵。

---

① 《文宗显皇帝实录》卷一七一，“咸丰五年七月上”条，北京：中华书局，1987 年。

② 董沛：《宝顺轮船始末》，1888 年。

③ 《文宗显皇帝实录》卷一七一，“咸丰五年九月下”条，北京：中华书局，1987 年。

段光清《镜湖自撰年谱》中载：宝顺轮“管船驾船，皆中国之人，只照管轮盘，非中国人所知，必用洋人。然自商人给予工食，亦雇工等尔”。这就是说，宝顺轮还雇用了一位外国人“照管轮盘”。这位洋人是操作蒸汽机的。当时的中国人还不懂操作蒸汽机的复杂技术，只好雇用洋人。蒸汽机的作用就是为船只提供动力，驱动轮盘。而这轮盘，应该就是明轮。还有，在《清实录》中，山东巡抚崇恩向咸丰帝上奏，“有三桅火轮船一只”驶至芝罘岛海口，这便是宝顺轮。而当时中国人所说的“火轮船”，即指明轮轮船。

当年宝顺轮股东之一费纶鋕的嫡系后裔于 2012 年向媒体展示了他家所收藏的宝顺轮上的原始单据 13 份。其中有 5 份工资和杂用清单，还有 2 份银行账单和购物发票。单据正文都是用墨水笔写的英文，背面是毛笔书写的汉字年份，纸张泛黄，质地厚重。依照记录，当时宝顺轮上包括船长在内的外籍船员长期保持在 60 人以上，船员以印度、菲律宾、东帝汶等地人为主。咸丰五年（1855 年）七月的一份工资单显示，当月船长薪金为 400 元，司炉工 13 元，烧火工 11 元，厨师 10 元，高低差近 40 倍。[1]

二、宝顺轮在平定海盗中的业绩

宝顺轮一经投用，便产生了良好的效果。咸丰五年（1853 年）六月，广东海盗船三十余只堵塞漕运通道，宝顺轮出击，先后在复州洋、黄县洋、蓬莱洋击沉、俘获多艘海盗船，历经十一天即肃清北洋海盗。六月二十九日起，宝顺轮巡航石浦洋、岑港洋、烈港洋，肃清南洋海盗。三四个月时间，宝顺轮共击沉、俘获海盗船六十八艘，生擒、杀死、溺死海盗二千余人，轮船的威力得到了充分证明。此后南北洋海盗日渐绝迹。宁波北号船帮因拥有宝顺轮而名震四海，扬名于国内外，海盗船闻声而遁，由此“海上丝绸之路”得以畅通。

宝顺轮堪称中国近代自办的第一艘火力轮船，也成为创办中国近代洋务的先声。郑绍昌先生在《宁波港史》中评价说：这是宁波港在近代化的道路上迈出的具有重要历史意义的一步，标志着宁波港作为单纯帆船港时代的结束。宝顺轮遂成为我国航海史上由帆船时代向机动船时代过渡的

① 《中国第一艘民营军舰宝顺轮》，《杭州日报》2012 年 5 月 9 日。

标志。

在剿灭海盗的辉煌日子之后，宝顺轮在历史中的身影便十分罕见了。董沛的《宝顺轮船始末》中只是短短的一句："洪秀全踞金陵，调之以守江。"就是说，宝顺轮不仅仅只是护航商船，它也为政府征用，曾被调去守卫长江。但是它在长江上是否有过战斗，它当时到底是在做什么，我们都不得而知。在段光清的《镜湖自撰年谱》中，我们又看到这样一段话："先是，王抚军有札，嘱余至宁波催解各种款项接济省城；及贼踞省城，筹款各委员商量，多备米粮、火药、弹子、银钱，用宁波昔买火轮船运至省城，由鳖子门入钱塘江。岂知运数已定，甫出吴淞口，忽遇狂风重雾，将船吹上泥滩，舟子大恐，将船上货物尽数抛入泥中，故船犹未破。自是无能接济省城者矣。"咸丰十一年(1861年)，杭州被太平军围困，宝顺轮曾运送物品支援，但因船搁浅未果。不久杭州为李秀成攻陷，浙江巡抚王有龄自杀。这时的宝顺轮，很可能已经不是一艘武装船只了。

中法战争期间，为了巩固江防，宝顺轮曾被计划沉于镇海口，用于阻止法舰进入。薛福成《浙东筹防录》中说："总署电云'法提督既曰明停战，镇口塞河石船，似可酌开一走商轮之路'等语，现已电商提台，拟先将浮泊口门之宝顺泄开，数日后再将两旁沉船各去其一……"但由于法军战败提出停战，宝顺轮并未沉下。[①] 此后，宝顺轮便不见于记载。

宝顺轮是中国人经营的第一艘轮船，投用于洋务运动之前，其起到的效果也引起了其他商人的注意。上海商人在看到轮船的威力后，于1856年亦购置轮船一艘，起名天平轮，并与宁波商人商议，一艘巡航北洋，一艘巡航浙江海域，使得海盗愈发稀少。

董沛曾撰写《宝顺轮船始末》，记叙了宝顺轮的购置经过，石碑今藏于庆安会馆。碑文如下：

> 中国之用轮舟，自宁波宝顺始也。咸丰初，赭寇乱东南，行省大吏注重于腹地，征调络绎，亟亟以防剿为重，而于缘海岁时之巡哨，漠外置之。于是，海盗充斥，肆掠无忌惮，狙截商船，勒赎至千百金不止。
>
> 时则黄河溃决，户部仿元人成法，以漕粮归海运，沙船、卫船咸出应命，而以事宁波船为大宗。春夏之交，联帆北上，虽有兵船护行，盗不之

---

① (清)薛福成：《浙东筹防录》，1887年。

畏也。每劫一舟，索费尤甚，至遣其党入关，公然登上座，争论价目。诸商人咸慎之。

慈溪费纶鋕、盛植琯、镇海李容倡于众议，购夷船为平盗计。顾船值颇巨，未易集事。宿松段光清方兼道府之任，莅事宁波，为请于大府，令官商各垫其半，岁抽船货之入，陆续归还，以乙卯五月十二日始计数捐厘，并充历年薪水、储资、衣粮、弹药诸经费。

鄞县杨坊、慈溪张斯臧、镇海俞斌久客上海，与洋人习，遂向粤东夷商购贸大轮船一艘，定价银七万饼，名曰“宝顺”，设庆成局，延鄞县卢以瑛主之，慈溪张斯桂督船勇，镇海贝锦泉司炮舰，一船七十九人。陈牒督抚，咨会海疆文武官，列诸档册，此甲寅冬季事。

明年，粤盗三十余艘肆掠闽浙，窜至北洋，与他盗合。运船皆被阻，张斯桂急驶轮船于六月出洋，七月七日在复州洋轰击盗艇，沉五艘，毁十艘。十四日，在黄县洋、蓬莱县洋复沉四艘，获一艘，焚六艘，余盗上岸逃窜，船勇奋力追击，毙四十余人，俘三十余人。十八日，在石岛洋沉盗艇一艘，救出江浙回空运船三百余艘。北洋肃清，轮船回上海。二十九日，巡石浦洋，盗船二十三艘在港停泊，轮船率水勇船进扼洞下门，两相攻击，自卯至未，盗船无一存者。余盗窜黄婆岭，追斩三百余级。九月十三日，在岑港洋沉盗船四艘。十四日，在烈港洋沉盗船八艘，十八日，复在石浦洋沉盗船二艘。十月十八日，复在烈港洋沉盗船八艘，商界亦肃清。

三四月间，沉获盗船六十八艘，生擒党及杀溺死者二千余人，宝顺船之名，震于海外。然是时中西猜阻，距五口通商之和约仅十余年，北洋无夷踪，创见轮船，颇为疑惧。山东巡抚崇恩言于朝，诏下浙抚诘问，将治给照者之罪，毋许欺隐。段光清召诸绅士筹所以复旨者。余曰：“此无难也，商出己赀购轮船以护商，且以护运，官之所不能禁也。船造于夷，则为夷船；而售于商，即为商船。官给商船之照例，不计其何自来。但令毋雇夷人，毋驶北洋。以此入告而已。”光清然之，如吾说奏记巡抚。巡抚何桂清以闻，遂置不问。又明年丙辰，沪商亦购轮船，与宁波约，一船泊南搓山，杜洋盗北犯之路，一船巡浙海，以备非常，盗益敛迹。未几，西人入天津，重定和议，北海口亦许通商，夷船驶中国洋无间南北，盗遂绝迹。

中外臣工咸知轮船之利有裨于军国，曾文正首购夷船，左文襄首开船厂，二十年来，缘江缘海增多百余艘，皆宝顺轮为之倡也。宝顺船虽仅护运，地方有事亦供调遣。洪秀全踞金陵，调之以守江；法兰西窥镇海，调之以守关。在事诸人，叠受勋赏，而张斯桂、贝锦泉久于船中，以是精洋务；斯桂起书生充日本副使；锦泉起徒步，至定海总兵官，尤异数云。

自中原底平，海道无风鹤之警，宝顺船窳朽，亦复无用。然原其始，则费纶鋕、盛植琯、李容三君之功不可忘也。周道遵修鄞志，乃以属之鄞人林鸣皋、粤人郑寿阶郢书燕说，流为丹青，恐阅者因而致疑，故详书其本末，勒石于天后祠中，俾后之人有考焉。

光绪十四年

该碑记提供了以下四个方面的信息：

一、宝顺轮是中国最早购进的外国轮船，此前中国人使用的船只都是木帆船，靠风帆做动力，航行速度慢，特别是在追剿海盗方面效果很差。购买轮船就是为了对付当时较为猖獗的海盗。

二、宝顺轮首先是由宁波庆安会馆的董事们倡议购买的，他们向宁波府提出倡议，希望官方支持百分之五十的经费。可见，民间力量已经逐渐壮大，但依然没有国家力量那么巨大。但当时国家力量主要注意力不在海上，而是在陆上边疆，于是对购置轮船消灭海盗的积极性并不大。

三、宝顺轮被购进，立即在打击海盗方面发挥了作用，仅五个多月的时间，就击沉海盗船六十余艘，有效地肃清了海氛，保障了商人的海上航行以及海运的执行。

四、宝顺轮被购进之后，轮船上有若干外国船员，包括菲律宾、印度、东帝汶等地人，也有一些是跟随洋人学习航运者，如张斯桂、贝锦泉两人。

宝顺轮出现后，时任浙江巡抚的何桂清私下说："艇船非火轮不能胜。"朝野上下尚未意识到拥有西方科技的迫切性，那么英法的坚船利炮至少让许多人清醒认识到了一点：我们也要有这样的轮船。1861 年 3 月，曾国藩又再次强调购买外洋船炮乃是"今日救时之第一要务"，指出"轮船之速，洋炮之远，在英法则夸其独有，在中华则罕于所见"，进而主张应"广访募覃思之士，智巧之匠，始而演之，继而试造，不过一二年，火轮船必为中外官民通行之物，可以剿发逆，可以存远略"。1862 年，曾国藩购买轮船一艘，名"威林密号"；次年李鸿章也购置一艘"飞来福号"。1867 年，清政府终于颁布了《华商买用洋商火轮夹板等项船只章程》，允许华商在章程范围内可以置办洋式船只,这已经比购买宝顺轮晚了十三年了。

三、宝顺轮的技术人员对福州船政的贡献

同治五年(1866年),左宗棠向清帝奏本,建立中国近代规模最大的造船厂——福州船政局。张斯桂和贝锦泉成为福州船政局里的重要力量。因为他们在宝顺轮的功绩,左宗棠和船政大臣沈葆桢将他们招在身旁。后来因张斯桂通晓洋务,沈葆桢推荐他进了总理各国事务衙门,曾任出使日本国副使。而贝锦泉更是得到左宗棠的重用。兴办福州船政局之初,左宗棠为公干往来需要,向洋商购买轮船"华福宝号",委派贝锦泉为管带。同治八年(1869年),福州船政局第一艘轮船下水,取名"万年青",贝锦泉为管带。后又贝锦泉任南洋水师超武舰管带。在1885年中法战争时,贝锦泉升任定海总兵;而他的弟弟贝珊泉则是守卫镇海口的"元凯号"军舰的管驾,和法舰英勇作战,后继任超武舰管带。

第六章

思想者和社会的反思与对策

第一节 顾炎武对明代海防的总结和反思

顾炎武(1613—1682),明末清初三大思想家之一,在哲学、经学、史学、音韵学、考据、训诂等方面皆有颇深的造诣。然而他在海防上的建树,却一直被人们忽略。顾炎武的海防思想,是在总结明代海防得失及借鉴嘉靖倭难后文武官员关于海防讨论的基础上形成的,带有总结和反思的性质。有关海防的论述主要集中于《天下郡国利病书》一书,[①]清严如煜《洋防辑要》对《天下郡国利病书》中与海防相关的部分做了辑录。[②] 以下以《洋防辑要》为依照,对顾炎武的海防思想略做论述。

一、顾炎武海防思想的具体策略

(一)利用民力,就地防御

民为兵之本,顾炎武也许没有这种认识,但是他主张利用民力抵御倭寇、加强海防,反映了对人民力量的重视。重视民力表现之一是对古代的寓

① (明)顾炎武:《天下郡国利病书》,《续修四库全书》史部,上海:上海古籍出版社,1995年,第595、596、597页。

② (清)严如煜:《洋防辑要》,台北:台湾学生书局,1985年。

兵于农之法的向往和推崇。"古者兵出井田，司徒致民，司马致节，无事则以时属民，而较登夫家之众寡，急则比什伍，简兵器以鼓旌，偕师而至，人尽兵也。"[①]而随后替代而生的募兵制却使寓兵于农"寖坏陵夷"。[②] 募兵制在明中后期突现两大弊端：一是大肆增收赋税，使百姓穷苦难支。"国储殚乏，遇有故则各增兵饷，其银取之民，急招募以应难，事稍靖则又各革兵、减兵饷，兵银借之以上供，而费出于民者，一增而不复减也。"[③]二是所募之兵的无能。这就使得对现有的募兵之制更为不满，而对寓兵于农之法大为赞赏。"养兵以卫民，曾不得一旅一卒之用，又益之以机快、民壮……不足又益之以保甲，于是民尽为兵。既尽民而为兵矣，乃其初亩增税敛以养官兵，户醵金以完民兵者，故曾不一少贷也。是为官兵者既已养之，又从而骄之，为民者既税敛之，又驱使为兵，又驱而贷之死也。其不失也得哉！则知寓兵于农，画地为守，固自然之法，地水之象，终百世不与易也。"[④]

主张寓兵于农还表现在倡议多用土兵，而少用客兵。在他看来，土兵的优势在于"可驯习"，[⑤]并且"鱼盐为生，惯习风涛，尤娴水战，飞石放镖，乃其长技，近年屡与贼斗，贼亦畏之。若以弓兵工食，就彼招募土民籍之于官，且耕且守，禁其克削，作起锐气，即胜兵千余，不召而集，恐客兵不及也"。[⑥] 因此建议说："为今之计，渐罢客兵而兼用土著，使久而习其扬帆捩舵之法、战攻冲击之技，宜无不便者。况宁绍之民流亡直隶，投充水军者亦不下万计，彼闽人固能施长技于浙海也，浙人又能施长技于直海也，浙人而行与浙海，又奚不可哉？"[⑦]

重视民力表现之二是主张利用保甲法组织民众抗倭。他认为，"保乡井

---

① (清)严如煜：《洋防辑要》卷一一，台北：台湾学生书局，1985 年，第 28 页。

② (清)严如煜：《洋防辑要》卷一一，台北：台湾学生书局，1985 年，第 28 页。

③ (清)严如煜：《洋防辑要》卷九，《江南防海略》，台北：台湾学生书局，1985 年，第 31 页。

④ (清)严如煜：《洋防辑要》卷九，《江南防海略》，台北：台湾学生书局，1985 年，第 31 页。

⑤ (清)严如煜：《洋防辑要》卷九，《江南防海略》，台北：台湾学生书局，1985 年，第 2 页。

⑥ (清)严如煜：《洋防辑要》卷一二，《福建防海略上》，台北：台湾学生书局，1985 年，第 15 页。

⑦ (清)严如煜：《洋防辑要》卷一〇，《浙江防海略上》，台北：台湾学生书局，1985 年，第 38 页。

之人与去乡井之人，其踪迹不同也。自卫其骨肉庐舍，与卫人之骨肉庐舍，其情不同也。官司自驭其民，与驭千万里外不根之人，约束不同也”。[①] 为顺利地推行保甲法，防止官员收取贿赂而使“富者”“强者”“脱故册籍”，[②]亦使保甲法不“妨农”，顾炎武设计了一套具体做法：“明示号令，不调遣远出，不纠集妨农，委贤能之官，亲诣关厢村落，备查编户，随其住居，相近团聚。”[③]并且以“大庄二十二家为一甲，就中选有力者二名，立为甲正甲副，置牌一面，上书甲正某人，甲副某人，居民某人某人，仍于五甲之内选其才能服众者，立为乡长，使之统领。总置一牌，上书乡长某人，管甲正几名，甲副几名，各该居民若干。居民某某列于甲正甲副之后，仍令每家书写排门勒壁，互相讥察”。[④] 而在防御外敌方面，则以“各备锋利器械一件，乡长管下置大旗一面，及合用铳炮等项，听从乡长统领，一遇有警，即升旗举炮，各率牌内之人，同赴要害地方，设卡把守，随宜团结，不拘定数”。[⑤] 为了激励民众，还主张“保甲领袖先行给与冠带，以为激劝，有功之日，一体升赏”。[⑥] 这种就地以保甲防御，在顾炎武看来，是可以“庶几家自为守，人自为战，不行调发之劳而坐收保障之法矣”。而海上，保甲法也可通行，“渔船自备器械，排甲互保，无事为渔，有警则调，取用兵船，兼布防守”。[⑦]

重视民力表现之三是放任群众截杀倭寇。这一思想，在加强淡水门和南日山的防备以抵御倭寇方面，体现得淋漓尽致。在众人认为江南和浙江防御以羊山为要冲，须严加会哨的时候，顾炎武更看重淡水门渔民的力量。

---

① (清)严如煜:《洋防辑要》卷一〇,《浙江防海略上》,台北:台湾学生书局,1985 年,第 42 页。

② (清)严如煜:《洋防辑要》卷一〇,《浙江防海略上》,台北:台湾学生书局,1985 年,第 43 页。

③ (清)严如煜:《洋防辑要》卷一〇,《浙江防海略上》,台北:台湾学生书局,1985 年,第 43 页。

④ (清)严如煜:《洋防辑要》卷一〇,《浙江防海略上》,台北:台湾学生书局,1985 年,第 43 页。

⑤ (清)严如煜:《洋防辑要》卷一〇,《浙江防海略上》,台北:台湾学生书局,1985 年,第 43 页。

⑥ (清)严如煜:《洋防辑要》卷一〇,《浙江防海略上》,台北:台湾学生书局,1985 年,第 43 页。

⑦ (清)严如煜:《洋防辑要》卷一〇,《浙江防海略上》,台北:台湾学生书局,1985 年,第 43 页。

“羊山为贼之要衢，虽与马碛大衢相若，而淡水门捕黄鱼一节，乃天设此，为苏松屏翰。……盖淡水门者，产黄鱼之渊薮，每岁孟夏，潮大势急，则推鱼至涂。渔船于此时出洋捞取，计宁、台、温大小船以万计，苏松沙船以数百计。小满前后，凡三度浃旬之间，获利不知几万金。故海中常防劫夺渔船。”这为利用民力提供了极其有利的条件，而渔民由于“久惯出海之人，以格斗则勇敢，以器械则锋利，以风涛则便捷”，“其时适当春天之时，其地则又倭犯苏松必经之处，贼至羊山，见遍海皆船，而其来舟星散而行，以浙而至，势孤而夺，必远而他之，敢复近岸乎？”由此则可“不募兵而兵强，不费粮而粮足，不敛查督而自毋躲闭之弊，大利存焉。此在他处皆无可，而惟苏松洋有之，岂非天生自然之利也哉？”[①]

福建南日山，因水寨迁移内港，无兵哨守，也应利用当地民力防备。“夫南日山居民，始焉浮居，今成土著，徒擅沃饶之利，罔顾堂幕之灾。既不能徙之而他，独不可预为安全之策。诚如宋时沿边弓弩射之法，仿而行之，择其丁壮，时其训练，获倭者叙之，擒盗者赏之。”[②]

而对放任民力御倭，究竟如何约束？顾炎武认为淡水门一带原有的“渔船出洋，辅以兵船，相须而行，协力而战，取甘结、给旗票、谨盘结、验出入，船回之日，当道委官抽税，以助军饷”之法必不可行。因为渔船专欲觅利，兵船专司击贼，其志不侔，其力不协，而分渔民之利更是此法不可以行的因由。在顾炎武看来，“莫若兵船专于把港，勿用出洋，但令愿捕鱼者，籍名于官，立首领、编旗甲，保以耆民、示以盟约，如杀贼而有功也，照例升赏，永许采捕。若纵贼近岸，一体坐罪，永不许其出洋，凡渔利与所获贼资悉以畀之。如此则渔人皆以御倭为己责，感恩畏罪，舍死直前，岂不愈于专督兵船耶？”[③]而对于南日山的民众，则是“若虞其犷悍也，则以乡保倡乡民者，未必逆也。若虞其艰费也，则以船器充兵器未必乏也。若虞其鸟兽散也，则南日山四面阻海，势无所逃也。如云弓矢之备，于民艰需。古云矢石如雨，则石亦戎事所

① (清)严如熤：《洋防辑要》卷九，《江南防海略》，台北：台湾学生书局，1985年，第3页。

② (清)严如熤：《洋防辑要》卷一二，《福建防海略上》，台北：台湾学生书局，1985年，第10页。

③ (清)严如熤：《洋防辑要》卷九，《江南防海略》，台北：台湾学生书局，1985年，第4页。

不废，况从高而下，尤捷于矢，取之不禁，用之不竭乎？”[1]

顾炎武主张利用民力抵御倭寇的思想，一定程度上否定和突破了封建统治阶级“防民甚于防寇”的思想范畴，对一位地主阶级士大夫而言是难能可贵的。

（二）海上之防，莫急于舟师

海上防御，唯有借助船力，方能御贼。“海以风潮为主，分合进退，难也，胜之之法，惟有斗船力不斗人力，如遇贼舟之小者，则以吾大舟犁沉之，遇贼舟之大者，则使调戗夺上风，用火器以攻之。”[2]明军抗倭的斗争经验使得顾对船的认识更为明确。“夫倭奴尝败于水而得志与陆者，非其勇怯有殊也。交兵海上，吾特以战舰之高大，帆樯之便利，与火器之多取胜耳。”[3]“冲犁必资于楼舰福船，形势巍峨，望若邱山，建大将旗，鼓风行于翰海捕贼，艇如鹰鹯，此海防第一法也。”[4]因此，船之建造，实在是海防要务。顾炎武多次提及“海防莫急于舟师”[5]或“海上防守，莫急于船”，[6]可见对海防工具——船的重视。在顾炎武看来，坚船、大船是抗击倭寇并取得成功的条件，而小船也自有灵活轻便的优势。

顾炎武对当时装备水师的几种舰船进行了优劣分析：“福船高大如楼，可容百人，其底小，其上阔……其帆桅二，其中为四层。最下层不可居，惟实土石以防轻扬。第二层为兵士寝息之所地，枢隐之。第三层左右各设水门，置水柩。最上一层如露台，须从第三层俯瞰而发，贼又难于仰攻，诚海战之

---

① （清）严如煜：《洋防辑要》卷一二，《福建防海略上》，台北：台湾学生书局，1985年，第10页。

② （清）严如煜：《洋防辑要》卷九，《江南防海略》，台北：台湾学生书局，1985年，第2页。

③ （清）严如煜：《洋防辑要》卷一〇，《浙江防海略上》，台北：台湾学生书局，1985年，第38页。

④ （清）严如煜：《洋防辑要》卷一〇，《浙江防海略上》，台北：台湾学生书局，1985年，第31页。

⑤ （清）严如煜：《洋防辑要》卷一〇，《浙江防海略上》，台北：台湾学生书局，1985年，第37页。

⑥ （清）严如煜：《洋防辑要》卷一三，《福建防海略下》，台北：台湾学生书局，1985年，第24页。

利也。”[①]此船在顾炎武看来，因其高大平稳而利于外海作战。

“广船，从梯而上，两旁板翼如栏，入，依之以攻敌，矢石火炮皆备。广船，视福船尤大，其坚致亦远过之。盖广船以铁力木造，福船不过松杉之类而已。”可见，广船是冲撞犁沉敌船的极好工具。但广船调转方向，不如调福船容易，并且“下窄上宽，状如两翼，在里海则稳，在外洋则动摇”，[②]因此不利于外洋攻击，仅利于内洋防守。

沙船，常为沙民驾驭而得名。因“沙民生长海滨，习知水性，出入风浪，履险若平”，[③]出入便利。“但亦仅可以防守各港，出哨小洋，而不可以出大洋。虽能接战，而上无壅蔽、火器、矢石，何以御之？”鹰船却是另一副模样，“两头俱尖，不辨首尾，进退如飞，其旁皆茅竹板密钉，竹间设窗，可以出铳炮，窗之内仓之外可以隐入荡桨”。顾炎武建议用鹰船和沙船相配合，“先必用（鹰船）冲敌，入贼队中，贼技不能施，而后沙船随后而进，短兵相接，战无不胜，鹰船、沙船乃相须之器也”。[④]

壳船，以轻捷便利在诸船中取得一席之地。壳船为“鱼船之最小者，鱼船于诸船中，制至小材，而简费至约，而其用为至重，以之出海洋，载三人，一人执布帆，一人执枪，一人执乌嘴铳。布帆轻捷，无垫没之虞，容易进容易退，随波上下，敌船瞭望所不及，是以近年赖之取胜擒贼者多其力焉”。[⑤]

以上诸船不论大小，因各有特点而在防御倭寇方面发挥了功效。然而明中后期，部分官员因小船之利而弃大船之用，在顾炎武看来就成了“因噎废食”之事。“论者曰，探哨莫便于力舸，冲犁必资于楼舰福船。……然惟利深洋耳。若小哨喇叭唬之类，则追剿便捷，易于趋利，故好事官遂为小船当

---

① (清)严如煜:《洋防辑要》卷九,《江南防海略》,台北:台湾学生书局,1985年,第7页。

② (清)严如煜:《洋防辑要》卷九,《江南防海略》,台北:台湾学生书局,1985年,第8页。

③ (清)严如煜:《洋防辑要》卷九,《江南防海略》,台北:台湾学生书局,1985年,第8页。

④ (清)严如煜:《洋防辑要》卷九,《江南防海略》,台北:台湾学生书局,1985年,第9页。

⑤ (清)严如煜:《洋防辑要》卷九,《江南防海略》,台北:台湾学生书局,1985年,第9页。

增，大船当减，且云于料作为省。”[1]于是明后期小船盛行，大船如福船者却大为减少，顾炎武对此大为不满：“岂知小船止利于零贼之追捕，而不利于大举之仰攻，岂可因噎废食耶！”

明末不仅有因噎废食之事，还出现涸泽而渔以致水师无船可用的局面。如福建南澳游兵，原额福、冬、乌船四十只，自万历二十四年至天启二年(1596—1622年)，陆续裁减，尚有冬、乌船三十四只。自天启末年、崇祯初年，海寇杨六、周三、钟斌、刘香等相继焚毁，不再修造。崇祯六至七年(1633—1634年)，奉文裁减二十四只，唯余十只，十年八月又减二只，止有八只，仅有原额的五分之一。[2] 一次次的裁减，原因何在？在顾炎武看来，在于官员的贪污中饱，在于他们置海防于不顾。明朝“造战船大号，官给五六百两，其次亦三四百金。每岁修葺一船，且数十金”。而这些金银并没有用于修造舰船，“皆侵欺隐匿，苟且答应，防海使者岁一阅视，只坏船而饰以新灰，望之若屏整，即之实破溃”。文武官员还都期望着“船之速坏，冀其新造，可以滥支”。明末的舰船，就如同摆设，“只可泊港，不可征战，贼目官船为草坪，谓其冲之则立败，燎之则速烬也”。即便如此，还不罢休，“崇祯以来，海氛屡煽，焚毁殆尽，当事者不敢建议更造，只饬议裁减，并所谓草坪者而尽去之矣。原额四十只，今只八只，猝有叵测，不知能以桴筏御海否?”以此而防海，“东南半壁安得高枕而卧乎！”[3]

而明朝备倭不力，与部分官员以小船替代大船，以坏船替代新船，有着极大的关系。对此，顾炎武一语道破：“弊在于水师之不设，水战之不修，未尝无哨船也，船小不可以任战，未尝无水兵也，兵弱不足以出洋……七省之中，兴师者，只知水师之名，而不知水师之所以为水师者，固自有其良法，而不可或忽者也。”[4]

---

① (清)严如熤:《洋防辑要》卷一〇,《浙江防海略上》,台北:台湾学生书局,1985年,第31页。

② (清)严如熤:《洋防辑要》卷一三,《福建防海略下》,台北:台湾学生书局,1985年,第22页。

③ (清)严如熤:《洋防辑要》卷一三,《福建防海略下》,台北:台湾学生书局,1985年,第22页。

④ (清)严如熤:《洋防辑要》卷一六,《沿海形势总略》,台北:台湾学生书局,1985年,第20页。

(三)远哨近攻,御倭于海

明嘉靖年间倭寇盛行,文武官员曾对如何备倭、能否御倭于海展开过激烈的讨论,而顾炎武的海防思想很大部分脱胎于此。这场讨论,可算得上中国“第一次筹海之争”,[①]并在争论中形成了两种对立的观点。胡宗宪等一批抗倭将领认为,“防海之制,谓之海防,则必宜防之于海”,[②]力主御倭海上;以茅坤、奚秋蟾等为代表,认为“海战未易”。御海派认为,“守海者必先设险,于险之外守之。所谓海战之重,兵必治战船……迎贼于沿海之上,贼未泊岸则为夹水而阵,以遮击之贼,既登岸则随其贼艘所泊之处而直捣之,是谓海上格斗之兵”。[③] 或言“倭寇长技利于陆。我兵长技利于水,历查连年用师,凡得捷,俱在海战,厉害相较然明矣”。[④] 对御海派而言,陈钱、马迹、羊山是海上防御的最佳地点。“当泊舟于外洋山岛,分乍浦之船以守海上羊山,苏州之船以守马迹,定海之船以守大衢,则三山品峙,哨守连联,可扼来寇者。”“陈钱诸岛,为贼冲三路之要。俞大猷言,统领战船驻扎海上,防贼截杀,则如陈钱乃所当屯泊。”“合无春汛时,令苏松兵备,暂住崇明,宁绍兵备暂住舟山,而总兵官常居海中,严督会哨者。”“聚船于马迹山,以为诸路水军老营,仍于羊山设水营以遏贼入宁波、温台之路,专设海上总兵。”[⑤]“海中陈钱、马碛、洋山诸岛,为贼南犯必由之路……合咨新任总督令总兵官速集太仓、崇明、嘉定、上海沙兵及福苍、东莞等船,分为二哨,专守洋山、马碛,又将绍兴温台捕鱼及下八山采捕福苍、东莞等船,分为二哨,专守普陀、大衢。其陈钱山为浙直分路之始,所宜更番共守。”[⑥]“御之莫要与海中陈钱、马碛、大衢、殿前、洋山,当倭奴往来之冲,诚设总兵官驻陈钱,参将三员分防

---

① 秦天、霍小勇:《中华海权史论》,北京:国防大学出版社,2000年。

② (清)严如熤:《洋防辑要》卷九,《江南防海略》,台北:台湾学生书局,1985年,第3页。

③ (清)严如熤:《洋防辑要》卷九,《江南防海略》,台北:台湾学生书局,1985年,第4页。

④ (明)王在晋:《海防纂要》,《四库禁毁书丛刊》史部第17册,北京:北京出版社,2000年,第590页。

⑤ (清)严如熤:《洋防辑要》卷九,《江南防海略》,台北:台湾学生书局,1985年,第3页。

⑥ (明)王在晋:《海防纂要》,《四库禁毁书丛刊》史部第17册,北京:北京出版社,2000年,第590页。

马碛、大衢、殿前、洋山、常川，督哨御其来，而邀其去路，尽歼而鱼矣。”[①]御倭之策，在于扼贼于海上要冲，在于守陈钱、马迹、羊山，在于海上截杀。

而茅坤和奚秋蟾等认为，海面不同于陆路，“无风之日绝少，一有风色，即白日阴霾，飓风时作，全军往往覆没……则海战亦未易也”。[②] 或曰：“海中有风时多，舟易散而难聚，且逐潮势而行，风潮逆则回船向后，风潮顺则一泻千里。然吾行若干里，敌亦行若干里，愈追愈远，愈求战而愈不得。况兵船分行，大海渺茫，有与我相望而见者，有不可望而见者，昏黑之夜，起火为号，则隐隐见之，然亦不能辨其为贼舟与我兵船也。有时遇贼，而吾同哨离远则势孤，有时邻哨相近而贼舟又远，难于攻击。有时我兵遇合，贼船亦近，可以战矣，而风或大作，舟在浪槽中低昂欺负，方欲仰而攻敌，瞬眼之间，吾舟或抬高一二丈，敌舟反在下矣。船出浪槽之时，船首向天，落槽时，船尾向天，兵士宁立且难，况战乎？”[③]

鉴于双方的利弊，郑若曾认为当“哨贼于远洋而不常厥居，击贼于近洋而勿使近岸”。顾炎武接纳了郑若曾的观点并对此评价说：“两言颇为知要。”[④]在顾炎武看来，哨贼于远洋、击贼于近洋，才是御倭的良策。

“哨贼于远洋”，对江南和浙江来言，则是哨探于陈钱山、下八山、羊山。“海洋要害，莫过于陈钱，倭船来，率以此为停汲之所，觇伺风候，以决所向。”“过此则羊山矣。”“羊山在金山之东，大小七之外，吴淞江顺帆一潮而已，其为贼只要冲。”[⑤]或曰：“夫倭船之来，必由下八山分艘，若东南风猛，则自马碛西南行，过韭山以犯闽粤，若正东风猛，则自大衢西行，过乌沙门以犯浙江，若东北风猛，犯向殿前、羊山，过淡水门，以犯苏松。”[⑥]

---

① (明)王在晋：《海防纂要》，《四库禁毁书丛刊》史部第17册，北京：北京出版社，2000年，第590页。

② (清)严如煜：《洋防辑要》卷九，《江南防海略》，台北：台湾学生书局，1985年，第5页。

③ (清)严如煜：《洋防辑要》卷九，《江南防海略》，台北：台湾学生书局，1985年，第6页。

④ (清)严如煜：《洋防辑要》卷九，《江南防海略》，台北：台湾学生书局，1985年，第5页。

⑤ (清)严如煜：《洋防辑要》卷九，《江南防海略》，台北：台湾学生书局，1985年，第21页。

⑥ (清)严如煜：《洋防辑要》卷九，《江南防海略》，台北：台湾学生书局，1985年，第2页。

可见，陈钱、下八山、羊山是倭寇进犯江浙的跳板，也就成了哨探最佳地。“陈钱为浙直交界分路之始，复交相会哨，远探穷搜，遇有贼舟，即为堵截驰报。内境俾为预防。”[①]对宁波海防而言，“会哨于陈钱，分哨于马迹、羊山、普陀、衢山诸处为第一重”。[②]

如果说“哨贼于远洋”是“御倭于海”的前提，那么“击贼于近洋”则是“御倭于海”的主题。明中期的“议者莫不言，御倭于海，谓之上策”，或言“今日镇守藩篱者，惟有水战一节耳”。陈钱、马迹、羊山是倭寇入犯的歇脚点，“为今之计，如大样福船，各港口共得到几十只，此船惟一利于深水大洋……直至陈钱、马迹、羊山等处，持其避风之港停泊以伺，以小巡船十只，四面哨探，遇贼船来，则击之，此第一层藩篱也”。但是由于条件的限制，此计“劳险难行”，此处只可为哨防之地，防御的边界向内收缩。“其次样苍船，各港得几百只。此船极利于乘风巡哨，则为之三班，每日一班，出哨直至高家嘴外。如一班三十只，贼如来时，则以二十九只与贼对敌，其一只飞回本港通报进发，各船出应，此第二层藩篱也。”而在近海岸处，“其小样沙船，惟利于沿涯浅水，则亦分与信地，延袤往来巡哨，遇贼来时，有福船所不尽剿，苍船不尽御者，则沙船共击之，不使上岸，此第三层藩篱也”。这样，倭寇能靠岸者可谓是寥寥无几，至于“有上岸者，始以旱兵剿之，第四层藩篱也”。最终就可以达到抵御倭寇的目的，“如此贼来虽多，恐登岸者少矣”。[③]

把“击贼于近洋”具体到宁波，则应于沈家门一带驻扎兵船一只，马墓港驻扎兵船一只，把总则驻扎舟山，兼辖水陆。定海则屯聚重兵。这样南北应援，可以于近海打击倭寇。“贼或流突中界，则沈家门、马墓师兵船，迤北截，过长涂、霍山洋、三姑与浙西兵船为犄角，而吾郡（指宁波）之北境可无虞。迤南截，过普陀、青龙洋、韭山、青门关与昌国、石浦兵船为犄角，而吾郡之南境可无虞。或流突上界，则总兵官自列港督发舟师北截于七里屿、观海洋面，而参将自临山洋督兵船为之应援，南截于金塘、大猫洋、崎头洋，而石浦、

---

① （清）严如煜：《洋防辑要》卷一〇，《浙江防海略上》，台北：台湾学生书局，1985 年，第 35 页。

② （清）严如煜：《洋防辑要》卷一〇，《浙江防海略上》，台北：台湾学生书局，1985 年，第 36 页。

③ （清）严如煜：《洋防辑要》卷九，《江南防海略》，台北：台湾学生书局，1985 年，第 21～22 页。

梅山港兵船为之应援，则沿海可以无虞。”对宁波而言，“会哨于陈钱，分哨于马迹、羊山、普陀、衢山诸处为第一重。沈家门、马墓师为第二重；总兵督发兵船为第三重”。①

对“御倭于海”的推崇，还表现在对汤和经略海上时撤防舟山，以及明中后期福建烽火、南日与浯屿三水寨的内移的批评上（在随后的浙江、福建篇中再做详细论述），认为此举是“自失其险”，并大声疾呼“必修复旧制而后可”。②

顾炎武主张哨探远洋岛屿，于近海击毙来犯倭寇的主张，是对明初撤防海岛、单纯依靠沿海卫所和水寨防御的否定，加强了人们对远洋海岛的关注，是当时先进中国人要求积极防御海洋的表现之一。

（四）水陆兼备，纵深配合

海防的策略，不仅在于海洋防守，而且需要水陆布防结合，建立纵深的防御体系。万一倭寇突破洋面的防守，陆路还能给予有效的打击。“明代的倭寇常利用沿海岛屿作为登陆的跳板和入侵内陆的巢穴，所以在水军无法阻歼敌人于海上时，（陆军）仍可配合海岛防御阻歼敌军且免被敌所利用……陆上的卫所是歼敌的最后防线；形成防御纵深。”③单单陆路防御并不难置办，明初卫所制度的完备和发达即为明证。但关键在于水陆二者应形成整体，才不至于出现“外寇乘虚登岸，残破地方，陆兵获罪，水兵旁观”④的尴尬局面。顾炎武主张水陆兼备的思想是明确的，“海防之策有二，曰御海洋，曰固海岸”，在江南，“会哨陈钱，分哨马碛、大衢、羊山，遏贼要冲”是御海洋；“修复备倭旧制，循塘据守，不容登泊”是固海岸。

宁波，海上有三层防守，“会哨于陈钱，分哨于马迹、羊山、普陀为第一重；沈家门、马墓师为第二重；总兵督发兵船为第三重”，海防算得上周密。但是万一疏虞而倭寇得以登陆，又该如何呢？顾炎武提出，这时应该发挥陆

---

① （清）严如熤：《洋防辑要》卷一〇，《浙江防海略上》，台北：台湾学生书局，1985年，第36页。

② （清）严如熤：《洋防辑要》卷一一，《浙江防海略下》，台北：台湾学生书局，1985年，第5页。

③ 中国军事史编写组：《中国军事史》第2卷，北京：解放军出版社，1988年。

④ （清）严如熤：《洋防辑要》卷一六，《沿海形势总略》，台北：台湾学生书局，1985年，第20页。

路防御的作用，弥补原来水陆防御的不足。他详细考察了倭寇先前登陆后趋往宁波掠夺的路线，认为路线上的重点地段“防守不可不严也”。“由掘泥历乌山、鸣鹤场逾杜湖岭入慈谷，由平石历沈思桥逾孔家岭入慈溪，渡丈亭，走车厩、稠岭寨、石塘湾，涉鄞之西乡可达郡城，则观河、松浦之守不可以不严，而慈溪新城之建实所以扼其冲；由丘家洋越雁门岭，由官庄越桃花岭，由龙头越凤浦岭，渡青林、李溪可达郡城，则龙山、官界之备与岭口把截之兵不可以不严，而丘洋、金岙石墙之筑实所以扼其冲；由定海港可直走宁波，则西渡、东津、梅墟、桃花渡之备不可以不严，而招宝山筑城设险实所以扼其冲；由覆盖山之梁湖通明灞入四明、梁同，出樟村、小溪、栎社可达于郡城，则临山、沥海、庙山之防不可以不严；由四门、石堰、渡姚江入樟村可达于郡城，则三山之防不可以不严；由小沙港循长山桥、鄮山桥、七里店走甬东可达于郡城，则港口置兵船防守与甬东巡司之备不可以不严；由穿山、碶头逾育王岭历宝幢、盛店可以走甬东，则穿山、横港水陆之备不可以不严；由尖崎逾韩岭逾涉东湖可以走甬东，则霩衢、大嵩霞屿、太平之备不可以不严；由赵岙、白沙湾走象山、渡黄溪，历仇村道陈岭，入乾坑、横溪、桃江可以走甬东，则钱仓、爵溪诸滨海之备不可以不严；由昌国、石浦、桃渚、健跳、黄岩、宁海经铁场、缸窑、黄溪、青岭入奉化，渡蒋家浦、越鄞江桥达郡城之西南，则缸窑、黄溪口与诸险隘之防不可以不严。”而这些“皆倭寇所经之故道，为郡城根本之虑，凡在任事者所当宣猷而致力也”。[①]

而福宁州沿海布防“周于矣”，在顾炎武看来是因为水陆布防的密切配合。“州之沿海，有墩台以瞭外洋，各路则有厂隘，分兵哨守，此陆路之扼塞，守在堂皇矣；至于海洋，则官溪、镇下门、间峡、大金，为内地之咽喉；台山、嵛山、七星霜山，为外洋之门户。”而明政府在此地的布防也使顾炎武较为满意。“旧制设烽火于五六都、三沙海面，正统九年，移寨于一都之松山，把总一员，以都指挥行事，仍设中军游把总一名，领兵哨守，往来应援各处要害。万历二十年，改守备为参将，节制水陆，改中军为嵛山游。二十八年增设台山一游，春秋二汛，参将镇嵛山，分遣陆兵守各要害，水兵则烽火寨把总，案屯松山，分前哨于官澳，后哨于斗米澳，左哨于镇下门，右哨于三沙。旧烽火

① (清)严如熤：《洋防辑要》卷一〇，《浙江防海略上》，台北：台湾学生书局，1985年，第36～37页。

台山、嵛山两游，各守本处，可谓周于矣。”[①]

而对戚继光和俞大猷联合歼灭倭寇的倾慕更显示了顾炎武对水陆配合战斗的推崇。“嘉靖辛酉年，倭陷兴化，戚继光陆师直抵兴化，俞大猷整战舰，直泊南日，大猷告戚继光曰：公兵主驱，我兵主截。大猷乃创鸳鸯船于南日海上，以左右呼吸探于蒲禧、吉了，船分飞岛之势，陈兵以待之，继光兵入，攻其无备，披靡而奔，为大猷所掩袭，不留一奴矣。……倭自此而灭。”[②]

（五）控制要害，攻防自如

顾炎武的海防思想，以防倭为根本目标。在他看来，“倭奴天性狡猾，以剽劫为俗”，而广阔的海洋，为备倭制造了不少难题。“溟海万里，因风力乘潮候，倏忽不可踪迹，所谓来着如风雨，去如绝弦，犹不足以喻之，故武备既设，时复跳梁，譬之勇者，驱虎豹，戮鲸鲵，而不禁蚤蚤之噆噬。”[③]然而并不能因此不设防而任由倭寇肆虐。如何设防，在何处设防，就成为思索的重点。魏校在论述海防时，以陆防一例提出海防原则。“太常寺卿魏校云，晋溪在三边，欲分军守边，遂偃，闻而讶之，使人往问，晋溪答曰，三边数千里，欲一一守之，虽尽天下之兵不能也，只是择要害处为达虏素所入寇之路把截则可耳。晋溪威令素行，凡达入寇，众军争相救援，无不擒获，边境稍安。此言北边设险之法，愚谓海防亦然。”[④]具体到江南，则是“今吴淞江、刘家河、福山港、青村、南汇等处，皆有福船、苍船、沙船，以为哨守，分布非不密也。但海洋空阔，不守要害则贼来不能知，贼去不能追，纵使能追亦晚矣”。[⑤]控制要害，才可以攻防自如，收事半功倍之效。因此，顾炎武对东南沿海一带的要害，逐一进行了考察。

江南要害，在青柘南川达于宝山一线、李家港、翁家港、川沙当羊山一

① （清）严如煜：《洋防辑要》卷一二，《福建防海略上》，台北：台湾学生书局，1985年，第13页。

② （清）严如煜：《洋防辑要》卷一六，《沿海形势总略》，台北：台湾学生书局，1985年，第20页。

③ （清）严如煜：《洋防辑要》卷九，《江南防海略》，台北：台湾学生书局，1985年，第19页。

④ （明）王在晋：《海防纂要》，《四库禁毁书丛刊》史部第17册，北京：北京出版社，2000年，第590页。

⑤ （清）严如煜：《洋防辑要》卷九，《江南防海略》，台北：台湾学生书局，1985年，第21页。

带、清洼、李洪、吴淞、松山、金山一带、崇明岛，而外洋则为陈钱、羊山，详见下文。

浙江要害之地，自北向南为嘉兴所属的海盐、乍浦、澉浦，杭州的钱塘江入海口，宁波的观海、定海、舟山，温州的金乡、磐石，台州的松门、海门、楚门等。

嘉兴逼近海口，与杭州相临。海宁是嘉兴"最要之处"。沿海的要害在"澉浦、金家澳、石墩、黄湾等处"。"而赭山一寨，东南逼海，面对萧山，与钱塘江口相连，最冲要也"。[1]

杭州要害，在于钱塘江入海口。"浙江之源始于黟县林历山，合溪壑，至钱塘江之鳖子门而入海，故鳖子门者，乃省城第一门户。"而稍外之"石墩、凤凰外峙，乃第二门户"。在外展则为羊、许二山，"独立海中，东接衢于洋，西控吴淞江口，此第三门户"。这三大门户，一起构筑了杭州的防御带。"羊许二山有防，然后石墩、凤凰有蔽；石墩、凤凰有蔽，然后钱塘鳖子门可守；鳖子门可守，然后省城无恐。"

羊许二山，虽是第三层门户，但只可以作为远哨，而不可以作为防御的基地。"羊山孤悬大海，去乍浦太远，我舟顿此，设遇东北风，贼舟便捷。彼此齐驱，胜负难必。""许山岙门浅狭，上可避东南之风，贼乘东北风利，吾开舟亦难并驾。"而"海盐县白塔山，去秦驻山不远"，又在杭州之上，"两风皆捷"，"贼由大洋而来，随处可击"，是"海盐一关，尤四面之控制也"。是谓杭州嘉兴之海防，在"立海盐、乍浦、澉浦三关"，"三总戍守分兼，出哨羊许二山"。"今欲求省城无虞，当守附海之三关，欲求三关之宁谧，先防大海之羊许。"[2]

宁波要害，在象山、定海、慈溪三县。周弘祖言："自宁海县东折北而出，为象山县，县东西南三面皆滨海，相距皆不过数十里，防卫至切。又迤北而西折，定海县，当其冲，县城东北两面皆滨大海，定海不特宁波一郡之锁钥，

---

① （清）严如熤：《洋防辑要》卷一一，《浙江防海略下》，台北：台湾学生书局，1985年，第39页。

② （清）严如熤：《洋防辑要》卷一〇，《浙江防海略上》，台北：台湾学生书局，1985年，第8～9页。

而全浙之噤喉也。”[1]定海要害在“应临港口”，“其沿海之备有小浃港、黄崎、梅山、嵩港等处，定海海外之备则是舟山、螺烽、岑江、天童澳、沈山门寨等要害”。[2] 舟山之要，在于遏外洋，在于“为定邑门户”，“舟山固则定邑固，定邑固自宁郡以达绍郡俱固”。

温州要害在金乡、磐石。海上要地是“大嵩头，海岛以下五山屿，皆海舟经泊之所也”；海港海口要害为黄华，为江口，为白岩塘。黄华为“府城之咽喉”，江口是“平阳之门户，飞云各境之外户，镇下门、峰火门会哨处”；白岩塘是“蒲岐所之外户”。

台州要害在松门卫、海门卫。松门外即为大海，由此可直抵日本。海门，乃是“浙东、三台门户也”，因“三面阻水，无险可恃，故贼之犯台，恒必由此健跳……亦冲突处也”。[3]

福建有五府滨海，“二面当海者二，兴泉是也；一面当海者二，福漳是也，而福宁三面孤悬海中，如人吐舌，贼人必首犯之”。[4] 其要害地为福宁之烽火水寨，福州闽江入海口一带，兴化南日山、吉了寨，泉州崇武、浯屿寨、澎湖，漳州海澄、诏安、漳浦等地。

在顾炎武看来，福州乃是东南首要之地。“福州者，东南之隅区，海陬之襟要也。”所属福清、长乐，连江、罗源四县，皆是滨海要区。而福州因居江浙两广之间，尤显重要，“自福州而达江浙，风帆往来，最为便捷，径自福州而达交广，乘潮驾浪，东西便易。……交广用兵，闽海又其上游之势”。[5]

泉州有三百多里海岸线。险要之地有三：“一曰崇武，在惠安东北接湄洲，与兴化连界，西通泉州大港，东接海洋，南与祥芝对峙，正当泉之上游，海寇入犯，首当其冲；一曰料罗，在同安极东，突出海外，上控围头，下瞰镇海，内捍金门，可通同安、高浦、漳州、广潮等处；一曰浯屿，在同安极南，孤悬大

---

① (清)严如煜:《洋防辑要》卷一六,《沿海形势总略》,台北:台湾学生书局,1985 年,第 12 页。

② (清)严如煜:《洋防辑要》卷一一,《浙江防海略下》,台北:台湾学生书局,1985 年,第 39 页。

③ (清)严如煜:《洋防辑要》卷一一,《浙江防海略下》,台北:台湾学生书局,1985 年,第 40 页。

④ (清)严如煜:《洋防辑要》卷一六,《沿海形势总略》,台北:台湾学生书局,1985 年,第 5 页。

⑤ (清)严如煜:《洋防辑要》卷一六,《沿海形势总略》,台北:台湾学生书局,1985 年,第 10 页。

海之中，左连金门，右临岐尾，水道四通，乃漳州海澄同安门户。”[①]而明朝中前期的防御基本上扼住要害而达到防御目的。“屯崇武，永宁分哨，则獭窟、祥芝、深港、福全一带有赖。屯料罗，围头分哨，则汭洲、安海、官湾、田浦、峰山、陈坑一带有赖。屯旧浯屿，担屿巡哨，则镇海、岐尾、岛沙、港口一带有赖。”[②]

漳州与潮州相邻，负山临海，“介于闽广之冲，控引番禺，襟喉岭表”，海防地位极为重要。漳州所属诏安、漳浦、海澄，皆滨海冲要，其中又以海澄最为要冲。“为漳州之门户，县东北以及西南皆滨大海，欲固漳州，必先卫海澄也。”[③]

广东防御要害，在三路，明清之际人们的认识也达成了一致。“广东列郡者十，分为三路，高、雷、廉……中路东莞；东路惠、潮，皆倭寇不时出没之地，而东路尤为要冲。”[④]广东之要害，几乎是环绕此三路展开的。

东路以潮州为最险要之地，有“程乡之径，饶平、惠来、澄海之澳港、平远之隘……或通闽越，或通广惠、琼崖及外夷之属，号为水国，最霸胜矣”。[⑤]而其中最为要害之地当属与漳州相临界共管的南澳以及柘林一地。“南澳在闽广之交，夙为盗贼逋薮。”[⑥]柘林险要在于“东至倭奴国……漳州番船北风过洋必经此路。水寨去此尚离一日之程，彼处海寇出没，水寨一时何知，倘视我无备，乘虚而入。无柘林则无水寨矣”。[⑦]

中路则以珠江出海口为要，此处为广州府所属之新宁、新会、香山、东莞、新安五县，“尤为滨海要冲”，与东路相比则略显次要。西路要害，在于西

① (清)严如熤:《洋防辑要》卷一二,《福建防海略上》,台北:台湾学生书局,1985年,第16页。

② (清)严如熤:《洋防辑要》卷一二,《福建防海略上》,台北:台湾学生书局,1985年,第17页。

③ (清)严如熤:《洋防辑要》卷一六,《沿海形势总略》,台北:台湾学生书局,1985年,第9页。

④ (清)严如熤:《洋防辑要》卷一六,《沿海形势总略》,台北:台湾学生书局,1985年,第4页。

⑤ (清)严如熤:《洋防辑要》卷一四,《广东防海略上》,台北:台湾学生书局,1985年,第12页。

⑥ (清)严如熤:《洋防辑要》卷一三,《福建防海略下》,台北:台湾学生书局,1985年,第13页。

⑦ (清)严如熤:《洋防辑要》卷一四,《广东防海略上》,台北:台湾学生书局,1985年,第5页。

路与安南占城相接，但是对于“倭寇东来言之，似防守之责可缓”。

与重防要害相辅相成的，是反对分防。“用兵之道……不知众寡之用者，不可以决胜。”[①]“语有五指之更弹，不知奋掌一扶，故《兵志》曰，无所不分则无所不寡。”一例是顾炎武对宝山设所防守的反对。“置守吴淞，又守戍青浦（宝山所），譬之备穿窬者，闲旷之处，多为藩篱而已。嘉靖中，贼之来者，舳橹连云，锋刃耀日，万室之邑，三军之众，往住婴城自守。乃欲以数百户逆其至，邀其归，不亦难乎？……乃宝山孤悬江海之间，守则难固，援则难达，万一蹉跌，所谓借寇兵、赍盗粮者也。”[②]“今智者之士谓宜并于吴淞，盖分则俱弱，合则并强，自然之势也。”[③]

对于福宁州的海防，顾炎武表露出类似的不满。“海滨南有大金，北有松山，俱屯重兵，巡司居中，先年屡议裁革，况今日弓兵十二，可当顽敌乎？如南镇流江，既设哨兵，则青湾、员当二司量存其一，而大箬哨兵居守延亭，则延亭为冗员。”[④]而对于听民力而自筑的乡堡，顾炎武认为有时也不免多滥。“如古县一村，而三堡之地鼎达，沙洽一埠而二堡角立，似宜并而为一，庶便于守，不然力弱势分，鲜克济矣。”[⑤]

二、东南沿海各区域防御总要

顾炎武对有明一带海防的总结和反思，不仅表现在具体的海防策略上，而且在前人考察论述的基础上，对不同地理环境下各区域的海防要点做了总结。

---

① (清)严如煜:《洋防辑要》卷九,《江南防海略》,台北:台湾学生书局,1985年,第20页。

② (清)严如煜:《洋防辑要》卷九,《江南防海略》,台北:台湾学生书局,1985年,第21页。

③ (清)严如煜:《洋防辑要》卷九,《江南防海略》,台北:台湾学生书局,1985年,第20页。

④ (清)严如煜:《洋防辑要》卷一二,《福建防海略上》,台北:台湾学生书局,1985年,第11页。

⑤ (清)严如煜:《洋防辑要》卷一二,《福建防海略上》,台北:台湾学生书局,1985年,第10页。

（一）广东：三路设防，东路尤要

对广东三路设防的认识，顾炎武基本上沿袭了明周弘祖的观点。因《天下郡国利病书》辑录而得以保存的《防海总论》认为："广东列郡者十，分为三路，高、雷、廉近占城、满剌诸番，烟烽稀旷；中路东莞；东路惠、潮，皆倭寇不时出没之地，而东路尤为要冲。……琼州四面环海……生黎错居其间，而五指腹心尽为黎据，郡冈之定安山险，稍或撤备，门庭皆劲敌矣。"[①]

顾炎武发展了周弘祖关于广东三路设防的分法，认为海口有三路，应该设置"巡海备倭，官军以守之"。春夏汛期，督发兵船出海防御，具体而言之，三路则是："中路自东莞县南头城，出佛堂门、什字门、冷水角诸海澳，海船自东莞之南亭门放洋至乌猪、独猪、七洲、三洋、星盘坤、未针，至外罗坤、申针则入古城。至昆仑洋、真子、午收、龙子门港则入暹罗，若番贼海寇，则入什字门打劫，故防之。"[②]注重防守东莞一带海口，此处为广州之外海要路，于此设防可以防止倭寇进入古城、什字门一带。

至于东路，顾炎武说："东路惠、潮一带，自柘林澳出海，则东至倭奴国，故尤为滨海要害。漳州番船北风过洋必经此路。水寨去此尚离一日之程，彼处海寇出没，水寨一时何知，徜视我无备，乘虚而入。无柘林则无水寨矣。东路官军宜于九月无事日擎班之时，定以柘林为堡，阻其咽喉之路，且附近大城所管军互相哨守，庶保无虞，各据险把隘。"发展了周弘祖广东之防，"东路为尤要"，而柘林又"东路控贼之咽喉门户"的观点，并且建议"东路官军""以柘林为堡"，并与"附近大城所管军互相哨守"，阻止倭寇进犯东路乃至整个广东。

西路之要，在于西路与安南占城相接，"西路高、雷、廉海面，惟廉州接近安南占城，为重地焉"。[③] 对于"倭寇东来言之，似防守之责可缓"，[④]因顾炎

---

① （清）严如熤：《洋防辑要》卷一六，《沿海形势总略》，台北：台湾学生书局，1985 年，第 4～5 页。

② （清）严如熤：《洋防辑要》卷一四，《广东防海略上》，台北：台湾学生书局，1985 年，第 4 页。

③ （清）严如熤：《洋防辑要》卷一四，《广东防海略上》，台北：台湾学生书局，1985 年，第 5 页。

④ （清）杜臻：《海防述略》，《四库全书存目丛书》史部地理类第 227 种，济南：齐鲁书社，1996 年。

武所论海防的对象是倭寇，所以这种提法也是可以理解的。

海南岛的防御，在顾炎武看来，是以府城琼州为中心展开的。“府北十里曰白沙港……明隆庆初始设白沙寨，兵船防守，与海口唇齿相通，此琼治之咽喉也。”“府城西去七十里曰澄迈、石䂬，深广可泊船，约五十里至马袅，三十里至石牌，又百余里至临高县博顿港……百余里至儋州、洋浦、三牌、石海口，入新英港，港口有二沙……”不仅要以府城为中心建立防御，而且中间的联络互防也不能少。“海上多故，须轮哨船，时出海口瞭守，亦琼郡之腰络不可疏备者也。”[1]

（二）福建：五寨连体，严加会哨

福建一地，东南滨海，与日本相临，是倭寇时常进犯之地。明政府对福建的防倭事宜也较重视。洪武十九年（1386 年）有江夏侯周德兴、正统九年（1444 年）有侍郎焦宏、景泰二年（1451 年）则又有尚书薛希琏经略海上。凡此近百年，自福宁州往南，以至漳州、泉州，共置卫十一，置所十四，置巡司十五，卫、所、巡司是岸防体系，即“控之于陆”。在明初文武要员经略海上时，还“置水寨防之于海”。初期烽火、南日、浯屿三水寨，景泰间又增加了铜山、小埕二水寨。系统阐述五水寨关系并倡导严加会哨的是周弘祖：“福洋烽火门寨设于福宁州，所辖管井、沙埕、罗浮为南北中三哨。后官井添水寨，则又以罗江古镇分为二哨，是在烽火官井当会哨者五。小埕水寨设于连江，所辖闽安镇、北茭、焦山等七巡司为南北中三哨，是在小埕当会哨者三。南日水寨设于莆田，所辖冲心、莆禧、崇武等所司为三哨，而文澳港则近添与平海之后，是在南日当会哨者四。浯屿水寨设于同安，上自围头，以抵南日，下自井尾以抵铜山，大约当会哨者二。铜山水寨设于漳浦界，北自金山以抵浯屿，南自梅岭以达广东，大约当会哨者二。由南而哨北，则铜山会之浯屿，浯屿会之南日，南日会之小埕，小埕会之烽火，而北来者无不备矣。若由小埕而哨南，则烽火会之小埕，小埕会之南日，南日会之浯屿，浯屿会之铜山，而南来无不备矣。哨道联络，势如长蛇，防御之法，能逾此耶？”[2]

---

① （清）严如煜：《洋防辑要》卷一四，《广东防海略上》，台北：台湾学生书局，1985 年，第 24 页。

② （清）严如煜：《洋防辑要》卷一六，《沿海形势总略》，台北：台湾学生书局，1985 年，第 5 页。

曾担任戚继光幕僚的郭造卿对福建海防也有相似的认识。《郭造卿闽中经略议》有言："铜山而北至担屿，以会浯屿；浯屿会南日于平海；南日会小埕于南交，小埕回烽火与西洋，烽火出北蒲门以会温之金盘，而南下亦如之，此其大势也。视寇之所在而总兵往赴之。贼在温而镇烽火，贼在潮而镇铜山，御不使入，此定策也。……宜改守备为参将而管烽火、小埕而寨，防北户而重锁钥，南参将则管浯屿、铜山二寨为之声援。而山海俱听其令，兴化守备、南日水寨、南北参将皆得调之，方如常山蛇势，首尾及中击则皆应矣……总兵居中，而辖二参将，如命左右手，五寨皆所提挈而臂指之势成矣。"[①]按照周弘祖和郭造卿的构想，五水寨在倭寇入侵的"旺季"——春、秋汛期，派战船出海巡逻会哨，连成一体，是足以防御倭寇的骚扰的。

不过当顾炎武目睹明政府的海防体系时，明朝初期的五寨连防体系早已崩溃。"寨自洪武初命江夏侯周德兴经略海疆，设备倭卫所、巡检司，筑城数十，防其内侵。又于外洋设立水寨……成化末，当事者以孤岛无援，奏移内港，内港山澳多崎岖，贼舟窄小，易趋浅水，而兵船阔大，难于近敌，遂致失利。"[②]具体而言之，则是烽火、南日与浯屿的先后内移。"南日水寨原设海中南日山下，北可以遏南茭、湖井之冲，南可以险湄洲、岱坠之扼，亦要枢……景泰以来乃奏移莆田县之吉了，仍以南日为名，旧南日弃而不守，遂使番船北向泊以寄潮，是又失一险也。""烽火门水寨原设福宁州三沙海中，奉屿、罗浮、官井洋皆辖焉。永乐间倭寇犯境，议拨福宁卫大金所官军守卫。正统九年，侍郎焦宏以其地风涛汹涌，为便栖船，徙今松山寨地方，其后官井洋虽设水寨，而沙埕、罗江、古镇、罗浮、九澳等险孤悬无援，势不能复旧矣。"[③]浯屿水寨建在大担南太武山外，"扼大小担二屿之险，绝海门，月港之奸，与福州烽火、小埕，兴化南日，漳州铜山，声势联络，其为全闽计甚周。先年烽火、南日二寨移入内湾，浯屿寨复移厦门，纵贼登岸，而后御之无及矣"。明政府把水寨内移所造成的危害，在随后即显现出来。"嘉靖戊午，浙江舟山倭徙巢梅柯，复驾舟出海，泊于浯屿，负隅莫撄，四出剽掠，兴、泉、汀、广，

① （清）严如煜：《洋防辑要》卷一三，《福建防海略下》，台北：台湾学生书局，1985年，第30页。

② （清）严如煜：《洋防辑要》卷一二，《福建防海略上》，台北：台湾学生书局，1985年，第2页。

③ （明）茅元仪：《武备志》第20册，台北：华世出版社，1984年。

并受其害，越一载，乃扬帆去此。已事之殷鉴也。谭巡抚、戚总兵议请复旧，旋复旋罢，近又移浯屿水寨于石湖，说者谓滨海四郡，隔藩篱而怀鸩毒，原非便计，乃石湖则内地尤近，置鲸波罔闻矣，倘亦一长虑乎？”[①]

明中后期福建防御倭寇的不力，在顾炎武看来，是出于对明初建制的海防体系的不遵从乃至更改。他在骨子里相信，明初的防御建制是完美无瑕并足以抵御倭寇的进犯的。

（三）浙江：远哨外洋，重防舟山

浙江的防御，在周弘祖看来，“会哨于陈钱，分哨于马迹、羊山、普陀”是为第一重门户。[②] 陈钱一屿，实为倭寇进犯时的取汲和集散之地。“倭船之来，必到八山之尽，陈钱壁下山取水候风流犯。”[③]“倭船来，率以此为停汲之所，觇伺风候，以决所向。”[④]对陈钱作为倭寇取汲和集散之地的论述，以明朝王在晋为详。“倭寇之来，每自彼过开洋，必径抵陈钱山，歇潮候风，集艘分犯。若遇东南风高，则望羊山，以犯苏松、浙西，东南风和则望并山、朱家尖以犯宁绍。若遇东北和则犯大佛头、主山、凤凰山，以寇台温，东北风急则越桐山流江以入闽，是陈钱、羊山乃浙直共守之门户。”[⑤]所以，远哨于陈钱壁下、羊山、许山以及八山，在顾炎武看来尤为海防之要。

“先年兵船，畏彼中风涛危险，止分守八山之内港，每年黄鱼生发之时，各府渔船俱聚八山，相近内洋下网，致倭贼抄掠鱼船，引劫各处。隆庆三年，军门谷公中虚设，立游哨兵船，委大把总一员，直哨壁下等洋。遇贼即剿，然后内港无虞……是鳖子门之险，与八山之哨首尾相应，尤为紧要者。”[⑥]或

---

① （清）严如煜：《洋防辑要》卷一二，《福建防海略上》，台北：台湾学生书局，1985年，第14页。

② （清）严如煜：《洋防辑要》卷一六，《沿海形势总略》，台北：台湾学生书局，1985年，第5页。

③ （清）严如煜：《洋防辑要》卷九，《江南防海略》，台北：台湾学生书局，1985年，第2页。

④ （清）严如煜：《洋防辑要》卷九，《江南防海略》，台北：台湾学生书局，1985年，第21页。

⑤ （明）王在晋：《海防纂要》，《四库禁毁书丛刊》史部第17册，北京：北京出版社，2000年，第482页。

⑥ （清）严如煜：《洋防辑要》卷一〇，《浙江防海略上》，台北：台湾学生书局，1985年，第9页。

曰:“立海盐、乍浦、澉浦三关,三总戍守分兼,出哨羊许二山,羊山至许山一潮,许山至乍浦一潮,倭来至陈钱山合艘,自陈钱至羊山,复占风分艘,犯浙直,故羊许尤浙西门户,永乐时哨沈家门,则已远,正统时撤而泊乍之海岸,则已近,惟哨羊许,于浙西海径有合乎。”[1]

浙江海防,在远洋,则哨守;在近洋,则以重防外藩舟山为要。“乃若定海者是宁绍之门户,舟山者又定海之外藩也。”“(舟山)其地则故地县治也。为澳者八十有三,五谷之饶,鱼盐之利,可以数万人,不待取给与外,非若普陀之山比有。国初置昌国卫于其上,屯兵戍守,诚至计也。”[2]或云:“江南控扼在崇明,浙东控扼在舟山。天生此两处土于大海中,以障蔽浙直门户。”[3]然而当信国公汤和经略海上之时,却以舟山之地孤悬海外而徙其地而墟其民。后代人对此多有微词。“信国废昌国故县而徙之,恐是千虑之一失,未可谓昔人尽是而今人非也。”“信国公经略海上,以其地孤悬,徙之内地,改隶象山,识其小而未见其大也。”顾炎武则大声疾呼:“必修复旧制而后可。”

对舟山的认识,顾炎武并不是仅停留在对信国公虚地徙民的批评上,而且对舟山的考察可谓详尽。“舟山故邑治,四面环海,东接普陀、桃花,南连崎头、横水,西接长白、马募,北连长涂、剑山……其地之险者,东则塘头、螺门一带,地势辽阔……南则曹山谢浦、梅家墩、螺头、天童……而梅家墩直对曹山大洋,倭奴曾经入据;西则岑江、碇礵、大沙、小沙、马澳一带,地形广远……北则柯梅、白泉、大澳、钓澳等地……盖舟山周围,皆海贼舟无处不可以登岸,而东之沈家门切近乌沙门,去普陀不远……为舟山最冲险之地,宜设重兵以守之。……按地之极冲者,沈家门而渐出塘头,亦正不轻,皆昔时倭奴流灾之处……次冲要者岑江、碇礵二处,涂浅易登,入犯为易……倭面四达,均宜设兵船防守。”舟山天生险地,是设备防倭,以卫两浙的最佳之地。“夫定邑为宁郡咽喉,而舟山为定邑门户,攘外正所以安内,舟山固则定邑固,定邑固则宁郡以达绍郡俱固,有地方之责者不可不深长虑也。”[4]

---

① (清)严如煜:《洋防辑要》卷一〇,《浙江防海略上》,台北:台湾学生书局,1985年,第21页。

② (清)严如煜:《洋防辑要》卷一一,《浙江防海略下》,台北:台湾学生书局,1985年,第12页。

③ 广文编译所辑:《海防辑要》,台北:广文出版社,出版年份不详。

④ (清)严如煜:《洋防辑要》卷一一,《浙江防海略下》,台北:台湾学生书局,1985年,第4~5页。

（四）江南：港汊繁多，密集布防

江南地势平坦，苏州一带港汊繁多，应密集布防。“苏松为畿辅望郡，濒于大海。自吴淞江口以南，黄浦以东，海壖数百里，一望平坦，皆贼经过，往故不御之于大海，致倭深入，二府一州九县之地无不创残，其祸惨矣。……自上海之川沙、南汇，华亭之青、柘林村，乃贼所据为巢……而金山介于柘林、乍浦之间，尤为浙直要冲……苏州之沿海多港口，自嘉定之吴淞所、太仓之刘家河、常熟之福山港，贼舟皆可入……而崇明孤悬海中，尤为贼所必经之处。”①

而江南之地，可谓是处处港汊，处处要害：“李家港孤悬海口，东至宝山六里，东北至吴淞所一十二里，此口间隔在宝山吴淞之中，两难交顾，贼若乘潮突入，不移时即抵上海城下。”“翁家港离羊山仅隔一水之遥，岛夹望港门为便，昔年倭从此登岸。”“川沙当羊山一带，水势潆洄，昔年倭从此登，据川沙为巢。”“清洼深阔，内可泊船，连年海盗于此登劫。”“李洪，万历中海潮冲成大口，吴淞之险移于是也。”②

顾炎武为江南开出的处方是：“松江之有海塘而无海口者，则自上海之川沙、南汇，华亭之青、柘林村，乃贼所据为巢。宜各舍陆兵把总屯守之。而金山，特设总兵以统令。又添游兵把总专驻金山，往来巡哨，所以北卫松江而西援乍浦也。至于苏州之沿海多港口者……各设本兵把总堵截之。而崇明孤悬海中，尤为贼所必经之处，特设参将以为领袖，又添游兵把总二员，分驻竹箔、营前二沙，往来会哨，所以巡视海洋而警报港口也。内外夹持，水陆兼备，上可御贼于外洋，不但巡哨，而相守亦既精且密矣。”③

江南港汊的繁多，还表现在小港的密集上。“江南自乍浦南江，以至上海、嘉定、太仓、常熟、江阴、靖江延袤一带，内河与外海相通，一里之内，有港三四，皆可以停舟避风。塘外无沙涂，贩舟倏忽直抵海岸，民不及知，知不及

---

① （清）严如煜：《洋防辑要》卷九，《江南防海略》，台北：台湾学生书局，1985年，第1页。

② （清）严如煜：《洋防辑要》卷九，《江南防海略》，台北：台湾学生书局，1985年，第2页。

③ （清）严如煜：《洋防辑要》卷九，《江南防海略》，台北：台湾学生书局，1985年，第3页。

避，掠有所得……"这种形势应"乘贼退之时，急宜立备，如吴淞、刘家河等港，极大者，已有兵船抵御，其余港汊，如柘林、七八潭、青水洼等处，皆须设法堵之，或碇桩于港口，投以远根大木，或泊舟于内，使我先据其险。其海岸上每三十里内，择要害之地，屯兵一枝，各县各率其人民，各守其封域。其势大不能支者，军民发兵剿之，必须初登海岸，乘其饥倦，势易为图，若登岸后，即难为力矣。此据险要者，诚今日急务也"。[①]

结　　语

通过考察有明一代海防的得失以及总结前人对海防的论述，顾炎武形成较为系统的海防思想，即利用民力，重视战船，御倭于海，水陆配合，扼制要害等。具体到东南沿海倭患严重的几个省份，他又因地制宜提出具体的海防策略：广东，三路设防，东路尤重；福建，五寨连体，严密会哨；浙江，远哨外洋，重防舟山；江南，港汊繁多，密集布防。这几个方面，对清代的海防和海防研究产生了积极的影响。尤其是主张御倭于海，哨防海岛，否定了汤和经略海上时弃守海岛的政策，加强了人们对海岛的关注，一定程度上是当时人们要求积极探索海洋、主动防守的表现。然而由于时代和阶级的局限，顾炎武的海防思想中也不免带有不足的一面：主张利用民力，却又时刻惦念着"约束"之法；重视战船，仅是对原有战船数量的缺失感到遗憾，缺乏对改造战船和武器的积极探索；御倭于海，却又偏安于"敌来我御"，于"近海击贼"的消极防御，而未能形成同时代西方人所论述的"主动出击，扼住敌国海口"的海防理念；水陆兼备，但陆路仍占主导，海防最终依赖陆防的态度没有多少改变。尽管如此，顾炎武对于有明一代海防积极面的总结，对消极策略的反思，在当时乃至今日都有借鉴意义。

① (清)严如熤：《洋防辑要》卷九，《江南防海略》，台北：台湾学生书局，1985 年，第 22 页。

第二节　蓝鼎元的海洋经世思想

蓝鼎元，字玉霖，别字任庵，号鹿洲，福建漳浦人，生于康熙十九年（1680年），卒于雍正十一年（1733年），清代著名学者，但终生科举未中，后来选为拔贡，仅做过短期的幕友、知县与知府。蓝鼎元生于书香门第，十岁而孤，由母亲含辛茹苦抚养长大。他十岁时就通四书五经，读书涉猎广泛，"诸子百家、礼乐名物、韬略行阵，究心综核不辍"。[①] 他还涉足远行，十七岁时"观海厦门，泛海舟溯全闽岛屿，历浙洋舟山，乘风而南，沿南澳、海门以归"，[②]后又经常往来于东南各省，因此他熟稔东南沿海的疆域形胜、人文风情。同时，东南地区人民丰富的航海实践以及发达的海洋贸易与渔业，使他对海洋之利的认识愈益深刻。蓝鼎元少时即思"诵法先儒，心殷报国"，[③]因此他致力于经世致用之学，脱离空谈浮夸的学风，"学适于世用，而心常存乎世道人心，词不尚浮夸，而论切中乎人情物理"。[④] "其志存乎世道之人心，其心系乎生民之社稷"，[⑤]蓝鼎元经世致用的思想使他注重寻求民生和国家发展的可行之道。康熙六十年（1721年），他随族兄蓝廷珍入台湾平定朱一贵叛乱，参与战争筹划、驻防，以及台湾的治理与开发，前后近两年之久，在此期间他提升了对台湾岛以及台湾岛对整个国家海洋防卫体系的重要性的认识。个人的学识与经历，以及历代中国人民的海洋实践，使蓝鼎元从实际出发，形成丰富的开发和利用海洋的经世致用思想。近来学者对他的教育、学

---

① (清)蓝鼎元：《鹿洲初集·行述》，《鹿洲全集》第1册，戊辰(1988年)重印光绪庚辰(1880年)本。

② (清)蓝鼎元：《鹿洲初集·行述》，《鹿洲全集》第1册，戊辰(1988年)重印光绪庚辰(1880年)本。

③ (清)蓝鼎元：《鹿洲奏疏·履历条奏》，《鹿洲全集》，戊辰(1988年)重印光绪庚辰(1880年)本。

④ (清)蓝鼎元：《东征集·王者辅序》，《鹿洲全集》第14册，戊辰(1988年)重印光绪庚辰(1880年)本。

⑤ (清)蓝鼎元：《鹿洲初集·旷敏序》，《鹿洲全集》第1册，戊辰(1988年)重印光绪庚辰(1880年)本。

术、经济、乡治等方面的思想均有研究,[①]但是对于他的海洋思想的专门研究不多。除数篇论述蓝鼎元治台思想和策略之文外,仅见覃寿伟论文《海洋视野下蓝鼎元的民本观》论述蓝鼎元基于海洋意识下的民本观念,[②]其他的研究散见于一些相关的著述之中。本节将从蓝鼎元文集出发,试述他的海洋经世思想。

一、加强海防,整肃海盗

清王朝统一全国后,康熙帝弛海禁,东南海上相对平静,没有发生海盗大规模抢劫和反官府的事件。[③] 但康熙中后期小规模海盗劫掠事件再次兴起,据统计,仅1708—1717年间,涉及海盗的奏折共计80余件。[④] 这还只是上报朝廷的数目,未上报的应该还很多。海盗劫掠主要发生在东南沿海的江苏、浙江、福建、广东地区,每年"二三月至九月,皆盗艘劫掠之时","而往往不能廓清,岁岁为商民之害"。[⑤] 海盗初起时只是少数几个人潜伏港口劫夺渔民,随着势力的发展,"便敢公然行劫,此粤东所谓踏斗者也。出遇商船,则乱流以截之,稍近则大呼落帆,商自度无炮火军械,不能御敌,又船身重滞,难以走脱,闻声落帆,惟恐稍缓,相顾屏息,俟贼登舟捆綮,贼或收其财

① 参见赵靖:《简论蓝鼎元的经济思想》,《中国经济问题》1983年第5期;李非:《试论蓝鼎元对清初开发台湾的贡献》,《福建论坛(人文社会科学版)》1985年第3期;许其端:《蓝鼎元的哲学思想》,《漳州师范学院学报》1994年第3期;蒋炳钊:《"筹台宗匠"蓝鼎元——评述蓝鼎元治台方略及其意义》,《福建师范大学学报(哲学社会科学版)》1995年第1期;刘青泉:《试论蓝鼎元的政治功绩与学术思想特色》,《清史研究》1996年第4期;林其泉、周建昌:《从〈东征集〉和〈平台纪略〉看蓝鼎元的治台思想主张》,《古籍整理研究学刊》2000年第6期;黄新宪:《蓝鼎元的教育观探略》,《河北师范大学学报》2004年第1期;陈跃、井红波:《论蓝鼎元的对外贸易思想》,《黄山学院学报》2006年第2期;王亚民:《蓝鼎元幕友时期的乡治思想述论》,《齐鲁学刊》2009年第4期;等等。

② 覃寿伟:《海洋视野下蓝鼎元的民本观》,《重庆工学院学报(社会科学版)》2009年第12期。

③ 郑广南:《中国海盗史》,上海:华东理工大学出版社,1998年,第296页。

④ 王华锋:《18世纪初期(1708—1717)的海盗问题初探》,《兰州学刊》2007年第3期,第148页。

⑤ (清)蓝鼎元:《鹿洲初集》卷一,《论海洋弥捕盗贼书》,《鹿洲全集》第1册,戊辰(1988年)重印光绪庚辰(1880年)本。

物，将船放回，或连船劫驾他往”。[①] 海盗形成一定势力时才敢公然抢劫商船，掠夺财物，甚至连船一起劫走。但与明末清初的职业性大海盗集团不同，这些海盗大多是“饥寒逼身，犯法潜逃，寄口腹于烟波浩荡之际”的贫民。[②] 康熙帝也认为：“盖海贼原无窝巢，初时不过数人，或系穷民，或为水手，其力不能自备船只，亦无器械，因饥寒所迫抢夺营伍及商贾之船只器械，渐次啸聚，久而势众，又苦无米粮，乃往来海洋肆行劫掠。”[③]而“在洋之盗，十犯九广”，大部分上是来自广东地区，尤其是粤东与粤西地区。这些地区山多民贫，民风剽悍，“半以攘夺为生涯，水务习熟，往来如飞，而广、惠、肇、高深山聚处之民，往往集众操戈，载大橐以出，剽掠富商大贾，地方官不敢过问，或家人衙役为其所擒，黥面馘耳，亦佯为不知而姑息焉”。[④] 民风剽悍，地方官也无可奈何，贫民为生计往往铤而走险剽掠海洋，这是海盗产生的根源。商船随时面临海盗的劫掠，但康熙帝却禁止商船携带军火器械，商船没有基本的自卫能力，商人遇到海贼时只有“相顾屏息，俟贼登舟捆縶，贼或收其财物，将船放回，或连船劫驾他往”。[⑤] 没有基本的防卫器械使商船遇到海盗时无异于坐以待毙。

海盗的兴起除贫民为了生计铤而走险，以及商船没有军火器械不能抵御盗贼劫掠外，海防懈怠、军队战斗力低下是主要原因。康雍时期，“承平日久，将卒疲玩，大帅养尊处优，不肯轻身出海。将弁奉命巡哨，泊船近岸，沉湎樗蒱，以为娱乐，迁延期满，扬帆回汛。贼夥连艅劫掠，莫过而问。或上命督责，不得已稍稍出洋，则大张声势，扬旆徐行，又于舟中旦暮鼓乐，举炮作威，惟恐贼船不知远避。贼亦若相体谅，不来冲突，自于他处行劫。俄而失事之处，偶属他镇地方，则此镇自相庆贺，以为贼不敢犯吾境。是则今日沿

---

① （清）蓝鼎元：《鹿洲初集》卷一，《论海洋弥捕盗贼书》，《鹿洲全集》第1册，戊辰（1988年）重印光绪庚辰（1880年）本。

② （清）蓝鼎元：《鹿洲初集》卷一，《论海洋弥捕盗贼书》，《鹿洲全集》第1册，戊辰（1988年）重印光绪庚辰（1880年）本。

③ 《清实录》卷一五二，“康熙五十一年正月辛丑”条，北京：中华书局，1985年，第502页。

④ （清）蓝鼎元：《鹿洲初集》卷一，《论海洋弥捕盗贼书》，《鹿洲全集》第1册，戊辰（1988年）重印光绪庚辰（1880年）本。

⑤ （清）蓝鼎元：《鹿洲初集》卷一，《论海洋弥捕盗贼书》，《鹿洲全集》第1册，戊辰（1988年）重印光绪庚辰（1880年）本。

海水师之通病也”。[1] 即使出师巡哨，“坐守数月，及瓜而还，罕有离岸十余里试出海面优游者。商船被劫，虽城下亦诿之外洋，虽营边亦移之邻境。彼此互推，经年不倦，若其海菜鱼虾，微利所在，战胜攻取，如临大敌”。[2] 水师的懈怠和遇事推诿、遇利争夺，使海防形同虚设，且无异为虎作伥，使盗贼出入如履平地。此外，康熙后期，“太平日久，文恬武嬉，兵有名而无人，民逸居而无教，官吏孳孳以为利薮，沉湎樗蒲，连宵达曙。本实先拨，贼未至而众心已离，虽欲无败，弗可得已”。[3] 军队的战斗力已经下降，无怪乎朱一贵叛乱时“不旬日间，全郡陷落”。因此，整顿加强海防，提高军队战斗力，肃清海盗是急需解决的一个严峻问题。

海盗的兴起也引起康熙帝的注意，但康熙帝认为，“防海之道，惟在陆路兵弁，守御严紧，乃为扼要”，因此认为“今沿海地方督抚提镇，能用心防御，不时稽察，使贼无所掠夺，则不期灭而自灭也。……是知沿海防汛，果能严肃，贼一登陆，便成擒矣。此防海之策，为陆路守御最为要也”。[4] 康熙帝要求各地督抚提镇加强陆路的防守和稽查，靠陆地军队消灭劫掠的海盗。康熙帝的主张对登陆劫掠的海盗有一定的抑制作用，但对在洋劫掠的海盗以及消弭海盗形成的各种原因是毫无效果的。蓝鼎元根据实际情况，针对海盗兴盛的原因，提出了许多治理措施，主要有：

第一，“弛商船军器之禁”，使商船可以有一定的武器装备抵御盗贼。武器装备是保证商船航行安全的重要条件，但在康熙三十三年（1694 年），清政府就严禁出海船只携带武器。康熙五十九年（1720 年）又重申：“沿海各省出洋商船，炮械军器概行私带者，照失查鸟枪例罚奉一年。”[5]雍正六年（1728 年），罪责有所放宽，但仍规定“鸟枪不过八杆，腰刀不得过十把，弓箭不得过十副，火药不得过二十斤”。[6] 雍正八年（1730 年），又放宽到每船带

---

① （清）蓝鼎元：《鹿洲初集》卷二，《与荆璞家兄论镇守南澳事宜书》，《鹿洲全集》第 1 册，戊辰（1988 年）重印光绪庚辰（1880 年）本。

② （清）蓝鼎元：《鹿洲初集》卷一二，《潮州海防图说》，《鹿洲全集》第 6 册，戊辰（1988 年）重印光绪庚辰（1880 年）本。

③ （清）蓝鼎元：《平台纪略》，《鹿洲全集》第 23 册，戊辰（1988 年）重印光绪庚辰（1880 年）本。

④ 《清实录》卷一五二，“康熙五十一年正月辛丑”条，北京：中华书局，1985 年，第 502～503 页。

⑤ 《钦定大清会典事例》卷一二〇，《海防处分例》，光绪十二年（1886 年）刊本。

⑥ 《钦定大清会典事例》卷六二九，《绿营处分》，光绪十二年（1886 年）刊本。

炮不得过二门，火药不得过三十斤。与装备精良、号称“火与剑”的西方殖民海盗船相比，装备残缺的中国商船基本没有防御能力。这些限制严重削弱了出海船只的自卫能力，海上航行的风险自然加大，使商船遇到盗贼劫掠时毫无抵御能力，只能束手就擒，任凭劫掠。

蓝鼎元生长于海洋经济贸易发达的东南沿海地区，对出洋商民有深入的了解。他指出：“商船皆有身家，断不敢思为匪，以自丧其身家性命。而且一船下水，必有族邻乡保具结，地方官查验烙号，结与护船牌照，方敢外出贸易。此等有根有据之人，岂不可信，而必禁携枪炮，使拱手听命于贼。若以族邻保结不足凭，则不应给与牌照。既可给与牌照，则可听其随带防船器械。倘得请旨勿为拘牵，弛商船军器之禁，则不出数月，洋盗尽为饿殍，未有不散伙回家者也。”[①]在清王朝严格限制和规定下，出洋商船必须家族邻里具保，官府查验给照，跟随商船出洋的客商和舵手也都要严格登记，载明船照，以便稽查。“闽广人稠地狭，田园不足与耕，望海谋生十居五六”，[②]出洋商民多是迫于生计漂流海洋，为了生计和家族邻里身家性命，他们断不敢轻易为非作歹。因此，蓝鼎元吁请清政府放开商船携带军器的禁令，使商船在遭遇海盗劫掠时有最起码的抵御自卫能力，而海盗因劫掠不能得逞，衣食无着，只有散伙回家，可谓不攻自破，一举两得。

第二，针对海防懈怠，军队战斗力低下的问题，蓝鼎元提出了“练兵丁、选死士、精器械、慎机密、搜丑类而歼之”[③]的加强海防的策略。他在《与荆璞家兄论镇守南澳事宜书》中具体提出：一、哨船之接济宜察也；二、兵丁老弱宜换也；三、亲随之精锐宜选也；四、哨船之军器宜审也；五、巡哨之踪迹宜密也；六、驭下之恩威宜兼济也。[④] 盗贼之所以能长久不衰，乃是因为内地奸人粮食、炮火军械的不断接济，而这些奸人大部分就是巡哨兵丁。因此镇主当留心稽查，肃清内奸。海防水师兵丁老弱参半，一些膏粱子弟也厕身行

---

① （清）蓝鼎元：《鹿洲初集》卷一，《论海洋弥捕盗贼书》，《鹿洲全集》第1册，戊辰（1988年）重印光绪庚辰（1880年）本。

② （清）蓝鼎元：《鹿洲初集》卷三，《论南洋事宜书》，《鹿洲全集》第2册，戊辰（1988年）重印光绪庚辰（1880年）本。

③ （清）蓝鼎元：《鹿洲初集》卷二，《与荆璞家兄论镇守南澳事宜书》，《鹿洲全集》第1册，戊辰（1988年）重印光绪庚辰（1880年）本。

④ （清）蓝鼎元：《鹿洲初集》卷二，《与荆璞家兄论镇守南澳事宜书》，《鹿洲全集》第1册，戊辰（1988年）重印光绪庚辰（1880年）本。

伍，赌博生事，逃避差徭。老弱兵丁准许推举余丁自代，但不过问其真假，只要人材精壮、武艺高强，不能举荐替代的则清除出军队，改募勇武有力的士兵取代。另外在军中挑选武艺才能出众的三百人作为巡哨亲军，又在这些人中选拔五六十人为亲随兵丁，加以优待，使巡哨及战时有相当的可靠力量。海防还须舍弃陆战兵器形式，哨船军器"专用鸟铳、鹿铳、连环子母西瓜等炮、喷天筒、火罐、火箭，佐以单刀、藤牌、长枪、大钩，而其余一概不用。约略一船中，为炮火者十之七，为刀枪者十之三"。[①] 对于以往巡哨在近岸游弋玩乐，不出海巡视稽查，蓝鼎元认为应该增加士兵出海巡哨的次数，并改善巡哨的方式。哨船出巡时可以伪装成商船，"勿张旗帜，勿挂牌刀，多运小石压载，以疑货物，有急可当军器。行莫连艅，但度策应所可及，若断若续，遇贼船对敌，然后举大炮为号。众哨齐集，堵截环攻，擒贼获船，百不失一"。[②] 此外，驾驭士兵应当恩威并济，"御兵之法，莫大乎体贴人情，为之设身处地，饥寒疾苦，痛痒相关，婚姻死丧，酌量周恤，上下相亲，如手足腹心之不可离。至于法令一出，泰山不移，敢有犯者，虽亲无赦"。[③] 整顿后的海防水师才能改变以往将卒懈怠，不敢出洋巡哨、避贼如虎的状况，提高军队的战斗力和海防实力，"知所向之无敌也"。[④] 需要说明的是，蓝鼎元加强海防策略的出发点是提升整肃海盗的能力，为海洋贸易的发展创造有利环境。

第三，课农桑，发展社会生产；兴教化，移风易俗。"练兵丁、选死士、精器械、慎机密、搜丑类而歼之，治其标也。平日恩威并济，必有大服军士之心，虽使赴汤蹈火，亦无所避，又当知弥盗之源在乎民风。士习课农桑，修学校，以养以教，自然不为盗贼，治其本也。"[⑤]贫困是海盗产生的根源，因此治理海盗的根本还在于发展社会生产，推行教化，转变民风，消弭盗源。"用兵

① (清)蓝鼎元:《鹿洲初集》卷二,《与荆璞家兄论镇守南澳事宜书》,《鹿洲全集》第1册,戊辰(1988年)重印光绪庚辰(1880年)本。

② (清)蓝鼎元:《鹿洲初集》卷二,《与荆璞家兄论镇守南澳事宜书》,《鹿洲全集》第1册,戊辰(1988年)重印光绪庚辰(1880年)本。

③ (清)蓝鼎元:《鹿洲初集》卷二,《与荆璞家兄论镇守南澳事宜书》,《鹿洲全集》第1册,戊辰(1988年)重印光绪庚辰(1880年)本。

④ (清)蓝鼎元:《鹿洲初集》卷二,《与荆璞家兄论镇守南澳事宜书》,《鹿洲全集》第1册,戊辰(1988年)重印光绪庚辰(1880年)本。

⑤ (清)蓝鼎元:《鹿洲初集》卷二,《与荆璞家兄论镇守南澳事宜书》,《鹿洲全集》第1册,戊辰(1988年)重印光绪庚辰(1880年)本。

之道，安民为先，弥盗之源，抚民为本”，因此蓝鼎元认为对于沿海边民和岛屿民众不能只是弹压或迁移，而应当根据地理条件，发展生产，兴王教，体恤民情，“米价腾贵，运载平粜；雨旸不节，斋戒祷祈。又以春秋巡行阡陌，课农桑，择其勤者奖励之。悦色和颜，如家人妇子之相亲切”；每月朔望时聚集兵民，宣讲圣谕十六条，推行王道教化，使兵民“晓然于圣天子轸念民生谆谆教诲之意，而相戒相勉，不敢作奸犯科，亦经理海疆之要务，使民无盗之原也”；同时兴举义学，扩充学校，使诸生及兵民子弟能够入校学习，使兵民“虽在海外，不废诗书；虽有戈矛，必兴礼乐”。[①] 如是，地方社会生产发展，学校兴盛，教化风行，一地的风气必由此转变，这就清除了海盗产生的根源。

“国家东南环海，万里汪洋，舟楫利涉，为民生之大利”，[②]但海盗的横行破坏海洋贸易，使商民深受其害。蓝鼎元十分重视海洋贸易，希冀盗乱平息，为海洋贸易的发展创造有利环境，使海洋贸易顺利发展，维护和促进“民生之大利”。蓝鼎元不是纸上谈兵，他在任潮阳知县时亲自实践，剿灭黄吕璜、方阿球两股海盗势力，“自是山陬石罅，海澨游魂，无不闻风丧胆，潜踪远遁，莫敢有复萌攘窃多事之想者。潮普两邑肃然矣”，[③]沿海治安形势得到根本好转。[④]

二、开海贸易，足民裕国

清初为剿灭明郑抗清力量及海盗集团，实行严厉的海禁、迁界政策，“凡沿海口子，处处严防，不许片帆入海、一贼登岸”。[⑤] 禁海、迁界使东南沿海地区遭受灭顶之灾。康熙十九年（1680 年），福建总督姚启圣也说：“照得边海地方播迁，百姓抛产弃业，流离失所者二十年矣。朝廷正供以徙界缺额者

---

① （清）蓝鼎元：《鹿洲初集》卷一，《论海洋弥捕盗贼书》，《鹿洲全集》第 1 册，戊辰（1988 年）重印光绪庚辰（1880 年）本。

② （清）蓝鼎元：《鹿洲初集》卷一，《论海洋弥捕盗贼书》，《鹿洲全集》第 1 册，戊辰（1988 年）重印光绪庚辰（1880 年）本。

③ （清）蓝鼎元：《鹿洲公案》卷上，《葫芦地》，《鹿洲全集》第 9 册，戊辰（1988 年）重印光绪庚辰（1880 年）本。

④ 王亚民、任艺：《清初知县蓝鼎元与潮普地区海域治理》，《吉林师范大学学报（人文社会科学版）》2014 年第 2 期，第 87 页。

⑤ 《钦定大清会典事例》卷七七六，《兵律关津》，光绪十二年（1886 年）刊本.

四百余万两。”[①]康熙二十二年(1683年),施琅率水师登台湾岛,实现了国家的统一。第二年三月,康熙允许浙、闽、粤援山东例,听百姓海上贸易与捕鱼,九月发布谕令,正式宣告“开禁”。谕令说:“向令开海贸易,谓于闽、粤边海民生有益,若此二省民用充阜,财货流通,各省俱有裨益。且出海贸易,非贫民所能,富商大贾,懋迁有无,薄征其税,不致累民,可充闽粤兵饷,以免腹里省份转输协济之劳,腹里省份钱粮有余,小民又获安养,故令开海贸易。”[②]康熙帝虽然“开海贸易”,但在人民自由出海、商品出口、出海船只、商船武器装备等方面进行严格限制。[③] 康熙五十六年(1717年)正月,借张伯行奏商人偷米出洋之机,颁布了“禁南洋贸易令”,规定:“凡商船照旧东洋贸易外,其南洋吕宋、噶啰吧等处不准商船前往贸易,于南澳等地方截住。令广东、福建沿海一带水师各营巡查。违禁者严拿治罪。”[④]禁止南洋贸易对东南社会造成了严重的负面影响,海禁之后,“百货不通,民生日蹙,居者苦艺能之罔用,行者叹致远之无方”,花费数千金建造的远洋海船只能系在荒郊港口,折价变卖无主,拆梁改造又心有不甘,眼见其朽坏,然而“一船之敝废,中人数百家之产,其惨目伤心,可胜道耶!沿海居民,萧索岑寂,穷困不聊之状,皆因洋禁”,这与“未禁之先,闽广家给人足”形成鲜明的对比。[⑤]

东南地区人民经久的海洋实践使蓝鼎元深知开海贸易,尤其是南洋贸易对国计民生的重要性;同时他熟知内外情形,明晰开海贸易具有很大的可行性。“闽广人稠地狭,田园不足于耕,望海谋生十居五六,内地贱菲无足轻重之物,载至番境,皆同珍贝。是以沿海居民,造作小巧技艺,以及女红针黹,皆于洋船行销,岁收诸岛银钱货物百十万入我中土,所关为不细矣。南洋未禁之先,闽广家给人足,游手无赖,亦为富欲所驱,尽入番岛,鲜有在家饥寒窃劫为非之患”;“开南洋有利而无害,外通财货,内消奸宄,百万生灵仰

① (清)姚启圣:《闽颂汇编》(四),“忧畏轩文告,禁止派扰复业”条,见《台湾文献汇刊》第2辑第4册,厦门:厦门大学出版社,2004年,第145页。

② 《清实录》卷一一六,“康熙二十三年九月甲子”条,北京:中华书局,1985年,第212页。

③ 王日根:《明清海疆政策与中国社会发展》,福州:福建人民出版社,2006年,第334～338页。

④ 《清实录》卷二〇七,“康熙五十六年正月庚辰”条,北京:中华书局,1985年,第658页。

⑤ (清)蓝鼎元:《鹿洲初集》卷三,《论南洋事宜书》,《鹿洲全集》第2册,戊辰(1988年)重印光绪庚辰(1880年)本。

事俯畜之有资，各处钞关，且可多征税课，以足民者欲国，其利甚为不小”；“闽广产米无多，福建不敷尤甚。每岁民食，半借台湾，或佐之以江浙。南洋未禁之先，吕宋米时常至厦，番地出米最饶，原不待仰食中国”。[①] 蓝鼎元认为，第一，开海贸易能发展社会生产，促进就业，改善民生，缓解社会矛盾，使“闽广家给人足”。第二，开海贸易互通有无，满足人民生活需求，增加国家关税与财政收入，“以足民者裕国”，“这种提法把对外贸易促进国民经济发展和增加国家财政收入这两方面的作用联系起来，而且认为足民(即发展经济)是裕国(即增加国家收入)之本。这一论点超越了单纯的财政眼光，比丘濬‘不扰民’而‘足国用’的认识也更积极，更深刻”。[②] 第三，解决国内粮食紧缺问题。“禁南洋有害而无利，但能使沿海居民，富者贫，贫者困，驱工商为游手，驱游手为盗贼耳。”[③]清王朝厉行海禁导致正常贸易受阻，沿海失业生民入海走私劫掠，甚至勾结西方殖民者为害中国，防盗反而导致盗乱丛生。蓝鼎元主张开放南洋海禁，允许生民进行海洋贸易，繁荣社会经济，增加国家财政收入，“以足民者裕国”才是发展国计民生与维护社会发展稳定的根本。

当时清王朝面对的海外国际情形相对宽松，也有利于开海贸易。中国沿海邻国除日本势力较大外，其余南洋诸国、朝鲜、琉球势力都较小，而且“南洋数十岛番则也，开辟以来，未尝侵扰边境，贻中国南顾易患，不过货财贸易，通济有无”。[④] 南洋诸国势力弱小，对中国不构成威胁，且早已和中国进行朝贡贸易，民间贸易也很早就繁荣起来，沿海许多民众就靠往来南洋贸易养家糊口。对中国构成威胁的是西方殖民势力以及东洋日本，但是“今日本不禁，红毛不禁，西洋天主教布满天下，且以广东澳门为彼盘踞聚族之区，而独于柔顺寡弱、有利无害之南洋，必严禁而遏绝之，是亦不可以已乎？”[⑤]

---

① (清)蓝鼎元：《鹿洲初集》卷三，《论南洋事宜书》，《鹿洲全集》第2册，戊辰(1988年)重印光绪庚辰(1880年)本。

② 赵靖：《简论蓝鼎元的经济思想》，《中国经济问题》1983年第5期，第64页。

③ (清)蓝鼎元：《鹿洲初集》卷三，《论南洋事宜书》，《鹿洲全集》第2册，戊辰(1988年)重印光绪庚辰(1880年)本。

④ (清)蓝鼎元：《鹿洲初集》卷三，《论南洋事宜书》，《鹿洲全集》第2册，戊辰(1988年)重印光绪庚辰(1880年)本。

⑤ (清)蓝鼎元：《鹿洲初集》卷三，《论南洋事宜书》，《鹿洲全集》第2册，戊辰(1988年)重印光绪庚辰(1880年)本。

因此,禁止中国人民前往南洋贸易,于情于理都是行不通的。

至于"疑洋商卖船与番,或载米接济异域,恐将来为中国患。又虑洋船盗劫,请禁艘舶出洋,以省盗案"的人,被蓝鼎元斥为"迂谫书生",纯粹"坐井观天之见",其观点是在朝九卿"未身历海外,无能熟悉"情况下提出的无知之见。① 例如中国所造船只价高质低,"即以我船赠彼,尚非所乐,况令出重价以买耶";再如米,南洋诸番产米最多,价格低廉,时常运至厦门出售,若洋商载出销售,"洋船所载货物,一担之位,收船租银四五两,一担位之米,所值几何"。② 这有力地驳斥了"卖船与番"及"载米出洋"等谬论。从利害关系、国际形势来看,与南洋贸易都是十分有利的,因此蓝鼎元大声疾呼:"南洋诸番不能为害,宜大开禁纲,听民贸易,以海外之有余补内地之不足,此岂容缓须臾哉!"③南洋贸易有利无害,禁止南洋贸易"殊非怀远宁迩、惠养黎元之道",④不利于怀柔外邦和发展民生,解除海禁,发展海洋贸易,足民裕国,刻不容缓。

蓝鼎元不是封疆大吏,他的主张很难上达到清朝统治者中。但雍正五年(1727 年),雍正帝弛南洋海禁。而雍正帝的决心在很大程度上来自闽浙总督高其倬的奏议。⑤ 高其倬在雍正四年(1726 年)上疏称:"福、兴、漳、泉、汀五府地狭人稠,无田可耕,民且去而为盗。出海贸易,富者为船主、为商人,贫者为头舵、为水手,一舟养百人,且得余利归赡家属。曩者设禁例,如虑盗米出洋,则外洋皆产米地;如虑漏消息,今广东估舟许出外国,何独严于福建?如虑私贩船料,中国船小,外国得之不足资其用。臣愚请弛禁便。"⑥高其倬为闽浙总督,蓝鼎元与他是否有交往还不得而知。但是,"将高其倬奏折与《论南洋事宜书》相互比勘,从中不难发现高折实以后者为主要依据。

① (清)蓝鼎元:《鹿洲初集》卷三,《论南洋事宜书》,《鹿洲全集》第 2 册,戊辰(1988 年)重印光绪庚辰(1880 年)本。

② (清)蓝鼎元:《鹿洲初集》卷三,《论南洋事宜书》,《鹿洲全集》第 2 册,戊辰(1988 年)重印光绪庚辰(1880 年)本。

③ (清)蓝鼎元:《鹿洲初集》卷三,《论南洋事宜书》,《鹿洲全集》第 2 册,戊辰(1988 年)重印光绪庚辰(1880 年)本。

④ (清)蓝鼎元:《鹿洲初集》卷三,《论南洋事宜书》,《鹿洲全集》第 2 册,戊辰(1988 年)重印光绪庚辰(1880 年)本。

⑤ 郭成康:《康乾之际禁南洋案探析——兼论地方利益对中央决策的影响》,《中国社会科学》1997 年第 1 期,第 187 页。

⑥ 赵尔巽:《清史稿》列传七十九《高其倬传》,北京:中华书局,1977 年。

如果说高其倬(或为他办折稿的幕宾)看过《论南洋事宜书》,并倾心接受了蓝鼎元的政见,恐怕不是无稽之谈”。[①] 因此,作为了解地方实际的知识分子,蓝鼎元的主张还是间接地为弛南洋海禁发挥了巨大作用。

三、筹划治理、开发宝岛台湾

“台湾一郡,不但为海邦之藩篱,且为边民之廒仓,经理奠安,使民番长有乐利,九州郡咸蒙其福矣!”[②]台湾地理位置优越,物产丰富,因此在明末以来为西方殖民列强所觊觎。17 世纪初,西班牙人侵占了台湾北部和东部的一些地区;天启四年(1624 年),荷兰人侵入台湾,并且逐渐战胜西班牙人,占据台湾。荷兰殖民者强迫台湾人民缴纳各种租税,掠夺台湾的米、糖,把其在中国大陆上收购到的生丝、糖和瓷器经台湾转口运往各国,牟取暴利。顺治十八年(1661 年),民族英雄郑成功率领二万五千名将士及数百艘战舰,击败荷兰殖民者,收复台湾。郑成功在台湾地区重视土地开发和兴修水利,利用台湾有利条件发展对外贸易,极大地促进了台湾社会经济的发展。康熙二十二年(1683 年),施琅率水师登上台湾岛,实现了国家的统一。之后,清政府曾廷议欲虚置其地,遭到施琅的坚决反对,最后议定在台湾设一府三县,隶属福建省。

康熙六十年(1721 年),朱一贵在台湾叛乱,蓝鼎元作为幕僚跟随其族兄蓝廷珍参与平定叛乱。蓝鼎元与另一幕僚陈少林“日夜筹谋,安抚整顿,至忘寐食,不敢惮烦”,他对台湾舆地形胜了如指掌,因此“决机料敌,往往如神”,[③]叛乱七天就被平定。之后,他还参与筹划台湾的驻防、治理与开发,前后近两年之久,对台湾及台湾对整个国家的重要性有更深刻的认识,他说:“海国之台湾,乃王家之屏翰,地则龙蟠虎踞,屹立扶桑、旸谷之间。门开

① 郭成康:《康乾之际禁南洋案探析——兼论地方利益对中央决策的影响》,《中国社会科学》1997 年第 1 期,第 188 页。

② (清)蓝鼎元:《鹿洲初集》卷一二,《福建全省总图说》,《鹿洲全集》第 6 册,戊辰(1988 年)重印光绪庚辰(1880 年)本。

③ (清)蓝鼎元:《东征集·王者辅序》,《鹿洲全集》第 14 册,戊辰(1988 年)重印光绪庚辰(1880 年)本。

鹿耳、鲲身，遥扼吕宋、荷兰之吭。”[①]又说：“台湾海外天险，治乱安危，关系国家东南甚巨。其地高山百重，平原万顷，舟楫往来，四通八达。外则日本、琉球、吕宋、噶啰巴、暹罗、安南、西洋、荷兰诸番，一苇可航；内则福建、广东、浙江、江南、山东、辽阳，不啻同室而居，比邻而处，门户相通，曾无藩篱之限，非若寻常岛屿郡邑介在可有可无间。”[②]台湾对于东南半壁乃至整个国家都有重要的战略作用，因此蓝鼎元十分重视台湾的治理与开发。

第一，蓝鼎元主张在台湾兴办教育，行国家教化，转变民风。“台湾之患，又不在富而在教。兴学校，重师儒，自郡邑以至乡村，多设义学。延有品行者为师，朔望宣讲圣谕十六条，多方开导，家喻户晓。以‘孝弟忠信礼义廉耻’八字，转移士习民风，斯又今之急务也。”[③]台湾民众好争讼、好动公呈，常引起争执斗殴祸端；又好奢侈，“家无斗米，服值千缗，饘粥弗充，槟榔不离于口，习俗相沿，饿死不变”；鸦片传入之后，“无赖恶少，群聚夜饮，遂成风俗”；又赌博猖獗，“兵民皆然，废事失业，捐财召祸，争斗作非，胥由于此”。[④]民风剽悍不古，必须扭转，而最好的办法就是兴办教育。蓝鼎元提出在府城设立书院，在县城设立义学，使生童知诗书礼节，知“父子君臣长幼之道、身心性命之理，使知孝弟忠信”，[⑤]即用理学思想给他们灌输为人之道，逐步转变士民风气；对于普通民众则宣讲清王朝颁行的圣谕，推行社会教化，达到社会治理的作用。兴教育、行教化、变民风是作为一个经世致用的儒家知识分子的蓝鼎元实行社会治理的主要措施，在当时情况下还是取得了一定的效用。

第二，放宽政策，允许眷属渡台。“台民素无土著，皆内地作奸逋逃之辈，群聚闾处，半闽半粤。粤民全无妻室，佃耕行佣，谓之客子。每村落聚居千人百人，谓之客庄。客庄居民，结党尚争，好讼乐斗，或殴杀人，匿灭踪迹，

---

① （清）蓝鼎元：《东征集》卷一，《六月丙午大捷攻克鹿耳门收复安平露布》，《鹿洲全集》第14册，戊辰（1988年）重印光绪庚辰（1880年）本。

② （清）蓝鼎元：《东征集》卷三，《复制军台疆经理书》，《鹿洲全集》第15册，戊辰（1988年）重印光绪庚辰（1880年）本。

③ （清）蓝鼎元：《东征集》卷三，《复制军台疆经理书》，《鹿洲全集》第15册，戊辰（1988年）重印光绪庚辰（1880年）本。

④ （清）蓝鼎元：《鹿洲初集》卷二，《与吴观察论治台湾事宜书》，《鹿洲全集》第1册，戊辰（1988年）重印光绪庚辰（1880年）本。

⑤ （清）蓝鼎元：《鹿洲初集》卷二，《与吴观察论治台湾事宜书》，《鹿洲全集》第1册，戊辰（1988年）重印光绪庚辰（1880年）本。

白昼掠人牛，莫敢过问，由来旧矣。"[①]渡台客民少有家眷，"无父母兄弟宗族之累"，因此往往滋扰生事，或聚众斗殴，或为盗贼，扰乱社会秩序与治理。因此，蓝鼎元认为："凡民人欲赴台耕种者，必带有眷口，方许给照载渡，编甲安插。台民有家属在内地，愿搬取完聚者，许具呈给照，赴内地搬取。文武汛口，不得留难。凡客民无家眷者，在内地则不许渡台，在台有犯务必革逐过水，递回原籍。有家属者，虽犯，勿轻易逐水，则数年之内，皆立室家，可消乱萌。"[②]放宽渡台政策，允许眷属渡台，使渡台客民有妻室家眷，实际上就是使客民受传统伦理观念的束缚，安心务农与照顾家眷，不敢随意擅起祸乱，消弭祸端。"盖民生各遂家室，则无轻弃走险之思。设有不肖，欲为盗贼，不能不念妻子亲属之株连。而且一妻入门，则欲食欲衣，有子有女，则衣食日繁，不得不力农负贩，计图升斗，以免妻子一日之饥寒。虽有奸豪意气，亦将销磨净尽，此不待禁令而自然驯服者也。"[③]客民有家室，可以潜移默化地解决台湾社会乱象问题。

第三，重视台湾的开发。其一，在台湾地区推广农桑。台湾土地平旷，适合种桑植棉，"可令民于内地收其核，赴台种之。并令广种麻苧，织纴为冬夏布"。推广农桑，可以使民人花更多时间从事耕作、纺织，减少民人社会游荡时间和社会动乱因素，并且使妇女"有蚕桑纺织之务，则勤俭成风，民可富而俗可美也"。[④] 其二，均平赋税，减轻民人负担。台湾税赋按照戈甲征收，比内地重很多，"上则每年征粟八石八斗，谷价贱时，每石三钱，是每甲征本色银二两六钱四分，较内地加倍；若谷贵，则不堪矣。或有虐令折色，每石七钱，则又倍之倍矣。……然台邑地方狭窄，不比凤诸台邑，民亦将不堪重赋矣"。但是又不能轻易丈量土地，免起祸端，"若有意丈量，则需合台、凤、诸三邑酌量匀配，勿致偏枯，方为尽善，万万不可加赋"。[⑤] 其三，鼓励开垦荒

---

① （清）蓝鼎元：《鹿洲奏疏·经理台湾疏》，《鹿洲全集》第22册，戊辰（1988年）重印光绪庚辰（1880年）本。

② （清）蓝鼎元：《鹿洲初集》卷二，《与吴观察论治台湾事宜书》，《鹿洲全集》第1册，戊辰（1988年）重印光绪庚辰（1880年）本。

③ （清）蓝鼎元：《鹿洲奏疏·经理台湾疏》，《鹿洲全集》第22册，戊辰（1988年）重印光绪庚辰（1880年）本。

④ （清）蓝鼎元：《鹿洲初集》卷二，《与吴观察论治台湾事宜书》，《鹿洲全集》第1册，戊辰（1988年）重印光绪庚辰（1880年）本。

⑤ （清）蓝鼎元：《鹿洲初集》卷二，《与吴观察论治台湾事宜书》，《鹿洲全集》第1册，戊辰（1988年）重印光绪庚辰（1880年）本。

地。台湾有很多荒地,"宜令民开垦为田,勿致闲旷。前此皆以番地禁民侵耕,今已设县治,无仍弃抛荒之理"。[1] 同时也允许土番自行开垦土地,土番不愿开垦的地区则任凭民人开垦耕种。其四,对土番的管理。土番是台湾的先住民,虽然"顽蠢无知,近亦习为狡伪",但是经常作乱的"系大甲西、大甲东、牛骂、沙辘、水里、猫雾捒、阿里史、朴仔篱等社,通共逆番不过二千人",因此对土番应该区别对待。对于顺服土番,"宜大张文告,慰谕台中善良,各安生业。军士经行地方,不许妄动民间一草一木,无骚扰惊惶之患",使他们安居乐业;上述作乱土番则"严饬将弁奋勇扑灭,克限一月为期,务必荡平清廓"。[2] 至于内地好杀生番,则毁灭他们的藏身之所,任由民人开垦,或者用炮火驱赶,或者"以番和番,招徕归顺。招徕即久,渐化渐多,将生番皆熟,是又为朝廷扩土疆,增户口贡赋也"。[3] 蓝鼎元对待土番的策略其实是封建王朝对待少数民族的一般做法,其愿意归附的则以臣民待之,不愿归附的则以"蛮夷"视之,甚至不惜武力屠戮。

第四,加强台湾的防卫。台湾地处东南,"高山大谷踞其中,平原旷野敷其外,四面汪洋,万里金汤之固也",[4]"海外天险,日本、荷兰素所朵颐之地。东南风顺利,十余日可至关东,此齿唇密迩之区,未可以遐荒海岛目之"。[5] 台湾对整个国家海洋防卫体系至为关键,因此加强台湾的防卫就显得十分重要。蓝鼎元加强台湾防卫的措施主要是:其一,构筑城墙壕沟体系,巩固台湾岛的防卫。"筑城凿濠,台中第一急务,当星速举行者也",城壕"合文武衙署、仓库、监房包裹在内,乃可战可守",战略意义重大。[6] 在平定朱一贵叛乱后,蓝鼎元主张在台湾所有府县构筑坚固城壕,并特此致书福建水师提

---

① (清)蓝鼎元:《鹿洲初集》卷二,《与吴观察论治台湾事宜书》,《鹿洲全集》第1册,戊辰(1988年)重印光绪庚辰(1880年)本。

② (清)蓝鼎元:《鹿洲初集》卷三,《上郝制府论台湾事宜书》,《鹿洲全集》第2册,戊辰(1988年)重印光绪庚辰(1880年)本。

③ (清)蓝鼎元:《鹿洲初集》卷二,《与吴观察论治台湾事宜书》,《鹿洲全集》第1册,戊辰(1988年)重印光绪庚辰(1880年)本。

④ (清)蓝鼎元:《鹿洲初集》卷三,《上郝制府论台湾事宜书》,《鹿洲全集》第2册,戊辰(1988年)重印光绪庚辰(1880年)本。

⑤ (清)蓝鼎元:《鹿洲奏疏·台湾水陆兵防疏》,《鹿洲全集》第22册,戊辰(1988年)重印光绪庚辰(1880年)本。

⑥ (清)蓝鼎元:《东征集》卷三,《复制军论筑城书》,《鹿洲全集》第15册,戊辰(1988年)重印光绪庚辰(1880年)本。

督施世骠，澄清利弊，“此事关系台疆安危，即系国家东南沿海治乱，似不可苟且涂饰，惟执事留意焉”。[①] 其二，加强台湾的水陆兵防。蓝鼎元为加强台湾水陆兵防，做了周密的计划：在北路“全台腹背旁门要害”的鸡笼修补炮台城，添设鸡笼水师一营增强守备，与淡水营形成犄角之势，在淡水以南的地区增设墩台，设千把总防守。同时在北线荒芜地区募民屯田开垦，设置村落，防范生番，辅助北路的兵防。中路的罗汉门是“南北往来要害”的战略要地，朱一贵就在罗汉门叛乱，后来剽掠距台湾府三十里的岗山。朱一贵叛乱平定后，在岗山添设守备，而作为“南北往来要害”的罗汉门却弃置空虚，“所谓不遏其源而其流也”。“岗山去府治三十里，上有总镇标兵，下有南路参将，似无庸特设守备”，因此蓝鼎元认为应该将岗山营守备移驻罗汉门，这样“贼窠永绝，而番害亦可去除”。[②] 南路至淡水以下的大昆麓、琅峤二三百里，没有兵防，是番民聚集的地方，同时也是“台南要害”。“今开垦流移日趋日众，山深海僻，遂为匪类逋逃之薮”，因此应在此招募农民为兵，设屯田守备一营，“屯垦防守”，使盗贼渊薮“收为兵食，利国利民，一举两善”。[③]

此外，蓝鼎元还主张在台湾实行保甲法，反对迁移划界，也反对将台湾镇移往澎湖的做法。“均赋役、平狱讼、设义学、兴教化，奖孝弟力田之彦，行保甲民兵之法，听开垦以尽地力，建城池以资守御，此亦寻常设施耳。而以实心行实政，自觉月异而岁不同。一年而民气可静，二年而疆围可固，三年而礼让可兴，而生番化为熟番，熟番化为人民，而全台不久安长治，吾不信也。”[④]蓝鼎元顺应了台湾历史发展的需要，在清初清政府消极经营台湾时，提出了一些关于积极经理台湾、推动台湾开发事业的远见卓识，[⑤]“遂使海

① (清)蓝鼎元：《东征集》卷三，《复制军论筑城书》，《鹿洲全集》第15册，戊辰(1988年)重印光绪庚辰(1880年)本。

② (清)蓝鼎元：《鹿洲奏疏·台湾水陆兵防疏》，《鹿洲全集》第22册，戊辰(1988年)重印光绪庚辰(1880年)本。

③ (清)蓝鼎元：《鹿洲奏疏·台湾水陆兵防疏》，《鹿洲全集》第22册，戊辰(1988年)重印光绪庚辰(1880年)本。

④ (清)蓝鼎元：《平台纪略》，《鹿洲全集》第23册，戊辰(1988年)重印光绪庚辰(1880年)本。

⑤ 李非：《试论蓝鼎元对清初开发台湾的贡献》，《福建论坛(人文社会科学版)》1985年第3期，第58页。

疆耆定，边圉奠安。较之古者方召管葛之经济，又未知相去何如也”，[①]他因此被盛誉为“筹台之宗匠”。[②]

四、发展海运，裕国裕民

清承明制，建立漕运制度，由运河运送粮食物资北上。但清代漕运存在许多制度性缺陷，“人人以为大，人人以为难”。[③] 蓝鼎元也看到在山东、北直隶一带“运河水小，输挽维艰，有剥浅之费，有挨次之守。军夫尽日牵挽，行不上数十里，其为力甚劳而为费甚巨，大抵一石至京，糜十石之价不止”，[④]可谓劳民伤财，事倍功半。海运是最方便、最便宜的运输方法，也是发展海洋贸易的便捷桥梁，为国家长远利益着想，蓝鼎元上疏建议发展海运。

蓝鼎元先着重进行了施行海运的可行性分析。首先，从历史实践来看，元代已经证明海运是可行之良法。“海运之法，在元朝行之已有明验……初岁运四万余石，后渐增至三百余万，民无挽输之劳，国有储蓄之富，元史以为一代良法。”[⑤]其次，从事海洋贸易的闽广商民也能证明海运确实可行。闽广海洋贸易发达，商民视海道为坦途，蓝鼎元“生长海滨，习见海船之便利，商贾造舟置货，由福建厦门开驾，顺风十余日即至天津。上而关东，下至胶州、上海、乍浦、宁波，皆闽广商船贸易之地，来来往往，岁以为常”。[⑥] 再次，海运的损失较小，“匀配各船，每石所少无几，或七八升，或三五合，止有一次少至二斗四升，以为大异，其视河漕之数，尚所得多”。[⑦] 因此，蓝鼎元认为

---

① （清）蓝鼎元：《绵阳学准·郑发祥后序》，《鹿洲全集》第11册，戊辰（1988年）重印光绪庚辰（1880年）本。

② （清）谢金銮：《蛤仔难纪略》，道光甲午（1834年）二勿斋重刊本。

③ （清）包世臣：《安吴四种·中衢一勺》卷一，《自序》，光绪十四年（1888年）刊本。

④ （清）蓝鼎元：《鹿洲奏疏·漕粮并兼资海运疏》，《鹿洲全集》第22册，戊辰（1988年）重印光绪庚辰（1880年）本。

⑤ （清）蓝鼎元：《鹿洲奏疏·漕粮并兼资海运疏》，《鹿洲全集》第22册，戊辰（1988年）重印光绪庚辰（1880年）本。

⑥ （清）蓝鼎元：《鹿洲奏疏·漕粮并兼资海运疏》，《鹿洲全集》第22册，戊辰（1988年）重印光绪庚辰（1880年）本。

⑦ （清）蓝鼎元：《鹿洲奏疏·漕粮并兼资海运疏》，《鹿洲全集》第22册，戊辰（1988年）重印光绪庚辰（1880年）本。

“海运之法，在今日确乎可行”。[①]

接着，蓝鼎元为海运的施行做了周密的策划。首先，试行阶段，由专任官员雇闽广商船拨运苏松漕粮到天津，再用小船转运到通州，将运费与漕运相比较，若可行就将江南浙江沿海漕粮改用海运。其次，施行阶段，蓝鼎元对发展海运相关的各个方面如督运水师、起运时间、使用船只、路线等都做了详细计划。第一，特设总督海运大臣一员，驻扎上海崇明等地，兼督三省水师军务，将江南、浙江、山东水师官兵统筹调遣巡哨诸洋，专门负责三省海洋盗案。同时裁撤崇明总兵官，改设海督标中军副将一营，左右前后游击四营，负责押运漕粮。海运大臣和海督水师的设立，可以保证海运的安全和有序发展，是发展海运的必要举措。第二，海运时间以二月半春分前后至八月止。第三，海运使用的船只，主要有三种：一是闽广赶缯船，这种船样式大，经风浪，适合大洋航行；二是江南沙船，这种船载量多，但用布帆，只可顺风驾驶，逆风则寸步难行；三是台湾舢板船，舢板船样式短阔，可以载六七百石，吃水不深，轻快便捷，“不论内洋外洋，不论风涛顺逆，俱可无虑。欲运漕粮数多，此船似不可少”。[②] 所有船只在江南开厂制造，招募闽广舵工水手，给予军粮，令其驾运。海运船只还需配备一定的武器装备，“每船安置大炮子母炮数位，鸟枪、火药、搭钩、牌刀足用，若遇贼船，便可顺手擒获”。[③] 此外，海运船只除运载漕粮外，应留出一定空间搭载舵工水手的私货，“体其情而恤其劳，自无不踊跃从事”，在空船返回时还可运载北方货物回南方，如此“上下海关，俱可多征税课，尤裕国裕民之道也”。[④] 允许运船搭载私货以及空船载运北方货物返航，促进南北商品流通，与蓝鼎元发展海洋贸易的主张相一致，因此他主张促进民间航运与贸易的发展，“天下舟楫之利，无如闽广。而江南则逊浙江，山东又逊江南。海洋万里，不啻同室，天下之船，皆可

---

① （清）蓝鼎元：《鹿洲奏疏·漕粮并兼资海运疏》，《鹿洲全集》第22册，戊辰（1988年）重印光绪庚辰（1880年）本。

② （清）蓝鼎元：《鹿洲奏疏·漕粮并兼资海运疏》，《鹿洲全集》第22册，戊辰（1988年）重印光绪庚辰（1880年）本。

③ （清）蓝鼎元：《鹿洲奏疏·漕粮并兼资海运疏》，《鹿洲全集》第22册，戊辰（1988年）重印光绪庚辰（1880年）本。

④ （清）蓝鼎元：《鹿洲奏疏·漕粮并兼资海运疏》，《鹿洲全集》第22册，戊辰（1988年）重印光绪庚辰（1880年）本。

直抵山东。日本、琉球亦不过一水之便”。[①] 可见，蓝鼎元发展海运的主张不仅是转运漕粮，还是为发展海洋贸易提供便捷桥梁，使海运与海洋贸易相互发展。第四，海运路线。路线因使用的船只不同而不同，使用赶缯船“由崇明三沙放洋，东行尽山花鸟，在五沙头直放黑水大洋，取成山转西，经刘公岛、登州沙门岛、莱州大洋，入界河，以至天津”。[②] 赶缯船样式大底尖，适合外洋航行；而江南沙船入水浅不经风浪，只适合内洋航行，一般也由崇明出海，沿内洋航行。

蓝鼎元发展海运的思想主要是将强大军事力量保护的海运、海洋贸易以及国家海防三者结合起来。“海运最为便捷，节劳省费，而向来无有筹及者，一则由不知海道；一则畏风涛漂溺；一则虑在洋盗劫。今数者俱可无虞，且不特粮艘宴安，凡商民皆蒙其福，是诚可行者也。况舢板头船一设，可以无处不入，天下岛澳险阻，皆坦然在掌握之中。是海督水师甲于天下，而京东有万里金汤之势矣。”[③]蓝鼎元的海运思想解决了海运发展的各个难点，而且海督水师的设立除保护海运和海洋贸易的顺利发展外，还可以增强对海运航线及其海域的控制能力，提高国家的海防实力。清王朝设立了天津水师，“若再行海运，设海督，联合山东、江浙为京东一大水师，内可以廓清洋盗，外可以镇压诸彝；上可以飞挽漕粮，下可以流通百货”。[④] 联合沿海各省水师成为控制中国海域的强大军事力量，可以打击海盗和日渐增长的西方侵略势力，为发展海运与海洋贸易提供有力保障，维护国家的海洋安全，推进海洋权益。因此，蓝鼎元倡议设立的大水师，已经不是传统的负责“缉私捕盗”的沿海水师，而是赋予保护和促进海运与海洋贸易发展，增强对海运与贸易航线及其海域的控制能力，保护国家海洋权益与安全任务的新式军种，具有近代海军的职能。更进一步说，蓝鼎元设立海督水师和发展海运的思想是中国古代制海权思想意识的体现。海权论的奠基者马汉（Alfred

---

① （清）蓝鼎元：《鹿洲奏疏・漕粮并兼资海运疏》，《鹿洲全集》第22册，戊辰（1988年）重印光绪庚辰（1880年）本。

② （清）蓝鼎元：《鹿洲奏疏・漕粮并兼资海运疏》，《鹿洲全集》第22册，戊辰（1988年）重印光绪庚辰（1880年）本。

③ （清）蓝鼎元：《鹿洲奏疏・漕粮并兼资海运疏》，《鹿洲全集》第22册，戊辰（1988年）重印光绪庚辰（1880年）本。

④ （清0蓝鼎元：《鹿洲奏疏・漕粮并兼资海运疏》，《鹿洲全集》第22册，戊辰（1988年）重印光绪庚辰（1880年）本。

Thayer Mahan)认为，海军的出现是由于平时有海运；有武装力量保护的海运极大影响了海权的发展，是决定濒海国家的历史和政策的关键之一。[①]有研究者就认为蓝鼎元的主张与马汉的海权论十分相似，区别在于后者是适应海外扩张的侵略理论，前者是有效控制国家近海区域安全的主张。[②]蓝鼎元的"理论素养及战略眼光在当时极为先进，惜未被朝廷采纳"。[③]

结　　语

清初，东南海域有郑成功的顽强抵抗，西方的殖民侵略也日渐端倪，因此如何对待海洋成为清王朝面对的一个棘手问题。由于军事和政治需要，清初厉行海禁，"以禁为防"与"重防其出"相结合。在统一台湾后，海禁解除，但禁海思想的幽魂仍然盘绕在庙堂之上，不时以各种形式表现出来。[④]蓝鼎元生长于海滨，深谙海洋对于发展国计民生的重要性。当许多人固着于海洋"为至切之患"[⑤]的思想的时候，他认为海洋是中国"民生之大利"，开发和利用海洋可以改善民生，促进国家社会经济发展。作为地方精英，蓝鼎元的思想渗透着强烈的民本意识；而身为传统儒家知识分子，他的思想又包含报国之志，因此他的海洋经世思想是以发展民生为基础，把国计发展结合起来，兼顾民生与国计的利益，最终达到"裕国裕民"的目的。这就突破了许多论者重民生或重国计的偏颇。蓝鼎元的远见卓识还在于，他把清海盗、开海禁、开发岛屿、发展海运等多方面结合起来，综合开发和利用海洋。加强海防，肃清海盗，维护海洋开发和海洋贸易的良好环境；开放海禁，创造商民

① (美)A. T. 马汉著，安常容、成忠勤译：《海权对历史的影响》，北京：解放军出版社，2008 年，第 38 页。

② 王宏斌：《清代前期海防：思想与制度》，北京：社会科学文献出版社，2002 年，第 239 页。

③ 倪玉平：《清代漕粮海运与社会变迁》，上海：上海书店出版社，2005 年，第 46 页。

④ 王宏斌：《清代前期海防：思想与制度》，北京：社会科学文献出版社，2002 年，第 20 页。

⑤ (清)陈寿祺等撰：《福建通志》，清同治十年(1871 年)重刊本，台北：华文书局，1968 年，第 1757 页。

开发利用海洋的政策基准和条件；开发和治理宝岛台湾，进一步巩固国家海防，使台湾成为国家海洋开发和海洋安全的重要基地；建设水师，发展海运，同时发展国内的海洋贸易，此“尤裕国裕民之道也”。蓝鼎元的海洋经世思想是从海洋寻求发展国计民生的方法，因此我们可以说他是具有海洋思维的传统知识分子，他以海洋思维来考察中国面临的问题和挑战，并从海洋视角来寻求中国发展的方向，符合时代发展的客观要求。他的思想比同时代许多学者更具远见卓识，有些方面甚至进步思想家林则徐、魏源等人还不及他。[①] 但是清王朝专制统治下，“海疆管理政策的核心是对民众的管理，而忽略了对辽阔的海洋国土和沿海岛屿所蕴藏的富饶资源的潜在商机的开发的管理”，[②]使蓝鼎元的思想和主张不可能完全被清政府采纳，最终没有发挥应有的历史作用。当前我们正在积极建设海洋强国，发展海洋经济，维护海洋权益，蓝鼎元的海洋经世思想应该也有值得借鉴之处。

第三节 《海国图志》中的宇宙观和夷夏观

嘉庆、道光年间，面对日益严重的社会危机，经世派发出了改革的呼声，固然远胜清谈误国的义理之学和埋头纸堆的考据之学，但是他们所能提供的终究不过是“内圣外王”的老套方案，仍将救世的希望寄托在统治者反躬自省和统治机器内部进行调适性变革之上。经世派这种寄望于封建传统内部变革的思维模式无法应对清王朝面临的种种危机，更不可能抵挡汹涌而来的西方侵略浪潮，甚至主张者自身也难逃被打击迫害的命运。因此，转向外部，寻求新的思想资源成为当务之急。魏源编纂的《海国图志》应运而生。《海国图志》一面世，其影响就远远超出了提供西方知识资源的范畴：它带来了中国人宇宙观念的重构，动摇了中国人千百年来传承的价值体系，重新定位了外部文明世界，迫使魏源他们对夷夏观进行调适以挽救摇摇欲坠的中华文明优越感。而宇宙观和夷夏观的变化，为师夷论的提出提供了契机，为向西方学习廓清了道路。在实学思潮和西洋新知的交汇中，加上鸦片战争

① 赵靖：《简论蓝鼎元的经济思想》，《中国经济问题》1983年第5期，第64页。

② 刘庆：《论明清之际中国海疆政策的失误》，《郑和研究》2000年第1期，第48页。

惨败的刺激，经世派终于完成了“制夷—悉夷—师夷”的认知过程，为中国19世纪后半叶的改革提供了思路。

一、宇宙观的重构

“道之大原出于天，天不变，道亦不变。”同中世纪西方人一样，在传统中国人心目中，日月星辰如何安排从来就不是单纯的天文物理知识，中国人心目中的宇宙秩序是中国人思维方式、信仰和价值观的终极依据。“天”并不仅仅是形而上学意义上的“天”，还具有神秘的意志；阴阳的变化不仅仅是太阳和月亮的运行，还影响着世事的安排；日月星辰的安排决定着人世间的各种秩序，人性、世事、天道是统一的。

古代中国各学派对天人关系看法不尽相同：“天人同一论”认为天道与人性在本质上是一致的，如宋儒“心即理也”，孟子、庄子也持此说；“天人合一论”认为天与人本来不是一致的，但人可以通过自己的努力与天保持一致，老子“是谓不争之德，是谓用人之力，是谓配天，古之极也”即是也；“天人感应论”甚至认为人可以通过自己的主观能动性来改变天的意志，董仲舒“人之所为，其美恶之极，乃于天地流通而往来相应”即是也。可见，各派虽然众说纷纭，却有一个共识：天对人具有终极意义。因此，中国人的宇宙观支撑着他们的价值体系，深刻影响着当时的人们看待自身、看待内心、看待世界的方式。葛兆光曾指出：“古代中国的‘天圆地方’不仅是一种对宇宙空间的自然描述，而且它通过一系列的隐喻和象征，已经是人世间一切合理性的终极依据。”[①]一旦“天圆地方，中国中心”的宇宙秩序崩溃，那么建立在其上面的人世间的政治、文化、思想和信仰的“天经地义”的真理性就将被重新审视，中国人看似无懈可击的价值体系必然坍塌。正如天主教会对伽利略、布鲁诺和哥白尼等人的天文学说的恐惧，中国的知识分子面对西洋新知带来的越来越难以辩驳的先进天文知识时也将陷入迷茫、痛苦之中。面对西洋新知，他们或选择批判，或选择无视，或选择调适，而士大夫们对待西洋新知的态度深刻影响了中国近代历史的走势。魏源的《海国图志》无情地把这些天文地理知识集中呈现在中国人面前，让包括他自己在内的中国士大夫

① 葛兆光：《中国思想史》下册，上海：复旦大学出版社，2009年，第361页。

们去评判和对待。

首先，魏源介绍的地圆说破除了中国人心目中的天圆地方说。所谓天圆地方，葛兆光曾给过详细的解释："空间是一层一层的同心圆，天体围绕北极旋转而成一个圆，地则类似井或亚字形的一个方，天地都有一个中心，这个中心是超越时空而存在的一个点，那就是这个永恒的不动点、同心圆的圆心，也是太一之神或'道'的象征。"[①]"天圆地方"自然是来自古人的直观印象，但是这种直观印象一旦形成则具有规范人的整个思想和信仰的意义。中国人构筑了建立在这种宇宙观之上的整套思想体系，价值观是其中最为重要的部分。但是西洋新知却一一突破了这些几千年来看似不可动摇的理念。

魏源引《利玛窦地图说》介绍了地圆、地心说："地与海本是圆形而合为一球，居天球之中，形如鸡子，黄在青内。有谓地为方者，乃语其定而不移之性，非语其形体也。天既包地，则彼此相应。"[②]在《艾儒略五大洲总图略度解》中介绍了地心说："天体一大圜也，地则寰中一点，定居中心，永不移动。"[③]艾儒略认为天圆地方"乃语其动静之德，非以形论也。地既圆形，则无处非中，所谓东西南北之分，不过就人所居，立名初无定准"。[④] 地圆说推翻了原来的"地方说"，这对中国人的优越感来说是致命的。因为如果地球是圆的，那么就无所谓"中国居中"一说；既然中国并不是中心，那么所谓离中国越远便越野蛮的观点就是无稽之谈，由近及远而划分的侯服、甸服、绥服、要服、荒服的"五服"论也就无从谈起，中国人由来已久的文明中心优越感就失去了依托。

其次，日心地动说、关于太阳和北极星的知识又摧毁了中国人的伦理价值观念。地圆说虽然推翻了"地方"的观点，但并没有影响地心说，日月星辰仍然是围绕地球转动，地球仍然是宇宙的中心，有了这个宇宙上的中心，那么人世间的"中心"便有了依据。但魏源引《地球五星序秩》"日心说"推翻了

① 葛兆光：《中国思想史》下册，上海：复旦大学出版社，2009年，第339页。

② （清）魏源撰，《魏源全集》编辑委员会编：《魏源全集》（七），长沙：岳麓书社，2001年，第1865页。

③ （清）魏源撰，《魏源全集》编辑委员会编：《魏源全集》（七），长沙：岳麓书社，2001年，第1868页。

④ （清）魏源撰，《魏源全集》编辑委员会编：《魏源全集》（七），长沙：岳麓书社，2001年，第1868页。

"地心说"："按哥伯尼各之法，以日居中，地球与五星，循环于其外，本体无光，皆受日光而明"，"其法顺情合理，故今之讲习天文者，无不从之"。[①] 并将"日体之广大，旋转之日期，及地球五星等本体之大小，离日之远近，循环之迟速"详细地进行了介绍。[②] 甚至太阳也不是唯一的，宇宙中像它一样的恒星还有很多："至恒星之数，不假千里镜之力，而目能得见者，约一千余。迨后按壹巴尔哥者所定之数，二千零二十二星。后之各习天文者逐日考察，渐加渐多。至发拉摩斯德者，则论定数目，增至三千。"[③]魏源引培瑞《地球推方图说》揭示了北极星并不是人们想象的一直在头顶可见，是天顶的中枢："今试以大船游行海面，至北极海，即见北斗星高在顶上，不能见南极。若游行南极海面，又见南极星亦高在顶上，不能见北极。"[④]可见原来认为永居天的中心不动的北极星也只有在北半球的人能看到，而南半球的人并不能见到。

这些西洋新知沉重地打击了中国人的价值体系：地球并不是宇宙的中心，金木水火土并不是围绕地球转，那么天地君亲师、仁义信礼智所昭示的人世间的等级秩序和伦理观念又有什么终极依据呢？太阳只不过是众多恒星中的一颗而已，那么"天无二日，土无二王，家无二主，尊无二上"所宣扬的最高权威的唯一性又有什么根据呢？北极星也并非到哪里都是人们的指路明灯，那么孔子的教导"为政以德，譬如北辰，居其所而众星拱之"又有什么道理呢？西洋新知既否定了地上的"中心"，也否定了天上的"中心"，对于当时的中国人来说，接受这样的宇宙观就意味着政治秩序的崩溃和伦理观念的解体，进而是整个价值体系的动摇。

综上所述，"天圆地方"观念的颠覆带来了建立在其基础上的中华文明优越感以及中国传统价值体系的动摇。但是我们也要注意到，宇宙观的重构固然是西洋新知带来的一大观念变化，但是西洋新知的大规模涌入却不

---

① (清)魏源撰，《魏源全集》编辑委员会编：《魏源全集》(七)，长沙：岳麓书社，2001年，第2184页。

② (清)魏源撰，《魏源全集》编辑委员会编：《魏源全集》(七)，长沙：岳麓书社，2001年，第2184～2188页。

③ (清)魏源撰，《魏源全集》编辑委员会编：《魏源全集》(七)，长沙：岳麓书社，2001年，第2195页。

④ (清)魏源撰，《魏源全集》编辑委员会编：《魏源全集》(七)，长沙：岳麓书社，2001年，第1892页。

是清朝中叶最近的事情,《海国图志》里面征引的很多资料也并不是清朝才出现的,如利玛窦《万国地图》、艾儒略《职方外纪》。魏源开篇就说:“《海国图志》六十卷,何所据?一据前两广总督林尚书所译西夷之《四洲志》,再据历代史志及明以来岛志,及近日夷图、夷语。”[①]可见,《海国图志》依据资料很大一部分是早就已经有的。众所周知,早在明代中西文化的第一次大规模接触中,西方天文历算、人文地理、宗教文化等知识就不断涌入中国。沙勿略、范礼安、利玛窦等人践行的适应性传教路线为当时的中国士大夫接触和一定程度上接受西洋新知开辟了道路,徐光启、李之藻等人对西学的精通也不亚于鸦片战争时期的经世派学者。明代至清初西洋新知的涌入也曾呈现出蔚为大观的景象。

但是这些西洋新知却并没有带来中国人观念上的变化,面对西洋新知,明代和清初的中国知识分子们坚持“道器分开”的原则:可以把它们纳入“器”的范畴,欣赏它,把玩它,甚至使用它(如红夷大炮),但从不把它们纳入“道”的范畴。西方的天文地理知识由于严重威胁到中国人的价值体系,所以多被摒弃不用,即便是对农业生产至关重要的西洋历法也难逃厄运。或者,他们用中国传统的知识资源去解释它们,一向被冷淡的诸子之学重新找到了用武之地,“西学中源”论应运而生。通过这样的处理,仿佛中华文化依然优越,仿佛中国依然不用为西方科技的逐步领先而担忧。

因此,一直到19世纪之前,西洋新知还只是“在传统的知识世界中,预留下了重新理解的思想资源,给颠覆传统思想世界埋下了伏笔,却并没有真的对传统世界造成致命的损伤”。[②]

那么,为什么明代如此大规模涌入的西洋新知未能给中国思想世界带来颠覆性的影响,而鸦片战争时期却做到了呢?答案是清朝中期面临的内外危机已经超出了传统儒家的应变能力。即便是最杰出的经世派士大夫和勤勉的皇帝面对这样的危机也是无能为力。运用了一千多年的已经无数次被证明是成功的“内圣外王”的套路到此时似乎失灵了。曾经成功预言过英夷将使清王朝“数十年后求得苟安局面”而不可得的包世臣,已经把经世派的治国理念推演到了极致,但是依然挽救不了清王朝的颓势。正是这种传

---

① (清)魏源撰,《魏源全集》编辑委员会编:《魏源全集》(七),长沙:岳麓书社,2001年,第1页。

② 葛兆光:《中国思想史》下册,上海:复旦大学出版社,2009年,第448页。

统儒家套路无法克服的危机迫使后来的经世派士大夫不得不把目光投向已经涌入中国两百多年的“西洋新知”。因此真正引起中国一些士大夫观念上变化的因素，并不仅仅是西洋新知的涌入，而是他们遇到了用传统的方式无法克服的危机。正是这种内外问题交织的空前危机，迫使当时最聪明的人开始寻求各种思想资源来启迪自己，从而找到救世的良方。

二、夷夏观的调适

夷夏观有血缘论和文化论之分。早期的血缘主义夷夏观强调血统的重要性，认为华夏族是最优秀的民族，其他非华夏族是落后的夷狄。但是随着时代的发展，多民族融合的程度越来越加深，血缘主义夷夏观越来越难以解释中国的民族现状，文化主义夷夏观随之兴起，它认为凡是服膺中华先进文化的种群都不应该被视为夷狄。孔子所担心的“无管仲，吾被发左衽矣”的背后逻辑正是后世文化主义夷夏观的滥觞。几千年来两种夷夏观都存在，文化主义夷夏观以其包容性和调适性越来越占据主流位置，但是一到民族关系紧张的时候，血缘主义夷夏观也会反弹，如宋代、元末和明末。随着清朝统治者入关成为全中国的主人，血缘主义夷夏观显然不能为清朝贵族所容忍，文化主义夷夏观成为占据中国人思维的主流思想，他们口里所声称的“夷夏之防”“夷夏之辨”已不同于早期的血缘主义夷夏观，而是文化主义夷夏观。文化主义夷夏观固然为清朝贵族统治中国提供了文化上的合法性基础，但是其内在的包容性和调适性也为鸦片战争后魏源等人提出新文化主义夷夏观提供了条件。

我们知道，地圆说颠覆了“天圆地方”的观念，动摇了“中国为大，天下居中”的观念，中国文明中心的优越感和以夷夏之辨为基础的文化等级秩序也因此受到严重的威胁。

魏源在《海国图志》开始就展示了当时所能收集到的西洋地图，一些地图与现代地图已经十分接近，在《地球正背面全图》上，地球陆地被划分为亚细亚、欧罗巴、利未亚（阿非利加）、北亚默利加（北美洲）、南亚默利加（南美洲）、澳大利亚和南极，中国不过是处在亚细亚洲的东南一角，没有想象的那么大，外夷也没有想象的那么小；中国四面也并不是被海所包围，外夷也并不是众星拱月般一圈一圈地围绕着中国，那么中国居天下之中的优越感又有什么依据呢？魏源进一步指出地球“上下四旁，皆生齿所居，浑沦一球，原无上下，盖在天之内，何瞻非天，天总六合，内凡足所伫皆为下，凡首所向皆为上，其专以身之所居分上下”。[1] 在圆形的地球之上“周围皆生齿”，也就无所谓“居中之国”。旧有的夷夏观显然已经不能解释眼前的事实，必须要进行调适，魏源在《海国图志》中进行了尝试和努力。

夷夏观的调适体现在形式和内涵两个层次上。在形式上，魏源抛弃了“中国＋夷狄”的旧夷夏观，而代之以“中国＋海国”的新夷夏观。“海国”这个提法相对于“夷狄”来说具有巨大的进步意义，但是依然带有传统的痕迹，因为这种提法有一种心理暗示，即中国是被“海”包围着的，周边的都是“海国”，这契合着中国人的传统印象。事实上中国周边并不都是漂浮在海洋上的岛国，魏源自己也清楚这一点，他有他自己的解释，即“海国”包括“海洋之国”和“海岸之国”。可见，“中国中心”的情结在魏源心里仍萦绕难去。

相对于形式上的进步，夷夏观内涵上的变化更值得我们注意。在《海国图志》中，魏源开始意识到“中国中心”观的思维方式本身就是有问题的。通过研究史地资料，他发现所谓“中国中心”论不过是和“印度中心”论、“德亚中心”论、“天方中心”论一样的一种“自我中心”观，他说“释氏皆以印度为中国，他方为边地”，而“天主教则以天主所生之德亚为中国，回教则以其教主所生之天方国为中国”。[2] 也就是说，各自文明都视自己为“中心”，而视其他地区为“边地”。那么以中国称自身为“中心”的观念是不是也是“自我中心”观的表现呢？

魏源显然意识到这个问题，他一方面对文明中心论表现出了开放的姿态，提出了文明中心多元论；另一方面积极调适夷夏观的内涵，使之适应新的形势，尽力保持中华文化优越感的存在。为了达到两者的调和，他摒弃了血缘主义夷夏观和旧文化主义夷夏观，在旧文化主义夷夏观的基础上构筑了新文化主义夷夏观。

旧文化主义夷夏观虽然摒弃了血缘论的狭隘思维，但是依然把中华文化作为划分夷狄的唯一标杆；而新文化主义夷夏观已经不把中华文化作为划分夷狄的标杆，而是以一种普适性的“天理、人性”为标准重新划分。也就

---

① (清)魏源撰，《魏源全集》编辑委员会编：《魏源全集》(七)，长沙：岳麓书社，2001年，第1865页。

② (清)魏源撰，《魏源全集》编辑委员会编：《魏源全集》(七)，长沙：岳麓书社，2001年，第1849页。

是说，即使是不受中华影响的西方文明，只要符合“天理、人性”，就不能被视为夷狄。

魏源认为：“水火有气而无生，草木有生而无知，禽兽有知而无义，人有气有生有知，亦且有义，故最为天下贵也。是故君子以天下为家，以德为本，以道为域；身躯由地而来，向地而归，灵魂由天而来，向天而归。人者不属此地而属天，何可轻忽人性之天，而背圣人之理乎？”[①]即万物人为贵，不能背离“人性之天”和“圣人之理”，划分夷狄当然也要依据“天理、人性”。他将人划分为三类：禽门、人门、圣门。“由于情欲者，入自禽门者也；由于礼义者，入自人门者也；由于独知者，入自圣门者焉。”[②]这一划分依据是普世性的“人性之天”“圣人之理”，即以普适性人性、天理而非受中华文化熏染程度来划分人类。

他据此重新解释了“夷夏之辨”：“夫蛮狄羌夷之名，专指残虐性情之民，未知王化者言之。故曰：先王之待夷狄，如禽兽然，以不治治之，非谓本国而外，凡有教化之国，皆谓之夷狄也。”[③]依据“人性”这个新标准，世界上很多政教昌明的国家就不能被视为夷狄：“夫远客之中，有明礼行义，上通天象，下察地理，旁彻物情，贯串今古者，是瀛寰之奇士、域外之良友，尚可称之曰夷狄乎？”[④]这些“明礼行义”的国家不仅不能视之为夷狄，还应该视之为“奇士”“良友”。

魏源还用新的标准重新划分了各国。他认为：“夫天下万国之人，有下、中、上三等之分。下者则全不知有文义学问，止务渔猎，游牧各处；中者则习文字，定法制，立国家，但其见闻浅陋无深远；上者则攻习学问，修道立德，经典法度，靡不通晓，承平则交接邦国，礼义相待，军兴则捍御仇敌，保护国

---

① (清)魏源撰，《魏源全集》编辑委员会编：《魏源全集》(七)，长沙：岳麓书社，2001年，第1888～1889页。

② (清)魏源撰，《魏源全集》编辑委员会编：《魏源全集》(七)，长沙：岳麓书社，2001年，第1889页。

③ (清)魏源撰，《魏源全集》编辑委员会编：《魏源全集》(七)，长沙：岳麓书社，2001年，第1889页。

④ (清)魏源撰，《魏源全集》编辑委员会编：《魏源全集》(七)，长沙：岳麓书社，2001年，第1889页。

家。"[①]这下、中、上三等国家显然对应的是禽门、人门和圣门,可见下等国家在魏源眼里是"禽门",也就是夷狄,而上等国家则与中国一样是文明国家,应该视之为礼仪之邦,不能视之为夷狄。

在这样的夷夏观指导下,魏源能够坦然接受异域文明在政治、经济、文化上取得的巨大成就。他说美利坚"章程可垂奕世而无弊",[②]他称赞瑞士为"西土之桃花源也"。这样的国家显然不能称之为夷狄。

新文化主义夷夏观承认西洋文明能够与中华文明等量齐观,为"师夷长技"口号的提出提供了前提条件。"悉夷",中国传统文化是能接受的,它不过是为了"知己知彼"而已,不过是经世派崇尚的"实学"在研究领域上的拓展而已,而且历代史书都有关于夷狄胡越的记载和研究,并不是什么见不得人的事情。除了一些极其狭隘的陋儒,一般士人也能接受了解西方的必要性。但是"师夷"就不一样了,这是放下姿态,跳出传统圈子,向西方知识资源寻求救世道路的一个转变,具有革命性的意义。旧夷夏观不破除,"师夷长技"是不可能的。因此,从"悉夷"到"师夷"是传统经世派演变到地主阶级改革派的一个质变。总之,"悉夷"带来了经世派学者夷夏观的变化,而夷夏观的变化则为"师夷"提供了土壤。

有意思的是,"天圆地方,中国居中"的传统宇宙观念并不是从来没有受到质疑的。邹衍的"九州说"认为中国不过是天下的九九八十一分之一,从印度传来的佛教"四大部洲说"也质疑中国是天下中心的说法。但是邹衍的学说向来被视为异端,不为儒家主流认同,而佛教的"四大部洲说""印度中心说"引起一阵争论后也被放下。一直到鸦片战争前,即使是经历了明代西洋新知大规模涌入,中国人的"天下中心"感丝毫没有受到影响。

但是到了鸦片战争之后,清朝被"英夷"打败的活生生的现实让士大夫们再也不能无视域外先进文明的存在。无论是血缘主义夷夏观还是旧文化主义夷夏观都不能解释"天朝上国"被"英夷"打败的现实,士大夫们迫切需要一种新的解释体系,新文化主义夷夏观自然就破土而出了。

新文化主义夷夏观蕴含的"多元中心"观具有划时代的意义,但是在当

---

① (清)魏源撰,《魏源全集》编辑委员会编:《魏源全集》(七),长沙:岳麓书社,2001年,第1890~1891页。

② (清)魏源撰,《魏源全集》编辑委员会编:《魏源全集》(七),长沙:岳麓书社,2001年,第8页。

时的士大夫那里，中国中心论、中华优越感的影响也还存在着，因为“中国中心”早已经不仅仅是一种理论，它经过两千年的演变已经成为中国人的一种情感，断然割舍这种情感，即便是魏源也难以做到。魏源《海国图志》“以西洋人谭(谈)西洋”的编著原则是为了避免以往“中土人谭(谈)西洋”固有的偏见，这体现了他的气魄和智慧，他也尽可能做到了这一点。但是这种偏见根深蒂固，魏源有时候还是不自觉地陷入其中。有学者认为，魏源在《海国图志》中破除了夷夏观而代之以“世界”意识，[①]笔者认为这是不确切的。魏源并没有抛弃夷夏观，在他心目中，中国中心论、中华优越论的情愫依然存在，用夏变夷的理想仍然存在。如关于中国中心论，魏源并没有抛弃，而是给出了新的解释“故自古以震旦为中国，谓其天时之适中，非谓其地形之正中也”。[②] 这样新版的中国中心论就替代了传统的中国中心论。魏源对于这种“中国居中”也是相当满意的，他认为极南极北“冰海火地，人物亦罕，由少资生之道也”，而中国“幸生中土，全仰太阳和煦，如君父爱育之下”。[③] 另外，在他看来，美国的民主制度不过是三代禅让制度的翻版，欧洲的瑞士就是现代的“桃源”，通过这种比附，事实上已经比中国先进的西方制度文明就不过是中国历史上早已经出现过的某种社会状态而已，他的中华文明优越感也就在一定程度上得到了维护。

之前被冷淡的佛教或者诸子之说，此时成了证明中华文化依然优越的“稻草”。如魏源在《释五大洲》中还试图以佛教的“四大部洲说”来解释西洋传来的五大洲说，并证明亚非拉大陆就是南瞻部洲，而南北美洲则是西货牛洲，“至北具卢洲则隔于北冰海，故海船无绕北海而归之事。东神胜洲则阻于南冰海，故西舶虽能至南极左右，睹其地而不能遇其人”。[④] 在魏源等人心目中，佛教虽然也是异域文明，但是毕竟从汉代就已经传入中国，构成了中华文化的一部分，情感上对其比对西洋新知要亲近得多。

可见，虽然魏源他们在理性上接受了西洋新知，但是感情上仍然对“中

---

① 王敬川:《论魏源的世界意识》,《河北工程技术职业学院学报》2002年第9期。

② (清)魏源撰,《魏源全集》编辑委员会编:《魏源全集》(七),长沙:岳麓书社,2001年,第1850页。

③ (清)魏源撰,《魏源全集》编辑委员会编:《魏源全集》(七),长沙:岳麓书社,2001年,第1888页。

④ (清)魏源撰,《魏源全集》编辑委员会编:《魏源全集》(七),长沙:岳麓书社,2001年,第1849页。

国中心，中华优越”抱有眷念之情，这导致他并未完全抛弃夷夏观，而是将夷夏观进行“调适”，而这种“调适”往往只是他自己的一厢情愿，并不能真正解释西洋新知带来的新世界。所谓的新文化主义夷夏观一半是建立在西方传来的天文地理知识之上，体现了进步性；另一半是建立在魏源对中国优越论的感情之上，这是新夷夏观没有进一步转变为近代的世界意识的深层原因。

三、师夷论的提出

魏源在《海国图志原叙》中旗帜鲜明地指出：“是书何以作？曰：为以夷攻夷而作，为以夷款夷而作，为师夷长技以制夷而作。”[①]师夷论的提出是经世派摆脱传统路子转向外部世界寻求解决危机之道的一个重大转变突破，是魏源《海国图志》革命性的贡献。但是，西洋新知的大规模涌入并不是鸦片战争前后才发生的事情，在明代中国人就已经大规模接触了西方带来的天文地理知识，却并没有带来中国人观念上的大的变化。一直到两百年后鸦片战争前后，经世派的思想家才把目光转向西方知识资源，开始向西方寻求救世之道，其中的原因值得深究。

一方面，“以实事程实功，以实功程实事”，[②]嘉道年间的经世学派，面对日益严重的社会危机，提出了种种警告，开出了种种药方，固然远胜清谈误国的义理之学和埋头纸堆的考据之学，但是他们所能提供的终究不过是重整道德、剔除腐败、改革弊政等老套方案，仍然是在“内圣外王”的圈子里打转，将救世的希望寄托在统治者反躬自省和统治机器内部进行调适性变革之上。包世臣等人的遭遇证明，经世派这种寄望于封建传统内部变革的思维模式无法应对清王朝面临的种种危机，更不可能抵挡汹涌而来的西方侵略浪潮，甚至主张者自身也难逃被打击迫害的命运，因此，转向外部，寻求新的思想资源成为当务之急。另一方面，注重“实学”，敢于“更法”的他们又是当时中国最可能把目光转向外部知识资源的人们（这种任务不可能指望那些固守成规的陋儒们完成）。魏源编纂的《海国图志》便是为了满足这种需

---

① （清）魏源撰，《魏源全集》编辑委员会编：《魏源全集》（七），长沙：岳麓书社，2001年，第1页。

② （清）魏源撰，《魏源全集》编辑委员会编：《魏源全集》（七），长沙：岳麓书社，2001年，第2页。

要。但是《海国图志》一面世，其产生的影响就不仅仅是提供了西洋新知那么简单，它带来了中国人宇宙观念的重构和夷夏观念的调适，而宇宙观和夷夏观的变化，又为师夷论的提出提供了契机。魏源在《海国图志》中提出“师夷长技以制夷”的口号，与当时严重的社会危机、鸦片战争惨败的教训，以及经世派学者的奠基性工作是分不开的。

首先，“变易”思想已经成为经世派士大夫的共识，为他们接受西洋新知提供了思想基础。嘉道经世派思想家和当时许多士大夫一样，写了许多经学、史学和文学的著作。魏源本人就写了《诗古微》《书古微》《老子本义》等著作。但是他们研究经史已经不同于义理学派和考据学派，不是为学问而学问，而是为经世致用。如龚自珍就曾说道：“自珍少读历代史书及国朝掌故，自古及今，法无不该，势无不积，事例无不变迁，风气无不移易。”[①]他主张“与其赠来者以劲改革，孰若自改革”。[②] 魏源也是一名与之齐名的“更法”者，他认为“君子之为治也，无三代以上之心则必俗，不知三代以下之情势则必迂腐”，[③]“变古愈尽，便民愈甚”，[④]“善治民者不泥法”。[⑤] 因此，接受西洋新知，进而提出“师夷长技”，在经世派这里比一般的知识分子那里要容易得多。那么到了鸦片战争之后，要不要“变革”已经对于经世派来说已经不是问题，问题是怎么变，向什么方向变。包世臣等人的努力已经证明，传统的路子已经很难行得通，要“变革”必须把目光转向域外，寻求新的思想资源。

其次，长期以来探究“实学”，使他们对清王朝统治危机有了较为深刻的认识，经过鸦片战争的惨败后，他们能更快找到问题的症结。包世臣、魏源等人身怀经世之才华，却并未能真正跻身于官僚士大夫之列，但这并没有消

---

① (清)龚自珍著，王佩诤校：《龚自珍全集·上大学士书》，上海：上海古籍出版社，1999年，第319页。

② (清)龚自珍著，王佩诤校：《龚自珍全集·上大学士书》，上海：上海古籍出版社，1999年，第6页。

③ (清)魏源撰，《魏源全集》编辑委员会编：《魏源全集》(七)，长沙：岳麓书社，2001年，第44页。

④ (清)魏源撰，《魏源全集》编辑委员会编：《魏源全集》(七)，长沙：岳麓书社，2001年，第43页。

⑤ (清)魏源撰，《魏源全集》编辑委员会编：《魏源全集》(七)，长沙：岳麓书社，2001年，第44页。

融他们关心国事、究心实学的热情。他们长期对漕运、盐政、河工、币制、科举进行研究，提出了一系列改革思路和方法。面对鸦片战争他们又积极出谋划策，企图扭转局势。虽然最终失败，但是他们对当时清王朝的内外危机已经有了较为清晰的认识。如果说在鸦片战争之前，他们解决中国社会面临的危机还是从传统思想的资源中思考和寻找解决这些问题的方案的话，那么鸦片战争的惨败则驱使他们把目光转向域外传入的西方知识资源。嘉道年间蓬勃兴起的经世之学与西洋新学的碰撞，在鸦片战争失败后的特殊时代背景下，才有可能在当时动摇一些知识分子的宇宙观和夷夏观，进而提出“师夷长技”的口号。

再次，鸦片战争的刺激使得“制夷必先悉夷”成为经世派的共识。“至西学始为实学”，沈定平指出：“当此适应社会变革的‘实学’思潮蔚为壮观之际，‘西学’的传播正是适逢其会。”[①]但是仅仅有经世致用的风气和西洋新知的传入，是不足以动摇中国士大夫的传统观念的。明代的中西文化交流史已经证明了这一点。鸦片战争的惨败撕破了最后一块遮羞布，使得一些勇敢的士大夫开始打破陈见，正视中西差距的事实，并从西方文化资源中寻找“救世”的良药。他们愤懑于“蕞尔之英夷，去国数万里，孤军悬天堑以恫吓全盛之中华，而所欲无不遂，所请无不得”，[②]而这种局面与清政府不了解敌情有很大关系，他们认为“同一御敌，而知其形与不知其形，利害相百焉”。[③] 于是他们发愤著书，了解夷情，认识夷情，介绍夷情，在接触夷情的过程中，逐渐突破了传统的宇宙观和夷夏观，动摇了中华文明优越感，颠覆了传统价值体系，认识到西方的长处和中国自身的不足，在此基础上跳出了“内圣外王”的传统套路，提出了具有革命性的“师夷长技”的思想。值得一提的是，魏源不仅仅看到了西夷“船炮”的长处，“人但知船炮为西夷之长技，而不知西夷之所长不徒船炮也”，[④]他对英国军队纪律之严整以及背后的养

① 沈定平：《明清之际中西文化交流史——明代：调适与会通》，北京：商务印书馆，2007年，第2页。

② 刘平、郑大华主编：《包世臣卷·歼夷议》，北京：中国人民大学出版社，2013年，第483页。

③ （清）魏源撰，《魏源全集》编辑委员会编：《魏源全集》（七），长沙：岳麓书社，2001年，第2页。

④ （清）魏源撰，《魏源全集》编辑委员会编：《魏源全集》（七），长沙：岳麓书社，2001年，第40页。

兵练兵制度也称赞不已。由此，经世派士大夫们终于走完了“制夷—悉夷—师夷”的认知道路，他们的探索成果成为中国后半个世纪改革的指导思想。

总而言之，《海国图志》里面体现的宇宙观的重构和夷夏观的调适值得我们重视。而从明代就开始大规模传入中国的西洋新知，直到鸦片战争时才促成中国士人观念上的变化的背后原因，也值得我们深思。我们还要看到，此时宇宙观的重构和夷夏观的调适还只是中国走向世界的第一步：一方面，这种观念上的调整虽具有革命性但还是带有保守色彩，“中国中心”论还以另外一种形式继续存在，各种照顾感情的牵强附会的解释屡见不鲜，这制约着中国士人进一步解放思想，大胆突破；另一方面，这种观念上的变化并没有很快在社会上形成大规模思潮，并没有改变整个社会专心科举，埋头义理、考据的学风，并没有促成清政府抓住两次鸦片战争期间近二十年的历史机遇进行改革。中国要走向世界，士大夫们想挽救危机，还有很长的路要走。

第四节　从碑铭看明清福建民间规约与社会管理

明清时期，闽南地区相对和谐的社会秩序有着自己独特的风格。这一秩序的形成，除了官方加强海防控制和行政治理等因素外，很大程度上取决于当地社会士绅、耆老和普通民众对秩序的认同，即对官方治理政策的积极响应与配合。这种配合，主要体现在对乡村秩序有重要作用的乡规民约之中。遗存至今的大量碑铭为我们提供了有关财产权、婚姻、丧葬、风水、宗教信仰、节日礼仪，即社会风俗各个方面的乡规民约（或民间法规）。这些法规起自民间，切合实际，在乡村秩序控制中有不可替代的作用，亦体现了中国传统法观念在民间社会的普及。这些民间法规所产生的效果的大小当然还与地方官员的廉能与否、地方绅民的禀性或民气等因素有关。本节拟通过对以碑铭形式保存下来的闽南地区民间法规的初步考察，认识民间法规与民间社会管理之间的关系、官民之间的关系，以及整个乡间社会的运行状况。

一、水利灌溉规约

在福建沿海，主要有山区和海岸低地两种地形。水利事业有的属于个体兴修，绝大多数则属于集体兴修，上下游之间的利益必须得到有效协调。但这种和谐关系很难维持，地方上的势豪、地痞等都可能成为打破这种和谐的因素。为此，民间长老、绅耆等便会出面上报有关情况，拟定规章，请求官府立案批准，刻立石碑，以俾共同遵守。

康熙五十九年（1720 年）漳浦《汪邑侯申明水例碑》是在地方用水出现纠纷时制定的：

> 大坑溪水出自梁麓，沙岗、西庄、西山与院前四处田地俱资波润，斟酌七日七夜轮番，古有成例也。慕缘万历四十四年郑姓霸截水例，春元许仕求乡民匍呈县府道，可以致拘提究处，仍照古例七日七夜轮番，首院前贰日壹夜，周而复始，祭示钤印付照，时郑甫、郑以才、郑日显、郑漠等依古年结立合同，押号为据，自是霸截之害遂息。讵康熙五十五年郑姓复霸截水例，我社内相率匍呈，蒙本县主批着乡保查覆，乡保凭公确覆，并吊前朝告示，合同验明，复给示申明古例，永远遵循，众等感戴，立德政名旗以扬大德。越五十八年三月内郑姓又诳禀，蒙批郑保等，久经定安，不必混禀，案叠昭彰，似难施巧，讵八月间重赂鳄棍八人，妄捏保长林锡、陈统荐创公议均平诡语，欲几（乱?）古例，赐给新示，窃思昔日酌定日期番次，尽善尽美，若妄增减，则沙岗、西庄、西山田居水末，泥涂盐答，一遇小旱，禾苗立枯，国课民命何赖，我社内探知，复相率匍呈，蒙廉明本县主老爷汪当堂立断，重责乡鳄外，批仰后立押乡长李结速将郑卯、郑忠等告示刻即缴销，如敢稽延不缴，该社即拘郑卯等前来究追，时郑抗不肯缴，再援奸党入呈，蒙批郑卯等并非公议，混行请示，现在吊销，不必多读，郑姓惧罪，随即缴销。依照古例七日七夜轮番，霸截之谋终无所施，然犹有虑者，后来人心叵测，告示蠹坏，欲变例如若辈者不为不少，又相宁，□明立石，蒙批准立石遵守可也，批示煌煌，古例俞定，遂敛财延工勒之贞珉，以垂不朽，俾顽梗者不得萌霸截之谋，而斥卤均沾灌溉之利矣，是为志。计开申明古例日期番次周而复始：首陂院前贰日壹夜，次西山贰夜壹日，又次沙岗埭田种多叁日叁夜，又次西庄壹日夜。三社与呈。

太学生林绍伯，居民林□、徐畅、林张、陈好、林姐、蔡转、林德、林吉士、林佐、林培、林梦鲸、蒲喜、林青选、蔡众、林子千、林绍仪、卢文□、林阵、林台、林泥、林美、庄理、林重、陈应、林训、郑普、林元、林锡瑚。

康熙五十九年(1720年)荔月榖旦

沙岗西庄西山三社同立①

此通碑刻详细描述了大坑溪用水纠纷以及其曲折的解决过程。本来早有古例，但随着社会分化，大族就想霸截水源，企图多占。乡绅士子们反复向官府呈请公断。结果是官府主持了公道，大姓郑氏被迫还是接受了古例。为了保证古例得到执行，特勒石示禁，以垂长久。

另一通碑刻《同安县从顺里勘断睦命塘诚谳语碑记》记载：

同安县从顺里睦命塘，系三都十一乡公蓄灌溉，众人和睦修筑养命，故命曰睦命塘。弘治十三年，奉给司照勒碑。雍正十三年被富豪叶照、许禹、张仰、张太、石良、张祉、张倩、许生等占垦，旱则蓄水日少，潦则冲崩堤岸，灌溉不敷。乾隆元年，三都生监陈□、陈逢泰、陈云行、陈应瑞、陈良瑛、陈起凤、陈起蛟、陈必超、陈必济、陈大振、陈廷弼、陈方旋、林师开、王云章，乡老陈绳武、王旁、曾丙良、林九俊、林好、叶生、郑良等呈控，蒙青天廉明太老爷唐亲勘，两次定界，将叶照等占垦掘毁筑岸，立谳通报在案，勒石遵守。

特授泉州府同安县正堂、加四级唐，看得西界睦命一塘，为从顺里三都十一乡公共蓄水灌田之所，现有前明弘治十三年奉给司照，勒碑永守，虽终变革之后，奸徒乘机窃占，私相售买，究不能禁止。乡民之此水灌溉，则其为通乡水利，彰彰明矣。只因系各乡公共之物，堤岸无人经营，年久坍塌，复有豪强于堤岸淤滩之处围筑成田，私为己利，遂使塘中蓄水日少，灌溉不敷，深可痛恨。是此一塘，诚同邑有利当兴，有害当除之急务也。

乾隆元年二月，据陈绳武等以叶照、张仰诸人违禁占垦呈县，本县以水利为民命攸关，亲行两次踏勘，插牌定界。除烧灰桥上久年占垦，并无关大害者外，准照旧耕作，其叶照等新占开垦之地，立押掘毁，取土填筑若岸。不忍偏庇，数户十一番经管□理阄拈，预定每年于农隙之

① 王文径:《漳浦历代碑刻》，漳浦县博物馆编(内部使用本)，1994年，第82～83页。

时，乡老二三人董率各乡壮丁，开淤筑岸，修理涵口，务使堤岸坚固，塘中深广，水可多蓄，兼以杜绝棍徒占垦等弊，庶乎争端不起，永保无虞，长享其利，有符于昔人睦命名塘之美意。是则有在该乡老等之秉公竭力办理尽善，而非本县所能与也。合该乡衿士、耆老应共悉心斟酌，如何轮值？如何整理？创设规条，呈县存案，俾期永远遵守奉行，□轮番会首不能及时修□，十一乡乡老同议罚，或有不遵，鸣官究处立案。约正：陈章、叶尔耀，耆老：林美、王窗、陈荣、陈大信、曾□□、林艺、洪佑。

计开各乡工项：西洲二十九工；西湖塘三十七工；云头三十工；小坛十四工；石埕十工；林炉、浦头共七工；山头七工；颜厝上五工；卓厝上二工；圳边七工。每月二轮□引用。

乾隆元年(1736年)八月　日上石[①]

这通碑刻比较全面地反映了一个叫“睦命塘”的水道自明朝弘治时即经过治理，其后屡有兴废的历史。之所以兴，原因在于官府和民间形成了相互合作的关系，县官无法具体入微地来管理该塘的每一项事务，约正、耆老是重要的辅助力量，“是则有在该乡老等之秉公竭力办理尽善，而非本县所能与也”。这客观地反映了民间公共事务的管理实况。除了防止豪强阶层“于堤岸淤滩之处围筑成田，私为己利，遂使塘中蓄水日少，灌溉不敷”，“旱则蓄水日少，潦则冲崩堤岸”外，更由县官牵头，发动塘边各乡“预定每年于农隙之时，乡老二三人董率各乡壮丁，开淤筑岸，修理涵口，务使堤岸坚固，塘中深广，水可多蓄，兼以杜绝棍徒占垦等弊，庶乎争端不起，永保无虞，长享其利”。[②]

再有同安“贮水分灌田苗”的马塘，先是被叶氏“灭碑毁岸”，康熙三十七年(1698年)，尽管曾有安炉乡一甲、二甲众民修筑塘圳，轮番分灌公□，却又遭到叶氏家族的“恃强侵占，将塘埔占垦为私田，□□占筑为私地”，造成“塘面缩狭，水利日少，灌溉不敷，课命维艰，历任县主控之不睬”的局面。到了乾隆元年(1736年)，由县令和乡耆出面让叶氏将原塘归还，叶氏还“恃强藐断不理”。经理断，确认“水塘涵圳原系安炉乡灌溉之所”，叶氏不得再恃强占水取鱼，致害课命。恢复后的马塘“许乡老督率壮丁开淤筑岸，修理塘

① 何丙仲编纂：《厦门碑志汇编》，北京：中国广播电视出版社，2004年，第419页。

② 何丙仲编纂：《厦门碑志汇编》，北京：中国广播电视出版社，2004年，第420页。

圳涵田，务使堤岸坚固，塘中深广，蓄水日多，长享其利”。[1] 光绪三年（1877年）五月二十四日，同安《明云殿示禁碑》讲述了陈、叶二姓在池塘戽水、捕鱼、毁谷、抢掳，互争不下，官府从宽断令：池中鱼水，仍归陈姓管业，水在池外沟余流者，准叶姓公用；池鱼与叶姓无干。自后，叶姓不得再事争水、夺鱼，陈姓亦不得闭塞水沟，以敦和好，而杜讼端。[2] 这表面上只是两姓间的事情，但官府的处置实际上给乡里人传达了一种处理此类事件的原则，具有示范意义。

对于公共秩序的维持，有的依赖家族内的规约，有的依赖官府颁布的乡域范围的示禁碑。这些碑记多经历了乡绅耆老的上诉、官府的裁断，直至批准立制建碑的过程，刻于碑上的规章更赖于地方乡绅、耆老的配合才能得以有效执行。

二、祠庙、林木、吉地保护规约

祖庙作为宗族或跨家族的社会机构，必须有一定的管理模式和规则。如嘉庆七年（1802年）《同安后塘谵斋小宗祠规约记》刊刻了管理祖庙规则：第一条是关于四时八节及每月朔望轮流祭祀的规定；第二条是子孙不得强占此祠居住，如敢有故犯者，公同革出，问官究治。倘有不肖之徒，起此贪图之心者，灭绝后嗣；第三条是祠内及祠宅不准堆积柴草、五谷，如敢故犯者公同立即撤出问罚；第四条是不准在祠内教习拳脚、开设赌场，犯违者公革问罚；第五条是祠内两火房公置眠床，为宾客寝处，不得占为私寝，违者公革，搬出问罚。[3] 又如《同安后塘颜氏祖祠禁约规条》规定：“不许祠内晒曝五谷，堆积杂物，祠门首并上、下埕堆积五谷柴草；不许祠内椅桌、烛台等物不肖子孙搬去家用；不许社中演戏适逢下雨，搬入祠内演唱戕贼；宗祠起意之人灭绝后嗣，不许祠后焙荔枝、龙眼干，戕贼庙宇。”[4]总之，一切污秽之事都

---

① 何丙仲编纂：《厦门碑志汇编》，北京：中国广播电视出版社，2004年，第421～422页。

② 郑振满、丁荷生编纂：《福建宗教碑铭汇编》（泉州府分册），福州：福建人民出版社，2003年，第1238页。

③ 何丙仲编纂：《厦门碑志汇编》，北京：中国广播电视出版社，2004年，第455～456页。

④ 何丙仲编纂：《厦门碑志汇编》，北京：中国广播电视出版社，2004年，第461页。

不适合在神圣的宗祠内举行，目的在保持宗祠的洁净和威严。

《曾厝垵西河林氏公禁碑》提及："通山索植柏木，一为培养山川秀茂，地脉兴隆，亦为我族之盈亏而置，倘敢盗取折砍及盗取山面瓜谷被获者，本族亲邻概行严究，会同通族合力争□□□□□□。""合族私产若系山颠开辟之所莫堪征粮者，准其自耕糊口，均不得擅自私□□□□□风水，倘本族择卜葬有碍该产，听其削筑成坟，现耕之人不得借词争较等事□□□□。""合族私产及外姓田园，虽各经明买拨粮之业，凡在我本山界内，倘欲卖做风水者□□一体当充银二十两入公，以为添贴禋祀等费之资。"[1]这些规约以保护风水的名义出现，客观上保护了当地的生态环境。

建文元年(1399年)，福建瓯宁县杨姓有一人中了举人，族人认为这与祖先曾种树赈灾有关。他们主动出面，订下封林文契，并载入族谱，把先人所存留树木加以封禁，称万木林，并规定对万木林"只有保护之责，没有利用之权"。这种立足于保护风水的举动，客观上达到了保护生态的作用。

坟茔吉地的保护也成为乡规民约的重要内容之一。如晋江青阳蔡氏立碑保护坟地，该碑规定：

> 一、公订此园就彼岸一截排列接葬，上截葬完，方就下截排列接葬，不得进前退后，偏左斜右，参差混葬。一、公订只许殁故之日准其安葬，倘年久崩塌重拾，准就原穴安葬，不得移徙。一、公订不许别处拾骸，移葬此地。一、公订不许恃强贪穴，混筑虚堆。一、公订不许开筑栏山砂墓埕占地。一、不许先葬者恃强阻挡、后葬之人伤后塞前事端。倘不遵规条者，先行闻众公革，不许分胙，仍会同前程族房，闻官究治。[2]

规约规定了合理使用吉地置葬的细则，可以避免葬地的浪费及纠纷的产生。

三、族地保护及地权确认规约

有的碑铭旨在保护土地权益。如为了避免族地被不肖子孙私自出售给外族人，厦门厦禾里仓里社族众在房长黄永达主持下合众会商达成规约：

---

① 何丙仲编纂：《厦门碑志汇编》，北京：中国广播电视出版社，2004年，第463页。

② 郑振满、丁荷生编纂：《福建宗教碑铭汇编》(泉州府分册)，福州：福建人民出版社，2003年，第301页。

嗣后务须遵照，所有圳岵赤岑头灯山既系通族列葬历代祖茔，该子侄不许私行盗卖造坟，并不得借耕园搭盖寮屋，贪金转售。附近居民及远方人等毋得私自承买。如敢故违，许该地保同族众房长指名，前赴本分府具禀，以凭追究。该族众亦不得借示，侵占他人物业。各宜禀遵毋违，特示！①

又如位于同安洪塘镇石浔村的吴氏祖家庙有一通《本乡海地牌记》：

为勒石以杜冒混，以期永远事。窃顶大厝内扬蟾、观严、瑞玉；下大厝内次周各承祖父置管海地，一名叶海，在大泥西，一名郑海，在大泥东。叶海系次周管业，郑海系扬蟾、观严、瑞玉等管业。兹因年久，无知者争图混占，各执一词。诸衿耆不忍坐视，出为调处。二比甘愿同立约字，各□双港仔泽路大泥边公溪为界。诚恐日久再为混争，合亟勒石示我后人，以志不朽。

咸丰四年八月　日

公人：黄子克、陈连捷、王天赐

族长：钟英、造意、玉川、扬造、扬洋、大愚、嘉忠、扬抗、大沛、大揖　同勒石②

这通碑记除了反映民间社会确认土地权属的方式外，还反映了地方“诸衿耆”在管理社会事务中的积极作用。

四、禁赌禁盗禁斗讼等规约

有的碑铭所刊乡规民约具有综合性。如《同安云洋村后洋社公禁碑》涉及多方面的公约禁令：

一、祠堂后园林及大埔上草根，概不许损折铲刮，违者罚戏一台；一、樵采者勿砍人□树，勿于坟边百步取土、挖石、铲草、□根及屋后过脉处，均犯此禁，从重议罚戏一台；一、耕田者勿断人水道，勿偷放田水，违者议罚；一、村内不得窝赌，不得招伙聚赌，违者从重议罚戏一台；一、村内无赖年少偷窃田野五谷瓜果，人知其名□有据，则解官究治，须自改悔；一、地方公□，义所难辞，查照田亩，向捐公钱，其事可无推让计较

① 何丙仲编纂：《厦门碑志汇编》，北京：中国广播电视出版社，2004年，第429页。

② 何丙仲编纂：《厦门碑志汇编》，北京：中国广播电视出版社，2004年，第464页。

之嫌；一、兄弟叔侄辈被侵凌陷害，其冤莫伸，均照匀□，如系自行惹事，不得援此为例；一、村内有事，惟尊长之言是听，不得□恃强悍，或自作聪明，妄生议论；兄弟、子孙照限完粮，勿拖欠，致累族人。

嘉庆辛未年　月　日[①]

这是一份涉及禁赌、禁盗、止斗、保护地产、规范水利等多方面事宜的公约。其惩罚或制裁模式有明显的民间性特征——罚戏，而不是国家刑罚领域的任何惩罚方式。赌博、盗窃是败坏地方社会风气的罪魁，必须依赖乡村民众相互间的严密监督加以清除。同安灌口《铁山村公约碑》规定：

从今以后，凡我同乡老幼，不许与诸亲赌博，或有越规逾矩、妄邀赌博输赢现钱者，无论矣。若输赢赊欠，不论亲疏强弱，议约无讨；且家长察出疏、输赢，各定罚戏壹台，若罚者恃强不依公约，强强欲讨，输者当传众家长照约处置，再或不遵，众家长呈官究治。众家长断无徇私袒匿，无吐刚茹柔，总宜照约严办。仰期乡中老幼各宜凛遵，勿踏失身之愆，以致后悔。诚如是，则士农工商守其正业，乡里永致雍和，子孙永无祸端，善日长、恶日消，不诚吾乡之福乎！爰立碑以垂远戒，世世亦当以此为鉴。[②]

同安莲花镇云洋村后洋社碑铭规定：

一、儿童聚赌，无论何人，一经触见或报知，罚戏一台，席一筵，以警效尤；一、自本月起，凡儿童从前赌账俱作罢论。如敢恃势索讨，无论何人，合众共诛，责其背约之罪，罚由众；一、儿童如敢违约偷盗，有人报税，奖赏大洋二元，以彰正直；一、田园、五谷或家中什物如被盗窃，一经发现，小者罚戏一台，席一筵；大者估价，加倍赔偿，窝藏贼赃者，罚式与盗贼同；一、盗贼窃物，无论在人家、在田园被人打毙者，不偿贼命。[③]

类似的规约在许多乡村碑铭中可以见到。

上述从不同方面提供了民间社会管理中官民结合维持和谐的事例。规约涉及财产权的保护、自然环境保护、婚丧节庆、社会风尚等方面，实际上已经成为乡村社会的“法规”，具有一般法律的效力。这些规约碑铭中贯穿了中国传统文化德法相互为用的精神，成为中国传统社会法观念普及的重要

① 何丙仲编纂：《厦门碑志汇编》，北京：中国广播电视出版社，2004年，第456页。

② 何丙仲编纂：《厦门碑志汇编》，北京：中国广播电视出版社，2004年，第469页。

③ 何丙仲编纂：《厦门碑志汇编》，北京：中国广播电视出版社，2004年，第458页。

表现。这些法规之所以能在地方社会发挥作用，主要是因为由熟悉地方事务、具有使命意识的乡贤们从乡村社会安定的角度出发而制定，具有相当的可操作性，且能切实解决地方社会的问题，因而不仅常常为官府所认同、协助乃至推广，而且多能得到一般百姓的配合和支持。官府或多或少地调动了民间社会力量的积极性，一定程度上确保了基层社会的和谐稳定。

参考书目

一、古籍与资料汇编

(宋)李焘:《续资治通鉴长编》,北京:中华书局,1957 年。

《元史》,北京:中华书局,1976 年。

《明实录》,上海:上海古籍出版社,1983 年。

《明史》,北京:中华书局,1974 年。

《明经世文编》,北京:中华书局,1962 年。

(清)谷应泰:《明史纪事本末》,北京:中华书局,1977 年。

(明)陈仁锡:《皇明世法录》,台北:学生书局,1965 年。

(明)李东阳、申时行:《大明会典》,扬州:江苏广陵古籍刻印社,2007 年。

(明)叶春及:《惠安政书》,福州:福建人民出版社,1987 年。

(明)郑若曾撰,李致忠点校:《筹海图编》,北京:中华书局,2007 年。

(明)茅元仪:《武备志》,台北:世华出版社,1984 年。

(明)何乔远:《闽书》,福州:福建人民出版社,1994 年。

(明)顾炎武:《天下郡国利病书》,图书集成局铅印本。

(明)黄仲昭:《八闽通志》,福州:福建人民出版社,1991 年。

(明)王应山:《闽都记》,福州:海风出版社,2001 年。

(明)朱纨:《甓余杂集》,《四库全书存目丛书》本。

(明)高岐:《福建市舶提举司志》,1939 年铅印本。

(明)章潢:《图书编》,上海:上海古籍出版社,1992 年。

(明)王圻:《续文献通考》,杭州:浙江古籍出版社,2000 年。

(明)郑舜功:《日本一鉴》,1939 年影印旧抄本。

(明)谢肇淛:《五杂俎》,上海:上海书店出版社,2001 年。

(明)王守仁:《王阳明全集》,上海:上海古籍出版社,1992 年。
(明)王在晋:《海防纂要》,上海:上海古籍出版社,1995 年。
(明)曹履泰:《靖海纪略》,台北:大通书局,1984 年。
(明)蔡献臣:《清白堂稿》,厦门:厦门大学出版社,2016 年。
(明)俞大猷:《正气堂集》,福州:福建人民出版社,2007 年。
(明)张燮:《东西洋考》,北京:中华书局,2000 年。
(明)谢杰:《虔台倭纂》,中央图书馆影印本,1947 年。
(明)姚旅:《露书》,厦门大学图书馆藏抄本。
(明)王世懋:《闽部疏》,北京:中华书局,1985 年。
(明)宋应星:《天工开物》,北京:中华书局,1978 年。
《历代宝案》,台北:台湾大学出版社,1972 年。
《清实录》,北京:中华书局,1987 年。
《宫中档雍正朝奏折》,台北故宫博物院,1977 年。
《宫中档乾隆朝奏折》,台北故宫博物院,1982 年。
(清)陈振藻:《铜山志·明铜山所志》,福建省东山县图书馆翻印本。
(清)怀荫布:乾隆《泉州府志》,上海:上海书店出版社,2000 年。
(清)蓝鼎元:《鹿洲全集》,厦门:厦门大学出版社,1995 年。
(清)周钟瑄:《诸罗县志》,云霄县方志办,2010 年。
(清)蒋毓英:《台湾府志》,厦门:厦门大学出版社,1985 年。
(清)余文仪:《续修台湾府志》,台北:大通书局,1984 年。
(清)李元春:《台湾志略》,道光十五年(1835 年)刊本。
(清)周玺:《彰化县志》,台北:大通书局,1984 年。
(清)姚莹:《台北道里志》,台北:大通书局,1984 年。
(清)范咸:《重修台湾府志》,台北:大通书局,1984 年。
(清)刘良璧:《重修福建台湾府志》,台北:大通书局,1984 年。
连横:《台湾通史》,北京:商务印书馆,1983 年。
(清)唐赞衮:《台阳见闻录》,台北:大通书局,1984 年。
(清)尹士俍:《台湾志略》,台北:大通书局,1984 年。
(清)周凯:《厦门志》,厦门:鹭江出版社,1996 年。
乾隆《海澄县志》,上海:上海书店出版社,2000 年。
道光《重纂福建通志》,同治十年(1871 年)正谊书院刻本。
民国《诏安县志》,诏安青年印务公司铅印本,1942 年。

光绪《漳州府志》，上海：上海书店出版社，2000年。

(清)顾祖禹：《读史方舆纪要》，北京：中华书局，2005年。

(清)杜臻：《巡视粤闽纪略》，台北：台湾商务印书馆，1986年。

(清)王士信：《广志绎》，北京：中华书局，1981年。

(清)邓传安、陈盛韶：《蠡测汇钞·问俗录》，北京：书目文献出版社，1983年。

(清)王士祯：《香祖笔记》，上海：上海古籍出版社，1982年。

(清)江日昇：《台湾外纪》，扬州：江苏广陵古籍刻印社，1983年。

(清)夏琳：《闽海纪要》，福州：福建人民出版社，2008年。

(清)董天工：《台海见闻录》，台北：大通书局，1984年。

(清)林则徐：《林则徐集》，北京：中华书局，1985年。

(清)魏源：《魏源全集》，长沙：岳麓书社，2001年。

严如熤：《洋防辑要》，台北：学生书局，1985年。

《明清史料》，北京：中华书局，1987年。

《钦定大清会典事例》，光绪十二年(1886年)刊本。

赵尔巽：《清史稿》，北京：中华书局，1977年。

《康熙起居注》，北京：中华书局，1984年。

(清)汪辉祖：《学治臆说》，北京：中华书局，1985年。

(清)金端表纂：《浏河镇纪略》，南京：江苏古籍出版社，1992年。

(清)包世臣：《安吴四种》，光绪十四年(1888年)刊本。

(清)《福建省例》，福建师范大学图书馆抄本。

刘铭传：《刘壮肃公奏议》，台北：大通书局，1987年。

何丙仲：《厦门碑志汇编》，北京：中国广播电视出版社，2004年。

郑振满、丁荷生编纂：《福建宗教碑铭汇编》(泉州府分册)，福州：福建人民出版社，2003年。

王文径：《漳浦历代碑刻》，漳浦县博物馆编，内部发行，1994年。

黄剑岚主编：《镇海卫志校注》，郑州：中州古籍出版社，2006年。

张海鹏主编：《中葡关系资料集》，成都：四川人民出版社，1999年。

徐栋、丁日昌：《牧令书辑要》，上海：上海古籍出版社，2002年。

谢国祯：《明代社会经济史料选编》，福州：福建人民出版社，1980年。

陈支平：《闽台族谱汇刊》，桂林：广西师范大学出版社，2009年。

洪焕椿编：《明清苏州农村经济资料》，南京：江苏古籍出版社，1988年。

《史料旬刊》，北京：北京图书馆出版社，2008年。

二、专著

(英)博克舍：《十六世纪中国南部行记》，北京：中华书局，1990年。

陈碧笙：《台湾地方史》，北京：中国社会科学出版社，1982年。

陈遵统等编纂：《福建编年史》，福州：福建人民出版社，2009年。

段本洛、单强：《近代江南农村》，南京：江苏人民出版社，1994年。

范中义：《筹海图编浅说》，北京：解放军出版社，1987年。

费孝通：《乡土重建》，上海：上海观察社，1948年。

傅衣凌：《明清社会经济史论文集》，北京：人民出版社，1982年。

福建省博物院编：《漳州窑》，福州：福建人民出版社，1997年。

高扬文、陶琦主编《明代倭寇史略》，北京：中华书局，2004年。

葛兆光：《中国思想史》，上海：复旦大学出版社，2009年。

何炳棣著，葛剑雄译：《明初以降人口及其相关问题(1368—1953)》，北京：三联书店，2000年。

何锋：《中国的海洋：明朝海上力量建设考察》，厦门：厦门大学出版社，2012年。

黄福才：《台湾商业史》，南昌：江西人民出版社，1990年。

(美)黄仁宇著，阿风、许文继、倪玉平、徐卫东译：《十六世纪明代中国之财政与税收》，北京：三联书店，2001年。

蒋炳钊：《蓝鼎元传》，台湾省文献委员会，1998年。

李金明：《漳州港：明代海澄月港兴衰史》，福州：福建人民出版社，2001年。

李金明、廖大珂：《中国古代海洋贸易史》，南宁：广西人民出版社，1995年。

李剑农：《宋元明经济史稿》，北京：三联书店，1957年。

李庆新：《明代海外贸易史》，北京：社会科学文献出版社，2007年。

林仁川：《大陆与台湾的历史渊源》，上海：文汇出版社，1991年。

林仁川：《明末清初私人海上贸易》，上海：华东师范大学出版社，1987年。

林仁川：《福建对外贸易与海关史》，厦门：鹭江出版社，1991年。

梁方仲：《梁方仲经济史论文集》，北京：中华书局，1989年。

吕淑梅：《陆岛网络：台湾海港的兴起》，南昌：江西高校出版社，

1999年。

卢建一:《明清海疆政策与东南海岛研究》,福州:福建人民出版社,2011年。

马汝珩、马大正主编:《清代的边疆政策》,北京:中国社会科学出版社,1994年。

(日)木宫泰彦著,胡锡年译:《日中文化交流史》,北京:商务印书馆,1980年。

孟昭信:《康熙大帝全传》,长春:吉林文史出版社,1987年。

倪玉平:《清代漕粮海运与社会变迁》,上海:上海书店出版社,2005年。

聂德宁:《明末清初海寇商人》,台北:学林彩色印刷有限公司,2000年。

瞿同祖著,范忠义译:《清代地方政府》,北京:法律出版社,2003年。

施坚雅:《中华帝国晚期的城市》,北京:中华书局,2000年。

沈定平:《明清之际中西文化交流史——明代:调适与会通》,北京:商务印书馆,2007年。

(日)松浦章:《明清时代东亚海域的文化交流》,南京:江苏人民出版社,2009年。

唐力行:《国家、地方、民众的互动与社会变迁》,北京:商务印书馆,2004年。

唐立宗:《在"盗区"与"政区"之间——明代闽粤赣湘交界的秩序变动与地方行政演化》,台北:台湾大学出版委员会,2002年。

田汝康:《中国帆船贸易与对外关系史论集》,杭州:浙江人民出版社,1987年。

王宏斌:《清代前期海防:思想与制度》,北京:社会科学文献出版社,2002年。

王宏斌:《晚清海防地理学发展史》,北京:中国社会科学出版社,2012年。

王日根:《明清民间社会的秩序》,长沙:岳麓书社,2003年。

王日根:《明清海疆政策与中国社会发展》,福州:福建人民出版社,2006年。

王天有:《明代国家机构研究》,北京:北京大学出版社,1992年。

厦门大学历史研究所、中国社会经济史研究室编:《福建经济发展简史》,厦门:厦门大学出版社,1989年。

谢必震、胡新:《中琉关系史料与研究》,北京:海洋出版社,2010 年。

许雪姬:《清代台湾的官僚体系》,台北:自立晚报社文化出版部,1993 年。

徐晓望:《福建通史》,福州:福建人民出版社,2006 年。

杨清江、陈苍松:《福建市舶提举司人物录》,泉州温陵书画院印务馆,1987 年。

杨国桢:《闽在海中:追寻福建海洋发展史》,南昌:江西高校出版社,1998 年。

杨金森、范中义:《中国海防史》,北京:海洋出版社,2005 年。

张海鹏等主编:《中国十大商帮》,合肥:黄山书社,1993 年。

中国军事史编写组:《中国军事史》,北京:解放军出版社,1988 年。

郑振满:《乡族与国家:多元视野下的闽台传统社会》,北京:三联书店,2009 年。

朱维幹:《福建史稿》,福州:福建教育出版社,1985 年。

驻闽海军军事编辑室:《福建海防史》,厦门:厦门大学出版社,1990 年。

三、论文

陈春声:《从“倭乱”到“迁海”》,《明清论丛》第二辑,北京:紫禁城出版社,2001 年。

郭成康:《康乾之际禁南洋案探析——兼论地方利益对中央决策的影响》,《中国社会科学》1997 年第 1 期。

黄宽重:《从中央与地方关系互动看宋代基层社会演变》,《历史研究》2005 年第 4 期。

李林:《清代县官的执掌与作用》,《辽宁大学学报》1986 年第 6 期。

李金明:《试论明代海外贸易港的兴衰》,《中国经济史研究》1997 年第 1 期。

李金明:《明朝中叶漳州月港的兴起与福建的海外移民》,汤熙勇主编《中国海洋发展史论文集》第 10 辑,台北:“中央研究院”中山人文社会科学研究所,2008 年。

李祖基:《论清代移民台湾之政策——兼评〈中国移民史〉之“台湾的移民垦殖”》,《历史研究》2001 年第 3 期。

林枫:《明代中后期的市舶税》,《中国社会经济史研究》2001 年第 2 期。

刘庆:《论明清之际中国海疆政策的失误》,《郑和研究》2000 年第 1 期。

刘鹏九:《中国古代县官制度初探》,《史学月刊》1992 年第 6 期。

刘永华:《17—18 世纪闽西佃农的抗租、农村社会与乡民文化》,《中国经济史研究》1998 年第 3 期。

冷东:《蓝鼎元视野下的清初潮汕社会》,《中国边疆史地研究》1999 年第 4 期。

时平:《也论郑和海权的性质——兼谈郑和海权研究中的几个问题》,南京郑和研究会编:《走向海洋的中国人》,北京:海潮出版社,1996 年。

唐宇辉:《浅谈汪辉祖的州县吏治思想》,《湘潭师范学院学报》1992 年第 5 期。

万明:《明代白银货币化:中国与世界连接的新视角》,《河北学刊》2004 年第 3 期。

王亚民、任艺:《清初知县蓝鼎元与潮普地区海域治理》,《吉林师范大学学报(人文社会科学版)》2014 年第 2 期。

吴承明:《论清代前期我国国内市场》,《历史研究》1983 年第 1 期。

翁佳音:《十七世纪的福佬海商》,《中国海洋发展史论文集》第 7 辑,台北:"中央研究院"中山人文社会科学研究所,1999 年。

徐泓:《明代福建的筑城运动》,《暨大学报》第 3 卷第 1 期,1999 年。

徐晓望:《明末清初漳州区域市场的发展》,《中国社会经济史研究》2002 年第 4 期。

杨国桢、陈支平:《明清时期福建的土堡》,《中国社会经济史研究》1985 年第 2 期。

杨国桢:《十六世纪东南中国与东亚贸易网络》,《江海学刊》2002 年第 1 期。

(韩)元廷植:《明代中期福建省建置新县的理想与现实》,《第九届明史国际学术讨论会暨傅衣凌教授诞辰九十周年纪念论文集》,厦门:厦门大学出版社,2003 年。

赵靖:《简论蓝鼎元的经济思想》,《中国经济问题》1983 年第 5 期。

郑振满:《明代陈江丁氏回族的宗族组织与汉化过程》,《厦门大学学报(哲社版)》1990 年第 4 期。

庄国土:《16—18 世纪白银流入中国数量估算》,《中国钱币》1995 年第 3 期。

后　记

本书是我多年以来思考中国海洋发展路径，并在与博士、硕士研究生的合作中，集体完成的一项成果，也是国家社科基金重大项目“清代海疆政策与开发研究”(项目号为13&ZD093)的阶段性成果。王亚民、何锋、张宗魁、周惊涛、张先刚、苏惠苹、黄友泉、章广、庞桂甲、萧丽红、马婉、吴鲁薇、冉苗苗、沈冬丽等都是该项成果的重要贡献者。

在本书编辑和出版过程中，厦门大学出版社薛鹏志、章木良、戴浴宇等同志做了大量的整理、审校和格式规范等方面的工作，厦门大学出版社蒋东明社长、郑文礼社长、宋文艳总编等均给予大力的支持，谨此表示衷心的感谢。

王日根

2017年11月